深入
Go语言

原理、关键技术与实战

历 冰 朱荣鑫 黄迪璇◎编著

中国铁道出版社有限公司
CHINA RAILWAY PUBLISHING HOUSE CO., LTD.

内 容 简 介

随着服务器硬件性能的提升，多核 CPU 已经很常见，充分利用硬件的多核运算优势是很多开发者不断探索和努力的方向。相较于一些编程语言的框架在不断地提高多核资源的使用效率，Go 语言在多核并发上拥有原生的设计优势，其显著的语言特征是对并发编程的原生支持，目前在云计算、容器领域应用广泛。

Go 语言总体来说上手简单，但是到实际的开发中，仅仅掌握 Go 语言的语法远远不够。因此在理解 Go 语言语法的基础上，深入了解 Go 语言的实现内幕、高级特性以及实践中的使用陷阱变得异常重要，这也正是本书要向读者详细介绍的。

本书适合 Go 语言开发者，尤其是想要深入了解或者转型 Go 语言开发的进阶型开发者。

图书在版编目（CIP）数据

深入 Go 语言：原理、关键技术与实战/历冰，朱荣鑫，黄迪璇编著. —北京：中国铁道出版社有限公司，2023.4
ISBN 978-7-113-29573-8

Ⅰ.①深… Ⅱ.①历… ②朱… ③黄… Ⅲ.①程序语言-程序设计 Ⅳ.①TP312

中国版本图书馆 CIP 数据核字(2022)第 149652 号

书　　名：深入 Go 语言——原理、关键技术与实战
　　　　　SHENRU Go YUYAN: YUANLI GUANJIAN JISHU YU SHIZHAN
作　　者：历　冰　朱荣鑫　黄迪璇

责任编辑：荆　波　　　编辑部电话：（010）63549480　　　电子邮箱：the-tradeoff@qq.com
封面设计：MXK DESIGN STUDIO
责任校对：苗　丹
责任印制：赵星辰

出版发行：中国铁道出版社有限公司（100054，北京市西城区右安门西街 8 号）
网　　址：http://www.tdpress.com
印　　刷：国铁印务有限公司
版　　次：2023 年 4 月第 1 版　2023 年 4 月第 1 次印刷
开　　本：787 mm×1 092 mm　1/16　印张：26.25　字数：543 千
书　　号：ISBN 978-7-113-29573-8
定　　价：99.00 元

序

　　Go 语言是非常容易上手的，回忆之前我刚接触它的时候，不到一周就开始在项目中正式写代码。Go 语言对代码格式的严格要求以及它的简洁特性，让初学者也可以写出和"老手"差不多的代码，性能上一般也不会有太大差异。最近几年 Go 语言发展迅速，生态也逐步完善，凭借着其高性能、易上手的特性，吸引了不少开发者。

　　Go 语言在语言级别支持并发，标准库对单元测试、性能测试等都有较好的支持，并有完善的工具链，用户可以很方便地使用 gofmt 等工具进行代码格式化，使用 pprof 工具进行性能调优，这些都是 Go 语言具备的优势。

　　总之，Go 语言凭借着其简洁的编码风格、极易使用的协程、优秀的性能等特点，在各大互联网公司中流行起来。与此同时，互联网大厂出现了很多 Go 语言相关的岗位，对 Go 语言开发人员的需求也越来越多。

　　但对于 Go 语言开发者来说，不管是面试还是日常工作，也通常会被一些问题困扰，比如：

- 对基础的数据结构等理解不透，使用过程中容易出现各种问题，容易踩坑。
- 如何掌握协程调度、垃圾回收、内存分配等核心知识，写出性能更优的程序？
- 性能优化是保障服务稳定、降本增效的重要手段，如何才能做好性能优化？
- 在项目实战中，目录结构如何组织，有哪些最佳实践？

　　上面提到的种种问题，在本书中都可以找到相应的答案；一句话概括，这是一本综合而全面的 Go 语言指南书籍，适合 Go 语言研发同学进阶阅读。看了书籍的标题，然后和整体内容对照后，我发现这本书真的做到了对 Go 语言原理、关键技术和实践的全面深入讲解。

　　在开始，系统讲解了 Go 语言开发中使用非常多的基础数据结构，如数组、字符串、切片、哈希表等，熟悉这些内容之后，无疑可以提高日常开发效率。

　　拾级而上，讲述了 Go 语言中内存分配、垃圾回收、协程调度等底层知识，这些是掌握 Go 语言原理的核心知识点。

　　登堂入室，来到本书的精彩环节，讲解了 Go 语言网络并发、错误处理机制、类型系统以及泛型和反射等功能特性，让读者深入了解 Go 语言的特色功能。

最后，在最佳工程化实践中，对日志记录、单元测试、性能测试、代码调试、性能分析，都进行了全面的讲解。读者可以学习到在项目实践过程中一些非常实用的知识。

不得不说，全书从结构安排上非常合理，内容上也非常丰富，突出了实用性。在讲解底层原理时，还用心地嵌入相关基础知识进行了铺垫，比如讲内存分配时，先讲解了 Linux 内存空间布局相关的知识点，让读者可以更容易理解。除此之外，书中还讲述了 Go 语言代码风格、整洁架构和标准项目实践，让读者看完之后，能够在具体项目实战中写出更好的代码。

总之，这是一本不可多得的优秀书籍，可以看出几位作者和编辑在上面花费了不少的心血。作为一位 Go 语言研发人员，我也很开心看到在 Go 领域又多了这样一本高质量的进阶书籍，也非常期待这本书的早日出版。我认为该书最适合有一定的基础，想进一步深入学习 Go 语言的读者，但不管是新手还是老手，应该都可以从本书中有所收获。

涂伟忠

互联网大厂资深员工

极客时间《正则表达式入门课》讲师

《Django 从入门到实践》作者

前　言

　　每一种流行的高级编程语言都是图灵完备的，都能在各自领域发挥作用，它们在这些领域中都往往有一套相通的原理，了解这些原理有利于快速了解其他语言，构建基础的领域知识，比如 Go、Java、C++等后端语言在处理网络请求和并发领域都有一套相似的模式和原理。

　　但是，编程语言往往也有各自专属的、最为适合的、也最为突出的领域；比如 JavaScript 之于 Web 应用和 Go 语言之于网络服务器。编程语言在某些领域的优势往往源于其语言本身的特性，理解这些特性背后的思维方式和思考取舍过程，有利于开发人员利用这些特性，扬长避短，更好地发挥各自语言的作用。

本书写作思路

　　本书不仅讲解 Go 语言在相关编程领域的设计、思维方式，功能特性和最佳实践，还将其与其他主流编程语言进行对比，为读者提供更加广阔地看待某一类问题的视角；从而让读者们从更加宏观的角度出发，选择一门适合自己工作方向的编程语言，而不是人云亦云地不断追逐各类新兴语言。通过对比几种我们较熟悉的高级程序设计语言，从中找到程序语言发展的规律，以及影响程序语言流行的因素，以此对程序语言的发展作出一个基本判断，对未来有所展望。

　　此外，本书还从实践开源项目出发，通过实际代码介绍相关 Go 语言的特性应用和最佳实践，让读者能真实体验到 Go 语言的简洁和高效。

本书涵盖内容

　　本书内容分为三部分，共计 12 章，我们先通过下面的图直观地了解一下。

　　第一部分，浅谈高级编程语言历史和分类，讲述 Go 语言最鲜明的语法特征，介绍 Go 语言常用数据结构和并发原语。

　　第二部分，依次深入介绍 Go 语言特性的原理及其实现。

　　第三部分，通过开源项目深入了解 Go 语言特性，并介绍 Go 语言相关的最佳实践（如工程化和 etcd 存储）。

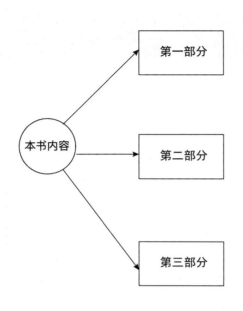

第1章 高级编程语言以及Go语言基础

第2章 数据结构源码分析

第3章 Go语言的并发结构

第4章 Go语言内存分配和垃圾回收机制

第5章 Go语言协程

第6章 Go语言网络并发处理

第7章 Go语言错误处理机制

第8章 Go语言的类型系统

第9章 Go语言的泛型和反射

第10章 Go语言工程化实践

第11章 etcd存储原理和机制

第12章 如何写出更好的Go语言代码

目标读者

本书比较适合希望深入了解 Go 语言特性原理和实现的技术人员阅读，特别是正在实践 Go 语言的架构师和开发人员，此书将帮助他们更好地理解 Go 语言，并与其他常用开发语言进行对比，了解各自的适用场景。希望此书能帮助读者在 Go 语言开发实践中获取一些经验和灵感，少走一些弯路，最终的目的还是提升技术人员的开发体验和企业产品迭代的效率。

作者团队与致谢

本书由笔者、好友朱荣鑫和黄迪璇共同完成。其中，第 1～4 章、第 6 章、第 8 章、第 9 章、第 13 章由笔者编写；第 5 章、第 10～12 章由朱荣鑫编写；第 7 章由黄迪璇编写。全书由笔者统稿。

本书的完成需要感谢很多朋友和同行的倾力帮助，感谢笔者原公司提供的良好平台，帮助笔者增加和积累了大量与 Go 语言相关的知识和经验。此外，编辑老师给予笔者很大的支持和帮助。在内容和结构组织上，笔者也和本书策划编辑荆波老师反复进行了讨论和校正，因此特别感激中国铁道出版社有限公司为本书的出版所做出的努力。

历　冰

2022 年 5 月 22 日

目 录

第 3 章　Go 语言的并发结构

第 4 章　Go 语言内存分配和垃圾回收机制

第 5 章　Go 语言协程

第 6 章　Go 语言网络并发处理

第 7 章　Go 语言错误处理机制

第 11 章　etcd 存储原理与机制

第 12 章　如何写出更好的 Go 语言代码

第 1 章 高级编程语言以及 Go 语言基础

本章作为本书的开篇章节，我们会首先讲解高级编程语言的演化和分类，探讨编程语言流行背后的原因，然后讲解深入理解编程语言本质的重要性和必要性，最后介绍 Go 语言的整体特性和部分基础语法。

1.1 高级语言简介

程序设计语言（Programming Language）是计算机科学领域的重要分支之一，它在 20 世纪 60 年代与现代计算机共同诞生，不断演变，不断发展，已有几十年的历史。在这几十年的历史中，各式各样的程序设计语言不断涌现（如图 1-1 所示），发展出了各种编程范式和理论。编程人员目前使用的主流语言基本上都是 2000 年之前设计的，比如 C、C++、Java 和 Python 等。

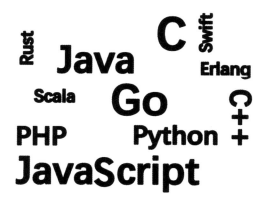

图 1-1

但是迈入新世纪后，随着开源社区的发展和新兴移动平台的出现，程序设计语言又进入一个爆发的时期，Go（2009）、Rust（2010）和 Swift（2014）等新的程序设计语言不断出现。

新的程序语言各自有其特色及擅长的领域，如 Go 语言以简洁、高并发和协程著称；Rust 语言以"安全、并发、实用"为准则，期望代替 C++成为新的系统编程默认语言；Swift 语言立足特定平台，用于搭建苹果平台应用程序。

　　为什么会有这么多各具特色的语言出现，该如何选择一门程序设计语言作为自己解决问题的工具，我们该如何更好地学习这些语言呢？相信读者经常被这些问题所困扰。

　　下面，我们就来详细讲述程序设计语言的定义、发展历史、分类和流行编程语言背后的原因。

1.1.1　程序设计语言的定义

　　程序设计语言就是我们平常所使用的 Go、Java、C 和 JavaScript 等语言的统称。通常，我们对程序设计语言的定义如下：

　　编程语言是用来定义计算机程序的形式语言或符号体系，是对一种计算模型或者算法的规范。它是一种能够让程序员准确地定义计算机所需要使用数据的计算机语言，用来实现计算模型或者算法。

1．程序设计语言的重要特征

　　一般来说，程序设计语言往往有如下三个重要的特征。

　　（1）以机器为目标程序（Function and Target）

　　程序设计语言的目标就是要在计算机或者其他机器上运行；因此，程序设计语言会受到它要运行目标机器的特性影响。冯·诺伊曼架构的计算机模型就对现代程序语言产生了巨大的影响，比如其内存体系直接决定了大多数后端语言的堆栈分配机制；而量子计算机和生物计算机等新时代计算机架构的出现也将引发程序语言的巨大变革。

　　（2）抽象（Abstractions）

　　程序设计语言都是为抽象而生的。机器语言是对硬件操作的抽象，汇编语言是对机器语言的抽象，C 和 Go 等高级语言是对汇编语言的抽象。我们来看下面这段代码，在 Go 等高级语言中使用"+"符号就可以进行两个变量的累加操作，而对应的汇编代码则必须进行寄存器和内存操作，并使用 ADDQ 指令进行累加，二者的抽象级别一目了然。所以，抽象级别能够影响程序语言在程序员编写时的工作效率和阅读时的理解难易程度。

```
// go 代码
func add(i,j int) int{
    return i + j
}
// 汇编码
0x0000 00000 (main.go:3)    MOVQ    $0, "".~r2+24(SP)
0x0009 00009 (main.go:4)    MOVQ    "".i+8(SP), AX
0x000e 00014 (main.go:4)    ADDQ    "".j+16(SP), AX
0x0013 00019 (main.go:4)    MOVQ    AX, "".~r2+24(SP)
```

　　（3）表现力（Expressive Power）

　　此处的表现力与"抽象"不同，指的是语言在算法层面的表现能力。我们可以根据语言的表现能力进行编程语言的分类。现代我们常用的高级语言都是图灵完备

（Turing-Complete）的，适用于任何编程场景，而 SQL 和 HTML 等特定领域语言则不是，它们只能应用于某些特定领域，比如说数据库查询和网页编写领域，所以它们的表现力明显有所区别。

2．程序设计语言的组成部分

程序设计语言的特性往往会影响到语言的方方面面，体现在语言的所有组成部分上，而程序设计语言由语法、类型系统以及标准库和运行时这三个部分组成。

（1）语法（Syntax）

语法是程序语言最基础的表现形式之一。大部分的程序语言都是通过文字（Literal）来表现的，其语法规范通常通过正则表达式和巴克斯范式一起组合定义。其中，正则表达式负责词法分析的部分，巴克斯范式负责语法的部分。拥有一个简单易懂并且符合工程师直觉的语法是一款程序语言成功的必要因素之一。如下代码所示，Go 语言和 C 语言声明变量的语法就不相同。

```
// go 语言
var a int = 1
// c 语言
int a = 1;
```

由上述代码可知，两种语言在声明变量时，变量名和类型定义的顺序都是不一致的，这体现了二者语法的不同。

（2）类型系统（Type System）

类型系统是程序语言对值和表达式进行分类、操作变换以及不同类型之间交互的规范。我们熟悉的字符串、整型、浮点数等概念都是基础类型，而数组、元组、结构体和类是扩展数据类型。类型系统在各种语言之间有非常大的不同，主要的差异在于编译时期的语法以及运行时期的操作实现方式。

（3）标准库和运行时（Standard Library and Runtime System）

标准库也是程序语言的重要组成部分之一。标准库决定了程序员在只有这个程序语言支持的情况下完成自己任务的难易程度。有的程序语言有着丰富的标准库，程序员甚至不用借助任何第三方库就能完成绝大部分工作。有的程序语言由于标准库不完善，程序员需要大量借助第三方库才能让自己的工作轻松一点，这样的语言需要更优秀的特性来让自己变得更加流行。

运行时是不同语言之间的另外一大差异，Go 语言和 Java 语言等带垃圾回收机制的语言都要各自的运行时，而 Rust 和 C 等高性能语言则宣称自己零运行时开销，以此来提供更强大的性能。是否有运行时也是影响语言流行的一个重要原因。

程序语言的语法、类型系统以及标准库和运行时最终都会影响程序的语义是否清晰可读，甚至影响程序语言使用者的思维。

1.1.2 程序设计语言的发展历史

程序设计语言的发展历史大致分为四个阶段（见图 1-2），每个阶段的变化都是为了适应那个时代的需求，顺应语言使用者的习惯和期望。需要注意的是，四个阶段并不是严格按照时间顺序来划分的，而是根据语言的特性和相近性来划分的。仔细了解和研究程序设计语言发展的历史，才能清晰地知道程序语言的发展方向。

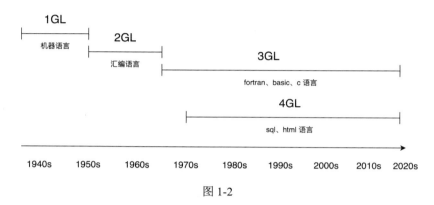

图 1-2

（1）第一代程序语言

最早的计算机程序语言的抽象层级很低，程序员需要用纯粹的机器语言编写程序。这些程序以十进制或二进制的形式"写"在卡片或纸带上，几乎是无法阅读的，因此也很容易出错，并且完全和目标机器绑定，没有任何可移植性。

这些纯粹的机器语言被称为第一代程序语言（1GL），在 20 世纪 40~50 年代被大规模使用。

（2）第二代程序语言

第二代程序语言（2GL）就是汇编语言，汇编语言的抽象层级比机器语言要高一级，能够用一些关键字来构造程序，以此控制计算机的行为，可读性比机器语言提高了不少。但汇编语言依然是和平台相关的，一个计算机架构上的汇编语言无法移植到另一个计算机架构上。

第二代程序语言在 20 世纪 50~60 年代被大规模使用，并且在部分领域使用至今。

（3）第三代程序语言

编译技术的发展让程序语言的抽象能力得到了进一步的提升，程序语言从硬件的底层（Low-Level）限制中摆脱出来，不再和特定目标机器相关联，正式迈入了高级编程语言时代。

从 Fortran 被创建出来之后，Basic、C 和 Prolog 等程序语言不断涌现。第三代程序语言（3GL）的发展至今已经经历了 60 多个年头了。这 60 多年间，各种编程范式、类型系统也随着程序语言的更迭而出现，而大大小小的程序语言也有成百上千种。

（4）第四代程序语言

第四代程序语言（4GL）以 SQL 和 HTML 为代表，它们在第三代程序语言的基础上进一步抽象，已经完全无视计算机的结构，只解决特定领域问题，比如数据查询、报表生成和 Web 开发等。第四代程序语言从 20 世纪 70 年代开始兴起，一直持续繁荣到如今。

但是这一层抽象也带来了其功能的局限性，即这类语言只能在自己的擅长领域发挥作用，在其他领域则失去了效率甚至完全不能发挥作用。也就是说，表达力上不是图灵完备的。因此也有人将第四代程序语言归类为邻域特定语言的子集。

通过上述的讲解，我们大致了解了程序语言的发展过程。可以说，程序语言的发展过程就是"对程序行为的抽象水平"的不断发展提高的过程。

高级程序设计语言，也就是对程序行为的抽象到了"与硬件无关"水平的语言，即第三代及其以上的程序语言。由于第四代语言的特殊性，本章主要讨论对象是第三代程序语言，也就是 Go、Java 和 C++ 等这些语言。后续章节中进行编程语言特性对比时也往往选择第三代程序语言。

1.1.3　高级语言分类

高级程序设计语言是我们日常接触最多的编程语言范畴。它可以按照多种标准进行分类，比如说应用领域、类型系统和编程范式等。

1．按照应用领域划分

根据程序语言的应用领域进行划分，可以将程序语言分为通用编程语言和领域特定语言两类。

（1）通用编程语言即被设计为各种应用领域服务的编程语言，不含有为特定领域设计的结构。常见的 Go、C、Java 和 Python 等都是通用编程语言。

（2）领域特定语言即专门针对特定应用领域的程序语言。常见的领域特定语言有 SQL、HTML 和 Gradle 等。

2．按照类型系统划分

按程序语言的类型系统来分，程序语言可分为无类型语言和有类型语言两类。

（1）无类型语言允许在任意数据上进行任意操作，它包括大部分的汇编语言，还有 Tcl 和 Forth 等语言。

（2）有类型语言则限制了在不同类型数据上能够进行的操作。现在大部分的高级语言都是有类型语言。有类型语言又可以按照如下方式进行划分。

①　按照变量类型的决定时间进行划分，可分为静态类型和动态类型。

●　静态类型：大多数变量的类型在编译时决定。这种决定有显式声明和隐式推导两种方式。显式声明是指程序员在编写程序源代码时就把每个变量的类型进行声明，使用这种方式的语言有 Go、Java 和 C++；隐式推导是由程序语言的编译器根据变量的上下文来推导出表达式的类型，而不需要程序员在源代码中显式声明，目前 Go 语言和其他主流编程语言的高等级版本都支持这一语法糖特性。

● 动态类型：变量的类型在程序运行时才最终决定。类型与变量在程序运行时的值有关，而不是和源代码的声明有关。同隐式类型推导语言一样，表达式的类型也不需要在源代码中声明。常见的语言有 Python 和 Ruby 等。

下面的示例代码展示了动态类型语言 Python 和静态类型语言 Go 的区别。在 Python 语言中，一个变量可以先被赋值为整数，然后被赋值为字符串类型；而在 Go 语言中，此类操作会报错，因为静态语言在赋值时会进行类型检查。

```
// 动态类型
// python
a = 1
a = "s"

// 静态类型
go 声明时要明确类型
var i int = 1
// go 隐式推导
var i = 1
// 报错 Cannot use '"1"' (type string) as type int
i = "1"
```

② 根据是否有类型的隐式转换进行划分，可分为弱类型和强类型。

● 弱类型：弱类型语言允许表达式涉及的变量类型不匹配时进行隐式类型转换，比如将字符串转换为整型。弱类型通常是通过类型的隐式转换来实现的，即把字符串隐式转换成整型后再进行后续操作。JavaScript 和 PHP 一般被认为是弱类型语言。

● 强类型：强类型语言则在类型不匹配时直接出错或由编译器提示编译不通过。在这种意义上，强类型语言也可以理解为类型安全语言，更容易发现问题。Go、Java 一般被认为是强类型语言。

下面的示例代码展示了在 JavaScript 语言中可以将字符串和整数进行相加操作，而在 Go 语言中，编译器会提示报错。

```
// 弱类型，javascript，返回值 "12"，因为字符串类型在前，所以数值 2 转换为 "2"，然
后进行字符串拼接
var x = "1" + 2
// 强类型，go 报错如下 Invalid operation: "1" + 2 (mismatched types string
and untyped int)
i := "1"+2
```

图 1-3 所示为把有类型语言按照静态、动态类型和强、弱类型来直观划分的示意。

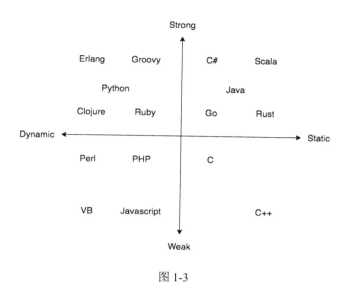

图 1-3

3．按照编程范式划分

根据编程语言所提倡的编程范式，也可以对语言进行划分。编程范式即一类典型的编程风格。正如软件工程中提倡诸如敏捷、原型、瀑布等不同的工程方法一样，不同的编程语言也会提倡不同的编程范式。一些语言是专门为某个特定的范式设计的，如 Ruby 是为面向对象编程设计的，Haskell 和 Lisp 则是为函数式编程设计的；而有些语言则支持多种编程范式，如 Python 语言支持过程化编程和面向对象编程，C++语言支持过程化编程、面向对象编程和泛型编程。

因为程序语言有成百上千种，各自都有自己独特的编程范式。目前较为主流且有影响力的编程范式如表 1-1 所示。

表 1-1

编程范式	简　　介	主要特征	典型代表
结构化编程	命令式编程的一种，有更多的逻辑子结构	禁止或限制 goto 语句的使用	C、Python、PHP
面向对象编程	将数据（Data）和数据相关的行为（Behavior）绑定为对象（Object），所有行为都基于对象的 Behavior 产生	对象、消息传递、封装、多态、继承	C++、Java、Ruby、Javascript
函数式编程	将计算看作数学里的函数计算，避免使用可变的状态和数据	匿名函数、组合、递归、无副作用	Lisp、Clojure、Erlang、Haskell

4．按照执行方式

根据编程语言执行所需的过程和方式不同，可以将语言分为编译型语言（Compiled Language）和解释性语言（Interpreted Language）。编译型语言会经过编译器先行编译为机器代码，之后再运行；而解释性编程语言则是将代码逐句解释后再运行，这种编程语言需要利用解释器。在运行前，解释器动态地将代码逐句解释（Interpret）为机器代码，或是已经预先编译为机器代码的子程序，之后再运行。

常见的编译型语言包括 Go 语言和 C 语言，而解释性语言包括 Lua 和 JavaScript 等语言。随着编程语言的发展，二者的边界逐渐模糊，有些语言可以根据需要选择编译后执行，也可选择直接解释执行，比如 Python 语言；也有一些语言采用混合方式，先将代码编译成字节码，再解释执行，比如 Java 和 C#。

1.2 为什么要研究编程语言

面对不同的场景，我们要从众多的编程语言中选择最适用于该场景的语言来进行实践，所以我们需要对高级语言的共性和特性做到熟稔于心，这样才能不迷失在日新月异的新技术、新语言和新框架中，这也是我们深入研究高级语言的原因。

1.2.1 当今流行编程语言的概况

在讨论影响程序语言流行的因素之前，让我们先来看一看现在流行语言的趋势与概况，图 1-4 是 2022 年 2 月份的 TIOBE 语言流行排行榜。

Feb 2022	Feb 2021	Change	Programming Language	Ratings	Change
1	3	^	Python	15.33%	+4.47%
2	1	v	C	14.08%	-2.26%
3	2	v	Java	12.13%	+0.84%
4	4		C++	8.01%	+1.13%
5	5		C#	5.37%	+0.93%
6	6		Visual Basic	5.23%	+0.90%
7	7		JavaScript	1.83%	-0.45%
8	8		PHP	1.79%	+0.04%
9	10	^	Assembly language	1.60%	-0.06%
10	9		SQL	1.55%	-0.18%
11	13	^	Go	1.23%	-0.05%
12	15	^	Swift	1.18%	+0.04%

图 1-4

我们选择其中比较具有代表性的语言进行具体介绍，如表 1-2 所示。

表 1-2

排　　行	语　　言	介　　绍
第一名	Python	随着大数据和人工智能的兴起，Python 语言凭借其接近英语、简单易懂的语法特点成了大部分数据科学框架（如 TensorFlow 和 Scikit-learn）的默认语言
第二名	C	作为 Linux 的默认编程语言，C 语言的活跃和 Linux 在服务器端的优势是密不可分的
第三名	Java	作为最流行的面向对象语言之一，Java 语言通过其丰富的第三方库和完善的生态系统征服了后端编程领域的大片江山，然后又依赖于 Android 移动操作系统，Java 语言又迎来了它的春天
第四名	C++	C++ 作为老牌的面向对象语言，即使历史已经相当悠久，但仍然在吸取新的思想，推出了 C++ 11 和 C++ 20 等版本，继续维持活力
第七名	JavaScript	作为现代浏览器中可以运行的主流脚本语言，所有浏览器前端库都需要基于 JavaScript 实现。因此，JavaScript 会在互联网大潮中流行开来
第十一名	Go	作为新兴语言，因其简介的语法、高性能和适用于互联网业务场景的特性而迅速发展

1.2.2　效率是程序语言流行的决定因素

一款程序设计语言能够流行的背后，往往与时代的潮流密不可分。一般有新兴领域、新的范式流行和新出现的操作系统三类潮流。

（1）新兴领域

一个前景广阔的新领域可以带动相关语言一同发展，吸引更多的人使用。比如，JavaScript、CSS、PHP 和 Ruby 跟随着互联网大潮一同流行开来；而 Python 则是随着数据科学和人工智能的兴起流行开来的。

（2）流行范式

一个范式的流行也能带动其代表性程序语言的流行。面向对象编程范式的流行助力了 Java、C++和 Ruby 等面向对象语言的流行。

（3）操作系统

操作系统的兴起会带动程序语言的流行。C 和 C# 作为 Linux 与 Windows 的默认编程语言，受益于 Linux 和 Windows 在服务器端和桌面端的统治地位而大行其道。Java 作为 Android 移动操作系统上的默认编程语言，也随着 Android 的流行而流行起来。

这些时代因素无不影响着程序语言的流行程度，但在这些因素的背后，真正影响语言流行与否的决定因素是效率。作为操作系统默认官方语言一定是最高效的，所以它成为该系统编程的首选语言，从而伴随系统的流行而流行起来。但是当有其他更高效语言出现时，该语言往往会被替代，比如说 Java 最初是 Android 平台的默认语言，但是后续更高效的 Kotlin 语言逐渐成了首选；与此类似的，在新兴领域或新兴范式中，效率更高的语言也会打败其他语言，被更多的程序员青睐。

因此，效率是决定程序语言流行的唯一因素。程序设计语言是为了解放程序设计者的生产力，用最少的投入，获得更多更好的软件产出物。而生产效率更高的程序语言自然也就能更受青睐，更加流行。

下面主要讨论的是从不同方面影响程序语言生产效率的因素，为我们后续选择学习语言和预测语言未来发展趋势提供判断依据。

1. 语言的精练程度

程序语言的精练程度，即仅使用少量的语句就能表达出丰富的意思。这是程序语言生产效率的一部分，一款编程语言越精练，设计者也就能用更少的代码量来完成相同的任务。比如 Java 语言就因为其语法复杂重复而为人诟病，而 Go 语言和 Python 语言因其简洁而被推崇。我们来看下面的代码，Go 语言和 Java 语言分别使用协程和线程执行对应函数进行打印，可见二者在语法简练方面的差异。

```
// Go 启动协程
go log()
func log () {
    fmt.Println("多线程")
}
// Java 启动多线程
ThreadLog t1 = new ThreadLog();
t1.start()
class ThreadLog extend Thread {
    public void run() {
        System.out.println("多线程");
    }
}
```

程序语言的精练程度不仅仅涉及其语法的复杂或简洁，还受其抽象程度的影响。一个语言越抽象，相同行数的代码所蕴含的信息量也就越大，这个语言也就越精练。抽象层次最高的语言就是领域特定语言，能通过最精练的语句，完成该领域内的特定任务。

上面的 Go 语言和 Java 语言示例代码也体现了二者对于协程和线程抽象程度的不同，Go 语言使用 go 关键字即可以启动一个协程执行函数，而 Java 语言则必须初始化一个继承 Thread 父类的对象，并调用其 start 方法。

也正是因此，程序语言的发展是一个不断抽象的过程，当抽象层级更高的语言出现时，往往是原有抽象层级更低的语言被逐步代替的开始。

举个例子，移动应用 Dulingo 的 Android 项目从 Java 语言迁移到 Kotlin 语言，代码平均函数减少了 30%，这就意味着更少的开发时间和更少的 Bug 数量。可见两种语言在语法简练和抽象程度上都有一定差异。

但是，很多在抽象程度上很高，语法简单，也有着优秀类型系统的精练语言也没有流行起来。这说明，语言的精练程度并不是决定语言是否高效或者流行的唯一因素，一个语言的高效和流行程度还取决于其他因素。

2．库

随着计算机软件的不断发展，现在大部分的软件都必须以团队协作的方式进行开发，代码的重用显得愈发重要。而开源运动（Open Source），也让代码重用变得更加简单。一个语法精练、抽象程度高但是没有完善库支持的编程语言，大概率无法和一个有着丰富的库支持的语言进行竞争。毕竟，最高效的开发模式就是直接复用其他开发者已经完成并验证过的代码。因此，可复用代码的规模或者程序语言库（Library）的数量成为影响开发效率的重要因素。

而库的数量又包含两个方面：标准库和第三方库。

（1）标准库（Standard Library）

标准库是编程语言本身提供的可复用的代码片段。其最初仅提供一些基本操作，如IO、数学运算、字符串操作和内存管理等。随着计算机功能的逐渐增多，语言的标准库也不断丰富完善，添加了诸如网络传输的 net/http、HTML 网页处理的 html/template 和正则表达式 regexp 等功能。

可以说，一个语言的标准库对于其生产效率起着至关重要的作用，原因主要有二：

一是标准库是一个语言中被重复使用最多并且复用最容易的代码。标准库的功能越全，质量越高，开发效率也就越高；

二是标准库起到了标杆作用。在开发者学习一门语言时，标准库往往代表着这个语言的核心思想，作为范例供学习者参考。标准库的质量越高，开发者掌握该语言也就越快，完成的项目质量也更高。

当然，标准库功能越丰富，也相应增加了这个语言的学习成本，设计者要在标准库的功能和学习成本之间做出取舍，找到适当的平衡点，将多余的功能交给第三方库来完成。

（2）第三方库

第三方库是标准库的补充，是开源社区提供的经过验证的可复用代码片段，它们的数量基本决定了编程语言针对某一通用领域或者功能的开发效率。它们的数量越多，质量越好，代表着开发者的选择就越多；反之，开发者只能实现自己的解决方案并进行功能验证，这无疑会降低开发效率。编程语言和开源库的关系如图 1-5 所示。

因此第三方库在现代的软件开发中扮演着越来越重要的角色，其影响力甚至能超过语言本身，优秀的第三方库可以反过来提高相应语言的影响力。比如说，Ruby on Rails 的优秀特性促进了 Ruby 语言的流行。当 Ruby on Rails 在 2005 年发布时，Web 领域的流行框架都非常烦琐，易用程度低，Ruby on Rails 凭借 Ruby 的灵活特性和其自身的优秀设计迅速地在 Web 领域获得大量关注，大量的 Web 开发者开始使用 Ruby on Rails 来构建Web 网络应用。可以说，Ruby on Rails 的出现使得 Ruby 成为了 Web 领域最有竞争力的流行语言之一。

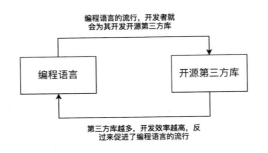

图 1-5

3. 工具链

语言的精练程度和库的数量、质量影响着开发者使用编程语言完成代码编程工作的质量和所需时间。但是软件工程开发除了代码编写，还有对应的代码规范检查、测试、持续集成和部署等关键行为，所以另一个能影响开发效率的重要因素就是语言对应的工具链的成熟程度。它决定着开发者在使用这个语言时的整体开发体验和效率。

因此，在移动开发领域，Apple 和 Google 两大公司都在不断地完善 iOS 和 Android 这两大移动操作系统应用的工具链，分别对应的是 iOS 的 Xcode 和 Android 的 Android Studio。

而 Go 语言亦不落后，它提供了测试、基准测试、性能分析、代码 format 和 lint 等各类工具，极大地提高了开发者使用 Go 语言进行开发、测试和性能优化的效率。

综合上述的讨论，我们发现，并没有某个或者某些原因能完全决定某个语言能不能变得流行，有些好语言并没有流行，而一些设计上相对较差的语言却广受欢迎，这也体现了 Worse is Better 的准则。因此，在我们学习或研究程序设计语言时，需要从不同维度出发考虑各种问题。

特别地，我们需要从程序员和语言实现者两个角度出发考虑。有时，这两者是一致的，例如对性能的追求。然而事情往往不会如此美好，程序员和语言实现者经常是矛盾的，常常需要在对一种特征的概念诉求与其实现代价之间做出某种平衡。

对于程序员而言，最好把语言定义为一种表述逻辑和算法的工具。就像自然语言限制着人解释和论述的方式一样，程序设计语言也限制了什么可以表达，什么不可以表达，这对程序员需要怎么样思考问题有着深刻而微妙的影响。因此，掌握不同种类的编程语言有利于开发者进行更加全面的思考。

1.2.3 了解高级语言的重要性

程序设计语言处于计算机科学的中心，也处于计算机课程体系的核心位置。熟悉了一种或者几种高级语言的开发者，一般也迫切希望了解在这些看似各异的编程语言背后是否存在着一套通用的原理和实践规范。

首先，对于语言设计和实现的深入理解可以帮助程序员针对任何特定工作选择最合适的语言。不同背景下的每一项开发工作往往都有最为合适的开发语言，比如操作系统的 C 语言、文本处理的 Perl 语言和云原生开发的 Go 语言等。

其次，很多编程语言之间都有很密切的关系。对一门语言设计和实现进行深入理解，有助于程序员更快、更好地学习和使用其他编程语言。如程序员深入了解了 C++，学习 Java 或者 Rust 就会更容易一些。

更重要的是，有些基本概念和最佳实践是所有程序设计语言所通用的，比如说内存和垃圾回收、多线程、类型系统、高并发处理和数据存储等。这些内容都会在本书的后续章节中进行讲解。从这些概念出发去思考问题，将使我们更容易把握新语言的语法和语义，让程序员更容易学好一门语言。

本书以全面深入了解 Go 语言为主线，穿插讲解诸如内存分配、类型系统等基本领域知识和最佳实践，并与其他编程语言进行对比，让读者掌握 Go 语言的开发精髓的同时，也更加通晓不同编程语言之间的差异。

1.3　本书的主角：Go 语言

Go 语言是 Google 公司开发的一种静态强类型、编译型、并发型编程语言，并具有垃圾回收功能。它是由 UNIX 开发者 Bob Pike 和 Ken Tompson 主导设计开发的，因此受到广泛关注。Go 语言于 2009 年 11 月正式宣布推出，成为开放源代码项目，支持 Linux、macOS 和 Windows 等操作系统。2016 年，Go 语言被 TIOBE 选为年度最佳语言。

Go 语言在多核并发上拥有原生的设计优势，充分利用现代硬件性能又兼顾开发效率，设计的目标是为了拥有类似 Python 等动态语言的开发速度，并在此基础上提供 C/C++ 等编译型语言的性能和安全。

Go 语言具备很强的语言表达能力，支持静态类型安全，能够快速编译大型项目；同时也能让开发人员访问底层操作系统，极力挖掘计算机 CPU 资源，还提供了强大的网络编程和并发编程支持。

Go 语言具备以下特性：

（1）从底层支持并发，无须第三方库支持，对开发者的编程技巧和开发经验要求较低；

（2）支持自动垃圾回收，避免内存泄漏；

（3）支持函数多返回值；

（4）支持匿名函数和闭包；

（5）支持反射；

（6）提供强大的标准库支持；

（7）同时提供动态语言特性。

Go 语言简单、高效、并发的特性吸引了众多开发人员加入 Go 语言的开发队伍中。目前已经涌现大量通过 Go 语言原生开发的大型开源项目，并在软件行业中发挥重要作用。其中包括 Docker、Kubernetes、Etcd 和 TiDB 等。

1.3.1 体现 Go 语言特性的五个关键词

2009 年 11 月，Google 公司在 Go 语言的发布会上用五个关键词阐释了该语言的特性，它们分别是：New、Experimental、Concurrent、Garbage-Collected 和 Systems。

下面，我们依次来了解一下这些关键词的具体含义

1．New（新）

2009 年以前的 10 年中，有很多新的编程语言相继诞生，并获得一定程度的应用，但能触及 C 和 C++领域的新的系统编程语言却迟迟没有出现。另外，编程语言所面临的硬件或网络环境也在不断发生变化，如网络的普及、多核和大规模集群等，而目前主流的系统编程语言却没有针对这一变化作出应对。Go 语言的开发者认为，上述原因促使他们必须创造一种开发效率更高的新的系统编程语言。

2．Experimental（实验性的）

一种编程语言从出现到实用化再到大规模流行，一般会经过很长的时间。而 Go 语言从 2007 年开始，只经过了两年左右的开发，在 2009 年 1.0 发布之时就获得了全世界的关注。但即便如此，Go 语言所吸收的那些新概念是否能真正被世界所接受，当时还是个未知数。从这个意义上来看，在发布之初，它还只是一种实验性的语言。

3．Concurrent（并发的）

并发编程能够最大限度地利用当前计算器多核，甚至是超线程（Hyper-Threading）环境的 CPU 性能。因此，为了实现更高开发效率的并发编程，编程语言本身也必须具备支持并发编程的特性。当时主流的系统编程语言中并没有在语言规格层面上考虑到并发编程，而 Go 语言却提供了协程，并极大地提高了开发并发编程的效率。这一点成为 Go 语言变得流行的原因之一。

4．Garbage-Collected（带垃圾回收的）

Garbage-Collected（GC）意味着语言在运行时会自动回收堆上不需要使用的对象，从而实现对堆内存空间的高效利用。

依靠开发者管理堆上内存的分配和释放是危险的，容易导致内存泄漏、非法访问和悬垂指针等严重问题，所以在现代编程语言中，GC 是一种不可或缺的机制。Java 语言的流行使 GC 走进普通的编程领域，并得到广泛的认知。在 Java 语言之前，大家对 GC 的主流观点是：要么认为它在性能上有问题，要么认为它在系统编程中是不需要的。C 和 C++这样的系统编程语言没有提供 GC 机制，应该也是出于这个原因吧！

然而，现在情况变了。作为 21 世纪的系统编程语言，Go 语言具备了 GC 机制，从而降低了对象管理的消耗，程序员的负荷也跟着减轻，从而使得开发效率得到了提高。

5．Systems（系统）

系统编程语言一般被认为是用来编写基础底层系统且对性能十分重视的语言；从这个定位上来说，应该说是 C 和 C++所覆盖的领域。而 Go 语言是 Google 公司对于内部系统编程语言不满而产生的一个结果。

在 Google 公司中，由于对海量数据和大规模集群处理有较大的需求，因此便愈发需要一种高性能的编程语言。为了避免使用多种编程语言所造成的管理成本的上升，Google公司对官方项目中能够使用的语言进行了严格的限制，只有 C、C++、Java、JavaScript和 Python 这 5 种编程语言。然而，用于系统编程的 C 和 C++则显得有些古老，二者在语言层面对开发效率的支持显得不足。

1.3.2　Go 语言基础语法

下面简单讲解 Go 语言的基础语法，包括快速开始、控制结构、类型声明、面向对象、多函数返回值、错误处理、并发编程等七个方面。对于已经熟知 Go 语言基础语法的读者，可以忽略下面的内容。

1．快速开始

Hello World 可以说是大多数开发者学习编程语言编写的第一个程序，Go 语言版本的Hello World 如下所示：

```
package main // 这段程序属于名为 "main" 的包
import "fmt" // 使用名为"fmt"的包
func main () {
    //使用 fmt 包中的 Printf 函数
    fmt.Printf("Hello, 世界\n");
}
```

上述代码用 Go 语言编写的 Hello World 只是打印了"Hello，世界"。它首先使用 import语句导入基础库中提供打印日志相关方法的 fmt 包，然后调用 Printf()函数进行打印。

Printf()方法的函数名以大写字母 P 开头，它体现了 Go 语言公开性规则，即大写字母开头的名称表示是公开的，可以在包外部访问，而小写字母开头的名称表示私有，只能在包内部访问。根据这条规则，Go 语言中所有公开的方法名都是以大写字母开头的。

2．Go 语言的控制结构

Go 语言的分支控制与其他语言一致，简单的表达样式如下：

```
if expression1 {
    branch1
} else if expression2 {
    branch2
```

```
} else {
    branch3
}
```

Go 语言中规定与 if 匹配的"{"必须与 if 和表达式位于同一行，否则会提示错误；同样地，else 也必须与上一个分支的"}"位于同一行。表达式两边可以省略"()"。

除了 if 关键值，Go 语言中还提供了 switch 语句对大量的值和表达式进行判断。为了避免人为错误，switch 中的每一个 case 都是独立的代码块，不需要通过 break 关键字跳出 switch 选择体，如果继续执行接下来的 case 判断，则需要添加 fallthrough 关键字对两个 case 进行连接。除了支持数值常量，Go 语言的 switch 还能对字符串、表达式等复杂情况进行处理。我们来看一个简单的例子，代码如下：

```
// 根据人名分配工作
name := "小红"
switch name {
case "小明":
    fmt.Println("扫地")
case "小红":
    fmt.Println("擦黑板")
case "小刚":
    fmt.Println("倒垃圾")
default:
    fmt.Println("没人干活")
}
```

在上面的代码中，每一个 case 都是字符串样式，且无须通过 break 控制跳出。

如果需要在 case 中判断表达式，那么 switch 后面不再需要表达式或变量；具体如下代码所示：

```
// 根据分数判断成绩的优劣
score := 90
switch {
case score < 100 && score >= 90:
    fmt.Println("优秀")
case score < 90 && score >= 80:
    fmt.Println("良好")
case score < 80 && score >= 60:
    fmt.Println("及格")
case score < 60 :
    fmt.Println("不及格")
default:
    fmt.Println("分数错误")
}
```

Go 语言的循环体仅提供了 for 关键字，而没有其他语言中提供的 while 或者 do...while 形式，基本样式如下代码所示：

```
for init;condition;end{
    循环体代码
}
```

其中，初始语句、条件表达式、结束语句都是可默认的。如果三者都默认，这将变成一个无限循环语句；可以通过 break 关键字跳出循环体以及使用 continue 关键字继续下一个循环。

3．类型声明

变量是程序运行过程中存储数据的抽象概念，它的值是允许改变的；与之相对的是常量，它的值在程序运行过程中是不允许变化的。

下面，我们声明一个字符串类型的变量 input，代码如下：

```
var input string
```

在上述代码中，我们使用 var 关键字声明了一个"string"类型且名为"input"的变量。var 是 Go 语言中声明变量的关键字。Go 语言在声明变量时，会自动把变量对应的内存区域进行初始化操作，且每个变量会被初始化为其类型的默认值。一些常见的变量的声明样式如下：

```
var a int           //声明一个 int 类型的变量
var b string        //声明一个 string 类型的变量
var c []float        //声明一个 float 类型的切片
var d struct{        // 声明一个匿名结构体，该结构体有一个 int 类型的字段
    x int
}
var e func() bool    //声明一个函数变量

var (
    f int
    g string
)
// 同时声明多组变量
```

在 Go 语言中，被声明的变量必须被使用，否则会被编译器抛出异常错误。

在对变量进行声明之后，我们还需要对变量空白的内存区域进行初始化，也就是赋值。与其他的语言一致，通过赋值符号"="进行初始化，如下代码所示：

```
var a int = 100
```

在上述代码中，声明了一个 int 类型的变量 a，并将其赋值为 100。变量初始化的样式如下：

```
var name T = 表达式
```

当然可以利用 Go 语言提供的类型来推导语法糖特性，精简为如下代码：

```
var a = 100
b:= "Hello"
```

在省略了类型属性后，编译器会尝试根据等号右边的表达式推导出变量的类型。注意，在使用这种赋值语句时，接受赋值的变量必须有一个是未定义过的变量；否则，会出现编译错误。同时 ":=" 不能出现在全局变量的声明和初始化中；如下代码所示：

```
var a = 100
a := 100              //编译报错
a, b := 100, "OK"     //变量b未定义，无异常
```

在上述代码中，"a := 100 " 会在编译过程中抛出 "no new variables on left side of := " 的报错；而 "a, b := 100 " 则不会。

我们可以尝试运行如下代码来看编译器的类型推导结果。

```
// Variable.go
package main
import "fmt"
func main() {
    var a int = 100
    var b = "100"
    c := 0.17
    fmt.Printf("a value is %v, type is %T\n", a, a)
    fmt.Printf("b value is %v, type is %T\n", b, b)
    fmt.Printf("c value is %v, type is %T\n", c, c)

}
```

输出结果如下：

```
a value is 100, type is int
b value is 100, type is string
c value is 0.17, type is float64
```

从上述输出结果中可以看到，变量都被赋予了正确的变量类型。需要注意的是，为了提供精度，浮点数类型会被默认推导为 float64。

与 C 语言相比，除了类型推导的语法糖特性，Go 语言还提供了多重赋值和匿名变量的语法糖特性。

在 Java 等编程语言中，如果我们想要交换变量的值，就需要借助一个第三方临时变量来实现，如下代码所示：

```
var a int = 1
var b int = 2
var tmp int

tmp = a
a = b
b = tmp
```

在 Go 语言中，我们可以通过多重赋值的特性轻松实现类似的变量交换任务，如下代码所示：

```
var a int = 1
var b int = 2

b, a = a, b
```

在多重赋值的过程中，变量的左值和右值按照从左往右的顺序赋值。

前面讲过，在 Go 语言中，被声明的变量必须被使用，否则会被编译器抛出异常错误。Go 语言支持函数多返回值和多重赋值，但是有些时候我们不需要使用某些返回值，可以使用匿名变量处理，具体例子如下代码所示：

```
// Anonymous.go
package main
import "fmt"

// 返回一个人的姓和名
func getName() (string, string){
    return "王", "小二"
}

func main() {
    surname,_:= getName()        // 使用匿名变量
    _, personalName := getName()// 使用匿名变量

    fmt.Printf("My surname is %v and my personal name is %v", surname,
personalName)
}
```

通过在不需要变量声明的地方使用 "_" 代替变量名，就可以忽略部分不需要的函数返回值。匿名变量不占用命名空间，也不会分配内存。匿名变量与匿名变量之间也不会因为多次声明而无法使用。

4．面向对象

Go 语言虽然是一种静态语言，但却具有与动态语言机制相似的面向对象功能。这其中最大的特征就是无继承，Go 语言的面向对象机制相较于基于继承机制的 Java 等语言以及基于原型机制的 JavaScript 语言都不相同，本书的第 8 章会重点讲解。

首先，Go 语言中几乎所有的值都是对象，而对象就可以定义方法。Go 语言的方法是一种 "指定了接收器（Receiver）的函数"，如下代码所示：

```
func (p *Point) Move(x, y float) { ... }
```

Go 语言的方法定义中指定了接收器，其函数名 Move 前括号括起来的部分就是接收器。所有函数的接收器名称也必须逐一指定。方法的定义和接收器自身类型的定义可以在完全不同的地方进行。Go 语言中几乎所有类型都可以进行额外函数定义，int 等内置类型不能被直接添加方法，但是我们可以给它设置一个别名类型，然后再向这个别名类型添加方法。

方法的调用方式如下代码所示：

```
p.Move(100.0, 100.0)
```

和 C 语言不同，Go 语言本身可以区分是否为指针，因此不需要开发者判断是用"."还是"->"来进行函数调用。由于 Go 语言没有继承，因此非接口类型变量通常是没有多态性的，其方法调用是静态的。也就是说，如果变量 p 是 Point 型，那么 p.Move 必定表示调用 Point 型中的 Move 方法。然而，如果只有静态函数调用，那么作为面向对象编程语言来说就缺少了多态这一重要特性。因此在 Go 语言中，通过使用接口（Interface）就实现了动态函数调用。Go 语言的接口和 Java 语言的接口相似，都是方法定义的集合，具体定义如下代码所示：

```
type Writer interface {
    Write(p []byte) int
}
```

在上述代码中，interface 中只能定义方法的类型声明，因此不需要保留字 func 和接收器类型。

Go 语言的接口不同于 Java 等常见面向对象语言的接口在于：对于某个类型是否满足某个接口，不需要事先进行声明。在 Java 语言中，必须在类定义时用 implements 关键字指定该类实现了哪些接口。在 Go 语言中，无须进行显式声明，任何类型只要完全实现了接口中定义的方法，就被认为实现了该接口。

Go 语言不支持类的继承，而是使用嵌入语法提供组合设计模式的语法糖来部分代替继承的功能。在 Go 语言中，如果将结构体的成员指定为一个匿名类型，则该类型就被嵌入到结构体中。在这里很重要的一点是，被嵌入结构体会拥有嵌入类型的所有成员变量和方法。

这样一来，大家可能会想，成员和方法的名称会不会发生重复呢？Go 语言是通过下列这些独特的规则来解决这一问题的：

（1）当重复的名称位于不同层级时，外层优先；

（2）当它们位于相同层级时，名称重复并不会直接引发错误；

（3）只有当拥有重复名称的成员被访问时，才会出错；

（4）访问名称重复的成员时，需要显式指定嵌入的类型名称。

最后一条规则不容易理解，我们通过下面的代码来进行讲解。

```
type A struct {
    x, y int
}
type B struct {
    y, z int
}
type C struct {
    A        // x, y
```

```
    B              // y, z --y与A重复
    z int          // z与B重复
}
```

如上述代码所示，结构体 C 和嵌入其中的结构体 B 都拥有 z 这一名称重复的成员。因为结构体 C 和 B 的层级不同，结构体 C 的层级更靠外，所以访问 z 时会优先访问 C 结构体中的 z 变量。如果要访问在 B 中定义的 z，则需要使用 B.z 这样的形式。结构体 A 和结构体 B 都拥有 y 这一名称重复的成员。因此，在包含 A 和 B 两个嵌入类型的结构体 C 中，两个重复的 y 成员位于同一层级。于是，当引用结构体 C 的 y 成员时，就会提示出错。在这种情况下就需要显式指定结构体的名称，如 A.y 或 B.y。

5. 多函数返回值

Go 语言的另一大特性是函数可以有多个返回值。如果在声明返回值时指定了变量名，则可以自动在遇到 return 语句时返回该指定变量的当前值，而不必在 return 语句中指定返回值；具体如下代码所示：

```
// 函数定义(多个返回值)
func f3(i int) (r float, i int) {
    r = 10.0;
    i = i;
    return; // 返回10.0和i
}
```

接收返回值采用的是多重赋值的方法，其代码如下：

```
a, b := f3(4); // a=10.0; b=4
```

6. 错误处理

Go 语言的错误处理也使用了多值机制。相比之下，C 语言由于只能返回单值，且又不具备异常机制，因此当发生错误时，需要返回一个特殊值（如 NULL 或者负值等）来将错误信息传达给调用方。UNIX 的系统调用（system call）和库调用（library call）大体上也采用了类似的规则。Go 语言通过多值机制，可以在原本返回值的基础上，同时返回错误信息值。例如，在 Go 语言中打开文件进行错误处理的代码如下：

```
f,err := os.OpenFile(文件名,os.O_RDONLY,0);
if err != nil {
    ... open 失败时的处理...
}
```

此外，Go 语言也可以通过 defer 和 recovery 语句来进行发生异常后的代码逻辑处理。defer 语句所指定的方法在 defer 所在函数执行完毕时一定会被调用。例如，为了保证打开的文件最终会被关闭，可以用 defer 语句来实现，代码如下：

```
f,err := os.OpenFile(文件名,O_RDONLY,0);
defer f.Close();
```

同样地，开发者可以组合使用 defer 和 recovery 语句来处理异常，更加深入的内容读

者可以阅读本书第 7 章；下面的代码是简单的示例。

```
defer func() {
    if err := recover(); err != nil {
        // handle error
    }
}()
```

7．并发编程

如果要列举 Go 语言最令人印象深刻的特点，并发编程首当其冲。Go 语言中内置了对并发编程的支持，这一功能参考了 CSP（Communicating Sequential Processes，通信顺序进程）模型。通信顺序进程是一种用来描述并行系统交互模式的形式语言，最早由托尼·霍尔在 1979 年提出。

Go 语言使用关键词 go 来进行并发逻辑执行。go 是 Go 语言特有的关键词，通过这个关键词，开发者可创建新的协程，如下代码所示：

```
go f(42);
```

f()函数在独立的协程中执行，和 go 语句后面的语句是并行运作的。Go 语言的 Goroutine 支持内存空间共享，是轻型的，且支持自动上下文切换，因此可以充分利用多核的性能。在实现上，根据核心数量自动生成操作系统的线程，并为 Goroutine 的运行进行适当的分配。读者可以阅读本书第 5 章来了解有关协程更深入的原理。

此外，Go 语言利用通道（channel）作为 Goroutine 之间的通信手段。通道是一种类似队列的机制，可以双向读写，也可以声明成只读或只写。写入和读出操作使用"<-"操作符来完成，具体如下代码所示：

```
// 创建通道
c := make(chan int);
c <- 42      // 向通道添加值
v := <- c    // 取出值并赋给变量
```

下面，我们来看一个用 Goroutine 和通道编写的简单示例程序。在这个程序中，通过通道将多个 Goroutine 连接起来，这些 Goroutine 分别将值加 1，并传递给下一个 Goroutine。向最开始的通道写入 0，则返回由整个 Goroutine 链所生成的 Goroutine 个数。这个程序中我们生成了 10 万个 Goroutine。具体代码如下：

```
import "fmt"
const ngoroutine = 100000
func f(left, right chan int) {
        left <- 1 + <-right
}
func main() {
        leftmost := make(chan int)
        var left, right chan int = nil, leftmost
```

```
    for i := 0; i < ngoroutine; i++ {
            left, right = right, make(chan int)
            go f(left, right)
    }
    right <- 0 // bang!
    x := <-leftmost // wait for completion
    fmt.Println(x) // 100000
}
```

—— 本章小结 ——

作为本书的开篇章节，我们了解了高级编程语言演变的历史和分类标准，探讨了为什么某些高级编程语言能够成为流行语言，以及其流行背后的本质原因：效率。

正是因为效率不同，我们才需要认真地深入了解编程语言，为后续选择编程语言作为项目开发语言和学习新编程语言作好准备。

最后，我们介绍了 Go 语言的特性和基础语法，讲解了 Go 语言出现的背后原因和自身期望。

在接下来的 11 个章节中，我们分为三大部分来深入讲解 Go 语言。第一部分是基础部分，讲解 Go 语言基础库中的数据结构以及并发结构的原理和实现；第二部分则是核心部分，讲解 Go 语言的内存分配和垃圾回收、协程、错误处理、类型系统、网络处理等核心特性或相关领域的最佳实践；最后一部分则介绍 Go 语言工程化的一些知识，通过 etcd 等开源项目里的最佳实践来回顾前两部分的部分知识，望读者们不仅仅阅读书本知识，还要勤于实践，这样才能事半功倍，全面并深入地了解 Go 语言，并掌握各种领域的基础知识和最佳实践。

第 2 章　数据结构源码分析

　　高级编程语言一般由语法、类型系统和标准库等几部分组成，对标准库的熟识和精通是程序员进阶的不二法门，因为它可以较大程度地提升开发者的效率。较为著名的标准库有 Java 标准库和 C++ 的 STL。Go 语言也提供了强大并且丰富的标准库。

　　大部分编程语言的标准库都至少包含算法、数据结构和操作系统交互三部分内容，而其中数据结构是开发者日常编程中最常使用到的。本章中我们主要讲解 Go 语言标准库中常用的数据结构，包括数组、字符串、切片和哈希表，讲解的过程中笔者会融入一些简单的例子演示上述数据结构的使用方法，并期望帮助读者深入了解其具体机制和实现原理，更好地理解和使用这些数据结构。

2.1　数组

　　数组（Array）是编程语言中最常见的数据结构之一，是一种线性表数据结构。它用一组连续的内存空间来存储一组具有相同类型的数据，如图 2-1 所示。所谓线性表，是指数据按照线性排列，比如说数组、链表、队列和栈；而非线性表则包括树、堆和图等。

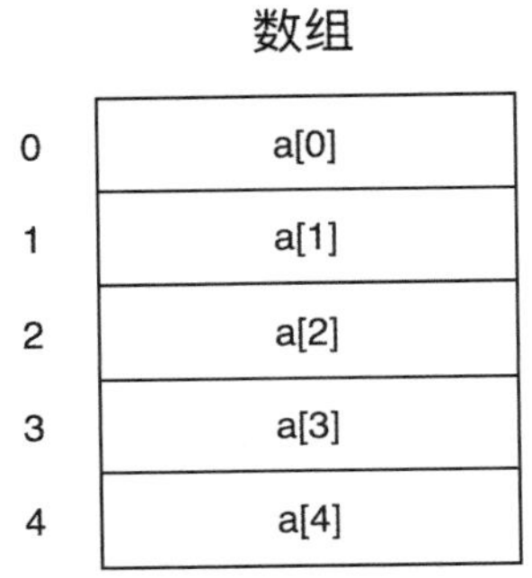

数组

0	a[0]
1	a[1]
2	a[2]
3	a[3]
4	a[4]

图 2-1

　　既然数组是一段存储固定类型固定长度的连续内存空间，那么在声明时就需要确定其大小和存储的类型。所以 Go 语言中数组的声明样式如下：

```
var name [size]T        // 统一形式
var data [10]int        // 声明大小为 10 的 int 数组
var name [10]string     // 声明大小为 10 的 string 数组
```

　　在以上代码中，数组大小（size）必须在声明时确定，可以是常量或表达式，并且之后不会改变。T 表示数组成员的类型，可为任意类型。可以说，数组的大小和成员类型是其数组类型的一部分，比如 [1]int 和 [2]int 就是两个不同的数组类型。

2.1.1　数组的基础使用

在 Go 语言中，对数组的初始化和使用与其他语言类似，可以在声明时使用初始化列表对数组进行初始化，也可以通过下标对数据成员进行访问和赋值。简单的示例代码如下：

```
func initArray()  {
    var classMates1 [3]string
    classMates1[0] = "小明"
    classMates1[1] = "小红"
    classMates1[2] = "小李" // 通过下标为数组成员赋值
    fmt.Println(classMates1)
    fmt.Println("The No.1 student is " + classMates1[0])   // 通过下标访
问数组成员
    classMates2  := [...]string{"小明", "小红", "小李"}       // 使用初始化
列表初始化列表
    fmt.Println(classMates2)
}
```

需要注意的是，在使用初始化列表初始化数组时，"[]"内的数组大小需要和"{}"内数组成员的数量一致，上述示例代码中我们使用"…"让编译器根据"{}"内成员的数量来推算数组的大小，将声明语句转换为[size]T 样式。所以，使用"…"的方式声明数组不会在运行期间引入任何额外开销。它只是 Go 语言为开发者提供的语法糖，用以减轻编写代码时需要考虑数组长度的负担。

Go 语言数组是值类型，而不是引用类型，这意味着当数组变量被赋值给一个新变量或作为函数参数传递时，会进行复制，并将数组的副本赋值给新变量或函数参数。相应地，对新数组进行修改也不会影响旧数组。在下面的示例代码中，将数组赋值给新变量，然后进行修改，会发现新旧两个变量所指向的数组数据并不相同。

```
func main() {
    a := [...]string{"1", "2", "3", "4", "5"}
    b := a
    b[0] = "6"
    fmt.Println("a is ", a)
    fmt.Println("b is ", b)
}
output
a is [1 2 3 4 5]
b is [6 2 3 4 5]
```

Go 语言数组的这一特点和 C 语言或 Java 语言明显不同。在 C 语言中，数组变量指向数组第一个元素的指针；而 Java 语言的数组变量也是指向数组的引用，所以这两种语

言在类似的场景下，新旧两个变量还是指向同一个数组，不会发生复制。

由于使用数组作为函数参数会进行复制，所以会额外消耗内存，且影响运行效率；而切片是引用传递，可以避免复制。二者作为函数参数传递的基准测试结果如下：

```go
func array(i [1024]int) int {
    return i[0]
}

func slice(i []int) int {
    return i[0]
}

func BenchmarkArray(b *testing.B) {
    var x [1024]int
    for i := 0; i < len(x); i++ {
        x[i] = i
    }
    for i := 0; i < b.N; i++ {
        array(x)
    }
}

func BenchmarkSlice(b *testing.B) {
    x := make([]int, 1024)
    for i := 0; i < len(x); i++ {
        x[i] = i
    }
    for i := 0; i < b.N; i++ {
        slice(x)
    }
}
```

上述代码分别初始化长度为 1024 的数组和切片，将其作为参数传递给对应函数，检测二者在这一场景下的性能差异。

使用 Go 语言的基准测试命令来执行，并且禁止内联和优化，观察二者的性能和内存分配情况，执行命令和输出结果如下：

```
go test -bench . -benchmem -gcflags "-N -l"
cpu: Intel(R) Core(TM) i5-5287U CPU @ 2.90GHz
BenchmarkArray-4      8077855      133.2 ns/op     0 B/op  0 allocs/op
BenchmarkSlice-4    320373192      3.800 ns/op     0 B/op  0 allocs/op
```

由上述代码可知，在测试数组的时候，循环次数是 8077855，平均每次执行时间是 133.2 ns，每次执行堆上分配内存总量是 0，分配次数也是 0。

而切片的循环次数则是 320373192 次，平均每次执行时间是 3.800 ns，相比数组作为参数快了 2 个数量级。

　　由此可见将数组和切片作为函数参数传递的巨大性能差异。不过，因为数组一般直接分配在栈上或静态区，而切片底层所对应的数据结构要分配在堆上，所以数组的声明和初始化性能一般要优于切片。

2.1.2　数组的底层数据结构

　　在上一小节中，我们了解到数组往往是一块连续的内存（虚拟内存），元素集合连续地排列在这块内存中，提供了使用位置下标、快速访问特定元素的功能。下面，我们来具体看一下数组在 Go 语言中是如何实现的。Go 语言中的数组类型定义如下：

```
Type Array struct {
    Elem  *Type // element type
    Bound int64 // number of elements; <0 if unknown yet
}
```

　　数组类型一般有两个属性：存储的元素类型和数组最大能存储的元素个数。所以在数组初始化时都要显示指定这两个属性。

　　Go 语言数组的大小在编译期间就需要确定，如果使用编译期间不能确定的变量进行声明，编译器会提示 Invalid array bound，must be a constant expression，错误示例代码如下：

```
func test(i int) int {
    a := [i]int{1, 2} // 此处编译报错
    return a[i]
}
```

　　对数组的大多数操作都是编译时进行处理，转换成对应的指令，所以数组的长度是数组类型不可或缺的一部分，并且必须在编译时确定。

　　Go 语言是强类型语言，数组在初始化后只能存储声明类型的元素，而 JavaScript 的数组则可以存储不同类型的元素。存储元素类型相同但是大小不同的数组类型在 Go 语言并不是同一类型，只有两个条件都相同才是同一类型。所以会出现如下代码所示场景：长度为 1023 的 int 数组无法作为函数实参传递给接收长度为 1024 的 int 数组作为参数的函数。

```
func test() {
    var x [1023]int
    array(x) // 编译器报错 Cannot use 'x' (type [1023]int) as type [1024]int
}
func array(i [1024]int) int {
    return i[0]
}
```

　　Go 语言在编译期间处理数组的声明和初始化时，会调用 compile/internal/types 的 NewArray() 函数来创建出该数组的类型，代码如下：

```
func NewArray(elem *Type, bound int64) *Type {
```

```
    if bound < 0 {
        Fatalf("NewArray: invalid bound %v", bound)
    }
    t := New(TARRAY)
    t.Extra = &Array{Elem: elem, Bound: bound}
    t.SetNotInHeap(elem.NotInHeap())
    return t
}
```

编译期间的数组类型是由上述代码中的 NewArray()函数生成的，使用元素类型 elem 和数组的大小 bound 来初始化 Array 结构体作为数组类型，这一类型会在整个编译过程中用于数组访问、越界检查等操作。而数组变量在运行期间其实就是指向内存的一个指针，如图 2-2 所示。

图 2-2

使用下面代码可以打印数组运行时的各项数据，包括内存地址、占用内存大小和总长度，以此了解数组的运行时形态，根据代码的输出可知，数组在内存中的大小为 32Byte，也就是四个 8Byte 的 int 值，可见数组在运行时并没有存储额外的数据，只存储了元素本身。

```
func main() {
    a := [4]int{1, 2, 3, 4}
    var p *[4]int = &a
    fmt.Printf("%p\n",p)                        // 打印指针 p 的值
    fmt.Println(unsafe.Sizeof(a))               // 打印数组 a 的内存大小
    size := unsafe.Sizeof(a[0])                 // 获取数组第一个元素所占内存大小
    fmt.Println(*(*int)(unsafe.Pointer(uintptr(unsafe.Pointer(
    &a[0]))+1*size)))                           // 通过 unsafe 来实现数组指针偏移操
                                                // 作，访问数组第二个元素的值
}
0xc0000ae010
32
2
```

使用 unsafe 的 Pointer()函数可以获取变量的内存地址，使用 Sizeof()函数可以获取变量所占内存大小，然后按照上述代码第 7 行的方式，使用内存位置偏移寻址的方式打印了数组中的第二个元素，也就是说，数组头指针地址加上一个元素内存占用的偏移量就是指向第二个元素的内存地址。

2.1.3　数组的越界检查

由于数组是长度固定的一段内存，而开发者经常会错误地使用过长的下标去访问数组中的数据，导致数组越界问题。数组访问越界是非常严重的错误，不同语言对此的处理也不相同：C 语言允许越界访问，但是会出现未定义行为；Java 语言在运行过程中会抛出 ArrayIndexOutOfBoundsException 异常；Go 语言在部分场景下可以在编译期间检查判断数组越界，它主要检查以下三种情况：

（1）访问数组的索引是非整数时，报错 "non-integer array index %v"；

（2）访问数组的索引是负数时，报错 "invalid array index %v (index must be non-negative)"；

（3）访问数组的索引越界时，报错 "invalid array index %v (out of bounds for %d-element array)"。

使用常量或者编译器确定的数值进行数组下标访问的越界错误可以在编译期间发现，比如说如下代码，编译器就会提示 "Invalid array index 3 (out of bounds for 2-element array)" 信息。这正是上述第三种情况的编译错误信息。

```
func test1() int {
    a := [2]int{1, 2}
    return a[3]  // 此处编译报错
}
```

但是如果使用变量去访问数组，编译器就无法提前发现错误，Go 语言会在运行时进行检查。Go 语言在运行时发现数组的越界操作会由 runtime.panicIndex 和 runtime.goPanicIndex 触发程序运行错误并导致崩溃退出，具体错误示例代码如下：

```
func main() {
    test(3)
}

func test(i int) int {
    a := [2]int{1, 2}
    return a[i]
}
panic: runtime error: index out of range [3] with length 2
```

当编译器在编译期间无法对数组下标是否越界作出判断时，会加入 PanicBounds 指令进行运行时判断。也就是说，在进行数组下标访问前，先执行 PanicBounds 指令进行检查，如果发现异常，就会抛出对应的错误。我们先来看下面这段代码。

```
func test(i int) int {
    a := [2]int{1, 2}
    return a[i]
}
```

接下来，我们使用 GOSSAFUNC=test go build main.go 命令查看上述代码编译过程的中间代码；我们节选 a[i] 按照下标访问数组操作对应的中间代码如下：

```
v19 (20) = LocalAddr <*[2]int> {a} v2 v18
v20 (20) = IsInBounds <bool> v6 v13
If v20 → b2 b3 (likely) (20)
.... // 省略不越界的操作
b3: ← b1-
v22 (20) = PanicBounds <mem> [0] v6 v13 v21
Exit v22 (20)
```

运行时越界检查的机制是这样的：在使用 i 变量作为下标访问数组 a 的数据前，会调用 IsInBounds 来判断是否越界，如果越界；会跳转到 b3 分支，调用触发程序崩溃的 PanicBounds 指令，打印出 "panic: runtime error: index out of range [x] with length 2"。

Go 语言的数组是最基础的数据结构之一，也是构成其他高级数据结构（如字符串、切片等）的基础。下一节将对字符串内容进行讲解，使读者了解如何使用数组来构建更高级的数据结构。

2.2 字符串

字符串（string）是由零个或多个字符组成的有限序列。它是编程语言中表示文本的数据类型，通常以一个整体作为操作对象，可以看做一个由字符组成的数组。下面讲解 Go 语言字符串的基础操作和底层实现原理。

2.2.1 Go 语言字符串的基础操作

Go 语言的字符串型以原生数据类型出现，地位等价于其他的基本类型（如整型、布尔型等）。它基于 UTF-8 编码实现，在遍历字符串型时，需要区分 byte 和 rune。遍历操作代码如下：

```
f:= "Golang 编程"
fmt.Printf("byte len of f is %v\n", len(f))
fmt.Printf("rune len of f is %v\n", utf8.RuneCountInString(f))
上述例子的输出为：
byte len of f is 12
rune len of f is 8
```

在上述代码中，第一种方式统计的是 byte 的长度，它的类型为 "uint8"，代表了一个 ASCII 字符。第二种方式统计的是 rune 类型，它的类型为 "int32"，代表了一个 Unicode 字符，它可以类比为 Java 中的 char 类型。由于中文字符在 UTF-8 中占用了 3byte，所以使用 len() 方法时获得的中文字符长度为 6，英文字符串长度为 6，总长度为 12；而 utf8. RuneCountInString() 方法统计的是字符串的 UTF-8 字符数量，不区分中英文字符，总长度为 8。

我们可以按照 byte 数组或 rune 数组的方式遍历字符串，代码如下：

```
func main() {
    f:= "Golang 编程"
    for _, g := range []byte(f){
        fmt.Printf("%c", g)
    }
    for _, g := range []rune(f){
        fmt.Printf("%c", g)
    }
}
```

查看输出的结果会发现，按照 byte 数组打印的日志会出现中文乱码，因为中文字符的 UTF-8 字符会被截断，导致中文字符输出乱码。为了保证每个字符的正常输出，需要使用 rune 数组的方式遍历，Go 语言也有字符串遍历的简化编程样式，代码如下：

```
for _, h := range f{
    fmt.Printf("%c", h)
}
```

此时输出的结果就是我们期望的 "Golang 编程" 字符串。在本质上，byte 和 rune 的底层类型分别为 uint8 和 int32。由于 int32 能够表达更多的值，可以更容易处理 UTF-8 字符，所以 rune 能够处理一切的字符，而 byte 仅仅局限于处理 ASCII 字符。

在 Go 语言中，string 类型对象是不可变的，所以多个 string 变量可以共享同一份底层数据，而不需要像数组一样进行复制，代码如下：

```
func main() {
    s1 := "12"
    s2 := s1
    fmt.Println(stringptr(s1), stringptr(s2)) // 相同地址

    s3 := "12"
    s4 := s3[:]
    fmt.Println(stringptr(s3), stringptr(s4)) // 相同地址

    s5 := "12"
    s6 := strconv.Itoa(12)
    fmt.Println(stringptr(s5), stringptr(s6)) // 不同地址
}

func stringptr(s string) uintptr {
    return (*reflect.StringHeader)(unsafe.Pointer(&s)).Data
}
```

上述代码中，我们来看第一种赋值和第二种赋值（通过切片方式）的场景，二者底层指向的数组都是相同的，而第三种通过 Itoa() 函数转换的场景，底层数组并不相同。

在开发者使用 string 的过程中，往往会发现其经常需要和[]byte 进行相互转换，此时

就需要重新申请内存并复制内存了。因为 Go 语言的语义中，切片的内容是可变的（mutable），而 string 是不可变的（immutable）。如果它们的底层指向同一块数据，那么由于 slice 可对数据做修改，string 就无法保证不可变性了，所以在二者进行转换过程中必须进行重新申请内存并进行复制，因此会影响性能。而 Go 语言在诸如网络请求处理和 yaml 解析等场景中需要进行二者的转换，此时就有一种特殊方法可避免上述的转换，提高了整体效率，具体代码如下：

```go
// 直接将 string 对应的底层数组转换为响应的数组指针返回，避免了复制
func String2Bytes(s string) []byte {
    sh := (*reflect.StringHeader)(unsafe.Pointer(&s))
    bh := reflect.SliceHeader{
        Data: sh.Data,
        Len:  sh.Len,
        Cap:  sh.Len,
    }
    return *(*[]byte)(unsafe.Pointer(&bh))
}

func Benchmark_NormalString2Bytes(b *testing.B) {
    x := "Hello Gopher! Hello Gopher! Hello Gopher!"
    for i := 0; i < b.N; i++ {
        _ = []byte(x)
    }
}

func Benchmark_String2Bytes(b *testing.B) {
    x := "Hello Gopher! Hello Gopher! Hello Gopher!"
    for i := 0; i < b.N; i++ {
        _ = String2Bytes(x)
    }
}
```

我们可以看到，在特殊方法中使用了 string 数组底层的数据结构 StringHeader，然后将其转换为 SliceHeader，再强制转换为切片。有关 StringHeader 和 SliceHeader 的知识会在本章下一小节中进行详细讲解。基准测试结果如下：

```
cpu: Intel(R) Core(TM) i5-5287U CPU @ 2.90GHz
Benchmark_NormalString2Bytes
Benchmark_NormalString2Bytes-4   20807910              63.46 ns/op
Benchmark_String2Bytes
Benchmark_String2Bytes-4         1000000000           0.3512 ns/op
```

由上述结果可以看出二者明显的执行效率差异，特殊的转换方式效率在笔者电脑上的运行效率比正常的转换高出了 200 倍左右，并且减少了内存消耗。

不过，需要注意，这种特殊的转换方式只能用于数组 []byte 不会发生改变的场景，fasthttp 就是使用这种方式来优化整体性能的。

2.2.2　Go 语言字符串的底层数据结构

　　字符串虽然一般被看作一个整体结构体，但是它实际上是一片连续的内存空间，是一个由字符组成的数组，类似于上一节讲到的数组结构。

　　C 语言中的字符串使用字符数组 char[]表示；但是因为字符串是十分常用的结构体，而且有很多与之相关的常用函数，所以 Go 语言对其进行了封装。图 2-3 所示为 "Goland" 字符串在内存中的存储方式。

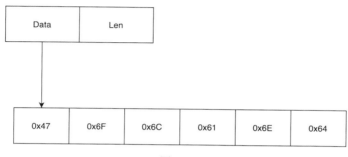

图 2-3

　　在 Go 语言中字符串的源码定义如下：

```
type StringHeader struct {
    Data uintprtr     // 指向一个 [len]char 的数组
    Len int           // 长度
}
```

　　可以看到，它由一个 uintprtr 类型的 Data 字段和 int 类型的 Len 字段组成，Data 字段指向字符串对应的字符数组。

　　只读意味着字符串会分配到只读的内存空间，Go 语言不支持直接修改 string 类型变量的内存空间，任何对 string 类型变量修改的操作都会生成新的变量，示例代码如下：

```
func main() {
    test := "Goland"
    p := (*reflect.StringHeader)(unsafe.Pointer(&test))
    fmt.Println(&p, p)        // 0xc0000b0018 &{17595960 6}
    test = test + " Go"       // 字符串是不可变类型，字符串拼接会生成一个新的
string 实例
    p2 := (*reflect.StringHeader)(unsafe.Pointer(&test))
    fmt.Println(&p2, p2)      // 0xc0000b0028 &{824634433600 9}
    fmt.Println(test)
}
```

　　如上代码所示，字符串 test 变量变化前后，打印的变量地址并不相同，而且 string 类型变量底层的数组地址也不相同，由此证明了字符串的不可变性。

　　但是我们可以通过在 string 和[]byte 类型之间反复转换实现就地修改字符串这一目的，可

以直接修改字符串的数据，具体实现代码如下：

```
func main() {
    test := "Goland"
    p := (*reflect.StringHeader)(unsafe.Pointer(&test))
    fmt.Println(&p, p)   // 0xc00000e028 &{17596117 6}
    // 修改
    c := make([]byte, p.Len + 2)
    for i := 0; i < p.Len; i++ {
        tmp := uintptr(unsafe.Pointer(p.Data))              // 指针类型转
换通过 unsafe 包
        c[i] = *(*byte)(unsafe.Pointer(tmp + uintptr(i)))   // 指针运算只
能通过 uintptr
    }
    c[p.Len] = 'G'
    c[p.Len + 1] = 'o'
    q := (*reflect.SliceHeader)(unsafe.Pointer(&c))
    p.Data = q.Data
    p.Len = p.Len + 2

    fmt.Println(&p, p)   // 0xc00000e028 &{824633827520 8}
    fmt.Println(test)    // GolandGo
}
```

注意，该代码尽量不在真实场景下使用，会破坏字符串的不可变特性。

上述代码中构造了一个新的 byte 切片，将原有字符串底层的 byte 数组按位复制过来，然后修改这个新的 byte 切片，最后将其转换为 SliceHeader 指针，并将它底层的 Data 数据赋值给原来字符串的底层 Data 字段，从而完成了原字符串数据的修改。

除了 Go 语言外，Java 等很多编程语言的字符串也都是不可变的。字符串不可变有很多好处，首先是由于不可变对象无法被写入，所以是线程安全的；再者字符串哈希值也会保持不变，所以字符串可以用作哈希表的键值。

2.2.3　Go 语言字符串的拼接

大多数语言都可以直接使用"+"符号进行字符串拼接，Go 语言也不例外，编译器在编译时会将与"+"相关的语句修改成调用 addstr()函数生成拼接字符串的代码。

addstr()函数会根据参数数量，按照不同的逻辑进行字符串拼接前的准备工作，但是最终都会调用 runtime 的 concatstrings()函数进行字符串拼接。

concatstrings()函数会先遍历传入的字符串切片，计算总长度和字符串数量，并且过滤空字符串；具体代码如下：

```
func concatstrings(buf *tmpBuf, a []string) string {
    idx := 0
    l := 0
    count := 0
```

```go
    for i, x := range a {
        n := len(x)
        if n == 0 {
            continue
        }
        l += n
        count++
        idx = i
    }
    if count == 0 {
        return ""
    }
    if count == 1 && (buf != nil || !stringDataOnStack(a[idx])) {
        return a[idx]
    }
    s, b := rawstringtmp(buf, l)
    for _, x := range a {
        copy(b, x)
        b = b[len(x):]
    }
    return s
}
```

如果非空字符串的数量为 0 或者 1，会进行特殊处理，即直接返回空字符串或者该字符串本身，而无需做额外操作。除了上述情况外，string 的拼接示意如图 2-4 所示，多次调用 copy 将输入的字符串复制到目标字符串所在的新的内存空间。若需要拼接的字符串非常大，则复制带来的性能损失是巨大的。

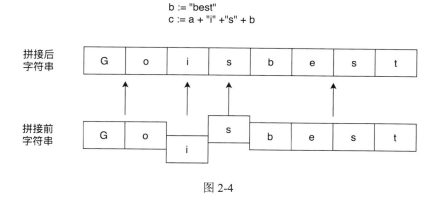

图 2-4

2.2.4　Go 语言字符串的类型转换

Go 语言在解析和序列化 JSON 等数据格式时，经常需要将数据在 string 和 []byte 类型之间进行转换。但是类型转换的开销并不能被忽视，runtime.slicebytetostring()等函数经常成为程序的性能热点，所以追求高性能的框架（比如 fasthttp）往往都会对这一转换进行优化。具体优化方式在 2.2.1 小节也有提及，不再赘述。

下面，我们来了解从字节数组到字符串的转换所需使用的 runtime.slicebytetostring() 函数。开发者较常用的 string() 函数的底层就是调用了 slicebytetostring() 函数；具体代码如下：

```
func slicebytetostring(buf *tmpBuf, b []byte) (str string) {
    l := len(b)
    … // 处理 len 为 0 或 1 的特殊情况
    var p unsafe.Pointer
    if buf != nil && len(b) <= len(buf) {
        p = unsafe.Pointer(buf)
    } else {
        p = mallocgc(uintptr(len(b)), nil, false)
    }
    stringStructOf(&str).str = p
    stringStructOf(&str).len = len(b)
    memmove(p, (*(*slice)(unsafe.Pointer(&b))).array, uintptr(len(b)))
    return
}
```

该函数根据传入的缓冲区大小决定是否需要为新字符串分配一片内存空间，runtime 的 stringStructOf 会将传入的字符串指针转换成 runtime.stringStruct 结构体指针，然后设置结构体持有的字符串指针 str 和长度 len，最后通过 runtime.memmove 将原[]byte 中的字节全部复制到新的内存空间中。

当我们想要将字符串转换成[]byte 类型时，需要使用 runtime 的 stringtoslicebyte() 函数，该函数的实现非常容易理解，代码如下：

```
func stringtoslicebyte(buf *tmpBuf, s string) []byte {
    var b []byte
    if buf != nil && len(s) <= len(buf) {
        *buf = tmpBuf{}
        b = buf[:len(s)]
    } else {
        b = rawbyteslice(len(s))
    }
    copy(b, s)
    return b
}
```

上述函数会根据是否传入缓冲区做出不同的处理：当传入缓冲区时，它会使用传入的缓冲区存储[]byte；当没有传入缓冲区时，运行时会调用 runtime 的 rawbyteslice 创建新的字节切片并将字符串中的内容复制过去。图 2-5 所示的是两种数据结构和转换函数之间的关系。

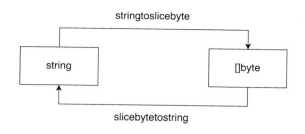

图 2-5

字符串和[]byte 中的内容虽然一样，但是字符串的内容是只读的，不能通过下标或者其他形式改变其中的数据，而[]byte 中的内容是可以读/写的。不过无论哪两种类型之间的转换都需要复制数据，而内存复制的性能损耗会随着字符串和[]byte 长度的增长而增加。

在这里提醒一下，如果希望使用可以读/写的数组，可以使用切片。

2.3　切片

切片是对数组一个连续片段的引用，可以简单将切片理解为动态数组，它的内部结构包括底层数组指针、大小和容量。切片通过指针引用底层数组，把对数据的读/写操作限定在指定的区域内。下面将分别讲解切片的基础操作、底层数据结构和实现原理。

2.3.1　切片的基础操作

开发者通过 make()函数动态创建切片，在创建过程中指定切片的长度和容量，命令格式如下：

```
make([]T, size, cap)
```

在上述代码中，T 即切片中的成员类型；size 为切片当前的长度，会使用对应类型的零值进行填充；cap 为切片当前预分配的长度，即切片的容量。示例代码如下：

```
sli = make([]int, 2, 4)
fmt.Printf("sli value is %v\n", sli)
fmt.Printf("sli len is %v\n", len(sli))
fmt.Printf("sli cap is %v\n", cap(sli))
```

输出结果如下：

```
sli value is [0 0]
sli len is 2
sli cap is 4
```

从上述输出结果可以看到，make()函数创建的新切片中的成员都被初始化为 int 类型的零值，也就是 0。除此之外，也可以直接声明新的切片，类似于数组的初始化，但是不需要指定其大小；否则，就变成了数组。命令格式如下：

```
var name []T
```

此时声明的切片的 size 和 cap 都为 0，可以在声明切片的同时对其进行初始化；示例代码如下：

```
ex := []int{1,2,3}
fmt.Printf("ex value is %v\n", ex)
fmt.Printf("ex len is %v\n", len(ex))
fmt.Printf("ex len is %v\n", cap(ex))
```

输出结果如下：

```
ex value is [1 2 3]
ex len is 3
ex cap is 3
```

上述结果中，声明的切片大小和容量均为 3，并且会使用 "[]" 中的元素进行切片内元素的初始化。

2.3.2　切片的底层数据结构

在 Go 语言中，切片类型的声明方式与数组有一些相似，切片的长度是动态的，所以声明时不需要指定长度，而且编译期间也不会进行长度推导。Go 语言类型的结构体定义具体如下：

```
type Slice struct {
    Elem *Type // element type
}
```

Go 语言类型的结构体类似于数组类型，但是没有表示长度的字段，所以不同长度、相同元素类型的切片的类型是相同的，而数组的大小不同，其类型也不同。

Go 语言编译代码时，无论是上述哪种声明方式，最终都会调用 NewSlice() 函数来创建切片类型；其代码如下：

```
func NewSlice(elem *Type) *Type {
    // 利用缓存直接返回
    if t := elem.Cache.slice; t != nil {
        if t.Elem() != elem {
            Fatalf("elem mismatch")
        }
        return t
    }

    t := New(TSLICE)
    t.Extra = Slice{Elem: elem}
    elem.Cache.slice = t
    return t
}
```

与 NewArray() 函数类似，NewSlice() 函数返回 TSLICE 对应的 Type，其 Extra 字段正

是 Slice 结构体。所以说，切片内元素的类型都是在编译期间确定的，编译器确定了类型之后，会将元素类型存储在 Extra 字段中，以供程序在运行时动态获取。

　　编译期间的切片是 Slice 类型的，但是在运行时切片则由 reflect.SliceHeader 结构体表示，如图 2-6 所示。

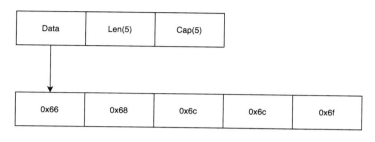

图 2-6

　　在图 2-6 中，Data 是指向底层数组的指针；Len 是当前切片的长度；Cap 是当前切片的容量。而 SliceHeader 的具体定义如下：

```
type SliceHeader struct {
    Data uintptr
    Len  int
    Cap  int
}
```

　　上述定义中，Data 指向一片连续的内存空间，用于存储切片中的全部元素，这有点类似于数组，所以可以简单地将切片理解为数组加上长度与容量的限制。

　　换个角度理解，切片就是可以动态变化的数组，允许运行时修改它的长度和容量。运行时修改切片长度，实际就对应了数组的扩容和缩容；扩容后，开发者感知不到切片的变化，但底层的数组已经改变。

　　了解了切片类型和运行时的底层数据结构后，我们来依次探究切片较常用的追加和删除操作的具体实现。

2.3.3　切片的追加操作

　　在切片中追加元素使用 append 关键字。append()方法会根据返回值是否会覆盖原变量而进行不同的逻辑处理。如果 append()返回的新切片不需要赋值回原有的变量，就会进入如下处理流程的伪代码逻辑（具体可以查看 cmd/compile/internal/gc/ssa.go 的 append()函数的注释）：

```
// append(s, e1, e2, e3)
ptr, len, cap := s
newlen := len + 3
if newlen > cap {
```

```
    ptr, len, cap = growslice(s, newlen)
    newlen = len + 3
}
*(ptr+len) = e1
*(ptr+len+1) = e2
*(ptr+len+2) = e3
return makeslice(ptr, newlen, cap)
```

在这种情况下，如果切片的容量足够，则直接将新增数据添加到其底层对应的数组中，然后调用 makeslice()函数新生成一个切片数据返回；如果容量不足，则先调用 growslice()函数生成新的数组，将旧数组的数据复制到新数组中，然后再将新增数据添加到新数组中，最后依然是新生成一个切片数据返回，其具体流程如图 2-7 所示。

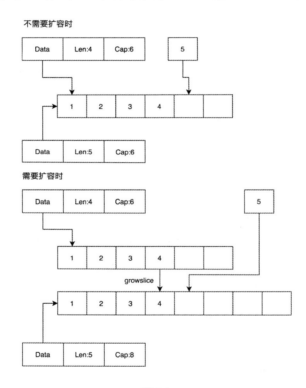

图 2-7

如果 append()返回的新切片需要赋值回原有的变量；其逻辑伪代码如下：

```
// s = append(s, e1, e2, e3)
a := &s
ptr, len, cap := s
newlen := len + 3
if uint(newlen) > uint(cap) {
    newptr, len, newcap = growslice(s, newlen)
    vardef(a)
```

```
    *a.cap = newcap
    *a.ptr = newptr
}
newlen = len + 3
*a.len = newlen
*(ptr+len) = 1
*(ptr+len+1) = 2
*(ptr+len+2) = 3
```

简单来讲，因为 append()的返回值会被赋值给原变量，所以就可以直接在原切片数据的基础上进行修改，如果新增数据量不超过切片的容量，则将其直接加入到切片底层数组中；如果超出了容量，则需要调用 growslice()函数进行数组扩容，将原数组的内容复制到新数组，然后将切片的数组指针指向新数组，最后再将新增数据加入到新数组中。整体流程如图 2-8 所示。

不需要扩容时

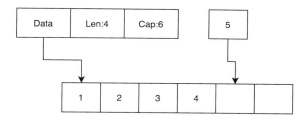

需要扩容时

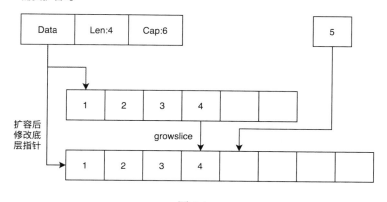

图 2-8

上面讲到了，当切片的容量不足时，我们会调用 growslice()函数为切片扩容，下面我们看一下它的实现原理。

grwoslice()函数位于 runtime 包中 slice.go 文件下，它为切片分配新的内存空间并复制原切片中的元素到新的空间中。在进行扩容时，首先要确定新切片的容量，实现代码如下：

```
func growslice(et *_type, old slice, cap int) slice {
    newcap := old.cap
    doublecap := newcap + newcap
    if cap > doublecap {
        newcap = cap
    } else {
        if old.len < 1024 {
            newcap = doublecap
        } else {
            for newcap < cap {
                newcap += newcap / 4
            }
        }
    }
}
```

上述代码中，growslice()函数根据切片的当前容量选择不同的策略进行扩容，其中第三个参数 Cap 就是期望容量，标准如下：

（1）如果期望容量大于当前容量的两倍，就会直接使用期望容量；

（2）如果当前切片的长度小于 1024，就会将容量翻倍；

（3）如果当前切片的长度大于 1024，就会每次增加 25%的容量，直到大于或等于期望容量。

上述代码片段仅会确定切片的容量，接下来根据原切片中的元素数量来对齐内存。当数组中元素所占的字节大小等于 1 或者 ptrSize 时，就会进行内存对齐，重新计算容量值和需要申请的内存大小。在默认情况下，会根据切片元素的大小和切片容量来计算所需空间大小；具体代码如下：

```
var lenmem, newlenmem, capmem uintptr
const ptrSize = unsafe.Sizeof((*byte)(nil))
switch et.size {
case 1:
    lenmem = uintptr(old.len)
    newlenmem = uintptr(cap)
    capmem = roundupsize(uintptr(newcap))
    newcap = int(capmem)
case ptrSize:
    lenmem = uintptr(old.len) * ptrSize
    newlenmem = uintptr(cap) * ptrSize
    capmem = roundupsize(uintptr(newcap) * ptrSize)
    newcap = int(capmem / ptrSize)
default:
    lenmem = uintptr(old.len) * et.size
    newlenmem = uintptr(cap) * et.size
    capmem = roundupsize(uintptr(newcap) * et.size)
    newcap = int(capmem / et.size)
```

在具体实践中，roundupsize()函数会将待申请的内存向上取整，取整时会使用

runtime.class_to_size 数组，使用该数组中的整数可以提高内存的分配效率并减少碎片。在默认情况下，我们会将切片容量和切片元素所占空间大小相乘即可得到所需的内存大小。

最后，growslice()函数会使用 mallocgc()函数申请内存空间，然后使用 memmove 将原数组内存中的内容复制到新申请的内存中。上述两个操作最终会调用目标机器上的内存申请和复制相关汇编指令。

growslice()函数最终会返回一个新的切片，其中包含了新的数组指针、大小和容量，这个返回的三元数组最终会覆盖原切片。

2.3.4　切片的删除操作

在 Go 语言中，要删除切片中的某一元素，必须进行遍历，拿到该元素对应的下标，然后使用如下代码逻辑进行删除操作。

```
for i, e := range slice {
    if e == target {
        slice = append(slice[:i], slice[i+1:]...)
        return
    }
}
```

上述代码中，首先会遍历整个切片，找到目标元素对应的坐标，然后使用"[]"操作符截取切片对应的片段，最后使用 append()函数将其进行添加操作，形成删除目标元素后的切片。

使用"[]"操作符截取切片片段时，并不会触发底层数组的复制和替换，而仅仅是指针指向数组位置以及切片 Len 和 Cap 的变化。假设上述代码中 slice 的 Len 和 Cap 都是 5，而 target 对应的下标为 2，也就是变量 i 的值为 2，那么 slice[:i]和 slice[i+1:]与原切片的关系如图 2-9 所示。

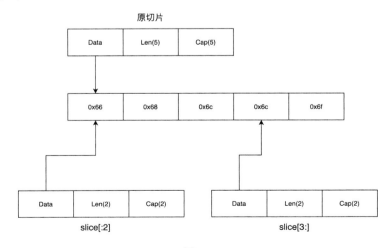

图 2-9

由图 2-9 可以看出三个切片之间的关系，它们指向的都是同一块连续内存区域；所以对其中一个切片进行修改，其变化也会反映到其他切片上，这里和上文中所说的不可变的数组的行为不同，需要特别注意。

数组、字符串和切片都是线性数据结构，即元素在逻辑上是顺序排列的，可以通过下标对元素进行访问，而下面的哈希表则是非线性数据结构。

2.4 哈希表

哈希表是除了数组之外最常见的数据结构之一。哈希表是根据键值（Key value）而快速访问对应元素的数据结构；也就是说，它通过映射函数，将所需查询的键值映射到表中特定位置来进行访问，从而加快查找速度。这个映射函数称作散列函数，存放记录的数组称作散列表。

下面将分别讲解哈希表的基础操作、底层数据结构，并探究其初始化、读取、写入、删除及扩容的实现原理。

2.4.1 哈希表的基础操作

Go 语言中哈希表的定义方式如下：

```
name := make(map[keyType]valueType)
```

其中，map 需要使用 make()函数进行初始化；keyType 即键类型，valueType 是键对应的值类型。下面通过一个简单的例子演示 map 的使用方式，示例代码如下：

```
func main() {
    classMates := make(map[int]string)
    // 添加映射关系
    classMates[0] = "小明"
    classMates[1] = "小红"
    classMates[2] = "小张"
    // 根据 key 获取 value
    fmt.Printf("id %v is %v\n", 1, classMates[1])
    // 在声明时初始化数据
    classMates1 := map[int]string{
        0 : "小明",
        1 : "小红",
        2 : "小张",
    }
    fmt.Printf("id %v is %v\n", 2, classMates1[2])
    delete(classMates1, 2)
    if v,ok := classMates1[2]; ok {
        fmt.Printf("id %v is %v\n", 2, v)
    } else {
        fmt.Printf("not found")
    }
}
```

```
    }
```

如上代码所示，我们可以先使用 make()函数构造好对应的 map，再为 map 一一添加键值对映射关系；也可以直接在声明时通过类 JSON 格式添加键值对映射关系，在 map 中可以通过键直接查询对应的值，如果不存在这样的键，将会返回值类型的默认值。

此外，可以使用 delete 关键字从哈希表中删除对应键值，然后可以采用以下的方式来查询某个键是否存在于 map 中，ok 变量表示是否在哈希表中查到对应值。

```
mate,ok := classMate1[1]
```

2.4.2　哈希表底层数据结构

Go 语言运行时使用 runtime.hmap（相关定义详见 runtime.hashmap.go 文件）这个核心的结构体来表示哈希表，该结构体的内部字段如下代码所示：

```
type hmap struct {
    count       int
    flags       uint8
    B           uint8
    noverflow uint16
    hash0       uint32

    buckets     unsafe.Pointer
    oldbuckets unsafe.Pointer
    nevacuate  uintptr

    extra *mapextra
}

type mapextra struct {
    overflow     *[]*bmap
    oldoverflow *[]*bmap
    nextOverflow *bmap
}
```

我们来梳理一下上述代码中一些重要字段的含义。

（1）count 表示当前哈希表中的元素数量；B 表示当前哈希表持有的 buckets，也就是桶的数量，但是因为哈希表中桶的数量都是 2 的倍数，所以该字段会存储对数，也就是 len(buckets) == 2^B。

（2）noverflow 表示溢出 buckets 的数量。

（3）hash0 是哈希引子，它能为哈希函数的结果引入随机性，这个值在创建哈希表时确定，并在调用哈希函数时作为参数传入。

（4）buckets 表示指向 buckets 数组的指针；oldbuckets 是哈希表在扩容时用于保存之前 buckets 的字段，它的大小是当前 buckets 的 1/2。

（5）extra 的类型是 mapextra，其中 overflow 表示当前 buckets 对应的溢出桶，而 oldoverflow 表示 oldbuckets 对应的溢出桶。

runtime 中的 bmap 结构体定义十分简单，只包括 uint8 类型的数组字段 tophash，但是 Go 语言会根据键值的不同类型，在编译时进行对应的字段填充，对应的代码如下：

```
type bmap struct {
    topbits  [8]uint8 // 也就是 tophash 字段
    keys     [8]keytype
    values   [8]valuetype
    pad      uintptr
    overflow uintptr
}
```

上述代码中，tophash 是长度为 8 的数组，存储 key 对应哈希值的高 8 位，遍历时对比使用，提高性能；keys 字段是存储键类型元素指针长度为 8 的数组；values 字段是存储值类型元素指针长度为 8 的数组。overflow 字段则指向溢出桶，其随着哈希表存储的数据逐渐增多，会扩容哈希表或者使用额外的桶存储溢出的数据，不会让单个桶中的数据超过 8 个。不过溢出桶只是临时的解决方案，创建过多的溢出桶最终也会导致哈希表的扩容，具体如图 2-10 所示。

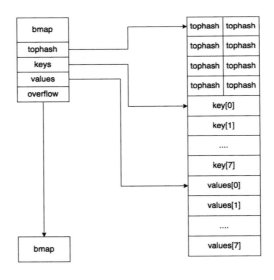

图 2-10

图 2-11 展示了 hmap 和 bmap 之间的关系，哈希表 runtime.hmap 的 buckets 指向 runtime.bmap 数组。每一个 runtime.bmap 都能存储 8 个键值对，当哈希表中存储的键值过多且单个桶已经装满时，就会使用 extra 结构的 overflow 字段指向对应的溢出桶。

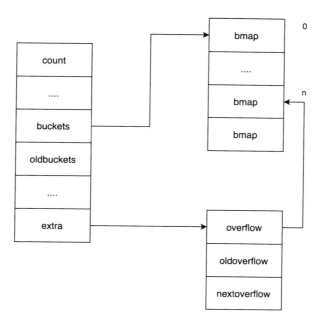

图 2-11

　　上述两种不同的桶在内存中是连续存储的，分别称为正常桶和溢出桶，图 2-11 中标号从 0 开始到 *n*-1 的 bmap 是正常桶，而标号从 *n* 开始的 runtime.bmap 就是溢出桶。

2.4.3　哈希表的初始化

　　开发者可以通过字面量（详见 2.4.1 中 classMates1 的方式）和关键字 make 两种方式来创建哈希表。Go 语言编译器都会在编译期间将它们转换成 runtime.makemap()，使用字面量初始化哈希表也只是 Go 语言提供的语法糖，最后调用的也是 runtime.makemap()，其具体代码如下：

```
func makemap(t *maptype, hint int, h *hmap) *hmap {

    if h == nil {
        h = new(hmap)
    }
    h.hash0 = fastrand()

    B := uint8(0)
    for overLoadFactor(hint, B) {
        B++
    }
    h.B = B

    if h.B != 0 {
```

```
        var nextOverflow *bmap
        h.buckets, nextOverflow = makeBucketArray(t, h.B, nil)
        if nextOverflow != nil {
            h.extra = new(mapextra)
            h.extra.nextOverflow = nextOverflow
        }
    }
    return h
}
```

我们来分析一下上面的代码。

首先，makemap()的参数中有一个 hmap 的指针，当编译器进行逃逸分析并判断该哈希表可以在栈上创建时，就会先在栈上创建一个 hmap 实例，然后传入该实例的指针。所以，如果该 hmap 不为 nil，就会直接使用该实例进行后续初始化过程。初始化过程大致分为以下三个步骤：

（1）调用 runtime.fastrand()获取一个随机的哈希引子，赋值给 hash0 变量；

（2）根据传入的 hint 计算出需要的桶的数量，复制给 B 变量；

（3）当桶数量不为 0 时，使用 runtime.makeBucketArray()创建用于保存桶的数组，分别对 buckets 和 nextOverflow 进行复制。

makeBucketArray()函数会根据传入的参数 b（也就是桶的数量）计算需要创建的 bucket 数量并在内存中分配一片连续的空间用于存储数据，并返回正常桶和溢出桶数组的起始地址。其中：

（1）当桶的数量小于 2^4 时，由于桶数量较少，使用溢出桶的可能性较低，所以会省略创建溢出桶的过程以减少额外空间开销；

（2）当桶的数量多于 2^4 时，会额外创建 2^{b-4} 个溢出桶。

具体的实现代码如下：

```
func makeBucketArray(t *maptype, b uint8, dirtyalloc unsafe.Pointer)
(buckets unsafe.Pointer, nextOverflow *bmap) {
    base := bucketShift(b)
    nbuckets := base
    // 需要创建溢出桶
    if b >= 4 {
        nbuckets += bucketShift(b - 4)
        sz := t.bucket.size * nbuckets
        up := roundupsize(sz)
        if up != sz {
            nbuckets = up / t.bucket.size
        }
    }
    // 分配内存空间
    buckets = newarray(t.bucket, int(nbuckets))
    if base != nbuckets {
```

```
    // 当创建溢出桶时，初始化溢出桶相关数据结构
    nextOverflow = (*bmap)(add(buckets, base*uintptr(t.bucketsize)))
    last := (*bmap)(add(buckets, (nbuckets-1)*uintptr(t.bucketsize)))
    last.setoverflow(t, (*bmap)(buckets))
  }
  return buckets, nextOverflow
}
```

根据上述代码，我们能确定正常桶和溢出桶在内存中的存储空间是连续的，只是被不同字段指引。

2.4.4　哈希表的读取操作

Go 语言中通过键来获取对应值数据的操作都会被转换成对应 OINDEXMAP 操作，最终转换为 mapaccess() 系列函数；对应关系如下代码所示：

```
v    := hash[key] // => v    := *mapaccess1(maptype, hash, &key)
v, ok := hash[key] // => v, ok := mapaccess2(maptype, hash, &key)
```

赋值语句左侧接收参数的个数会决定使用的运行时方法，其中：

（1）当接收一个参数时，会使用 mapaccess1()，该函数仅会返回指向目标值的指针；

（2）当接收两个参数时，会使用 mapaccess2()，该函数会返回目标值和用于标识当前键对应的值是否存在的布尔值。

mapaccess1() 函数会先通过哈希表设置的哈希函数 hasher 和哈希因子获取当前键对应的哈希值，再通过 bucketMask() 函数获取桶序号 m，计算出 m 对应的桶的地址，然后强制将其转换为 bmap 指针赋值给变量 b，这就是该键对应的正常桶 bmap；实现代码如下：

```
func mapaccess1(t *maptype, h *hmap, key unsafe.Pointer) unsafe.Pointer {
    // 计算哈希值
    hash := t.hasher(key, uintptr(h.hash0))
    m := bucketMask(h.B)
    // 通过位运算获取 key 对应正常桶 bmap
    b := (*bmap)(add(h.buckets, (hash&m)*uintptr(t.bucketsize)))
    // 计算哈希值的高 8 位
    top := tophash(hash)
bucketloop:
    for ; b != nil; b = b.overflow(t) {
        // 遍历每个桶和桶里的每个元素,判断 tophash 是否相同,若相同,则判断对应 key
是否相同
        for i := uintptr(0); i < bucketCnt; i++ {
            if b.tophash[i] != top {
                continue
            }
            k := add(unsafe.Pointer(b), dataOffset+i*uintptr(t.keysize))
            if t.indirectkey() {
                k = *((*unsafe.Pointer)(k))
```

```
        }
        if t.key.equal(key, k) {
            e := add(unsafe.Pointer(b), dataOffset+bucketCnt*uintptr
(t.keysize)+i*uintptr(t.elemsize))
            if t.indirectelem() {
                e = *((*unsafe.Pointer)(e))
            }
            return e                    // mapaccess2 多返回一个 true
        }
    }
}
return unsafe.Pointer(&zeroVal[0])   // mapaccess2 多返回一个 false
}
```

在 bucketloop 循环中，mapaccess1()函数依次遍历正常桶和溢出桶中的数据，它会先比较哈希表的高 8 位和桶中存储的 tophash 是否相同，然后才比较传入键值和桶中的键值是否相同，以此加速数据的读/写；最终将获取到的值元素进行返回。

对比 bmap 示意图（见图 2-10），每一个 bmap 中 tophash、keys 和 values 的数组都是在一块连续的内存空间中，当发现桶中的 tophash 与传入键的高 8 位数值相匹配之后，我们会通过指针和偏移量获取哈希表中存储的键 keys 并与传入的 key 比较，如果两者相同，则再次根据指针和偏移量获取目标值的指针返回。如果 key 不在哈希表中，则会返回哈希表值类型的零值。

另一个同样用于访问哈希表中数据的 mapaccess2()函数只是在 mapaccess1()函数的基础上多返回了一个标识键值对是否存在的布尔值。

在访问哈希表元素的过程中，如果发现装载因子过高或者溢出桶过多时，就会进行扩容。哈希表扩容并不是原子过程，而且需要多步操作。这在接下来的 2.4.7 小节中会展开介绍，这里先作简单了解。

2.4.5 哈希表的写入操作

对哈希表的写入操作会在编译期间转换成 mapassign()函数的调用。mapassign()函数的逻辑分为两个步骤，我们来详细了解一下。

首先，函数会根据传入的键计算出哈希值，获取对应的正常桶 bmap 和 tophash 值；具体代码如下：

```
func mapassign(t *maptype, h *hmap, key unsafe.Pointer) unsafe.Pointer {
    hash := t.hasher(key, uintptr(h.hash0))
    h.flags ^= hashWriting
again:
    bucket := hash & bucketMask(h.B)
    if h.growing() {
        growWork(t, h, bucket)
```

```
        }
        // 找到对应的桶
        b := (*bmap)(add(h.buckets, bucket*uintptr(t.bucketsize)))
        // 计算 tophash 值
        top := tophash(hash)
    }
```

第二个步骤就是去桶中进行查找，通过遍历正常桶和溢出桶，对比 tophash 和键的值是否相同，找到键值对中值类型元素指针的写入地址；具体代码如下：

```
    var inserti *uint8
    var insertk unsafe.Pointer
    var elem unsafe.Pointer
bucketloop:
    for {
        // 遍历 bmap 中的 tophash 数组
        for i := uintptr(0); i < bucketCnt; i++ {
            if b.tophash[i] != top {
                if isEmpty(b.tophash[i]) && inserti == nil {
                    // 发现第一个空桶位置时，默认要将新键值插入到该位置
                    inserti = &b.tophash[i]
                    insertk       =       add(unsafe.Pointer(b),
dataOffset+i*uintptr(t.keysize))
                    elem = add(unsafe.Pointer(b), dataOffset+bucketCnt*
uintptr(t.keysize)+i*uintptr(t.elemsize))
                }
                continue
            }
            // 找到对应的 tophash，计算出对应的 k 数组的地址
            k := add(unsafe.Pointer(b), dataOffset+i*uintptr(t.keysize))
            if t.indirectkey() {
                k = *((*unsafe.Pointer)(k))
            }
            if !t.key.equal(key, k) {
                continue
            }
            // 找到对应的元素
            elem = add(unsafe.Pointer(b), dataOffset+bucketCnt*uintptr
(t.keysize)+i*uintptr(t.elemsize))
            goto done
        }
        // 遍历下一个桶
        ovf := b.overflow(t)
        if ovf == nil {
            break
        }
        b = ovf
    }
```

上述代码中的 for 循环会依次遍历正常桶和溢出桶中存储的数据，会分别判断 tophash 是否相等、key 是否相等；如果发现 tophash 和 key 都相等，则说明对应的键值已经存在，则会跳转到 done 标记位置，并将对应的值类型元素的指针返回；实现代码如下：

```
done:
    h.flags &^= hashWriting
    if t.indirectelem() {
        elem = *((*unsafe.Pointer)(elem))
    }
    return elem
```

在遍历过程中，如果发现 tophash 不相等，并且该 tophash 目前是空闲的，则认为此处是可以将新键值插入的位置，所以记录下对应的 tophash 地址 inserti、键类型元素指针地址 insertk 和值类型元素指针地址 elem。遍历结束后，如果发现 inserti 为 nil，即未发现可以插入的新键值的位置，表示当前桶已经满了，哈希表就会调用 hmap.newoverflow 创建新桶或者使用 hmap 预先在 noverflow 中创建好的桶来保存数据，新创建的桶不仅会被追加到已有桶的末尾，还会增加哈希表的 noverflow 计数器；具体实现代码如下：

```
if inserti == nil {
    newb := h.newoverflow(t, b)
    inserti = &newb.tophash[0]
    insertk = add(unsafe.Pointer(newb), dataOffset)
    elem = add(insertk, bucketCnt*uintptr(t.keysize))
}
```

newoverflow()函数首先对 hmap 的 extra 字段中的 nextOverflow 进行检查，如果其不为 nil ，则表示目前还有预分配的溢出桶，可直接选取第一个桶作为目标正常桶对应的溢出桶。所以每次调用 newoverflow()函数都会消耗一个预先分配的溢出桶，该函数会根据剩余预分配溢出桶的情况来修改 nextOverflow 字段的值；具体代码如下：

```
func (h *hmap) newoverflow(t *maptype, b *bmap) *bmap {
    var ovf *bmap
    if h.extra != nil && h.extra.nextOverflow != nil {
        // 直接使用预先分配的桶
        ovf = h.extra.nextOverflow
        if ovf.overflow(t) == nil {
            // 还有剩余的预先分配的桶, 修改指针, 供下次使用
            h.extra.nextOverflow = (*bmap)(add(unsafe.Pointer(ovf),
uintptr(t.bucketsize)))
        } else {
            // 全部用完, 将指针设置为 nil
            ovf.setoverflow(t, nil)
            h.extra.nextOverflow = nil
        }
    } else {
        // 新创建溢出桶
        ovf = (*bmap)(newobject(t.bucket))
```

```
    }
    // 增加 noverflow 数值
    h.incrnoverflow()
    // 设置目标桶的溢出桶指针
    b.setoverflow(t, ovf)
    return ovf
}
```

接下来就是使用 typedmemmove 将 key 值复制到 insertk 所对应的地址中，将 tophash 复制给 inserti 地址，增加哈希表的键值计数，并且最终将值元素对应的指针进行返回，具体代码如下：

```
typedmemmove(t.key, insertk, key)
*inserti = top
h.count++
if t.indirectelem() {
    elem = *((*unsafe.Pointer)(elem))
}
return elem;
```

这里需要注意的是，mapassign()函数最终只是将值类型元素对应的指针返回了，并没有进行值复制，真正的复制是额外通过汇编指令执行的，相当于 mapassign 只是获取了值元素的空间地址，然后会有对应的汇编语句进行赋值操作；具体汇编代码如下：

```
# classMates[0] = "小明" GOSSAFUNC=main go build main.go
00017 (+46) LEAQ type.map[int]string(SB), AX # 准备 mapassign()函数的第一
个参数，即哈希表类型
00018 (46) LEAQ ""..autotmp_1-256(SP), BX
00019 (46) XORL CX, CX
00020 (+46) PCDATA $1, $0
00021 (+46) CALL runtime.mapassign_fast(SB) # 调用 mapassign_fast64()函数
00022 (46) MOVQ $6, 8(AX)    # 将值元素的地址存放在 AX 寄存器
00026 (46) LEAQ go.string."小明"(SB), CX # 要赋值的 value
00027 (46) MOVQ CX, (AX)    # 将值写入到对应地址
```

上述汇编首先使用 LEAQ 将函数的参数加载到栈的对应位置，然后使用 CALL 指令调用 mapassignfast64()函数，并将返回的值元素地址通过 MOVQ 指令移动到对应寄存器，最后使用 LEAQ 将字符串"小明"的地址加载到 CX 寄存器，并最终将该地址赋值到值元素地址上，完成整个哈希表的赋值操作。

至此，哈希表的赋值操作就介绍完了，在赋值过程中也会涉及扩容相关问题，我们后续 2.4.7 小节会详细讲解。

2.4.6　删除操作

开发者使用 delete 关键字根据键进行哈希表的删除操作，无论该键对应的值是否存在，这个内置函数都不会返回任何结果。删除操作也会在编译期转换为对 runtime.mapdelete()

系列函数的调用。

我们以 mapdelete()函数为例进行分析，其他函数的实现也都类似。mapdelete 函数中的查找逻辑和 mapassign 的逻辑类似，先根据哈希值找到对应的目标桶，再去遍历正常桶和溢出桶内元素的 tophash 和 key 是否相同。找到目标键值后，然后将 key 和 value 都设置为 nil，并将对应的 tophash 设置为零值；具体实现代码如下：

```
func mapdelete(t *maptype, h *hmap, key unsafe.Pointer) {
    // 与读取/写入操作类似，找到目标桶
search:
    for ; b != nil; b = b.overflow(t) {
        for i := uintptr(0); i < bucketCnt; i++ {
            // 判断 tophash 是否相同
            if b.tophash[i] != top {
                if b.tophash[i] == emptyRest {
                    break search
                }
                Continue
            }
            k := add(unsafe.Pointer(b),dataOffset+i*uintptr(t.keysize))
            k2 := k
            // 判断 key 是否相同
            if !alg.equal(key, k2) {
                continue
            }
            // 将 key、value 和对应的 tophash 都设置为空值
            *(*unsafe.Pointer)(k) = nil
            v := add(unsafe.Pointer(b), dataOffset+bucketCnt*uintptr
(t.keysize)+i*uintptr(t.valuesize))
            *(*unsafe.Pointer)(v) = nil
            b.tophash[i] = emptyOne
            ...
        }
    }
}
```

至此，有关哈希表的读取、写入和删除操作都已经了解，不过随着哈希表中元素的增加，桶的数量越来越多，就会导致根据哈希值找到对应目标桶后，依然要遍历较多个正常桶和溢出桶来寻找目标键值，这就降低了哈希表的读/写效率，此时哈希表需要进行扩容操作。

2.4.7　哈希表的扩容操作

在 mapassign()和 mapdelete()操作过程中都会进行扩容与否的判断。如果需要，就会调用 hashGrow()进行内存扩容。但是 hashGrow()并不是进行旧数据的迁移，而是等到再次进行 mapassign()或 mapdelete()时进行按需迁移，再调用 growtask 和 evacuate 进行迁移。

扩容触发整体流程如图 2-12 所示。

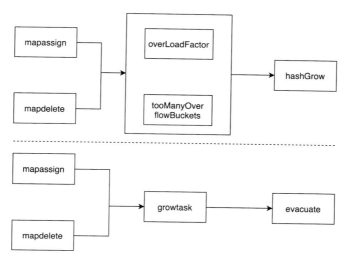

图 2-12

Mapassign()函数进行扩容检测的实现代码如下：

```
func mapassign(t *maptype, h *hmap, key unsafe.Pointer) unsafe.Pointer {
    ...
    if   !h.growing()   &&   (overLoadFactor(h.count+1,   h.B)   ||
tooManyOverflowBuckets(h.noverflow, h.B)) {
        hashGrow(t, h)
        goto again
    }
    ...
}
func overLoadFactor(count int, B uint8) bool {
    return     count     >     bucketCnt     &&     uintptr(count)     >
loadFactorNum*(bucketShift(B)/loadFactorDen)
}
func tooManyOverflowBuckets(noverflow uint16, B uint8) bool {
    return noverflow >= uint16(1)<<(B&15)
}
```

当哈希表本身处于非扩容状态时，mapassign()函数检测如下两种触发扩容条件是否满足：

（1）装载因子已经超过 6.5，对应 overLoadFactor()函数；

（2）哈希表使用了过多数量的溢出桶，对应 tooManyOverflowBuckets()函数。

如果发现满足上述任一条件，就会调用 hashGrow()函数进行扩容；具体代码如下：

```
func hashGrow(t *maptype, h *hmap) {
    bigger := uint8(1)
    if !overLoadFactor(h.count+1, h.B) {
        bigger = 0
```

```
        h.flags |= sameSizeGrow
    }
    oldbuckets := h.buckets
    newbuckets, nextOverflow := makeBucketArray(t, h.B+bigger, nil)

    h.B += bigger
    h.flags = flags
    h.oldbuckets = oldbuckets
    h.buckets = newbuckets
    h.nevacuate = 0
    h.noverflow = 0

    h.extra.oldoverflow = h.extra.overflow
    h.extra.overflow = nil
    h.extra.nextOverflow = nextOverflow
}
```

在 hashGrow()函数中再次调用 overLoadFactor()进行判断,如果不是因为装载引子过大导致的扩容,那么本次扩容就是等量扩容。也就是说,哈希表中的数据量并没有超标,但是创建的溢出桶数量太多了,需要进行溢出桶的清理,释放内存。一般来说,频繁地进行插入和删除操作会导致这种情况。而对于因为装载因子过大导致的扩容,则会进行翻倍扩容,将桶空间扩大一倍。两种扩容方式在上述代码中的区别就是 bigger 变量的数值是 1 还是 0。

类似于哈希表的初始化,哈希表在扩容时会调用 makeBucketArray()函数来创建新的正常桶和预设溢出桶空间,随后将原有的桶空间地址赋值给 oldbuckets,将新的桶空间地址设置到 buckets。对应地,extra 中的 overflow 和 oldoverflow 字段也分别指向新旧溢出桶空间起始地址,扩容后的哈希表内存示意如图 2-13 所示。

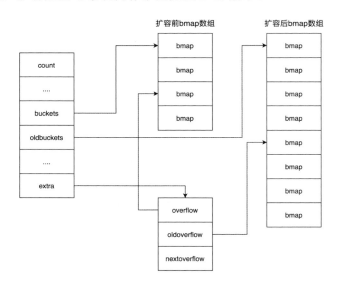

图 2-13

　　hashGrow 只是根据等量扩容或者翻倍扩容进行了新桶空间的申请和记录，并没有对数据进行复制和转移。等待后续再次调用 mapassign()或者 mapdelete()时，会进行当前是否正在扩容的判断，如果正在扩容，则会调用 growWork()对目标桶进行旧数据的迁移工作；具体实现代码如下：

```
func mapassign(t *maptype, h *hmap, key unsafe.Pointer) unsafe.Pointer {
...
again:
        bucket := hash & bucketMask(h.B)
        if h.growing() {
                growWork(t, h, bucket)
        }
...
}
```

　　growWork()函数中会调用 evacuate()函数对数据进行真正的迁移工作，其中，evacuate()函数较为复杂，第一步骤是计算迁移的目标桶数量。如果是等量扩容，则目标桶只有一个，且与要迁移桶的序号相同；而如果是翻倍扩容，则需要将迁移桶的数据分散到两个目标桶内；具体代码如下：

```
func evacuate(t *maptype, h *hmap, oldbucket uintptr) {
    // 根据地址和偏移量获取目标桶
    b := (*bmap)(add(h.oldbuckets, oldbucket*uintptr(t.bucketsize)))
    newbit := h.noldbuckets()
    if !evacuated(b) {
    // 数据迁移过程中的两个目标桶
        var xy [2]evacDst
        // 和当前要迁移桶相同序号的新桶
        x := &xy[0]
        x.b = (*bmap)(add(h.buckets, oldbucket*uintptr(t.bucketsize)))
        x.k = add(unsafe.Pointer(x.b), dataOffset)
        x.e = add(x.k, bucketCnt*uintptr(t.keysize))
        // 如果是翻倍扩容，则另外一个目标是迁移桶序号值+newbit对应的新桶
        if !h.sameSizeGrow() {
            y := &xy[1]
            y.b = (*bmap)(add(h.buckets, (oldbucket+newbit)*uintptr
(t.bucketsize)))
            y.k = add(unsafe.Pointer(y.b), dataOffset)
            y.e = add(y.k, bucketCnt*uintptr(t.keysize))
        }
```

　　evaeuate()函数根据地址获取目标 bmap，然后调用 evacuated()函数检查 bmap 的第一个 tophash 值是否被赋值，如果是，则表示该 bmap 还未被迁移。接着 evacuate()函数创建两个用于保存分配目标桶的 evacDst 结构体数组，evacDst[0]和 evacDst[1]分别指向了不同目标桶，但是只有在翻倍扩容时，evacDst[1]才会被赋值。图 2-14 所示的是 bmap 翻倍扩

容迁移示意，图中展示了 evacDst 的作用。

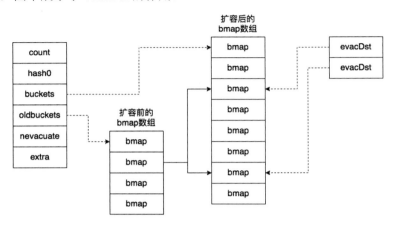

图 2-14

确定目标桶之后，evacuate()函数会进行桶内数据的遍历，根据指针偏移操作获取对应的键值对；如果是翻倍扩容，则需要重新计算 hash 值，然后判断迁移到了哪个目标桶；具体代码如下：

```
for ; b != nil; b = b.overflow(t) {
    // 遍历正常桶和所有的溢出桶
    for ; b != nil; b = b.overflow(t) {
        k := add(unsafe.Pointer(b), dataOffset)
        e := add(k, bucketCnt*uintptr(t.keysize))
        // 遍历桶中的数据
        for i := 0; i < bucketCnt; i, k, e = i+1, add(k, uintptr(t.keysize)),
add(e, uintptr(t.elemsize)) {
            top := b.tophash[i]
            k2 := k
            var useY uint8
            // 如果是翻倍扩容，需要重新计算
            if !h.sameSizeGrow() {
                hash := t.hasher(k2, uintptr(h.hash0))
                // 翻倍扩容，判断迁移到哪个目标桶
                if hash&newbit != 0 {
                    useY = 1
                }
            }
            // 获得目标桶
            b.tophash[i] = evacuatedX + useY
            dst := &xy[useY]
    }
```

找到目标桶后，就会对待迁移键值对和对应的 tophash 进行赋值；具体的代码如下：

```
// 如果目标桶已经满，则使用溢出桶
```

```
if dst.i == bucketCnt {
    dst.b = h.newoverflow(t, dst.b)
    dst.i = 0
    dst.k = add(unsafe.Pointer(dst.b), dataOffset)
    dst.e = add(dst.k, bucketCnt*uintptr(t.keysize))
}
// 复制 tophash 和键值
dst.b.tophash[dst.i&(bucketCnt-1)] = top
typedmemmove(t.key, dst.k, k) // copy elem
typedmemmove(t.elem, dst.e, e)
dst.i++
// 将目标桶的指针向前推进, 方便下一次迁移数据使用
dst.k = add(dst.k, uintptr(t.keysize))
dst.e = add(dst.e, uintptr(t.elemsize))
```

如上代码所示,当目标桶已经满时,会调用 newoverflow() 进行溢出桶的获取,并重置对应的下标、键元素地址和值元素地址;再将待迁的键和值分别赋予到对应的地址上,并设置相应的 tophash,最后将目标桶的下标、键元素和值元素地址进行推进,方便下一次数据的迁移。

evacuate 最后会调用 advanceEvacuationMark 增加哈希表的 nevacuate 计数,并且当 nevacuate 等于 oldbuckets(也就是所有旧桶数据都迁移后),调用 advanceEvacuationMark()函数,清空对应的 oldbuckets 和 oldoverflow 值,即设置为 nil,方便进行垃圾回收。

经过上述分析可知,扩容期间进行访问操作时,也需要考虑从 oldbuckets 中进行查找;具体实现代码如下:

```
func mapaccess1(t *maptype, h *hmap, key unsafe.Pointer) unsafe.Pointer {
    ...
    alg := t.key.alg
    hash := alg.hash(key, uintptr(h.hash0))
    m := bucketMask(h.B)
    b := (*bmap)(add(h.buckets, (hash&m)*uintptr(t.bucketsize)))
    if c := h.oldbuckets; c != nil {
        if !h.sameSizeGrow() {
            m >>= 1
        }
        oldb := (*bmap)(add(c, (hash&m)*uintptr(t.bucketsize)))
        if !evacuated(oldb) {
            b = oldb
        }
    }
bucketloop:
    ...
}
```

当 oldbuckets 不为 nil 时,会根据是否为翻倍扩容进行新旧桶的对应,找到新桶对应的旧桶,然后调用 evacuated()函数判断旧桶数据是否已经迁移,如果未迁移,则后续查

找操作都在原有 bmap 中进行。

和写入操作类似,删除操作也会在哈希表扩容期间调用 growWork()函数进行数据迁移,逻辑与希尔操作的相同。

简单总结一下哈希表扩容的相关逻辑:哈希表的扩容操作分为翻倍扩容和等量扩容,一般在哈希表数据过多时进行翻倍扩容。扩容过程后并不是立刻进行数据迁移,而是在进行写入或删除时通过 growWork()逐步触发迁移,在扩容期进行访问操作会判断旧桶数据是否迁移,如果未迁移,则使用旧桶进行查找。当大量写入和删除造成过多无用溢出桶占据过大内存空间时,会进行等量扩容,清理掉无用的溢出桶,节省内存空间。

—— 本章小结 ——

在本章中,我们分别从基础使用、底层数据结构和常见操作原理等方面,介绍了 Go 语言中的数组、字符串、切片、哈希表等基础数据结构。使读者更加深入地了解这些开发过程中经常使用的数据结构,理解相关操作背后的原理,并且了解一些进行性能优化的特殊手段,从而有利于读者更好也更正确地使用这些数据结构。

本章介绍的数据结构有些不是线程安全的,比如说哈希表,在多线程场景下需要使用并发原语或者其他数据结构进行相应的操作。在第 3 章将讲解 Go 语言中并发相关的数据类型。

第3章　Go 语言的并发结构

高级编程语言标准库除了数组、字符串、切片、哈希表和列表等常用数据结构外，还有并发相关的结构，例如 Java 的 ConcurrentHashMap 和 C++11 中的 mutex。Go 语言也不例外，包括 Mutext、RWMutext、WaitGroup、Once、sync.Map 等并发结构。这些并发结构有些用于保护共享资源，防止并发错误；有些用于多协程任务编排，控制协程的相互执行顺序；有些则用于消息或信号传递，共同构成了所谓的语言同步原语。

了解这些并发结构的基本使用和常见错误并掌握其基本原理和实现，有利于开发者根据并发场景快速选择并发组件以及快速定位和解决并发异常，此外也让开发者对 Go 语言标准库有更深入的了解，方便开发者在标准库的基础上快速扩展额外功能。

本章分为锁控制，协程编排和协程安全数据结构三个部分，从使用和原理两方面依次讲解 Mutext、RWMutext、WaitGroup、Once、SingleFlight 和 sync.Map 等并发结构的特点和具体应用。

3.1　锁控制

在计算机科学中，锁（Lock）是在执行多线程时用于强制限制资源访问的同步机制，即用于在并发控制中保证对互斥要求的满足。在并发编程中，并发访问共享资源的程序片段被称为临界区，临界区的共享资源无法被多线程同时访问。

为了避免多个线程同步访问临界区而造成的并发问题，需要使用互斥锁，限定临界区只能同时由一个线程访问，其他线程进入该临界区时，就需要等待，直到持有锁的线程退出临界区。图 3-1 为双线程获取锁的示意图。

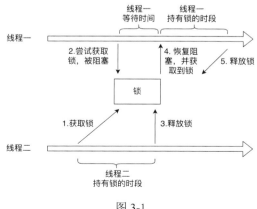

图 3-1

　　在图 3-1 中，线程二首先开始执行，获得了锁，并执行临界区代码；接着线程一开始执行，获取锁时被阻塞，进入等待状态；然后线程二离开临界区时会释放锁，锁会通知到线程一，让线程一从阻塞中恢复，并获得锁，接着继续执行临界区代码。

　　在 Go 语言中，开发者最常使用的锁结构有互斥锁 Mutext 和读写锁 RWMutext，分别用于普通并发场景和读写并发场景。下面将讲解这两种锁结构的基础使用和实现原理。

3.1.1　互斥锁 Mutext

　　互斥锁 Mutext 的使用比较简单，举例来说明，addOne()函数会将全局变量 count 进行加 1 操作，为了保证并发执行的正确性，可使用 Mutext 进行临界区保护，在进行加 1 操作的指令前获取锁，加 1 操作后再释放锁；具体代码如下：

```
var mu sync.Mutex
var count = 1
func addOne() {
    mu.Lock()
    count++
    mu.Unlock() // 一般使用在 Lock 后执行 defer mu.Unlock()
}
```

　　一般释放锁的操作都是配合 defer 操作一起使用，避免因为程序出错或逻辑错误而未释放锁，导致程序状态异常。

　　在了解了 Mutext 的基本用法后，接下来讲解它是如何实现的。

1．Mutext 结构体定义

　　Mutext 结构体由 int32 类型的 state 和 unit32 的 sema 字段构成；定义如下：

```
type Mutex struct {
    state int32
    sema  uint32 // 阻塞和唤醒协程所需字段
}
const (
    mutexLocked = 1 << iota // 值为 1，即第 0 位为 1
    mutexWoken // 值为 2，即第 1 位为 1
    mutexStarving // 值为 4，即第 2 位为 1
    mutexWaiterShift = iota // 值为 3，表示 mutextWaiters 的偏移是 3 位
    starvationThresholdNs = 1e6 // 约 1 ms
)
```

　　上述定义中，state 是表示状态的字段，一共 32 位，不同位的数值分别代表不同的含义，其中：

第 0 位是 mutexLocked，表示锁是否被持有；

第 1 位是 mutextWoken，表示是否有唤醒的协程；

第 2 位是 mutextStarving，表示当前是否为饥饿状态；

第 3~31 位是 mutextWaiters，表示当前等待获取锁的协程数量。

图 3-2 会更直观地展示 state 字段中不同位的含义。

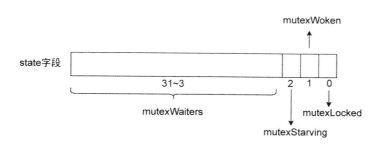

图 3-2

对 state 的操作都是按位操作，比如判断锁是否为饥饿状态和将锁设置为被持有状态的操作如下：

```
if old&mutexStarving == 0 {
    new |= mutexLocked // 非饥饿状态，加锁
}
```

上述代码中，old 是旧 state 的值，与常量 mutextStarving 按位进行与操作，判断结果是否为 0，如果为 0，表示 old 的第三位数值为 0，也就是当前并不处于饥饿状态，反之则表示处于饥饿状态。new 是新 state 的值，将其与常量 mutextLocked 按位进行或操作，将第一位数值设置为 1，即变成加锁状态。

了解了 Mutext 的底层数据结构组成，下面我们依次来具体分析 Lock 和 Unlock 函数的实现。

2. Lock 操作

Lock 操作会尝试获取锁，如果当前获取不到锁，则进行自旋或者进入阻塞状态，直到获取到锁后才返回。该方法的具体定义如下：

```
func (m *Mutex) Lock() {
    // 快速路径，尝试获取未加锁的锁，用 CAS 直接设置第一位的数值为 1
    if atomic.CompareAndSwapInt32(&m.state, 0, mutexLocked) {
        return
    }
    // 上一步未设置成功，进行慢路径操作
    m.lockSlow()
}
```

Lock 操作先采取乐观态度，尝试用 atomic.CompareAndSwapInt32（简称 CAS）将 state 值从 0 改变为 1，也就是设置加锁状态。如果成功，则表示获得了锁，直接返回。如果失败了，表示当前 state 值不为 0，无法获取锁，则调用 lockSlow() 函数进行额外操作。

lockSlow() 函数的实现较为复杂，我们分以下四个步骤进行了解。

（1）在锁被持有并处于非饥饿状态下进行自旋等待锁释放；

（2）根据旧 state 值和协程自身状态生成新 state 值；

（3）设置新 state 值，成功后判断是否获取锁，获取失败则进入阻塞状态，加入等待队列；

（4）被唤醒后的 state 值处理操作。

步骤（1）的代码如下所示，在锁被持有并且处于非饥饿状态时，根据自旋次数进行自旋，等待锁被释放。在自旋前，会设置 state 的 mutextWoken 字段，表示当前有正在执行的协程等待锁，释放锁的 Unlock() 函数就不会唤醒其他被阻塞的协程了。

```go
func (m *Mutex) lockSlow() {
    var waitStartTime int64      // 请求锁的初始时间
    starving := false       // 当前协程是否处于饥饿状态
    awoke := false          // 是否是唤醒的
    iter := 0               // 记录 spin 自旋的次数
    old := m.state          // 旧 state 值
    for {
        // 当前锁被持有且不处于饥饿状态，并且 runtime_canSpin() 函数判断自旋次数
没有超出阈值
        if  old&(mutexLocked|mutexStarving)  ==  mutexLocked  &&
runtime_canSpin(iter) {
            // 设置 mutextWoken
            if !awoke && old&mutexWoken == 0 && old>>mutexWaiterShift != 0 &&
                atomic.CompareAndSwapInt32(&m.state, old, old|mutexWoken) {
                awoke = true
            }
            // 进行自旋，自旋次数+1 并且获取新的 state 值
            runtime_doSpin()
            iter++
            old = m.state
            continue
        }
        ....
    }
}
```

注意，自旋操作是消耗 CPU 时间片的，如果长时间获得不了锁，还一直自旋，就会降低整体的性能。所以，当锁处于饥饿状态时或者已经自旋足够次数后，表明当前线程不可能很快地获得锁，所以没有必要空耗 CPU 进行自旋，Lock() 函数会进入下一步操作。

lockSlow() 函数的第二步是根据旧 state 值生成新的 state 值，具体步骤如下：

（1）如果锁处于非饥饿状态，设置新的 state 值为锁被持有状态；

（2）如果锁处于被持有状态或饥饿状态，设置新的 state 的 mutextWaiters 值加 1；

（3）当前协程处于饥饿状态（等待时间超过阈值），且锁处于被持有状态，将新的 state 的 mutextStarving 值设置为 1；

（4）如果设置了 awoke 为 true，则清除 state 值的 mutextWoken 标记。

具体实现代码如下：

```go
func (m *Mutex) lockSlow() {
    ....
    for {
        ....
        new := old
        if old&mutexStarving == 0 { // (1)
            new |= mutexLocked
        }
        if old&(mutexLocked|mutexStarving) != 0 { // (2)
            new += 1 << mutexWaiterShift // waiter 数量加 1
        }
        if starving && old&mutexLocked != 0 { // (3)
            new |= mutexStarving // // 设置饥饿状态
        }
        if awoke { // (4)
            new &^= mutexWoken // 新状态清除唤醒标记
        }
        ....
    }
}
```

注意，如果锁处于饥饿状态，新来的协程就必须直接进入等待队列，也没有必要尝试争锁，就不需要将 state 值设置为被持有状态。

lockSlow() 函数的第三步是通过 CAS 操作尝试设置新的 state 值，成功后根据 state 值判断是否获得锁。如果获得锁，则直接返回；否则会调用 runtimeSemacquireMutex() 函数进行阻塞，加入等待队列。具体实现代码如下：

```go
func (m *Mutex) lockSlow() {
    ....
    for {
        ....
        // 尝试使用 CAS 设置 state。
        if atomic.CompareAndSwapInt32(&m.state, old, new) {
            // 原来锁的状态是未加锁状态，并且也不是饥饿状态的话，代表成功获取了锁，返回
            if old&(mutexLocked|mutexStarving) == 0 {
                break
            }
            // waitStartTime 不为 0，说明不是第一次加入等待队列，加入到队首
            queueLifo := waitStartTime != 0
            if waitStartTime == 0 {
                waitStartTime = runtime_nanotime()
            }
            // 阻塞等待，加入到 waiter 队列，如果是第一次，加入到队尾，否则加入到队首。
            runtime_SemacquireMutex(&m.sema, queueLifo, 1)
        }
```

```
    }
```

需要注意的是，如果是第一次进入等待队列，会被加入到队尾，保证公平；如果不是，就被加入队首，这样被唤醒后仍然未抢到锁的协程在后续能够优先获取到锁。

runtimeSemacquireMutex()函数的作用就是休眠当前协程，等待 sema 信号量通知，然后唤醒当前协程。当获取锁的其他协程释放锁时，会通过 sema 信号量进行通知，唤醒位于等待队列首部的协程。

lockSlow()函数的最后一步是协程被唤醒后的操作，它会先检测自身等待时间是否超过阈值，然后判断锁是否处于饥饿状态。如果处于饥饿状态，则说明当前协程已经获得锁（饥饿状态下，只唤醒一个协程），它会将 state 的 mutextWaiter 值减 1，并设置 mutextLocked 标志位。此外，当自身等待时间不超过阈值或者等待协程数量为 1 时，认定不再是饥饿状态，就清除 state 的 mutextStarving 数值。具体实现代码如下：

```
func (m *Mutex) lockSlow() {
    ....
    for {
        ....
        runtime_SemacquireMutex(&m.sema, queueLifo, 1)
        // 被唤醒，检查自身是否应该处于饥饿状态，等待时间超过了阈值
        starving = starving || runtime_nanotime()-waitStartTime >
starvationThresholdNs
        old = m.state
        // 锁已经处于饥饿状态，说明已经抢到锁，做一些处理，返回
        if old&mutexStarving != 0 {
            // 设置 mutextLocked 标志位，并将 waiter 数减 1
            delta := int32(mutexLocked - 1<<mutexWaiterShift)
            // 自身未等待还没超过 1 ms，并且 wait 数量为 1 时将 Mutex 转为正常状态。
            if !starving || old>>mutexWaiterShift == 1 {
                delta -= mutexStarving // 清除饥饿标记
            }
            // 将变更应用到 state 字段上
            atomic.AddInt32(&m.state, delta)
            break
        }
        // 并不处于饥饿状态，需要重新循环，尝试抢夺锁
        awoke = true
        iter = 0
    }
}
```

如果不是饥饿状态，则协程重置一下自身的一些变量，继续一轮上述四步操作尝试获取锁。lock 的整体流程如图 3-3 所示，整体处于 for 循环中，如果某一步失败，就从头开始执行。其中有两处被认作是获得锁，分别是 CAS 设置 state 值成功后检查是否获得锁和被唤醒后检查锁是否处于饥饿状态。

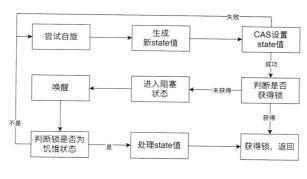

图 3-3

这里读者可能会有疑问，为什么协程被唤醒后，锁处于饥饿状态就可以判定当前协程获取了锁呢，这就需要了解 UnLock() 操作的具体实现。

3．UnLock 操作

UnLock() 函数的操作与 Lock() 函数类似，也分为快速路径和正常路径；其具体实现代码如下：

```
func (m *Mutex) Unlock() {
    // 快速路径，将 state 值减 1
    new := atomic.AddInt32(&m.state, -mutexLocked)
    if new != 0 {
        m.unlockSlow(new)
    }
}
```

由上述代码可知，UnLock 先直接将 state 的值通过原子操作减 1，也就是将 mutextLocked 位设置为 0。然后判断新 state 值是否为 0，如果为 0，则说明当前没有其他协程尝试获取锁，函数直接返回；若不为 0，则表示其他位不为 0，需要额外处理。

UnLockSlow 根据自身是否为饥饿状态进行不同操作如下：

（1）如果处于饥饿状态，则直接调用 runtime_Semrelease 唤醒等待队列首部的协程，让它获得锁；

（2）如果处于非饥饿状态，则将 mutextWaiter 数量减 1，并设置 mutextWoken 标志位，然后唤醒等待队列任一个协程，让它们自行尝试获取锁。

以上不同操作的具体实现代码如下：

```
func (m *Mutex) unlockSlow(new int32) {
    if new&mutexStarving == 0 { // 非饥饿状态
        old := new
        for {
            // 如果没有等待的协程，或者已经有协程获得锁，就直接返回
            if old>>mutexWaiterShift == 0 || old&(mutexLocked|mutexWoken|
mutexStarving) != 0 {
                return
```

```
                        }
                        // 否则，mutextWaiter 数减 1，设置 mutexWoken 标志，通过 CAS 更新
state 的值
                        new = (old - 1<<mutexWaiterShift) | mutexWoken
                        if atomic.CompareAndSwapInt32(&m.state, old, new) {
                            // 唤醒等待队列所有协程
                            runtime_Semrelease(&m.sema, false, 1)
                            return
                        }
                        old = m.state
                    }
            } else {
                //唤醒等待队列首协程
                runtime_Semrelease(&m.sema, true, 1)
            }
        }
```

在 UnLock()函数的整体流程中（见图 3-4），首先清除 mutextLocked 标志位，然后根据当前锁是否为饥饿状态进行不同操作，并设置对应的 state 值。

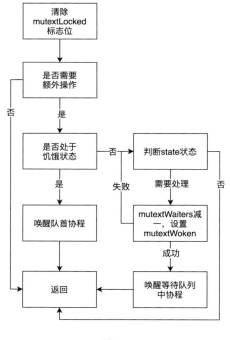

图 3-4

Lock()函数和 UnLock()函数中分别调用了 runtime_Acquire 和 runtime_Release 来阻塞和唤醒协程，这两个函数不仅在 Mutext、RWMutext 和 WaitGroup 等并发结构中被使用，还会用在垃圾回收和协程调度等场景中。

经过上述的源码分析后，Mutext 不能被复制后使用以及 Mutext 不能重入的原因就已

经清晰。Mutext 被复制后，其 state 值还保持旧值状态，如果此时进行 Lock()操作，可能会永远获得不了锁。而 Mutext 之所以不能重入，是因为进行 Lock()操作时，并没有判断当前持有锁的协程是否就是自己，所以会重新尝试获得锁，导致永远获得不到锁。

　　了解源码不仅能减少开发者错误使用语言特性或结构体功能的次数，还能让开发者了解错误背后的原因，做到真正的知其所以然。

3.1.2　读/写锁 RWMutext

　　并发锁 Mutext 能够保证同一时间只有一个协程获得锁，执行临界区代码，访问共享资源。但是在大多数互联网场景下，对共享资源的读请求远远大于写请求，而读请求之间应该是能并行的。

　　读/写锁 RWMutext 就是为了解决这类读写并发时的资源保护问题。它能够保证同一时间只会被多个执行读操作的协程（Reader）持有，或单个执行写操作的协程（Writer）持有。

　　RWMutext 提供了两对加锁和释放锁函数，其中：

　　● Lock()和 UnLock()：执行写操作时进行的获取写锁和释放写锁函数，当锁被多个执行读操作的协程持有或者单个执行写操作的协程持有时，Lock()方法会一直阻塞，直到获取到锁；UnLock()则是对应的释放写锁的函数；

　　● RLock()和 RUnLock()：执行读操作时进行的获取读锁和释放读锁函数。RLock()会在单个执行写操作的协程持有锁时被阻塞；RUnLock()则是与之对应释放读锁的函数。

　　RWMutext 的使用技巧和常见错误与 Mutext 一致，默认零值为未加锁状态，不必显示地初始化，可以直接使用，不能被复制使用，这里不再详细描述，我们直接来看其具体实现。

1．RWMutext 结构体

　　RWMutext 在 Mutext 的基础上新增了额外的字段来分别表示获取读锁和写锁的等待队列和数量；具体定义如下所示：

```
type RWMutex struct {
    w           Mutex       // 互斥锁
    writerSem   uint32      // writer 信号量，阻塞和唤醒协程所需字段
    readerSem   uint32      // reader 信号量，阻塞和唤醒协程所需字段
    readerCount int32       // reader 的数量
    readerWait  int32       // writer 等待完成的 reader 的数量
}
```

　　RWMutext 中字段的具体含义如代码中注释所示。其中，互斥锁 w 是为了多协程抢夺写锁而准备的，保证只会有一个协程获得写锁。

2．Lock()和 UnLock()实现

Lock()函数是获取写锁的操作，它先获得 RWMutext 的互斥锁 w，确保只会有单个协程进行后续操作，然后反转 readerCount 数值，把它从正整数修改为负数（减去 rwmutexMaxReaders），最后判断当前是否有持有读锁的协程，如果有，则进入阻塞状态并且将需要等待的持有读锁的协程数量保存到 readerWait 中；如果没有，则认定获取了写锁，直接返回；其具体实现代码如下：

```
func (rw *RWMutex) Lock() {
    // 第一步，先获得互斥锁 w，防止多个 writer 操作
    rw.w.Lock()
    // 将 readerCount 反转为负数，表明当前有一个等待锁的 writer
    r := atomic.AddInt32(&rw.readerCount, -rwmutexMaxReaders) + rwmutexMaxReaders
    // 如果当前有持有锁的 reader，将等待 reader 数量赋值给 readerWait 并进入阻塞状态
    if r != 0 && atomic.AddInt32(&rw.readerWait, r) != 0 {
        runtime_SemacquireMutex(&rw.writerSem, false, 0)
    }
}
```

UnLock()操作则是协程释放锁的操作，它的操作基本上与 Lock()函数正好相反：首先将 readercount 反转回正数，并根据其数值唤醒对应数量的等待获取读锁的协程，最后再释放掉互斥锁 w；代码如下：

```
func (rw *RWMutex) Unlock() {
    // 将 readerCount 反转回正数
    r := atomic.AddInt32(&rw.readerCount, rwmutexMaxReaders)
    // 根据当前 reader 数量，唤醒对应数量的协程
    for i := 0; i < int(r); i++ {
        runtime_Semrelease(&rw.readerSem, false, 0)
    }
    // 释放 w 锁，让其他 writer 操作
}
```

RWMutext 对待并发的读写操作时，执行的是写优先策略，也就是当有写操作在等待请求锁时，后续新来的协程不会再获得读锁。而读优先策略则是后续来的协程仍然能直接获得读锁，写操作直到所有读锁都释放完后才获得锁。

在 Lock()操作时会将 readerCount 反转成负数，这是 RWMutext 写优先策略的关键，获取读锁和释放读锁的 RLock()和 RULock()函数中会根据 readerCount 是否为负数来执行不同逻辑，从而实现写优先策略。下面我们来具体看一下二者的实现。

3．RLock()和 RUnlock()实现

RLock()的实现首先是将 readerCount 加 1，表明当前有一个新的协程希望获取读锁，然后判断 readerCount 是否为负数。如果不是负数，表明当前没有获取写锁的协程在等待，

所以判定获取了读锁，直接返回；如果是负数，表明当前有协程正在等待获得写锁，根据写优先策略，调用 runtime 的 SemacquireMutex() 函数进入阻塞状态，其具体实现代码如下：

```
func (rw *RWMutex) RLock() {
    if atomic.AddInt32(&rw.readerCount, 1) < 0 {
        runtime_SemacquireMutex(&rw.readerSem, false, 0)
    }
}
```

RUnlock() 的实现则是先将 readerCount 减 1，表明当前获取读锁的协程数量少了一个，然后判断 readerCount 是否为负数。如果不是负数，则表明当前无等待获取或者已经获取写锁的协程，直接返回；如果是负数，表明当前有协程在等待获取或已经获取写锁，调用 rUnlockSlow() 进行额外操作；具体实现代码如下：

```
func (rw *RWMutex) RUnlock() {
    if r := atomic.AddInt32(&rw.readerCount, -1); r < 0 {
        rw.rUnlockSlow(r)
    }
}
```

rUnlockslow 则是首先将 readerWait 减 1，表明等待获取写锁的协程需等待的持有读锁的协程数量减少了一个，如果已经是最后一个持有读锁的协程，则调用 runtime 的 Semrelease 函数唤醒等待写锁的协程；其具体实现代码如下：

```
func (rw *RWMutex) rUnlockSlow(r int32) {
    // 将 writer 等待的 readerWait 数量减 1
    if atomic.AddInt32(&rw.readerWait, -1) == 0 {
        // 最后一个等待的 reader 释放了锁，唤醒 writer
        runtime_Semrelease(&rw.writerSem, false, 1)
    }
}
```

Mutext 和 RwMutext 提供了针对多协程执行临界区代码以及访问共享资源的保护机制，保证了同一时间只能有一个协程可以执行临界区代码或访问共享资源。但是二者无法对协程的执行顺序进行编排。

3.2　协程编排

大型 Go 语言程序往往是多个协程相互协作，共同完成相应的程序功能。这些协程不仅有着各自需要执行的逻辑，在某些场景下，也需要进行执行顺序的协调，这就是我们常讲的协程编排。比如，当主协程需要将大任务拆分成三个独立的小任务，并分别交于并行的三个协程去执行，只有三个协程都将小任务执行完，主协程才会继续执行，这里就需要相应的数据结构进行这四个协程之间的协调和编排工作。

WaitGroup、Once 和 SingleFilter 等结构体是用于编排并发协程执行的组件，它们可以让一组协程根据需要进行等待或执行，构建所需的并发流程。下面我们将对这三个组件的特点和应用实践进行讲解。

3.2.1　协同等待的 WaitGroup

WaitGroup 是开发者最常用的协程编排组件之一，它用于解决协同等待问题。也就是上文中描述的主协程会等待一组协程完成协同任务后再继续执行的逻辑；其示意图如图 3-5 所示。

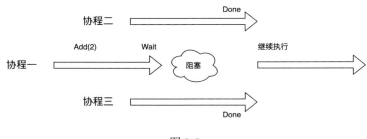

图 3-5

在图 3-5 所示中，协程一是主协程，先调用 WaitGroup 的 Add() 函数表明需要等待两个协程完成后才能执行，接着调用 Wait() 函数进入阻塞状态，然后协程二和协程三执行各自任务后，会调用 Done() 函数表明自身任务已经执行完，两个协程都执行了 Done() 函数后，WaitGroup 会唤醒协程一，继续执行后续逻辑。

我们将上述场景放到具体实践中，比如在处理网络请求时，需要异步处理三个子任务，然后三个子任务完成后，主流程才返回；具体代码如下：

```
func handleRequest(r Request) {
    var wg sync.WaitGroup
    wg.Add(2) // WaitGroup 的值设置为 3
    go func() {
        saveMySQL()
        wg.Done()
    }()
    go func() {
        saveRedis()
        wg.Done()
    }()
    // 检查点，等待 goroutine 都完成任务
    wg.Wait()
    // 输出当前计数器的值
    fmt.Println("done")
}
```

我们以处理网络请求为例了解了 WaitGroup 的基本用法，接下来我们再看看它具体是如何实现的吧！

1. WaitGroup 结构体

WaitGroup 结构体的组成很简单，它包含一个 uint64 类型的 state1 字段和一个 uint32 类型的 state2 字段，它们可以分别表示 WaitGroup 的计数、调用 Wait() 函数进入阻塞状态的协程（waiter）数和信号量 sema。WaitGroup 结构体如下：

```
type WaitGroup struct {
    state1 uint64
    state2 uint32
}
```

注意，state1 和 state2 字段在 64 位和 32 位环境下的含义并不相同。在 64 位环境下，state1 字段的高 32 位是 WaitGroup 的计数值，而低 32 位是进入阻塞状态的协程数，此时 state1 可以说是代表了 WaitGroup 的状态 state，state2 是信号量，也就是 sema 的含义。而在 32 位环境下，state1 的低 32 位是信号量，高 32 位是 waiter 数，而 state2 表示计数值，相当于 state1 的高 32 位和 state2 一起组成 state。通过图 3-6 所示，读者会有更直观的理解。

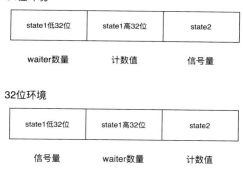

图 3-6

WaitGroup 的 state() 函数体现了不同环境下 state1 和 state2 字段含义的变化，它从 state1 和 state2 字段中解析出 state 和 sema 的地址指针，具体代码如下：

```
// 得到 state 的地址和信号量的地址
func (wg *WaitGroup) state() (statep *uint64, semap *uint32) {
    if   unsafe.Alignof(wg.state1)   ==   8   ||   uintptr(unsafe.Pointer
(&wg.state1))%8 == 0 {
        // 如果地址是 64 位对齐的, state1 就是 state, 而 state2 作为信号量
        return &wg.state1, &wg.state2
    } else {
        // 如果地址是 32 位对齐的, state1 的低 32 位作为信号量, 高 32 位和 state2 一
起组成 state
        state := (*[3]uint32)(unsafe.Pointer(&wg.state1))
```

```
        return (*uint64)(unsafe.Pointer(&state[1])), &state[0]
    }
}
```

如上代码所示，state()函数返回了 state 对应的地址，后续 WaitGroup 的 Add()和 Done()
等函数会对其进行 atomic.AddUint64 等 64 位的原子操作，这就需要 state 的地址是 64 位
对齐的，即 state 的内存地址是 8 的整倍数。所以通过 Alignof()函数获取 state1 的对齐为
8 时，表示当前为 64 位对齐，则 state1 本身作为 state 值，直接返回其地址；反之，则表
示为 32 位对齐，那么 state1 的高 32 位地址一定是 64 位对齐的，将 state1 的高 32 位和 state2
一起作为 state 值，所以将 state1 的高 32 位地址返回。

2．Add()、Wait()和 Done()函数

Add()函数先调用 state()函数获得 WaitGroup 的 state 值和 sema 值的指针；然后将参
数 delta 加到 state 的高 32 位上，代表计数值加了这些值；接着判断当前计数值是否大于
0 或者阻塞等待的 waiter 数量是否为 0；如果符合条件，则直接返回；否则，会根据 waiter
数值来唤醒对应数量的协程；具体实现代码如下：

```
func (wg *WaitGroup) Add(delta int) {
    statep, semap := wg.state()
    // state 的高 32 位是计数值，所以把 delta 左移 32，增加到计数值上
    state := atomic.AddUint64(statep, uint64(delta)<<32)
    v := int32(state >> 32) // 当前计数值
    w := uint32(state) // 当前 waiter 数
    // 当计数值大于 0 或者 waiter 数为 0 时，直接返回
    if v > 0 || w == 0 {
        return
    }
    // 将 state 设置为 0
    *statep = 0
    // 唤醒等待的 waiter
    for ; w != 0; w-- {
        runtime_Semrelease(semap, false, 0)
    }
}
// Done 其实就是调用的 Add(-1)
func (wg *WaitGroup) Done() {
    wg.Add(-1)
}
```

Done()函数其实就是在内部中调用了 Add()函数，并传入 "-1" 值，表示计数减 1，
所以当调用 Done()函数时，若发现计数减少到 0 并且当前有等待的协程，就会将对应的
协程唤醒。

Wait()函数则会首先检查 state 代表的计数值是否为 0，如果是 0，则直接返回，不进
入阻塞状态；否则，会将 state 中的 waiter 数值加 1，然后进入阻塞状态；具体实现代码

如下:

```
func (wg *WaitGroup) Wait() {
    statep, semap := wg.state()
    for {
        state := atomic.LoadUint64(statep)
        // 根据 state 获得对应的计数值 v 和 等待的 waiter 值 w
        v := int32(state >> 32)
        w := uint32(state)
        // 如果当前计数值为 0，则不会阻塞，直接返回
        if v == 0 {
            return
        }
        // cas 将等待的 waiter 数值加一，然后进入阻塞状态
        if atomic.CompareAndSwapUint64(statep, state, state+1) {
            runtime_Semacquire(semap)
            return
        }
    }
}
```

协程在调用 Wait()函数进入阻塞状态后，如果其他协程再执行 Done()函数，就会在固定条件下唤醒该协程，从而继续执行下去。

3.2.2　只执行一次的 Once

sync.Once 可以用来执行且只能执行一次的操作，例如多个协程都通过 Once 来执行函数时，函数只会被执行一次；其示意图见图 3-7。

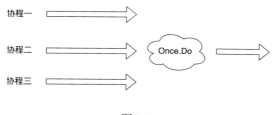

图 3-7

sync.Once 常常用于单例对象的初始化或优雅关闭等场景。比如说 dubbo-go 的代理 Proxy 的初始化过程，具体代码如下:

```
func (p *Proxy) Implement(v common.RPCService) {
    p.once.Do(func() { // 只会进行 implement 一次
        p.implement(p, v)
        p.rpc = v
    })
}
```

Once 只有一个公开方法：Do()函数，代码如下所示：

```
func (o *Once) Do(f func())
```

其中，参数 f 是无参数和返回值的函数。可以多次调用 Do()函数，但是只有在第一次被调用时，f 参数才会被执行，后续调用都不会执行 f 函数。

Once 的结构体很简单，由 done 字段和互斥锁 m 组成。其中，done 用于表示是否已经被执行过一次，m 用于处理并发，代码如下所示：

```
type Once struct {
    // 表示是否已经被执行过一次
    done uint32
    // 互斥锁
    m    Mutex
}
```

而 Do()函数则属于典型的双重校验（double-check）逻辑，它会首先检查 done 是否为 0，若不为 0，则表示已经被执行过一次了，就直接返回；如果为 0，则调用 doSlow()函数；具体实现代码如下所示：

```
func (o *Once) Do(f func()) {
    // 判断 done 是否为 0
    if atomic.LoadUint32(&o.done) == 0 {
        o.doSlow(f)
    }
    //若 done 为 1，则直接返回，不执行参数 f
}
func (o *Once) doSlow(f func()) {
    // 加锁
    o.m.Lock()
    defer o.m.Unlock()
    // 判断 done 是否为 0，若为 0，则将其设置为 1，并执行 f
    if o.done == 0 {
        defer atomic.StoreUint32(&o.done, 1)
        f()
    }
}
```

而在 doSlow()函数中先获取互斥锁 m，防止并发对 done 值进行操作，然后检查 done 值是否为 0。如果为 0，则将其设置为 1，并执行函数 f；否则，直接返回。

3.2.3 请求合并的 SingleFlight

SingleFlight 的作用是将同时并发调用的请求合并成一个请求，减小对下游服务的调用频率，减轻下游服务压力，提高整体效率。

SingleFlight 和 Once 有些类似，但是它每次被调用时都会重新执行，并且在多个请求同时调用时，只会保证一个请求被执行，所以 Once 主要用于单次初始化或关闭的场景，而 SingleFlight 用于合并请求的场景，比如缓存或者网络场景。

我们来看一下 SingleFlight 的使用方法，例如在实践中会有多个协程并行发起对固定地址的网络请求，可以通过 SingleFlight 来减少请求次数；具体实现代码如下：

```
func main() {
    var g singleflight.Group
    var wg sync.WaitGroup
    wg.Add(5)
    key := "http://baidu.com"
    for i := 0; i < 5; i++ {
        go func(j int) {
            v, _, shared := g.Do(key, func() (interface{}, error) {
                fmt.Printf("index: %d actual call get result for %q\n",
j, key)
                return fmt.Sprintf("result for %q", key), nil
            })
            fmt.Printf("index: %d, val: %v, shared: %v\n", j, v, shared)
            wg.Done()
        }(i)
    }
    wg.Wait()
}
```

上述代码的输出结果如下：

```
index: 0 actual call get result for "http://baidu.com"
index: 0, val: result for "http://baidu.com", shared: true
index: 1, val: result for "http://baidu.com", shared: true
index: 3, val: result for "http://baidu.com", shared: true
index: 2, val: result for "http://baidu.com", shared: true
index: 4, val: result for "http://baidu.com", shared: true
```

由上述输出结果可以看出，五个协程的 Do() 函数传入的 key 值是相同的，所以同一时间段内只会进行一次实际调用，其他四个协程获得的结果都是第一个协程执行相应操作得到的结果。

在了解了 SingleFlight 的使用方法后，下面讲解它的结构体组成和相关函数的实现原理。

1. SingleFlight 结构体

SingleFilter 一共有三个结构体，分别是 Group、call 和 Result。其中：

● Group 是核心组件，包含一个互斥锁和哈希表，用于记录请求 key 到 Call 实例的映射；

● call 表示真实请求，其中有用于等待的 WaitGroup、请求值 val 以及表示重复请求次数的 dups；

● Result 表示返回值，其中 Shared 表示当前值是否为共享的。

三个结构体的具体定义如下：

```
type Group struct {
    mu sync.Mutex          // 操作哈希表时的互斥锁
    m  map[string]*call    // 记录操作 key 和 call 的哈希表
}
// 返回值
type Result struct {
    Val    interface{}     // 返回值
    Err    error
    Shared bool            // 是否为共享值
}
// 请求值
type call struct {
    wg sync.WaitGroup
    val interface{}        // 请求值
    err error
    dups  int
    forgotten bool         // 是否将结果值遗忘
    chans []chan<- Result
}
```

Group 的 Do()函数是 SingleFlight 的核心函数，它会进行对应的逻辑判断，对于相同的 key，同一时间段内只会真正执行一次对应的逻辑函数。下面我们来看一下 Do()函数是如何实现的。

2．Do()函数的实现

Do()函数首先会调用 Group 结构体中互斥锁 mu 的 Lock()函数获得锁，然后检查哈希表 m 中是否存在当前请求的 key。如果存在，表示已经有请求，会把对应的 call 结构体取出，将 dups 加 1，然后调用其 WaitGroup 的 Wait()方法进行阻塞等待。如果不存在，则表示当前请求就是第一次请求，所以初始化一个新的 call 结构体，存入哈希表 m 中，然后调用 doCall()函数发起真正的请求；具体实现代码如下：

```
func (g *Group) Do(key string, fn func() (interface{}, error)) (v
interface{}, err error, shared bool) {
    g.mu.Lock()
    // 懒初始化 m 哈希表
    if g.m == nil {
        g.m = make(map[string]*call)
    }
    // 判断 key 已经在 map 中，表示是否已经有相同 key 的请求
    if c, ok := g.m[key]; ok {
        c.dups++
        g.mu.Unlock()
        c.wg.Wait()
        return c.val, c.err, true
    }
    // 初始化 Call，存入到 map 中
    c := new(call)
```

```
        c.wg.Add(1)
        g.m[key] = c
        g.mu.Unlock()
        // 调用真正的请求函数
        g.doCall(c, key, fn)
        return c.val, c.err, c.dups > 0
}
```

doCall()函数中首先执行了传入的 fn 函数，然后调用 waitgroup 的 Done()函数通知等待该请求返回的其他协程继续执行，并且将结果传递给对应的 channel，最后将 call 结构体从哈希表 m 中删除掉，伪代码的代码（源代码涉及复杂的错误处理相关逻辑，感兴趣的读者可以直接去阅读）如下：

```
func (g *Group) doCall(c *call, key string, fn func() (interface{}, error))
{
        // 执行传入的函数
        c.val, c.err = fn()
        // 通知 waitgroup
        c.wg.Done()
        // 删除 map 对应的 call
        g.mu.Lock()
        delete(g.m, key)
        // 进行 chan 通知
        for _, ch := range c.chans {
            ch <- Result{c.val, c.err, c.dups > 0}
        }
        g.mu.Unlock()
}
```

SingleFlight 还提供了 DoChan()函数，区别于 Do()函数的直接返回，DoChan()函数会返回一个 channel，上层代码可以从 channel 中获得请求的返回值 Result；具体代码如下：

```
func (g *Group) DoChan(key string, fn func() (interface{}, error)) <-chan
Result {
        ch := make(chan Result, 1)
        g.mu.Lock()
        if g.m == nil {
            g.m = make(map[string]*call)
        }
            // 判断 key 已经在 map 中，则将 chans 添加到对应的 call 的 chans 切片中
        if c, ok := g.m[key]; ok {
            c.dups++
            c.chans = append(c.chans, ch)
            g.mu.Unlock()
            return ch
        }
            // key 不存在，则进行初始化
        c := &call{chans: []chan<- Result{ch}}
        c.wg.Add(1)
```

```
        g.m[key] = c
        g.mu.Unlock()
            // 使用协程来调用 doCall()函数
        go g.doCall(c, key, fn)
            // 返回 channel
        return ch
}
```

由上述代码可知，DoChan()函数与 Do()函数的逻辑基本一致，区别在于 DoChan()函数不再通过 waitGroup 来等待结果返回，而是将对应的 channel 返回，并通过 channel 来接收返回值。

3.3 协程安全的数据结构

在本书第 2 章数据结构源码分析中，我们介绍了数组、字符串、切片、哈希表等数据结构，其中，由于切片和哈希表都不是线程安全的，所以如果多协程并发对其进行操作时，会导致对应的错误或者 panic。

为了防止并发错误，首先想到的方案就在读写操作前先获取对应的读写锁，这种方案适合于切片和哈希表，此外 Go 语言还针对哈希表提供了 ConcurrentMap 和 sync.Map 两种线程安全的实现。下面讲解有关线程安全哈希表的三种实现方案。

3.3.1 读写锁实现

RWMutextMap 直接嵌入 RWMutex，然后在进行读写操作时都会调用 Lock()、Unlock() 和 RLock()、RUlock()两对函数获取读写锁，保证并发安全；具体实现代码如下：

```
type RWMutextMap struct {
        sync.RWMutex      // 嵌入 RWMutex，继承其他函数
        m map[int]int      // 注意初始化时传入对应的 map 结构体
}
// Get 前先获得读锁
func (m *RWMutextMap) Get(k int) (int, bool) {
        m.RLock()
        defer m.RUnlock()
        v, existed := m.m[k]
        return v, existed
}
// Set 前先获得写锁
func (m *RWMutextMap) Set(k int, v int) {
        m.Lock()
        defer m.Unlock()
        m.m[k] = v
}
// delete 前先获得写锁
func (m *RWMutextMap) Delete(k int) {
```

```
        m.Lock()
        defer m.Unlock()
        delete(m.m, k)
}
// 获得 len 前先获得读锁
func (m *RWMutextMap) Len() int {
        m.RLock()
        defer m.RUnlock()
        return len(m.m)
}
```

如上代码所示，Get()函数和 Len()函数在执行时，会调用自身的 RLock()函数获得读锁，然后再进行相应读取操作；而 Set()函数和 Delete()函数则是首先获得写锁，然后执行设置或者删除操作。

需要注意的是，RWMutextMap 只能满足线程安全的哈希表的基础要求，一旦并发读写量升高，就会发现其性能十分低下。

3.3.2　分片加锁实现

RWMutextMap 的读/写并发性能低的根本原因是因为对哈希表的写入和读取都会陷入并发竞争；但是在不触发扩容等操作时，向哈希表中写入不同键值，其实会分散写入到不同的桶中，对于不同桶的读写操作其实是互不影响的。我们可以减少锁的粒度，采用分片的手段，将哈希表进行分片，将 RWMutextMap 的单独的锁拆分成多个锁，每个锁控制一个分片，从而解决对不同分片读写操作的锁竞争问题，降低了热点数据。Go 生态中较为流行的分片并发哈希表是 orcaman 的 Concurrent-Map。

Concurrent-Map 结构体默认采取 32 个分片，由 32 个 ConcurrentMapShared 结构体的切片组成。GetShaed()函数会根据 key 的数值获得对应的分片；其定义如下：

```
var SHARD_COUNT = 32
// 将 ConcurrentMap 定义成 ConcurrentMapShared 数组，表示分成多个分片
type ConcurrentMap []*ConcurrentMapShared

// 类似于 RWMutextMap，ConcurrentMapShared 中持有一个普通哈希表和读写锁
type ConcurrentMapShared struct {
    items        map[string]interface{}
    sync.RWMutex // Read Write mutex, guards access to internal map.
}
// 根据 key 计算分片索引，然后取出对应的分片
func (m ConcurrentMap) GetShard(key string) *ConcurrentMapShared {
    return m[uint(fnv32(key))%uint(SHARD_COUNT)]
}
```

ConcurrentMap 的读写操作逻辑大致为先调用 GetShard()函数获得对应分片，再获得该分片的读写锁，最后再进行读写操作；其 Set()函数和 Get()函数实现如下：

```go
func (m ConcurrentMap) Set(key string, value interface{}) {
    // 根据 key 计算出对应的分片
    shard := m.GetShard(key)
    shard.Lock() //对这个分片加锁，执行业务操作
    shard.items[key] = value
    shard.Unlock()
}
func (m ConcurrentMap) Get(key string) (interface{}, bool) {
    // 根据 key 计算出对应的分片
    shard := m.GetShard(key)
    shard.RLock()
    // 从这个分片读取 key 的值
    val, ok := shard.items[key]
    shard.RUnlock()
    return val, ok
}
```

ConcurrentMap 的 Count()函数的实现为了性能而牺牲了准确性，它会遍历所有的分片，然后每个分片获取读锁，然后再进行计数的累加，这样可能导致读取到的哈希表的键值总数并不一定准确，在使用过程中需要注意这一特点；具体代码如下：

```go
func (m ConcurrentMap) Count() int {
    count := 0
    for i := 0; i < SHARD_COUNT; i++ {
        shard := m[i]
        shard.RLock()
        count += len(shard.items)
        shard.RUnlock()
    }
    return count
}
```

经过了上面的讲解，我们来对比分析一下 RWMutextMap 与 ConcurrentMap 的读写性能差异，见图 3-8。

从图 3-8 所示可以看出，对于 RWMutex 来说，三个操作都要获取同一个读写锁，导致三者相互阻塞；而对于 ConcurrentMap 来讲，由于三个请求涉及三个不同分片，请求的是三个不同的读写锁，所以不会相互阻塞。由于采用分片技术减少了锁的粒度，所以 ConcurrentMap 的读写性能优于 RWMutextMap。

接下来，我们继续介绍 Go 语言官方库中提供的线程安全哈希表实现 sync.Map，其只在读多写少的场景下性能较好；否则，性能较差。下面，我们就来探究一下导致该现象的原因。

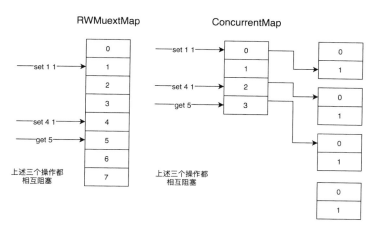

图 3-8

3.3.3　sync.Map 实现

sync.Map 是 Go 语言官方提供的线程安全的哈希表实现,只有被应用在以下两个场景时,其性能才会比 RWMutextMap 的好。

(1) key 只会被写入一次,但是会被读取多次的场景,比如缓存场景。

(2) 多个协程之间读写不相交的 key。

对于其他场景,官方建议根据场景做性能评测,如果能显著提高性能,就使用 sync.Map 结构体。下面,我们就来看一下 sync.Map 的实现。

1. sync.Map 结构体定义

sync.Map 结构体包括一个 readOnly 类型的 read 字段和普通哈希表 dirty 字段,此外还有一个 misses 字段记录从 read 中获取失败的次数。而 readOnly 结构体中也包含了一个普通的哈希表字段,然后是一个 bool 类型的 amended 字段,表示 dirty 字段代表的哈希表中是否包含 readOnly 中哈希表没有的数据。上述的结构体定义如下:

```
type Map struct {
    mu Mutex
    // 安全的只读的 map, 对应 readOnly 结构体
    read atomic.Value // readOnly
    // 包含需要加锁才能访问的 map
    dirty map[any]*entry
    // 记录从 read 中读取 miss 的次数
    misses int
}
// read 对应的结构体
type readOnly struct {
    m        map[any]*entry
    amended bool // 当 dirty 中包含 read 没有的数据时为 true
}
```

```
// entry 代表一个值
type entry struct {
  p unsafe.Pointer // 真正 value 值的指针
}
```

在上述代码中，类型为 readOnly 的 read 字段包含的哈希表元素可以通过 atomic 进行原子操作修改，而 dirty 对应的哈希表必须加锁后才能操作，它会包含所有在 read 哈希表中但未被 expunged（删除）的元素以及新加的元素。二者的关系如图 3-9 所示。

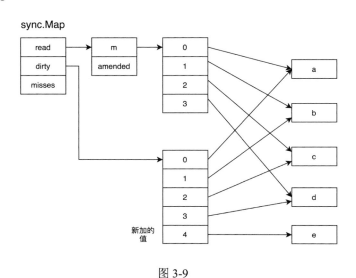

图 3-9

需要注意的是，read 和 dirty 对应的哈希表存储的值元素都是 entry 结构体，其 p 字段为真正值元素的地址，所以二者的哈希表存储的值元素逻辑上是共享的，指向同一个地址。由此可知，通过 read 修改了值元素的值，从 dirty 对应的哈希表中也会读取到更新后的值元素。

当 misses 数值达到阈值时，需要将 dirty 升级为 read，此时只需要将 read 的指针指向 dirty 即可。

2. 特殊函数

和普通哈希表不同，sync.Map 提供了写入读取和删除键值的特殊函数，分别是 Store()、Load() 和 Delete()。下面我们就依次来了解这三大函数的具体实现。

（1）Store() 函数

Store() 函数相当于 RWMutextMap 的 set() 函数，用于设置或者修改键值对。它的操作步骤如下所示：

① 先尝试从 read 中读取该元素，如果找到，就表明是更新操作，调用 tryStore() 函数进行原子 CAS 操作修改对应值元素的值；

② 如果 read 中未找到，或者 tryStore 原子 CAS 操作失败，则需要访问 dirty 对应的

哈希表，所以先获取锁；

③ 获得锁后，再次从 read 中尝试读取；如果存在，判断它是否被标记为删除，如果是，则在 dirty 哈希表中直接设置该键值对；否则，调用 storeLocked() 函数进行更新；

④ 如果第③步从 read 哈希表中仍然未读取到，则从 dirty 哈希表中尝试读取，如果存在，则调用 storeLocked() 函数直接更新；

⑤ 如果从 dirty 哈希表中也未读取到，则需要进行本步骤和接下来的第⑥步。当 read 的 amended 为 false 时（一般为第一次向 dirty 插入时），需要调用 dirtyLocked() 函数来创建新的 dirty 哈希表，然后将 read 的 amended 设置为 true，表示当前 dirty 哈希表中存在 read 哈希表不包含的键值对；

⑥ 需要调用 newEntry 创建新的存储实例，然后添加到 dirty 哈希表中。

根据上述步骤，Store() 函数的具体实现代码如下：

```go
func (m *Map) Store(key, value any) {
    read, _ := m.read.Load().(readOnly)
    if e, ok := read.m[key]; ok && e.tryStore(&value) { // (1)
        return
    }

    m.mu.Lock() // (2)
    read, _ = m.read.Load().(readOnly)
    if e, ok := read.m[key]; ok { //(3)
        // 元素已经被删除，它的 p 值设置为 nil，标记为 unexpunged
        if e.unexpungeLocked() {
            m.dirty[key] = e
        }
        e.storeLocked(&value)
    } else if e, ok := m.dirty[key]; ok { // (4) 如果 dirty 中有此项
        e.storeLocked(&value)
    } else { // 否则就是插入新的键值对场景
        if !read.amended { //(5) 第一次插入 dirty，需要进行初始化
            // 需要创建 dirty 对象，并且标记 read 的 amended 为 true,
            m.dirtyLocked()
            m.read.Store(readOnly{m: read.m, amended: true})
        }
        m.dirty[key] = newEntry(value)  (6)
    }
    m.mu.Unlock()
}
```

在上述代码中，tryStore() 函数的调用是一个标准的 CAS 操作，在无限 for 循环中不断地获取最新值，然后通过 atomic 的 CompareAndSwapPointer 来修改 entry 中值元素的地址；而 storeLocked 因为只会在已经获取 sync.Map 自身的锁的情况下才被调用，所以只能通过 atomic 的 StorePointer() 函数进行设置；二者的具体实现代码如下：

```go
// entry 代表一个值
```

```
func (e *entry) tryStore(i *any) bool {
    // 无限循环 CAS 操作
    for {
        p := atomic.LoadPointer(&e.p)
        // 如果被删除，则返回 false
        if p == expunged {
            return false
        }
        // CAS 操作，修改 entry 对应的数值
        if atomic.CompareAndSwapPointer(&e.p, p, unsafe.Pointer(i)) {
            return true
        }
    }
}
func (e *entry) storeLocked(i *any) {
    // 直接原子设置值
    atomic.StorePointer(&e.p, unsafe.Pointer(i))
}
```

sync.Map 在初始阶段时不会初始化 dirty 哈希表的，只有在上文第⑤步时才会进行 dirty 哈希表的初始化；具体为调用 dirtyLocked()函数进行 dirty 哈希表的初始化，并且将 read 哈希表中未被删除的键值对都添加到 dirty 中，具体代码如下：

```
func (m *Map) dirtyLocked() {
    // 已经初始化，返回
    if m.dirty != nil {
        return
    }

    read, _ := m.read.Load().(readOnly)
    // 初始化，并且将未删除的键值写入
    m.dirty = make(map[any]*entry, len(read.m))
    for k, e := range read.m {
        if !e.tryExpungeLocked() {
            m.dirty[k] = e
        }
    }
}
```

通过上述代码可知，Store()函数会在未获取锁的情况下，试图通过 read 更新元素，但是当在 read 中未发现该元素时，就必须获得锁，然后通过 read 或者 dirty 进行更新或新增元素，从而导致性能下降。由此可见，sync.Map 适合更新操作多的场景，而进行频繁新增或删除操作会降低其性能。

（2）Load()函数

Load()函数的主要功能是从 sync.Map 中读取数据。它会尝试从 read 中读取数据，如

果读到了，则直接返回。当未读到时，则需要判断 read 的 amended 是否为 true，表示 dirty 中可能存在 read 不包含的键值对；如果为 false，就直接返回。

如果 amended 为 true，则需要获取锁，然后依次尝试在 read 和 dirty 中读取数据并返回；具体实现代码如下：

```
func (m *Map) Load(key any) (value any, ok bool) {
    read, _ := m.read.Load().(readOnly)
    e, ok := read.m[key]
    if !ok && read.amended { // amended 表示 dirty 可能有额外元素
        m.mu.Lock()
        // 双重检查，查看 read 是否存在
        read, _ = m.read.Load().(readOnly)
        e, ok = read.m[key]
        if !ok && read.amended {// 依然不存在，并且 amended 为 true
            e, ok = m.dirty[key]// 从 dirty 中读取
            // 将 miss 数都加 1，并且必要时进行升级操作
            m.missLocked()
        }
        m.mu.Unlock()
    }
    if !ok {
        return nil, false
    }
    return e.load() //返回读取的对象
}
```

若从 read 中未读取到数据并且 amended 变量为 true 时，就会调用 missLocked 增加 miss 次数，当 miss 值等于 dirty 哈希表的容量时，就将 dirty 升级为 read，并将 dirty 字段设置为 nil；具体实现代码如下：

```
func (m *Map) missLocked() {
    m.misses++ // misses 计数加 1
    if m.misses < len(m.dirty) {
        return
    }
    //把 dirty 字段作为 readOnly 的哈希表，并且将 amended 设置为 false
    m.read.Store(readOnly{m: m.dirty})
     // 清空 dirty 和 misses
    m.dirty = nil
    m.misses = 0
}
```

如上代码所示，read 的哈希表会指向当前的 dirty 哈希表，amended 字段的初始化被默认为 false，所以 Store()函数需要再次插入数据到 dirty 时，就会再次调用 dirtyLocked() 函数进行新 dirty 哈希表的初始化。

由 Load()函数的实现可知，若从 read 中直接读取到数值，则性能会非常好，而如果没读

取到，就会在加锁后再次尝试读取，从而导致性能下降。在极端场景下，每次都要从 read 中读取一遍，然后加锁后再依次从 read 和 dirty 中读取，所花费的时间相当于 RWMutex 的 3 倍。此外，miss 次数达到阈值后，会进行 read 和 dirty 的升级操作，并且后续 Store 时还会进行 dirty 哈希表的重建，也增加了性能的损耗。

（3）Delete()函数

在 Delete()函数中直接调用了 LoadAndDelete()函数。它也是先尝试从 read 进行操作，如果在 read 中发现了对应元素，则调用 delete()函数将其标记为 expunged，在进行后续操作时将其删除。

如果未找到对应的元素，则需要获取锁，然后从 read 查找；如果找到了，则依然是调用 delete()函数，并将其标记为 expunged；如果未找到，则接着在 dirty 中查找；如果在 dirty 中找到了，则直接使用 delete 操作将其从 dirty 哈希表中删除，并调用 missLocked()函数进行 miss 次数累计操作；具体实现代码如下：

```
func (m *Map) LoadAndDelete(key any) (value any, loaded bool) {
    read, _ := m.read.Load().(readOnly)
    e, ok := read.m[key]
    // 如果未找到，并且 amended 为 true
    if !ok && read.amended {
        m.mu.Lock()
        read, _ = m.read.Load().(readOnly)
        e, ok = read.m[key]
        if !ok && read.amended {
            e, ok = m.dirty[key]
            // 直接从哈希表中删除
            delete(m.dirty, key)
            // miss 数加 1
            m.missLocked()
        }
        m.mu.Unlock()
    }
    if ok {
        // delete()函数标记为删除
        return e.delete()
    }
    return nil, false
}
```

元素 entry 对应的 delete()函数如下代码所示，它使用 CAS 操作将内部 p 值设置为 nil，也就是标记为 expunged。

```
func (e *entry) delete() (value interface{}, ok bool) {
    for {
        p := atomic.LoadPointer(&e.p)
        if p == nil || p == expunged {
```

```
            return nil, false
        }
        if atomic.CompareAndSwapPointer(&e.p, p, nil) {
            return *(*interface{})(p), true
        }
    }
```

类似于 Load() 函数的操作，若在 read 中未找到对应元素，则 sync.Map 的删除操作性能会下降。

3.3.4　性能评测实验

下面通过 Go 语言的 benchmark 测试功能分别检查上述三个线程安全的 Map 实现在不同场景下的性能。测试代码与结果如下：

```
//测试结果
//只读
testRwmutexReadOnly cost: 449.548409ms
testConcurrentMapReadOnly cost: 483.516722ms
testSyncMapReadOnly cost: 291.328981ms


//只写
testRwmutexWriteOnly cost: 2.858404334s
testConcurrentMapWriteOnly cost: 1.062738461s
testSyncMapWriteOnly cost: 3.838954368s


//读写相同
testRwmutexWriteRead cost: 1.878212764s
testConcurrentMapWriteRead cost: 824.622425ms
testConcurrentMapWriteOnly cost: 1.028839728s
testSyncMapWriteRead cost: 602.838439ms


//抽样写比例 1/5
testRwmutexWriteRead cost: 1.216985004s
testConcurrentMapWriteRead cost: 728.29452ms
testSyncMapWriteRead cost: 357.424796ms
```

从上述结果可以知道：

（1）在只读场景下，sync.Map 执行效率最高，RWMutextMap 次之，ConcurrentMap 执行效率最低。因为 sync.Map 只读时不涉及锁，效率自然比较高。此外读操作可以并发，ConcurrentMap 相比 RWMutextMap 多了一步查找对应分片的操作，所以性能更低一些。

（2）在只写场景下，ConcurrentMap 效率最高，RwMutextMap 次之，sync.Map 最差。

这也符合 sync.Map 不擅长写的特性。而 ConcurrentMap 相较于 RwMutextMap 进行了分片，减少了写锁冲突概率，效率最高。

（3）在读写混合场景，依据读写比例，sync.Map 和 ConcurrentMap 的执行效率都可能比较高，具体性能要根据具体场景确定。

综上，我们理解了线程安全的哈希表相关设计理念、技巧和三种常见设计思路，也通过实验说明了不同设计思路都有其对应的最合适应用场景。对应地，诸如栈、队列、树等常见数据集结构也可以使用本章介绍的设计理念和思路进行线程安全改造，读者可以自行尝试和继续深入探索。

—— 本章小结 ——

本章中，我们首先了解了 Go 语言中 Mutext 和 RWMutex 两种锁的使用和实现原理；接着对用于协程编排的 WaitGroup、Once 和 SingleFlight 进行了解析；最后探究了三种不同线程安全 Map 实现，并通过实验进行了性能对比。熟练使用并发相关数据结构来处理并发编程是高级程序员的重要技能之一，希望读者能够在阅读本章之余，多进行相关的实践。

第 4 章　Go 语言内存分配和垃圾回收机制

内存是现代计算机系统的重要组成部分之一，任何一种语言都必须与内存进行交互。C、C++等语言需要开发者直接管理内存，负责内存的申请和释放，回收不再使用的对象；而 Go、Java 和 Python 等语言则提供运行时（runtime）代替开发者进行内存管理，提供自动的垃圾回收机制。但是无论使用何种语言，了解计算机内存体系和语言本身如何管理内存都是程序员进阶的必经之路，为后续优化程序内存占用和提升程序执行效率奠定理论基础。

本章会首先讲解 Linux 内存空间布局相关背景知识，它是后续运行时内存分配和垃圾回收的基础；然后分别讲解 Go 语言运行时的内存布局和多级堆内存分配体系；有分配就会有回收，最后会深入介绍 Go 语言运行时的垃圾回收机制，让读者透彻了解 Go 语言的垃圾回收过程。

4.1　Linux 内存空间布局

操作系统虚拟内存体系为程序提供了关于内存的抽象，为每个程序提供完整且独立的内存空间。一般而言，程序的内存空间可以大致分为代码段、数据段、堆和栈四大区域，如图 4-1 所示。

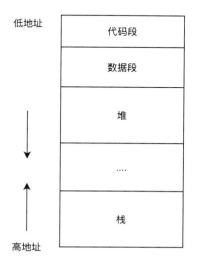

图 4-1

下面详细分析内存的四大区域。

（1）代码段

代码段（code segment/text segment）指用来存放程序执行 CPU 指令代码的一块内存区域。该区域的大小由编译器决定，不会动态变化，并且内存区域属于只读。在代码段中，也有可能包含一些只读的常数变量，例如字符串常量等。

（2）数据段

数据段（data segment）是指用来存放程序中全局变量和静态变量的一块内存区域。该区域也是由编译器决定大小，不会动态变化。数据段分为有指针段和无指针段，用于存储不同类型的全局变量。

（3）堆

堆是程序在运行期间动态申请的内存空间区域。该区域大小在运行时会动态变化，无法自动分配和回收，需要程序自行申请和释放，或者由程序运行时的分配器申请并由垃圾回收器负责回收。

（4）栈

栈是存储函数的入参、局部变量、返回值等数据的内存空间区域，调用一个函数时会将一个新的栈帧压入栈中；而在函数返回时，该栈帧就会被清理掉。该区域的大小由编译器决定，并且由编译器自动分配和释放。

了解了内存的划分，我们来看下面的示例代码，如果不考虑编译器优化场景，字符串字面量 go 会被分配在代码段；全局变量 g 是基础值类型，会被分配在数据段的无指针段；全局变量 m 是引用类型，会被分配在数据段的有指针段；test()函数中的 b 变量会被分配在栈上；a 变量因为会被作为返回值而被分配在堆上。

```
var g = 0
var m []string

func test(i int) (int, *string) {
    a := "go"
    b := i + 1
    return b, &a
}
```

栈的内存管理较为简单，函数调用就创建对应栈帧，将局部变量等数据分配在栈帧中，在函数返回后，则自动销毁对应栈帧，回收这些数据。堆的内存管理则需要复杂内存分配策略和垃圾回收算法进行分配和回收。所以，一般而言，变量若能分配在栈上就要优先分配在栈上。

编译器决定局部变量分配的规则如下：

（1）函数中声明的局部变量优先分配在栈上；

（2）如果被取地址（指针操作）并且发生逃逸的变量，就分配在堆上；

（3）极大的变量直接分配在堆上。

逃逸是指在函数内部声明的变量的生命周期被延长。当函数返回时，在该变量仍然要存活的场景下，编译器会自动判断变量的生命周期是否被延长，这个过程就叫作逃逸分析。比如 test()函数中的 a 变量，通过取地址操作，函数将其地址作为返回值返回给外侧，则 a 变量的生命周期可能被延长，因此发生了逃逸。

取地址是发生逃逸的关键条件之一，如下代码所示，四个变量都是返回值，但是只有 a 和 d 发生了逃逸，因为 a 变量被取了地址，d 是切片类型，本身就是引用类型，作为返回值时会被取地址返回。而 b 和 c 变量都是值类型，作为返回值时只会进行复制，然后返回。

```
func test2(i int) (int, *string, string, []string) {
    a := "go"
    b := "java"
    c := i + 1
    d := []string{a,b}
    return c, &a, b, d
}
```

Go 语言编译器的优化行为较多并且分配规则随着版本的不同而不同，所以想要确定局部变量到底是如何分配的，可以使用 go build 命令来打印逃逸分析结果，逃逸的变量一定是分配在堆上。比如使用 go build 命令对于 test2()函数所在文件进行分析，结果如下代码所示：

```
go build -gcflags '-m -l' test.go
# command-line-arguments
./test.go:11:2: moved to heap: a
./test.go:14:15: []string{...} escapes to heap
```

通过代码可知，a 和切片变量都发生了逃逸。

分配在代码段、数据段和栈上的内存分配都是由编译器控制的，程序员无法进行操控；而分配在堆上的数据则由 Go 语言运行时控制。所以，我们接下来主要了解堆上内存的管理。

堆上内存管理一般包含用户程序、分配器和收集器三个不同的组件，如图 4-2 所示。

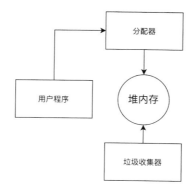

图 4-2

当用户程序通过内存分配器申请内存空间时，分配器会从堆中初始化相应的内存区域，然后垃圾回收器会监控堆上内存空间的使用情况，一旦判定部分内存空间不再被真正使用，就会进行回收。Go 语言内存分配器和垃圾回收器经过多个版本的不断迭代，在性能上逐步优化，已经达到较高水平的性能；但是了解其分配和回收过程，有助于开发者进行更好的性能调优工作。所以，本章剩余的部分就主要分析 Go 语言的内存分配器和垃圾收集器。

4.2 Go 语言内存分配机制

Go 语言的内存分配器借鉴了线程缓存分配（Thread-Caching Malloc，TCMalloc）的设计，实现了多级高速内存分配机制。它的最大特点就是多级缓存和按类分配。

1. 多级缓存

多级缓存是指多级内存分配组件协同工作，共同管理内存。图 4-3 清晰展示了 Go 语言内存组件及其关系，其中 mcache 是处理器（GMP 机制中的 Processor）专属的内存缓存组件，为每个线程处理微对象和小对象的分配，它们会持有最小内存管理单元 mspan。当 mcache 不存在可用的 mspan 时，会从中心缓存 mcentral 中获取新的内存管理单元。mheap 则是全局的内存管理中心，它会从操作系统中申请内存，存储到 heapArena 中，然后生成对应的内存管理单元供 mcentral 和 mcache 管理。

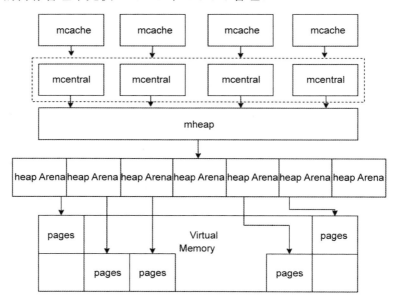

图 4-3

mcache 属于每一个独立的处理器，它能够满足处理器执行协程时大部分的内存分配需求，而且不需要使用互斥锁来处理并发问题，所以能够减少锁竞争带来的性能损耗，提高内存分配性能。

2．按类分配

Go 语言内存分配机制的另一大特点是按类分配，将对象根据大小划分为微对象、小对象和大对象，按照分类后的类别实施不同的分配策略。针对微对象和小对象，优先请求 mcache 进行内存分配，当 mcache 没有足够内存空间时，则会根据对象大小请求不同 mcentral 来处理；针对大对象，则会直接请求 mheap 分配对应内存。不同大小的对象请求不同的 mcentral 进行处理，虽然需要加锁，但是也分散了锁粒度，提高了内存分配效率。

下面，先讲解 Go 语言内存空间的状态机，然后依次了解 mspan、mcache、mcentral 和 mheap 内存分配组件，最后详细介绍 newObject()函数按照对象大小进行空间分配的全流程。

4.2.1　Go 语言内存空间的状态机

Go 语言运行时自身会对程序的内存进行管理,会提前向操作系统申请大块内存空间，减少从操作系统获取内存的次数，从而降低了相关系统调用的性能损耗，提高了整体内存管理效率。运行时管理的内存空间会分成表 4-1 所示的四种状态。

表 4-1

状　　态	说　　明
None	内存空间默认的初始状态
Reserved	预留的内存空间，但是不能直接访问
Prepared	已经映射物理内存的内存空间，但是尚未初始化，访问该内存的行为是未定义的
Ready	可以直接安全访问的内存

不同内存空间状态的转换需要经过不同方法，图 4-4 便是不同状态之间的转换过程示意。

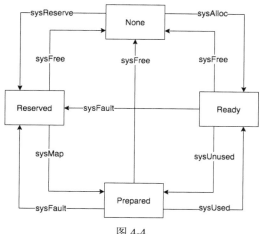

图 4-4

表 4-2 中为各状态函数及其说明。

表 4-2

函　　数	说　　明
runtime.sysAlloc	从操作系统中申请可用的内存空间，内存空间从 None 转变为 Ready 状态
runtime.sysFree	将内存空间归还给操作系统，内存空间从 Prepared 转变为 None 状态
runtime.sysReserve	通知操作系统预留一块内存空间，内存空间从 None 转变为 Reserved 状态
runtime.sysMap	将内存进行映射，内存空间从 Reserved 转变为 Prepared 状态
runtime.sysUsed	将内存空间从 Prepared 转换为 Ready 状态
runtime.sysUnused	将内存空间从 Ready 转换为 Prepared 状态
runtime.sysFault	将内存空间从 Prepared 转换为 Reserved 状态

上述函数在不同操作系统中具有不同的实现，比如在 Linux 操作系统中，使用 mmap、munmap 等系统调用进行实现。不同操作系统的实现可以查看 runtime 包下以 mem_ 开头的文件，比如说 mem_linux 和 mem_windows。

通过上述内存转换函数从操作系统中获取可用内存后，Go 语言的内存分配器会使用内存管理单元（mspan）、线程缓存（mcache）、中心缓存（mcentral）和页堆（mheap）组件来管理这些内存，处理程序获取内存分配的请求。接下来，我们会依次介绍这些组件，并详细讲解它们在内存分配过程中的作用以及具体实现。

4.2.2　内存管理单元 mspan

mspan 是 Go 语言中最基础的内存管理单元，它管理一块大小固定的内存；其具体代码如下：

```
type mspan struct {
    next *mspan
    prev *mspan
    ...
    startAddr uintptr// 起始地址
    npages    uintptr// 页数
    freeindex uintptr

    allocBits  *gcBits
    gcmarkBits *gcBits
    allocCache uint64
    ...
    state      mSpanStateBox // mSpan 状态
    spanclass  spanClass     // 跨度类
}
```

mspan 结构体的字段大致分为三大类，分别是双向列表相关字段、管理内存虚拟页相关字段以及自身状态和跨度类字段。相关字段的具体描述如表 4-3 所示。

表 4-3

字　　段	说　　明
next	指向下一个 mspan，构成双向列表
prev	指向上一个 mspan，构成双向列表
startAddr	管理内存的起始地址，可以通过 base() 函数获取
npages	mspan 管理内存的页数
freeindex	内存页中空闲页的初始索引，标记的是在 span 中的下一个空闲对象
nelems	span 内的最大对象总数
allocCount	span 内已经分配的对象总数
allocBits	标记 span 中的 obj 哪些已被使用，哪些未被使用
gcmarkBits	标记 span 中的 obj 哪些已被标记，哪些未被标记
allocCache	最近使用 allocBits 的 8Byte cache，用于快速查找内存中未被使用的内存
state	mspan 的状态
spanClass	mspan 所属的跨度类

mspan 的 spanClass 字段是其跨度类，它决定了内存管理单元中存储对象的大小和个数，从而影响其管理内存大小和内存划分块。

Go 语言一共包含 68 种跨度类，每种跨度类对应对象的大小、对应 mspan 所持有的内存大小、最大对象数量等数据都是预先计算好的。1～67 种跨度类对应对象的大小、mspan 管理内存大小和存储的对象数如表 4-4 所示（全部数据可以查看 runtime.sizeclasses 文件）。

表 4-4

跨度类	对象大小/Byte	mspan 内存大小/Bytes	最大对象数量/个
1	8	8192	1024
2	16	8192	512
3	24	8192	314
4	32	8192	256
….	….	….	…
66	32768	57344	2
67	32768	32768	1

我们以表 4-4 中第 4 个跨度类为例，该跨度类的 mspan 中对象的大小上限为 32Byte，管理 8 192Byte 内存，最多可以存储 256 个对象。

除了上述 67 种跨度类，还有一个 ID 为 0 的特殊跨度类，该跨度类用于管理大于 32 768Byte 的大对象。在稍后关于按类分配的内容时我们会进行详细介绍。

跨度类是 uint8 类型，其高 7 位存储跨度类 ID，低 1 位存储 noscan 标记位，该标记位表示对象是否包含指针，垃圾回收会对包含指针跨度类对应的 mspan 结构体进行扫描。

我们可以通过 makeSpanClass() 函数的实现了解 spanClass 的底层存储方式，代码如下：

```
func makeSpanClass(sizeclass uint8, noscan bool) spanClass {
    return spanClass(sizeclass<<1) | spanClass(bool2int(noscan))
}
```

每个 mspan 都管理固定数量且大小为 8KB 的虚拟页，根据自身跨度类指定的类大小拆分成多个大小相同的 obj 段等待分配，mspan 内存管理机制见图 4-5。

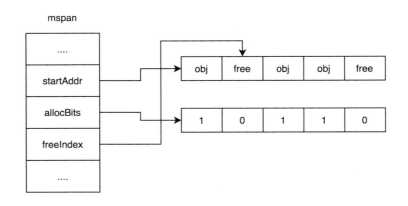

图 4-5

如图 4-5 所示，startAddr 指向了 mspan 管理的连续内存空间的起始地址，然后按照跨度类指定的对象大小，将内存空间划分为固定大小的 obj 段。由于每个段可能已经分配，或者尚未分配，所以 allocBits 会标识某个 obj 段是否被分配，而 freeIndex 则会指向第一个处于尚未分配状态的 obj 段。

当用户程序或者线程向 runtime.mspan 申请内存时，该结构会使用 allocBits 字段或者 allocCache 字段快速查找待分配的 obj 段。如果当前 mspan 没有空闲的 obj 段时，mspan 会向上一级的组件 runtime.mcache 申请更多的内存，然后进行内存分配。

4.2.3 内存线程缓存 mcache

mcache 是 Go 语言中内存分配的线程缓存组件，它会与 Go 语言调度器 GMP 中的处理器一一绑定，单独负责处理器执行协程所需的内存分配，所以并不需要加锁，提高整体分配效率。每一个 mcache 都持有 68×2（numSpanClasses）个 mspan 内存管理单元，也就是每种跨度类的 mspan 各 2 个，其中 noscan 标记位分别为 0 和 1。mcache 最核心的 mspan 类型切片 alloc 变量存储着这些 mspan，如图 4-6 所示。

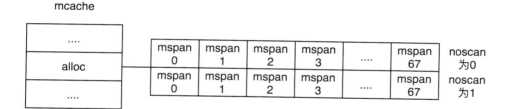

图 4-6

线程缓存中还包含三个专门用于分配 16Byte 以下非指针类型微对象内存的字段，分别是 tiny、tinyoffset 和 tinyAllocs。其中，tiny 会指向堆中分配微对象的内存起始位置；tinyOffset 代表下一个空闲内存的偏移量；tinyAllocs 则记录当前 mcache 分配的微对象个数。mcache 具体定义如下：

```
type mcache struct {
    tiny       uintptr
    tinyoffset uintptr
    tinyAllocs uintptr
    alloc [numSpanClasses]*mspan
}
```

mcache 在初始化时并不包含任何 mspan，只有申请内存时才会从上一级 mcentral 组件中申请新的 mspan 并存储到自身的 alloc 切片中，然后进行内存分配。

4.2.4　内存中心缓存 mcentral

mcentral 是 Go 语言内存分配机制的中心缓存，与线程缓存 mcache 不同的是，mcentral 是多处理器（线程）共享的，所以需要使用互斥锁来防止并发问题；其具体定义如下：

```
type mcentral struct {
    spanclass spanClass  // 对应的跨度类

    partial [2]spanSet   // 包括空闲对象的 mspan 集合
    full    [2]spanSet   // 不包括空闲对象的 mspan 集合
}
```

mcentral 有其专属的跨度类，也只会管理同属于该跨度类的内存管理单元 mspan，它会同时持有两个长度为 2 的 spanSet 数组，分别存储包含空闲对象和不包含空闲对象的内存管理单元。partial 数组有两个 spanSet，分别表示经过垃圾回收清理和未经过垃圾回收清理，二者会在不同阶段相互替换；而 full 数组的两个 spanSet 也是如此区别。spanSet 提供了线程安全的 push 和 pop 操作的 mspan 集合数据结构，具体可以查看 mspanset 文件。mcentral 结构体如图 4-7 所示。

与 mcache 类似，mcentral 在初始化时不包含任何 mspan，当 mcache 向其请求获取新的 mspan 时才会向 mheap 请求扩充持有的 mspan 集合。

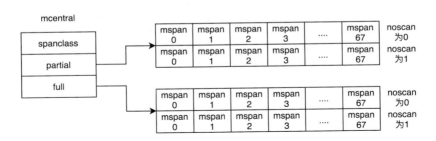

图 4-7

4.2.5 页堆 mheap

mheap 是 Go 语言内存分配机制的核心结构体，管理所有的内存分配组件和从操作系统申请的内存区域。mheap 中包含三个核心的字段，分别是管理所有内存分配的管理单元列表 allspan、全局的中心缓存列表 central 以及管理堆上内存区域的 arenas，此外还有这三个核心字段的辅助字段，有关核心字段的代码定义如下：

```
type mheap struct {
    pages pageAlloc // 页分配器
    allspans []*mspan
    arenas [1 << arenaL1Bits]*[1 << arenaL2Bits]*heapArena
    central [numSpanClasses]struct {
        mcentral mcentral
        pad [cpu.CacheLinePadSize - unsafe.Sizeof(mcentral{})%cpu.
CacheLinePadSize]byte
    }
}
```

以上代码中，mheap 中持有所有已经分配的 mspan 指针切片 allspan，而 mcache 和 mcentral 持有的 mspan 都是逐级向上申请获得的，与 mheap 中持有的 mspan 是同一个实例。central 则是 mheap 管理的所有 mcentral 的哈希表，key 是跨度类，value 是 mcentral 和填充用的 byte 数组。使用 byte 数组进行填充，能够让不同的 mcentral 处于不同的 CPU line 中，避免了伪共享，提高代码执行效率。arenas 则是 mheap 管理的所有内存空间的数组，是一个 heapArena 指针的二维数组。

heapArena 是 Go 语言中真正管理虚拟内存空间的一级组件，每个 heapArean 都会管理一定大小的虚拟内存空间，heapArena 的定义如下：

```
type heapArena struct {
    bitmap      [heapArenaBitmapBytes]byte
    spans       [pagesPerArena]*mspan
```

```
        pageInUse [pagesPerArena / 8]uint8 // 记录页使用情况
        pageMarks [pagesPerArena / 8]uint8 // 记录页的垃圾回收标记情况
        zeroedBase uintptr
}
```

在上述定义中，我们重点关注 spans、bitmap 和 zerodBase 三个关键的变量。

（1）spans 是一个 mspan 指针的数组，表示该 heaparena 管理的每个页对应的 mspan，即下标 1 位置存储的 mspan 指针就代表第一页对应的 mspan。

（2）bitmap 用来标识 arena 管理的内存空间中特定区域是否为指针对象，主要用于垃圾回收。可以查看 mbitmap.go 文件的注释信息以了解该字段的完整含义。

（3）zerodBase 指向 heaparena 管理的内存空间的起始地址。

至此，与 Go 语言程序内存管理相关的组件都作了了解，其整体架构见本小节开头的图 4-3。我们来梳理一下相关组件的运行原理。

mspan 是最基础的内存管理单元，而每个 GMP 的处理器都有专门的缓存 mcache 用于处理微对象和小对象的分配，它们会持有内存管理单元 mspan。当 mcache 不存在可用的 mspan 时，会从 mheap 持有的 134 个中心缓存 mcentral 中获取新的内存管理单元。mheap 是全局的内存管理中心，它会从操作系统中申请内存，存储到 heapArena 中，然后生成对应的内存管理单元供用户程序使用。

在了解了 Go 语言整体内存管理组件后，下面按照两条线来详细学习其具体实现：一条线是分配对象；另一条是各级内存管理组件的初始化和相关函数。

4.2.6　内存分配函数 newObject

堆上所有的对象都会通过调用 runtime 的 newObject()函数来分配其所需要的内存空间（见下面代码）；由于变量 a 经过逃逸分析后判断是否需要在堆上进行内存分配，所以以其汇编代码中就会调用 newobject()函数来获取堆上内存空间。

```
func heap() *string {
        a := "go"
        return &a
}
```

使用 go tool compile 命令可以查看上述代码的汇编显示，如下：

```
# GOOS=linux GOARCH=amd64 go tool compile -S -N -l main.go
# 加载 string 的类型定义，作为 newObject 的参数
0x002f 00047 (main.go:8)    LEAQ    type.string(SB), AX
# 调用 newObject 获得内存地址
0x0036 00054 (main.go:8)    CALL    runtime.newobject(SB)
# 将 newObject 返回的内存地址加载到 AX 寄存器
0x003b 00059 (main.go:8)    MOVQ    AX, "".&a+40(SP)
# 设置 StringHeader 的 Len = 2,并加载字符常量 go 对应的地址
0x0040 00064 (main.go:8)    MOVQ    $2, 8(AX)
```

```
0x0053 00083 (main.go:8)    LEAQ    go.string."go"(SB), CX
# 设置 StringHeader 的 Data 字段
0x005a 00090 (main.go:8)    MOVQ    CX, (AX)
```

由上述代码可见，当声明并初始化临时变量 a 时，首先要调用 newObject()函数获得字符串运行时 StringHeader 所需的堆上内存空间，然后对其 Len 和 Data 进行分配赋值。

在 newObject()函数中直接调用 runtime 的 mallocgc()函数分配指定大小的内存空间，mallocgc()函数较为复杂，还涉及垃圾回收等逻辑。有关内存分配的逻辑根据所需内存大小分为三个分支，其代码片段如下：

```go
func mallocgc(size uintptr, typ *_type, needzero bool) unsafe.Pointer {
    c := getMCache(mp)
    var span *mspan
    var x unsafe.Pointer
    // 是否为指针类型
    noscan := typ == nil || typ.ptrdata == 0
    if size <= maxSmallSize {
        if noscan && size < maxTinySize {
            // 微对象分配
        } else {
            // 小对象分配
        }
    } else {
        // 大对象分配
    }
    return x
}
```

由上述代码可知，mallocgc()函数会对微对象、小对象和大对象执行的不同的分配逻辑。这三种对象的划分逻辑如图 4-8 所示。

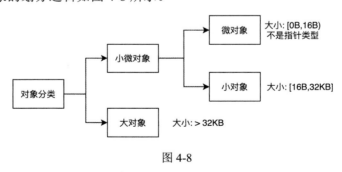

图 4-8

Go 语言中的对象根据大小和是否为指针分为微对象、小对象和大对象三种，且分别使用不同的内存分配策略。

下面，我们来依次了解微对象、小对象和大对象所需空间的分配逻辑和具体实现。

1．微对象

微对象是指小于 16Byte 的非指针对象。它会使用线程缓存 mcache 上的微分配器进行分配，以此提高对微对象分配的性能。mcache 中涉及微分配的字段代码如下：

```
type mcache struct {
    tiny       uintptr
    tinyOffset uintptr
    tinyAllocs uintptr
}
```

在上述代码中，tiny 会指向堆中分配微对象的内存起始位置；tinyOffset 代表下一个空闲内存的偏移量；tinyAllocs 记录当前 mcache 分配的微对象个数。而微处理器一般只管理 maxTinySize 大小的内存区域，并将该区域分割成多个较小片段，分配给不同的微对象，而且整块内存区域只有在所有分配对象都需要被垃圾回收时，才会进行回收。maxTinySize 一般为 16Byte，其值越大，微分配器可以同时满足的分配对象就越多，但是内存浪费也就越严重。

使用微分配器进行微对象所需内存分配的代码片段如下：

```
func mallocgc(size uintptr, typ *_type, needzero bool) unsafe.Pointer {
    ...
    if noscan && size < maxTinySize {
        off := c.tinyoffset
        ... // 对齐
        if off+size <= maxTinySize && c.tiny != 0 {
            // 可以在当前微分配器的空间内进行分配
            x = unsafe.Pointer(c.tiny + off)
            c.tinyoffset = off + size
            c.tinyAllocs++
            return x
        }
        ...
    }
    ...
}
```

如果当前 mcache 的 tinyOffset 和微对象申请内存空间的大小相加没有超过 maxTinySize，那么当前微对象可以直接使用微对象分配器进行内存空间分配，分配空间的起始地址就是 tiny 指向的空间起始位置加上对齐后的偏移量。

当无法使用微对象分配器分配内存时，将会通过 mcache 的 alloc 字段找到 tinySpanClass 跨度类对应的内存管理单元 mspan，然后调用 runtime 的 nextFreeFast()函数从该 mspan 中获取所需的内存空间；具体代码如下：

```
func mallocgc(size uintptr, typ *_type, needzero bool) unsafe.Pointer {
    ...
    c := getMCache(mp)
```

```
var span *mspan
var x unsafe.Pointer
if noscan && size < maxTinySize {
    .... // 微对象分配器
    span = c.alloc[tinySpanClass]
    v := nextFreeFast(span)
    if v == 0 {
            v, span, shouldhelpgc = c.nextFree(tinySpanClass)
    }
    x = unsafe.Pointer(v)
    (*[2]uint64)(x)[0] = 0 // 清空内存
    (*[2]uint64)(x)[1] = 0
    // 替换微分配器相关字段
    if size < c.tinyoffset || c.tiny == 0 {
            c.tiny = uintptr(x)
            c.tinyoffset = size
    }
}
...
}
```

当 mspan 暂时没有足够内存空间进行分配时，会调用 mcache 的 nextFree()函数从 mcentral 或者 mheap 中获取所需的内存空间。获取到所需内存空间后，将内存空间数据设置为 0，因为 tinySpanClass 跨度类所需的内存空间大小是 16Byte，所以正好使用大小为 2 的 uint64 数组进行置零操作。因为微对象所需内存空间最大为 16Byte，所以剩余的空间可以作为微对象分配器管理的新内存空间片段，依据条件判断，更新构成微对象分配器的 tiny 和 tinyOffset 字段。

2. 小对象

小对象是指大小为 16Byte 到 32KB 的对象或者小于 16Byte 的指针类型对象。小对象的分配可以分成以下四个步骤：

（1）根据对象所需内存大小，计算最符合跨度类 spanClass 及其调整后的内存空间大小；

（2）从当前 mcache 中获取跨度类所属的 mspan，调用 nextFreeFast()函数尝试分配空闲内存空间；

（3）如果在第(2)步未分配成功，则调用 mcache 的 nextFree()函数从中心缓存 mcentral 或者堆 mheap 中获取新的空闲 mspan，并从该 mspan 中分配所需内存空间；

（4）调用 runtime.memclrNoHeapPointers 清空内存空间中的数据。

size_to_class8、size_to_class128 以及 class_to_size 数组都是预先计算好的数值，具体可以查看 sizeclasses.go 文件，利用这些数据和对象本身所需的空间大小可以快速计算出对象所属的跨度类序号，然后再配合是否为指针类型，调用 makeSpanClass 构造出 spanClass；具体代码如下：

```
func mallocgc(size uintptr, typ *_type, needzero bool) unsafe.Pointer {
    ...
    if size <= maxSmallSize {
        ...
        } else {
            var sizeclass uint8
            if size <= smallSizeMax-8 {
                sizeclass = size_to_class8[(size+smallSizeDiv-1)/smallSizeDiv]
            } else {
                sizeclass = size_to_class128[(size-smallSizeMax+ largeSizeDiv-1)/
largeSizeDiv]
            }
            size = uintptr(class_to_size[sizeclass])
            spc := makeSpanClass(sizeclass, noscan)
            span := c.alloc[spc]
            v := nextFreeFast(span)
            if v == 0 {
                v, span, shouldhelpgc = c.nextFree(spc)
            }
            x = unsafe.Pointer(v)
            if needzero && span.needzero != 0 {
                memclrNoHeapPointers(unsafe.Pointer(v), size)
            }
        }
    ...
    return x
}
```

接下来，使用 spanClass 作为下标值从 mcache 的 alloc 中取出对应的 mspan，调用其 nextFreeFast()函数快速获取空闲内存。如果获取不到，则调用 mcache 的 nextFree()函数获取空闲内存。上述两个函数在微对象分配时也有使用，是常见的内存分配函数，我们将在下一小节详细讲解。

3．大对象

大对象是指大于 32KB 的对象，它不会从 mcache 或者 mcentral 中获取 mspan 再进行内存分配操作，而是直接调用 mcache 的 largeAlloc()函数请求 mheap 分配所需内存大小对应的 mspan；具体代码如下：

```
func mallocgc(size uintptr, typ *_type, needzero bool) unsafe.Pointer {
    ...
    if size <= maxSmallSize {
        ...
        } else {
            // allocLarge 获取大对象 mspan 实例
            span = c.allocLarge(size, noscan)
            span.freeindex = 1
            span.allocCount = 1
```

```
                    size = span.elemsize
              // 获取 mspan 的管理内存的首地址
              x = unsafe.Pointer(span.base())
              if needzero && span.needzero != 0 {
                    // 内存空间清零
                  memclrNoHeapPointers(x, size)
              }
        }
        ...
}
```

largeAlloc()函数会计算分配该大对象所需要的页数，然后使用 makeSpanClass()函数构建出特殊的大对象所属的 0 号跨度类，然后调用 mheap 的 alloc()函数来分配内存空间，获得专属的 mspan，接着将该 mspan 纳入到对应的 mcentral 管理中，最后将其返回；具体代码如下：

```
func largeAlloc(size uintptr, needzero bool, noscan bool) *mspan {
func (c *mcache) allocLarge(size uintptr, noscan bool) *mspan {
        // 计算所需内存空间的页数，页数为 size /8096,_pageSize 为 13
        npages := size >> _PageShift
        if size&_PageMask != 0 {
                npages++
        }
        // 构建 0 号特殊的跨度类
        spc := makeSpanClass(0, noscan)
        // 调用 mheap 的 alloc()函数来获取 mspan
        s := mheap_.alloc(npages, spc)
        if s == nil {
                throw("out of memory")
        }
        // mspan 无空闲空间，将 mspan 添加到对应特殊跨度类的 mcentral 管理中
        mheap_.central[spc].mcentral.fullSwept(mheap_.sweepgen).push(s)
        s.limit = s.base() + size
        // 初始化 mspan
        heapBitsForAddr(s.base()).initSpan(s)
        return s
}
```

mcentral 的 fullSwept()函数用于获取 mcentral 中 full 字段所属 spanSet，然后调用 spanSet 的 push()函数将该特殊 mspan 添加到 mcentral 的管理中。

到这里，我们已经了解了 mallocgc()函数对三类对象的内存分配策略和流程，接下来学习上述流程中涉及的各级内存组件函数的具体实现。

4.2.7　各级内存组件功能的实现

下面，我们依次了解 mspan、mcache、mcentral 和 mheap 等组件的初始化流程和相关

函数实现。

1．mspan 相关函数

在对象内存申请过程中，多次使用 runtime 的 nextFreeFast() 函数和 mcache 的 nextFree() 函数来获取空闲的内存空间。runtime 的 nextFreeFast 会利用内存管理单元中的 allocCache 字段快速寻找空闲的内存空间。具体代码如下：

```
func nextFreeFast(s *mspan) gclinkptr {
        // Ctz64 会从低位向高位计算第一个为 1 的位数，最大为 64。若都为 0，则表示该位
对应的 elem 为空闲的
        theBit := sys.Ctz64(s.allocCache)
        // 说明有空闲 elem
        if theBit < 64 {
                // 计算空闲 elem 的下标
                result := s.freeindex + uintptr(theBit)
                // 如果不超过 elems 总数
                if result < s.nelems {
                        freeidx := result + 1
                        if freeidx%64 == 0 && freeidx != s.nelems {
                                return 0
                        }
                // 更新 mspan 参数
                        s.allocCache >>= uint(theBit + 1)
                        s.freeindex = freeidx
                        s.allocCount++
                        // 返回对应 ele 的起始地址
                return gclinkptr(result*s.elemsize + s.base())
                }
        }
        return 0
}
```

通过 allocCache 和 freeIndex 的计算，可以找到当前 mspan 中空闲的内存。在找到空闲的内存后，nexFreeFast() 函数会更新内存管理单元的 allocCache、freeindex 等字段，并返回该内存。

2．mcache 的初始化和相关函数

如果没有找到空闲的内存，运行时会通过 mcache 的 nextFree() 函数找到新的内存管理单元，实现代码如下：

```
func (c *mcache) nextFree(spc spanClass) (v gclinkptr, s *mspan,
shouldhelpgc bool) {
        // 拿到跨度类对应的 mspan
        s = c.alloc[spc]
        shouldhelpgc = false
        freeIndex := s.nextFreeIndex()
        // 如果 mspan 已经没有空闲内存
        if freeIndex == s.nelems {
```

```
            // 重新填充 mspan
              c.refill(spc)
              shouldhelpgc = true
          // 再次获取 mspan
              s = c.alloc[spc]
              freeIndex = s.nextFreeIndex()
      }
      // 计算从 mspan 获取的内存空间起始地址
      v = gclinkptr(freeIndex*s.elemsize + s.base())
      s.allocCount++
      return
  }
```

在上述方法中，如果在线程缓存中没有找到可用的内存管理单元，会通过 mcache 的 refill()函数使用中心缓存中的内存管理单元替换已经不存在的可用对象的 mspan；然后重新从 alloc 获取对应新分配的 mspan，调用其 nextFreeIndex()函数获取空闲内存空间。

前文介绍过，mcache 在被初始化时是不包含 mspan 的。只有当用户程序申请内存时，才会调用 refill()函数从上一级组件申请新的 mspan 以满足当前线程内存分配的需求。

mcache 初始化时的代码如下：

```
func allocmcache() *mcache {
    var c *mcache
    systemstack(func() {
        lock(&mheap_.lock)
        c = (*mcache)(mheap_.cachealloc.alloc())
        c.flushGen = mheap_.sweepgen
        unlock(&mheap_.lock)
    })
    for i := range c.alloc {
        c.alloc[i] = &emptymspan
    }
    return c
}
```

经过初始化后的 mcache 中所有 mspan 均指向空的占位符 emptymspan。

mcache 的 refill()函数会为线程缓存获取一个指定跨度类的内存管理单元，被替换的单元不能包含空闲的内存空间；而获取的单元中需要至少包含分配一个对象的空闲内存；其具体代码如下：

```
func (c *mcache) refill(spc spanClass) {
    // 找到要扩充的 mspan
    s := c.alloc[spc]
    // 将当前 mspan 归还到 mcentral
    if s != &emptymspan {
        mheap_.central[spc].mcentral.uncacheSpan(s)
    }
```

```
// 从 mcentral 拿到一个缓存新的 mspan
s = mheap_.central[spc].mcentral.cacheSpan()
// 重新设置
c.alloc[spc] = s
}
```

如上述代码所示，refill() 函数会调用中心缓存的 cacheSpan() 函数申请新的 mspan 并存储到自身的 alloc 数组中，这也是向线程缓存中插入内存管理单元的唯一方法。

3. mcentral 相关函数

cacheSpan 函数的实现比较复杂，大致有以下五个步骤：

（1）调用 partialSwept() 函数从被清理过的、包含可用空间的 spanSet 集合中查找可以使用的 mspan；

（2）调用 partialUnswept() 函数从未被清理过的且包含可用空间的 spanSet 集合中查找可用使用的 mspan；

（3）调用 fullUnswept() 函数从未被清理的且不包含可用空间的 spanSet 集合中依次进行 swept 清理，然后查找可用的 mspan；

（4）调用 grow() 函数从 mheap 中申请新的 mspan；

（5）更新内存管理单元的 allocCache 等字段以帮助快速分配内存。

下面一段代码展示了第（1）步，调用 partialSwept() 函数从 mcentral 的 partial 中获得已经被清理的,有空闲对象的 spanSet 集合,然后调用其 pop() 函数获得可以使用的 mspan。如果获得了 mspan，则直接跳转到 havespan 标记代码处。

```
func (c *mcentral) cacheSpan() *mspan {
    var s *mspan
    // 首先尝试 partialSwept 的 span
    sg := mheap_.sweepgen
    if s = c.partialSwept(sg).pop(); s != nil {
        goto havespan
    }
}
func (c *mcentral) partialSwept(sweepgen uint32) *spanSet {
    return &c.partial[sweepgen/2%2]
}
```

如果第（1）步未获得可用 mspan，则调用 partialUnswept() 函数从 mcetral 的 partial 中获得尚未被清理的、有空闲对象的 spanSet 集合，接着会调用 mspan 的 sweep() 函数进行内存空间清理操作。具体代码实现如下：

```
func (c *mcentral) cacheSpan() *mspan {
    var s *mspan
    // 第二尝试 partial unswept 的 mspan.
    for ; spanBudget >= 0; spanBudget-- {
        s = c.partialUnswept(sg).pop()
        if s == nil {
```

```
            break
        }
        if s, ok := sl.tryAcquire(s); ok {
            s.sweep(true)
            sweep.active.end(sl)
            goto havespan
        }

    }
}
func (c *mcentral) partialUnswept(sweepgen uint32) *spanSet {
    return &c.partial[1-sweepgen/2%2]
}
```

如果上述两步均未获得可用的 mspan，则只能从尚未被清理的且不包含空闲对象的 spanSet 集合 full 中尝试获取可用的 mspan。遍历对应 spanSet 中的所有 mspan，然后调用 sweep() 函数进行内存清理，接着通过 mspan 的 nextFreeIndex()函数和 elems 进行对比判断是否有空闲对象。如果有，则找到可用的 mspan；如果没有，则将其添加到已经被清理且不包含空闲对象的 spanSet 集合中；具体代码如下：

```
func (c *mcentral) cacheSpan() *mspan {
    var s *mspan
    // 第三尝试 full unswept 的 mspan
    for ; spanBudget >= 0; spanBudget-- {
        s = c.fullUnswept(sg).pop()
        if s == nil {
            break
        }
        if s, ok := sl.tryAcquire(s); ok {
            // 进行 sweep
            s.sweep(true)
            // 检查 mspan 是否有空闲
            freeIndex := s.nextFreeIndex()
            if freeIndex != s.nelems {
                s.freeindex = freeIndex
                sweep.active.end(sl)
                goto havespan
            }
            // 将其添加到 fullSwept 列表，因为 sweep 后也没有任何空闲空间
            c.fullSwept(sg).push(s.mspan)
        }
    }
}
func (c *mcentral) fullUnswept(sweepgen uint32) *spanSet {
    return &c.full[1-sweepgen/2%2]
}
```

如果上述三个步骤都没有找到可用的 mspan，mcentral 就会调用其 grow()函数来触发

扩容操作。从 mheap 申请新的 mspan，然后将其插入到 partial 集合中；实现代码如下：

```
func (c *mcentral) cacheSpan() *mspan {
        // 无法从 mcentral 中获取 mspan，只有从 mheap 中获取
        s = c.grow()
        if s == nil {
                return nil
        }
havespan:
        n := int(s.nelems) - int(s.allocCount)
        freeByteBase := s.freeindex &^ (64 - 1)
        whichByte := freeByteBase / 8
        // 初始化操作
        s.refillAllocCache(whichByte)
        s.allocCache >>= s.freeindex % 64
        return s
}
```

无论是从 partial 或 full 集合中获取到 mspan，还是通过 grow 新申请获得 mspan，cachespan() 函数最后都会对将要作为返回值的 allocBits 和 allocCache 等字段进行更新，方便后续分配内存时能够快速找到空闲的对象。

mcentral 的扩容函数 grow() 会根据预先计算的 class_to_allocnpages 和 class_to_size 获取待分配的页数以及跨度类，然后调用 mheap 的 alloc() 函数获取新的 mspan 结构；其代码如下：

```
func (c *mcentral) grow() *mspan {
        // 计算自身跨度类所需的页数和空间大小
        npages := uintptr(class_to_allocnpages[c.spanclass.sizeclass()])
        size := uintptr(class_to_size[c.spanclass.sizeclass()])
        // 从 mheap 中获得新的 mspan
        s := mheap_.alloc(npages, c.spanclass)
        if s == nil {
                return nil
        }
        // 划分 elem 个数 n := (npages << _PageShift) / size
        n := s.divideByElemSize(npages << _PageShift)
        // 计算 mspan 空间的上限
        s.limit = s.base() + size*n
        // 初始化 heapBit
        heapBitsForAddr(s.base()).initSpan(s)
        return s
}
```

从 mheap 获取 mspan 后，grow() 函数会通过页数计算出 mspan 中的可用 elem 数量，然后设置 limit 字段并调用 heapBitForAddr 生成 heapBit，使用 initSpan() 函数清除 mspan 的数据。

4．mheap 相关函数

下面，我们来看 mheap 的 alloc()函数，该方法会从操作系统中获取新的 mspan；如下代码所示：

```
func (h *mheap) alloc(npages uintptr, spanclass spanClass) *mspan {
    var s *mspan
    // 使用系统协程执行
    systemstack(func() {
        if !isSweepDone() {
            h.reclaim(npages)
        }
        s = h.allocSpan(npages, spanAllocHeap, spanclass)
    })
    return s
}
```

alloc()函数需要使用 systemstack 切换到系统协程来执行相关的内存分配逻辑。如果当前尚未进行过一轮内存清理工作，alloc()函数会先调用 reclaim()函数进行部分内存的回收，然后通过 allocSpan()函数分配新的内存管理单元。allocSpan()方法的执行过程被拆分成三个部分，如下所述：

（1）尝试从系统协程对应处理器的 pageCache 中分配新的内存页，然后获取内存管理单元 mspan；

（2）使用 mheap 的页分配器 pageAlloc 来分配新的内存页；如果未获得新内存页，则在调用 grow()函数后，再次使用 pages 进行内存页分配，获得新内存页后，则获取对应的 mspan；

（3）初始化内存管理单元并将其加入 mheap 持有内存单元列表。

allocSpan()函数首先通过 getg()函数获取当前协程，并得到协程所属处理器的指针和它的页缓存 pageCache，然后判断当前内存分配所需页数小于页缓存的 1/4 并且不需要进行对齐操作，就尝试使用 pageCache 进行新内存空间的获取；具体代码如下：

```
func (h *mheap) allocSpan(npages uintptr, typ spanAllocType, spanclass
spanClass) (s *mspan) {
    // 系统协程
    gp := getg()
    // 当分配类型是栈上分配，并且逻辑页小于物理页大小时，需要进行对齐
    needPhysPageAlign := typ == spanAllocStack && pageSize < physPageSize
    pp := gp.m.p.ptr()
    // 如果所需内存小于 pagecache 并且不需要进行对齐
    if !needPhysPageAlign && pp != nil && npages < pageCachePages/4 {
        c := &pp.pcache
        // 系统协程的 pageCache 为空，则进行填充
        if c.empty() {
            lock(&h.lock)
            *c = h.pages.allocToCache()
```

```
                        unlock(&h.lock)
                }

                // 使用 pageAlloc 中分配 pageCache
                base, scav = c.alloc(npages)
                if base != 0 {
                        s = h.tryAllocMSpan()
                        if s != nil {
                                goto HaveSpan
                        }
                }

        }
    }
}
```

在上述代码中，当 pageCache 为空时，会调用 hmap 中页分配器 pageAlloc 的 allocToCache() 函数向操作系统申请内存空间并生成新的 pageCache，然后调用 pageCache 的 alloc() 函数获取对应页数量的内存空间。pageCache 本身管理一大块内存空间，其 alloc() 函数实现如下代码所示：

```
type pageCache struct {
        base  uintptr // 页的起始位置
        cache uint64  // 64 位的位图来表示空闲页，1 表示空闲
        scav  uint64  // 64 位的位图来表示 scavenged 页
}

func (c *pageCache) alloc(npages uintptr) (uintptr, uintptr) {
        // 无空闲
        if c.cache == 0 {
                return 0, 0
        }
        // 寻找 Cache 中第一个为 1 的位数
        i := findBitRange64(c.cache, uint(npages))
        if i >= 64 {
                return 0, 0
        }
        // 更新操作
        mask := ((uint64(1) << npages) - 1) << i
        scav := sys.OnesCount64(c.scav & mask)
        c.cache &^= mask // mark in-use bits
        c.scav &^= mask  // clear scavenged bits

        return c.base + uintptr(i*pageSize), uintptr(scav) * pageSize
}
```

如上代码所示，pageCache 的 alloc 操作就是根据 Cache 字段快速计算出对应空闲页的下标，然后计算出对应页的起始地址。

当无法从系统协程对应处理器的 pageCache 中分配新的内存时，就会尝试从当前

mheap 的 pageAlloc 中进行分配。先调用 pageAlloc 的 alloc 尝试分配，如果发现还是无法分配，则会先调用 mheap 的 grow()函数向操作系统申请更多的内存空间，然后进行 alloc 分配；如果还是内存不足，则会抛出内存不足的异常；具体代码如下：

```
    func (h *mheap) allocSpan(npages uintptr, typ spanAllocType, spanclass
spanClass) (s *mspan) {
        // base == 0 说明未成功分配内存空间
        if base == 0 {
            base, scav = h.pages.alloc(npages)
            if base == 0 {
                var ok bool
                growth, ok = h.grow(npages)
                if !ok {
                    unlock(&h.lock)
                    return nil
                }
                base, scav = h.pages.alloc(npages)
                // 抛出异常
                if base == 0 {
                    throw("grew heap, but no adequate free space found")
                }
            }
        }
        if s == nil {
            // 加 heap lock 后获取 mspan
            s = h.allocMSpanLocked()
        }
    }
```

pageAlloc 管理着 heapArena 对应的内存空间，它根据自身的 searchAddr 快速判断对应的内存空间 chunk 中是否有足够的可用页进行分配，如果有，则直接分配；否则，就会调用 find()函数进行可用页的查询。pageAlloc 的 alloc()函数实现代码如下：

```
    func (p *pageAlloc) alloc(npages uintptr) (addr uintptr, scav uintptr) {
        // 当前已经没有可用空间
        if chunkIndex(p.searchAddr.addr()) >= p.end {
            return 0, 0
        }

        searchAddr := minOffAddr
        // 如果当前 chunk 有足够页可以分配
        if    pallocChunkPages-chunkPageIndex(p.searchAddr.addr())    >=
uint(npages) {
            i := chunkIndex(p.searchAddr.addr())
            if  max  :=  p.summary[len(p.summary)-1][i].max();  max  >=
uint(npages) {
                j,    searchIdx    :=    p.chunkOf(i).find(npages,
chunkPageIndex (p.searchAddr.addr()))
```

```
                     // 起始地址等于 chunk 的起始地址+总页大小
                     addr = chunkBase(i) + uintptr(j)*pageSize
                     searchAddr    =    offAddr{chunkBase(i)    +
uintptr(searchIdx)*pageSize}
                     goto Found
            }
        }
        addr, searchAddr = p.find(npages)
    Found:
        // 将对应区域标记为已分配
        scav = p.allocRange(addr, npages)
        // 更新
        if p.searchAddr.lessThan(searchAddr) {
                p.searchAddr = searchAddr
        }
        return addr, scav
    }
```

　　pageAlloc 的 find()函数会从当前管理的内存空间中找到连续的可用内存片段来分配
对应的页，其具体代码逻辑较为复杂，感兴趣的读者可以查看 mpagealloc.go 文件中的对
应函数实现。

　　根据上述步骤获取到足够页的内存空间后，alloc()函数会调用 mspan 的 init()函数初始
化 mspan 结构的页数、内存空间，并设置跨度类、allocBits 等的属性，并且调用 setSpans()
函数将 mspan 添加到 mheap 对应 heapArena 管理的 spans 字段中；具体代码如下：

```
func (h *mheap) alloc(npages uintptr, spanclass spanClass, needzero bool)
*mspan {
    HaveSpan:
        // 初始化 mspan
        s.init(base, npages)
        ....
        // 设置跨度类和 allocBits 等字段
        s.spanclass = spanclass
        s.freeindex = 0
        s.allocCache = ^uint64(0) // all 1s indicating all free.
        s.gcmarkBits = newMarkBits(s.nelems)
        s.allocBits = newAllocBits(s.nelems)

        s.state.set(mSpanInUse)
        ....
        // 将 mspan 添加到 mheap 对应的 heapArena 的 spans 字段中
        h.setSpans(s.base(), npages, s)
        return s
}
```

　　当 mheap 自身管理的内存空间也不足时，mheap 会调用 grow()函数向操作系统申请
更多的内存空间，传入的页数经过对齐可以得到期望的内存大小。grow()函数的执行过程

分成以下四个部分：

（1）调用 alignUp()函数依据作为参数的页数和 pallocChunkPages 来计算期望的内存空间大小；

（2）如果 mheap 的 curArena 区域没有足够的空间，则调用 mheap 的 sysAlloc()函数从操作系统中申请更多的内存；

（3）修改 curArena 的状态，并且调用 sysMap()函数将内存从 reserved 状态转换 prepared 状态；

（4）调用 pageAlloc 的 grow()函数，将获取的内存空间进行管理。

grow 函数的具体实现代码如下：

```go
func (h *mheap) grow(npage uintptr) (uintptr, bool) {
    ask := alignUp(npage, pallocChunkPages) * pageSize // （1）

    totalGrowth := uintptr(0)
    end := h.curArena.base + ask
    nBase := alignUp(end, physPageSize)

    if nBase > h.curArena.end || /* overflow */ end < h.curArena.base {
        // （2）当前没有足够空间，需要向操作系统申请
        av, asize := h.sysAlloc(ask)
        if av == nil {
            return 0, false
        }
        .... // 更新 mheap 的 curArena 的字段
    }

    // （3）修改 curArena 状态
    v := h.curArena.base
    h.curArena.base = nBase

    // 将内存状态从 reserved 转换为 prepared
    sysMap(unsafe.Pointer(v), nBase-v, &memstats.heap_sys)

    // （4）将内存交给 pageAlloc 处理
    h.pages.grow(v, nBase-v)
    totalGrowth += nBase - v
    return totalGrowth, true
}
```

我们来梳理一下上述代码，在扩容期间，mheap 的 sysAlloc()函数是页堆用来申请虚拟内存的方法。首先，sysAlloc()函数会调用线性分配器 linearAlloc 的 alloc()函数，尝试在预保留的内存空间获取内存。如果没有可用的空间，则会根据 mheap 的 arenaHints 数据调用 sysReserve()函数向操作系统申请新的内存空间；具体代码如下：

```go
func (h *mheap) sysAlloc(n uintptr) (v unsafe.Pointer, size uintptr) {
```

```
        n = alignUp(n, heapArenaBytes)

        // 首先，尝试使用预分配的 arena 进行分配
        v = h.arena.alloc(n, heapArenaBytes, &memstats.heap_sys)
        if v != nil {
                size = n
                goto mapped
        }

        // 通过 arenaHints 来尝试扩容
        for h.arenaHints != nil {
                hint := h.arenaHints
                p := hint.addr
                v = sysReserve(unsafe.Pointer(p), n)
                if p == uintptr(v) {
                        // 成功了
                        if !hint.down {
                                p += n
                        }
                        hint.addr = p
                        size = n
                        break
                }
                h.arenaHints = hint.next
                h.arenaHintAlloc.free(unsafe.Pointer(hint))
        }
}
```

linearAlloc 管理着一块连续且处于 Reserved（预保留）状态的内存空间，根据它自身的 next 字段和 end 字段，alloc() 函数可以分配出一块所需大小的内存空间，并且调用 sysMap() 函数和 sysUsed() 函数将其状态从 Reserved 转换成 Used；具体代码如下：

```
type linearAlloc struct {
        next    uintptr    // 空闲地址
        mapped  uintptr    // 映射地址
        end     uintptr    // 预留空间的末尾地址

        mapMemory bool     // true 表示需要将内存状态从 Reserved 转换为 Ready
}

func (l *linearAlloc) alloc(size, align uintptr, sysStat *sysMemStat)
unsafe.Pointer {
        // 根据当前线性空间的空闲首地址计算返回值
        p := alignUp(l.next, align)
        if p+size > l.end {
                return nil
        }
        l.next = p + size
        if pEnd := alignUp(l.next-1, physPageSize); pEnd > l.mapped {
```

```
                    if l.mapMemory {
                        // 将内存状态从 Reserved 转换为 Prepared, 再转换为 Ready
                        sysMap(unsafe.Pointer(l.mapped), pEnd-l.mapped, sysStat)
                        sysUsed(unsafe.Pointer(l.mapped), pEnd-l.mapped)
                    }
                    l.mapped = pEnd
            }
            return unsafe.Pointer(p)
    }
```

在使用 grow()函数获得所需的内存空间后，需要为其构建对应的 heapArena 来管理这块内存空间，并且将其添加到 mheap 自身的 allArenas 字段中；具体代码如下：

```
func (h *mheap) sysAlloc(n uintptr) (v unsafe.Pointer, size uintptr) {
    ...
mapped:
        // 将分配区域转换成对应的 Arena
        for      ri      :=      arenaIndex(uintptr(v));      ri      <=
arenaIndex(uintptr(v)+size-1); ri++ {
                l2 := h.arenas[ri.l1()]
                if l2 == nil {
                        //
                        l2 = (*[1 << arenaL2Bits]*heapArena)(persistentalloc
(unsafe.Sizeof(*l2), goarch.PtrSize, nil))
                        atomic.StorepNoWB(unsafe.Pointer
(&h.arenas[ri.l1()]), unsafe.Pointer(l2))
                }
                // 创建新的 heapArena
                var r *heapArena
                r = (*heapArena)(h.heapArenaAlloc.alloc(unsafe.Sizeof(*r),
goarch. PtrSize, &memstats.gcMiscSys))
                if r == nil {
                        r = (*heapArena)(persistentalloc(unsafe.Sizeof(*r),
goarch. PtrSize, &memstats.gcMiscSys))
                }

                // 将新创建的 arena 添加到 mheap 的 allArenas 字段中
                h.allArenas = h.allArenas[:len(h.allArenas)+1]
                h.allArenas[len(h.allArenas)-1] = ri
                atomic.StorepNoWB(unsafe.Pointer(&l2[ri.l2()]), unsafe.Pointer(r))
        }
        return

}
```

sysMap()函数和 sysReserve()函数的实现根据操作系统的不同而有所不同。对于 Linux 的相关系统，调用系统调用 mmap 来获取对应的虚拟内存空间。比如 sysMap 的实现，其具体实现代码如下：

```
    func sysMap(v unsafe.Pointer, n uintptr, sysStat *sysMemStat) {
```

```
        p, err := mmap(v, n, _PROT_READ|_PROT_WRITE, _MAP_ANON|_MAP_FIXED|
                       _MAP_PRIVATE, -1, 0)
        if err == _ENOMEM {
                throw("runtime: out of memory")
        }
        if p != v || err != 0 {
                print("runtime: mmap(", v, ", ", n, ") returned ", p, ", ", err, "\n")
                throw("runtime: cannot map pages in arena address space")
        }
}
```

mheap 从操作系统获取到内存空间后，就将其转换为 heapArena 进行管理，并提供给 pageAlloc 进行分配，生成对应的 mspan 供 mcentral 和 mcache 使用。

4.2.8　实验：打印内存分配相关日志

至此，我们详细了解和学习了 Go 语言内存分配相关的流程和实现，为了更加细致和真实地了解其中的过程，可以在 Go 语言内存分配相关的代码中加入日志打印，并重新编译 Go 语言源码，使用编译后的 Go 语言程序执行实例代码就可以更加详细地了解 Go 语言内存分配相关的流程。

Go 语言源码可以基于 1.18 版本进行修改，从 https://github.com/golang/go/tree/dev.boringcrypto. go1.18 可以下载到相应的源码，进行代码修改后使用 src/make.bash 脚本进行编译，生成的 Go 相关的二进制程序，并且会打印这些程序所在文件夹的路径。例如，在 mallocgc 的分配微对象流程添加如下日志：

```
func mallocgc(size uintptr, typ *_type, needzero bool) unsafe.Pointer {
    ...
    if size <= maxSmallSize {
        if noscan && size < maxTinySize {
            off := c.tinyoffset
            if off+size <= maxTinySize && c.tiny != 0 {
                print("alloc tiny object")
            }
            ...
        }
        ...
    }
    ...
}
```

然后根据绝对路径来使用上述修改编译生成的 go 程序，执行如下代码后，就可以看到对应的日志输出。

```
func main() {
    print("start main")
```

```
        = test()
    print("end main")
}

func test() *string {
    b := "a"
    return &b
}

// 日志输出
.. // 忽略 main 函数启动时程序自己的内存分配
start main
alloc tiny object
end main
```

通过打印日志的方式，可以更加真实和详细地了解 Go 语言内存分配相关的逻辑和实现，协助读者阅读源码。

4.3　Go 语言垃圾回收机制

用户程序通过内存分配器获得内存空间后，会在其上分配对象；但是随着程序的执行，会不断分配新的对象，并且旧的对象不再被使用，此时就需要将不再使用的对象进行回收，释放相应的内存空间。

由于 C/C++ 等编程语言需要开发者手动进行内存的申请和释放，所以容易导致诸如内存泄露、悬挂指针、非法访问等内存相关问题；而 Python、Ruby、Java 和 Go 等语言是通过各自运行时提供的内存分配器来获取内存，所以也必须通过垃圾收集器进行垃圾回收来回收内存，减轻了开发者对内存管理的负担，减小了相关内存问题产生的概率。

大多数场景下，开发者并不需要关心垃圾回收和它带来的性能损耗，但是在大内存数据量和高并发场景下，追求极致性能时还是需要深入了解有关垃圾回收的原理和实现，并根据其特点去改造代码。

Go 语言早期就因为其垃圾回收效率低的缺点被人诟病，但是随着版本的迭代，Go 语言的垃圾回收性能也越来越强大。

本节详细介绍了常见的与垃圾收集相关的原理，包括标记清除、三色标记，内存屏障等，然后深入 Go 语言源代码分析垃圾回收触发、启动标记、并发扫描、停止标记和内存回收等阶段的原理和实现。

4.3.1　Go 语言垃圾回收的基础原理

垃圾回收是高级编程语言的重要组成部分，在 Go 语言发明之前就有诸多学术理论和实践。这里我们只简单介绍垃圾回收的基础标记清除算法、减小垃圾回收性能损耗的三色标记和内存屏障技术。有关垃圾回收更加详细和全面的背景知识可以参考《gc handbook》和《垃圾回收的算法和实现》。

1. 标记清除算法

标记清除（Mark-Sweep）算法是最常见的垃圾收集算法之一，此外还有标记整理和标记复制等算法。标记清除算法虽然简单，但是它展示了有关垃圾回收最为基础的操作，比如如何判定堆上对象不再被使用，应该被回收，以及如何进行回收。

判定堆上对象是否应该回收有两种策略，分别是引用计数法和可达性分析法。

引用计数是指根据对象自身的引用计数来回收。当引用计数归零时，就进行回收，但是无法解决循环引用的问题。

可达性分析法是目前较为主流的策略，它是从一组被称为根对象的对象集合作为起点，从这些对象开始遍历引用的其他对象，并且依次递归遍历下去。如果一个对象没有被遍历到，则认为它应该被回收。根对象一般为全局变量、系统线程、当前函数栈中对象等。因为要分析对象的引用关系，在进行常规的可达性分析时需要暂停程序（Stop the World，STW），但会有其他辅助策略来尽可能减少暂停程序的时间。

判定堆上对象需要被回收后，接下来就是如何进行回收的问题。可以直接将堆上需要回收的对象进行清除，回收对应的内存空间，这是清除算法，但是会形成内存碎片；也可以将堆上不需要回收的对象复制到另一块内存区域，然后回收当前整块内存区域，这就是复制算法，但会带来性能损耗。

综上，标记清除算法在回收垃圾时使用的是可达性分析法和清除算法。其执行过程分成标记（Mark）和清除（Sweep）两个阶段。

（1）标记阶段：使用可达性分析，标记堆中不需要回收的对象，堆上其他未被标记的对象被认定为垃圾对象，需要进行回收。

（2）清除阶段：遍历堆中的所有对象，清理未被标记的垃圾对象并回收对应的内存空间。

图 4-9 展示了标记清除过程，堆上存在 A、B、C、D 和 F 五个对象，其中 A 对象属于根对象集合，从对象 A 出发可以达到对象 C 和对象 D，所以这三个对象会在标记阶段被标记，剩下的对象 B 和 F 则应该被回收。B 和 F 被清除后，对应的内存空间也被回收，从而形成了内存碎片。

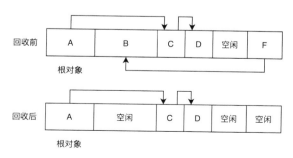

图 4-9

标记清除算法在标记阶段执行的可达性分析算法和清除算法都需要暂停用户程序，这无疑极大降低了程序的执行效率，所以需要用到更复杂的机制来尽可能减少 STW 的时间，降低性能损耗。

2. 三色标记

三色标记及其相关拓展算法可以让垃圾回收流程与应用流程并发执行，将标记流程拆分成多个阶段，不需要一次性完成所有标记流程，从而减少原始标记清除算法导致的 STW 时间，提高程序整体的执行效率。三色标记算法将程序中的对象分成黑色、灰色和白色三类，具体说明如表 4-5 所示。

表 4-5

颜　色	说　明
黑色	本对象已被扫描并标记，而且其引出的对象也已标记，该对象不会在本次垃圾回收中被清理
灰色	对象已被扫描并标记，但是其引用的对象未标记，所以标记流程后续会检查其引用对象
白色	对象未被扫描和标记，所有对象默认是白色的，所以标记流程会检查该对象，如果标记流程结束，对象还是白色，则表明它应该被回收

三色标记的过程如下：

（1）标记阶段开始，堆上的对象默认都是白色的；

（2）从根对象出发扫描所有根对象引用的对象，将其标记为灰色，放入待处理队列；

（3）从待处理队列中取出灰色对象，并标记为黑色，将其引用的对象标记为灰色。

虽然三色标记算法可以和应用流程并发执行，但是也有浮动垃圾和对象漏标等问题需要解决。

（1）浮动垃圾问题是指在标记过程中，已经被标记为黑色或者灰色的对象因为业务流程操作变成垃圾对象，从而不会在本次垃圾回收流程被回收的情况。浮动垃圾危害不大，一般会在下次垃圾回收时被回收；

（2）对象漏标问题是指本身被标记为白色对象，但是由于业务流程操作让已经扫描过的黑色对象引用了该白色对象，出现被程序需要但又被垃圾回收的情况。对象漏标问题一般较为严重，可能会导致程序崩溃。

为了在并发标记过程中避免对象漏标问题，三色标记需要满足下面两个原则之一：

● 强三色不变性原则：黑色对象不能引用白色对象，只能引用黑色或者灰色对象；

● 弱三色不变性原则：黑色对象引用的白色对象，必须存在一条从灰色对象出发，经过多个白色对象到达该白色对象的路径。

遵循上述两个原则中的任意一个，就能保证并发标记过程的正确性，一般会使用内存屏障技术进行特殊操作来保证满足上述任一原则。

3．内存屏障

内存屏障（Memory Barrier）能保障代码描述中对内存的操作顺序既不会在编译期被编译器进行调整，也不会在运行时被 CPU 的乱序执行打乱。

使用内存屏障可以在用户程序读取对象、赋值对象指针时执行特定代码。根据操作类型的不同，内存屏障可以分成读屏障（Read Barrier）和写屏障（Write Barrier）两种，不同的垃圾回收机制可能会选择不同的策略。Go 语言垃圾回收和 JVM 的 G1 算法使用写屏障；而 JVM 的 ZGC 算法则使用读屏障。

常见的写屏障有 Dijistra 插入屏障和 Yuasas 删除屏障。其中,Dijistra 插入屏障是指在修改指针时，指向的新对象要标记成灰色；而 Yuasas 删除屏障则是在修改指针时，将修改前指向的对象标记成灰色。二者的区别如下代码所示：

```
// Dijistra 插入屏障
DijistraWB(slot, ptr):
    shade(ptr)
    *slot = ptr
// Yuasas 删除屏障
YuasasWB(slot, ptr)
    shade(*slot)
    *slot = ptr
```

Dijistra 插入屏障保守地认为 slot 所在的对象可能会变成黑色,所以会将 ptr 对象标记为灰色，从而保证了强三色一致性，确保了三色标记的正确性。Yuasas 删除屏障则是保守地认为 prt 对象可能为白色，将 slot 所在对象标记为灰色，从而确保有灰色对象引用该白色对象，保证了弱三色一致性。

Go 语言则综合以上两种写屏障构成了如下代码所示的混合写屏障，该屏障会将被覆盖的对象标记成灰色，并且如果当前栈未扫描完成，就将新对象也标记成灰色；实现代码如下：

```
writePointer(slot, ptr):
    shade(*slot)
    if current stack is grey:
        shade(ptr)
    *slot = ptr
```

除了引入混合写屏障之外，在垃圾收集的标记阶段，我们还需要将创建的所有新对象都标记成黑色，防止新分配的栈内存和堆内存中的对象被错误地回收，因为栈内存在标记阶段最终都会变为黑色，所以不再需要重新扫描栈空间。

标记清除、三色标记和内存屏障等都是垃圾回收的基础原理。下面我们就来讲解 Go 语言实际使用的垃圾回收流程。

4.3.2 Go 语言垃圾回收流程

Go 语言使用无分代的并发三色标记和清除算法作为其垃圾回收基础实现，虽然清除算法会产生内存碎片，但是 Go 语言的内存分配机制基于 mspan 内存管理单元来管理分配内存，恰好一定程度上缓解了内存碎片的产生，这也是内存分配和垃圾回收机制相互配合的体现之一。

Go 语言垃圾回收流程大致包含四个不同阶段，相关描述如表 4-6 所示，具体描述可以参考 mgc.go 文件首部的注释，这里只是将其进行翻译和总结。

表 4-6

阶　　段	说　　明	写屏障状态	程序状态
清理终止阶段	（1）暂停程序，GMP 的所有处理器进入安全点； （2）清理还未被清理的内存管理单元 mspan	关闭	STW
标记阶段	（1）将状态切换至 _GCmark、恢复用户程序； （2）标记协程和用于协助的用户程序会开始并发三色标记，将根对象添加到标记队列中； （3）开始扫描根对象，包括所有协程的栈、全局对象以及不在堆中的运行时数据结构，扫描协程栈期间会暂停协程所在的处理器； （4）依次处理标记队列中的对象，将对象标记成黑色并将它引用的对象标记成灰色，并加入到队列中； （5）写屏障会将覆盖和新指针都标记成灰色，而此阶段创建的对象都会被直接标记成黑色； （6）使用分布式的终止算法判断是否完成标记，若发现标记阶段完成后，则进入标记终止阶段	开启	并发执行
标记终止阶段	（1）暂停程序，将状态切换至 _GCmarktermination 状态； （2）关闭辅助标记的用户程序和标记协程； （3）清理 GMP 的处理器上的线程缓存 mcache	开启	STW
清理阶段	（1）将状态切换至 _GCoff 开始清理阶段； （2）恢复用户程序，此阶段新创建的对象会标记成白色； （3）后台并发清理所有的内存管理单元 mspan； （4）当协程申请新的内存管理单元时就会触发清理	关闭	并发执行

由上可知，Go 语言垃圾回收流程中只有清理终止阶段和标记终止阶段时才会进行 STW 暂停用户程序，而且这两个阶段实际执行逻辑不多，执行时间较短，所以避免了 STW 对 Go 语言程序性能的影响。

整个流程中，只有标记和标记终止两个阶段的写屏障状态是保持开启状态不变的。而在清理终止阶段，写屏障先为关闭状态，在处理完上个垃圾回收阶段的收尾工作后才启动；在标记终止阶段，写屏障先处于开启状态，完成标记阶段的收尾工作后才被关闭，最后会对整个垃圾回收阶段的各项数据进行统计，并打印 gctrace 日志。

　　了解了 Go 语言垃圾回收的流程，下面我们来具体了解垃圾回收的触发以及不同阶段的具体行为和源码实现。

4.3.3　垃圾回收触发时机

　　垃圾回收会消耗一定系统资源，所以只会在某些特定场景和条件下会触发垃圾回收。下面我们就来了解 Go 语言何时会触发垃圾回收。

　　Go 语言使用 gcStart() 函数来尝试开启垃圾回收，函数接收 gcTrigger 类型的参数，根据结构体中的 gcTriggerKind 属性执行不同的垃圾收集策略，而调用 gcStart() 函数尝试开启垃圾回收的场景如图 4-10 所示，它们分别代表不同的触发时机。其中：

　　（1）runtime 的 sysmon() 函数和 forcegchelper() 函数：代表后台系统监控器定时检查和强制垃圾收集，其 gcTrigger 类型是 gcTriggerTimer；

　　（2）runtime 的 GC() 函数：代表用户程序手动触发垃圾收集，其 gcTrigger 类型是 gcTriggerCycle；

　　（3）runtime 的 mallocgc() 函数：代表在申请内存时触发垃圾收集，其 gcTrigger 类型是 gcTriggerHeap。

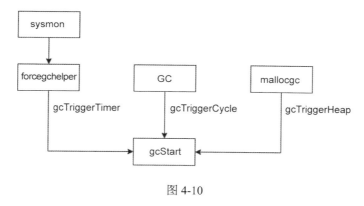

图 4-10

1. 后台触发

　　运行时会在 Go 程序启动时调用 proc.go 文件中的 init 方法启动一个协程执行 forcegchelper() 函数来触发垃圾回收，forcegchelper() 函数会无限循环地调用 gcStart() 方法尝试启动新一轮的垃圾回收；具体代码如下：

```
func init() {
    go forcegchelper()
}
func forcegchelper() {
    forcegc.g = getg()
    lockInit(&forcegc.lock, lockRankForcegc)
    for {
```

```
        lock(&forcegc.lock)
        atomic.Store(&forcegc.idle, 1)
        goparkunlock(&forcegc.lock, waitReasonForceGCIdle, traceEvGoBlock, 1)
        gcStart(gcTrigger{kind: gcTriggerTime, now: nanotime()})
    }
}

// forcegc 的结构体
type forcegcstate struct {
    lock mutex    // forcegc 相关的锁
    g    *g       // 执行 forcegchelper 的处理器
    idle uint32   // 是否空闲
}
```

时刻触发无限循环检查是否开启垃圾回收会消耗系统资源，所以 forcegchelper()函数会在循环中调用 goparkunlock()函数主动陷入休眠并等待其他协程的唤醒。系统监控器 sysmon()函数在判断系统状态需要进行垃圾回收时会唤醒 forcegchelper()函数所在协程；其具体代码如下：

```
func sysmon() {
    for {
        if t := (gcTrigger{kind: gcTriggerTime, now: now}); t.test() &&
atomic.Load(&forcegc.idle) != 0 {
            lock(&forcegc.lock)
            forcegc.idle = 0
            // 将 forcegc 所在的协程添加到全局调度队列中
            var list gList
            list.push(forcegc.g)
            injectglist(&list)
            unlock(&forcegc.lock)
        }
    }
}
```

Sysmon()函数在每个循环中都会构建 kind 为 gcTriggerTime 的 gcTrigger 结构体，并调用其 test()函数检查是否需要进行垃圾回收；如果需要并且当前 forcegc 的 idle 字段不为 0，sysmon()函数就会将该字段设置为 0，并且执行 forcegc 的协程加入全局调度队列，也就是唤醒了执行 forcegchelper()函数的协程。

gcTrigger 的 test()函数首先判断当前系统允许垃圾回收、程序没有崩溃并且当前垃圾收集阶段并不处于_GCoff 阶段，然后分别检查这三种触发垃圾回收的条件是否满足；具体代码如下：

```
func (t gcTrigger) test() bool {
    if !memstats.enablegc || panicking != 0 || gcphase != _GCoff {
        return false
    }
    switch t.kind {
```

```
    // 三种触发垃圾回收的条件判断
case gcTriggerHeap:
        return gcController.heapLive >= gcController.trigger
case gcTriggerTime:
        if gcController.gcPercent.Load() < 0 {
                return false
        }
        lastgc := int64(atomic.Load64(&memstats.last_gc_nanotime))
        return lastgc != 0 && t.now-lastgc > forcegcperiod
case gcTriggerCycle:
        return int32(t.n-work.cycles) > 0
}
return true
}
```

三种 gcTriggerKind 类型对应的垃圾回收触发条件如下所示，它们代表着不同触发垃圾回收的场景。

（1）gcTriggerHeap：堆上对象所占内存达到阈值。条件是表示垃圾收集中存活对象字节数的 heapLive 大于表示触发标记的堆内存大小的 trigger 时就需要触发垃圾回收。

（2）gcTriggerTime：执行垃圾回收间隔时间达到阈值。条件是 gcPercent（和上次垃圾回收结束时相比，内存占用增长比例）大于 0 并且当前时间和 last_gc 时间差超出 forcegcperiod，一般默认为两分钟。

（3）gcTriggerCycle：手动触发垃圾回收。若当前 gcTrigger 的变量 *n* 大于全局变量 work 代表的已经完成垃圾回收次数的 cycles 字段时，就进行垃圾回收。

2．手动触发

用户程序可以调用 runtime 的 GC()函数主动触发垃圾回收。由于该方法会阻塞调用方的执行直到本次垃圾回收流程完成，所以一般不建议使用。GC()函数的具体实现如下代码所示：

```
func GC() {
        // 获取当前已经进行的垃圾回收次数
        n := atomic.Load(&work.cycles)
        // 等待本次垃圾回收的标记阶段完成
        gcWaitOnMark(n)
        // 使用 gcTriggerCycle 触发第 n+1 次垃圾回收
        gcStart(gcTrigger{kind: gcTriggerCycle, n: n + 1})
        // 等待 n + 1 次垃圾回收的标记阶段完成
        gcWaitOnMark(n + 1)

        // 调用 Gosched 让出处理器来完成 n + 1 次垃圾回收的清理阶段
        for atomic.Load(&work.cycles) == n+1 && sweepone() != ^uintptr(0) {
                sweep.nbgsweep++
                Gosched()
        }
```

```
        // 等待并发清理的清理阶段完成
        for atomic.Load(&work.cycles) == n+1 && !isSweepDone() {
                Gosched()
        }
        // 完成清理后，发布 heap profile，防止 heap profile 可能还会反应上一轮垃
圾回收的信息
        mp := acquirem()
        cycle := atomic.Load(&work.cycles)
        if cycle == n+1 || (gcphase == _GCmark && cycle == n+2) {
                mProf_PostSweep()
        }
        releasem(mp)
}
```

GC()函数的工作大致分为以下五个步骤：

（1）获取当前垃圾回收次数，也就是 work 的 cycles 变量，然后调用 runtime 的 gc-WaitOnMark()函数等待当前垃圾回收的清理终止、标记和标记终止阶段的完成；

（2）调用 gcStart()触发新一轮的垃圾回收，然后调用 gcWaitOnMark()函数等待该轮垃圾收集的标记终止阶段结束；

（3）当程序还处于本轮垃圾回收时，持续调用 runtime 的 sweepone()函数进行清理工作，循环过程中会调用 runtime 的 Gosched()函数让当前协程让出处理器，使得其他协程可以执行，当前协程并不是处于阻塞状态，sweepone()函数会清理未清理的 mspan，并返回清理获得的内存页数，所以当 sweepone()函数返回 0 时，表示已经清理结束；

（4）因为可能有并发清理的场景，所以还需要循环调用 isSweepDone()函数来判断所有清理工作是否已经完成；

（5）完成本轮垃圾回收的清理工作后，通过 runtime 的 mProf_PostSweep 发布当前堆内存状态快照。

手动触发垃圾回收的 GC()函数一般会在测试和 benchmark 等场景使用，但是由于会阻塞调用方的执行，并且强制触发垃圾回收时并不一定是一个好的触发时机，反而会影响整体性能，所以一般并不推荐使用。

3．申请内存

最后一个可能会触发垃圾回收的就是进行内存分配的 mallocgc()函数。前面我们已经讲过，在 Go 语言进行内存分配时，将对象分成微对象、小对象和大对象三类，不同类型的对象使用不同的内存分配策略，而这三类的对象内存分配也都会触发垃圾回收；具体代码如下：

```
func mallocgc(size uintptr, typ *_type, needzero bool) unsafe.Pointer {
    shouldhelpgc := false
    ...
    if size <= maxSmallSize {
```

```
        if noscan && size < maxTinySize {
            // 微对象分配
            v, span, shouldhelpgc = c.nextFree(tinySpanClass)
            ...
        } else {
            // 小对象分配
            v, span, shouldhelpgc = c.nextFree(spc)
        }
    } else {
        // 大对象分配
        shouldhelpgc = true
        ...
    }
    ...
    if shouldhelpgc {
        // 尝试触发垃圾回收
        if t := (gcTrigger{kind: gcTriggerHeap}); t.test() {
            gcStart(t)
        }
    }
}
```

创建微对象和小对象需要调用 mcache 的 nextFree()方法，在自身不存在空闲可用的 mspan 时从中心缓存 mcentral 或者页堆 mheap 中获取新的 mspan，这时会返回 shouldhelpgc 为 true，表示需要触发垃圾回收；当用户程序申请分配大对象时，也需要进行垃圾回收。 mallocgc 会创建 gcTriggerHeap 类型的 gcTrigger 结构体，进行垃圾回收触发检测，然后调用 gcStart()函数尝试开启垃圾回收。

4.3.4　清理终止阶段和开启标记阶段

gcStart()函数是启动垃圾收集的起始函数，其操作逻辑对应垃圾回收流程的清理终止阶段，并开启标记阶段。总而言之，大致分为以下三个步骤：

（1）使用经典 double check 机制，两次调用 gcTrigger 的 test()函数检查是否满足垃圾回收条件，并且清理上一轮还未清理的内存单元；

（2）暂停用户程序，遍历所有处理器的 mcache 的清理情况，启动标记协程和重置标记状态并且记录有关垃圾回收的指标数据，还要再次确保内存清理工作完成；

（3）进入标记阶段，启动后台的标记协程、根对象、微对象分配器的标记工作，然后恢复用户程序执行，进入并发扫描和标记阶段。

在第一阶段中，gcStart()函数会首先循环调用 gcTrigger 的 test()函数检查是否满足垃圾收集条件，如果满足，则获取全局 startSema 信号量，然后再次调用 test()函数检查，这是经典的高效率并发双重校验逻辑。在第一次校验时，还会在循环中不断调用 sweepone() 函数以清理已经被标记需要清理的内存；具体实现代码如下：

```
func gcStart(trigger gcTrigger) {
    // 检测是否要触发并清理上一轮还未清理的内存
    for trigger.test() && sweepone() != ^uintptr(0) {
        sweep.nbgsweep++
    }

    // 准备开始垃圾回收标记阶段
    semacquire(&work.startSema)
    // 再次校验
    if !trigger.test() {
        semrelease(&work.startSema)
        return
    }
}
```

在第二阶段中，gcStart()函数通过 semacquire 获取全局的 gcsema 和 worldsema 信号量，接着进行所有处理器的检查，检测处理器对应的 mcache 是否完成了本轮清理工作，然后调用 runtime 的 gcBgMarkStartWorkers()函数启动标记协程并重置标记状态，然后在系统栈中调用 runtime 的 stopTheWorldWithSema()函数暂停整个用户程序，最后调用 finishsweep_m()函数来确保完成上一轮的清理工作；具体代码如下：

```
func gcStart(trigger gcTrigger) {
    semacquire(&gcsema)
    semacquire(&worldsema)

    // 检查所有处理器已经完成 mcache flush 操作，检查点
    for _, p := range allp {
        if fg := atomic.Load(&p.mcache.flushGen); fg != mheap_.sweepgen {
            throw("p mcache not flushed")
        }
    }
    // 开启标记协程
    gcBgMarkStartWorkers()
    // 重置标记状态
    systemstack(gcResetMarkState)

    // 重置本轮垃圾回收指标收集数据，记录 heap0 和 pauseNS
    work.heap0 = atomic.Load64(&gcController.heapLive)
    work.pauseNS = 0
    work.mode = mode
    // STW 暂停程序
    systemstack(stopTheWorldWithSema)
    // 开始并发标记前完成清理工作
    systemstack(func() {
        finishsweep_m()
    })
}
```

第二阶段可以认为是 Go 语言垃圾回收流程中的清理终止阶段；之后，gcStart()函数

的后续代码就会开启标记阶段。首先开启新一轮垃圾回收，将 cycle 字段累加，调用 gcController 的 startCycle()函数初始化本轮垃圾回收的相关函数，并将垃圾回收状态设置为_GCmark；然后依次执行下面的操作：

（1）调用 runtime 的 gcBgMarkPrepare()函数初始化标记需要的状态；

（2）调用 runtime 的 gcMarkRootPrepare()函数标记根对象并将它们添加入标记队列；

（3）设置全局变量 runtime 的 gcBlackenEnabled 状态，开启写屏障；

（4）调用 runtime 的 startTheWorldWithSema()函数恢复用户程序的执行。

上面步骤的具体实现代码如下：

```go
func gcStart(trigger gcTrigger) {
        work.cycles++
        // 开始新垃圾回收循环
        gcController.startCycle(now, int(gomaxprocs))
        work.heapGoal = gcController.heapGoal

        // 设置 _GCmark 标志
        setGCPhase(_GCmark)
        // 标记准备工作和根对象准备工作
        gcBgMarkPrepare()
        gcMarkRootPrepare()
        // 标记微对象分配器
        gcMarkTinyAllocs()
        // 开启写屏障
        atomic.Store(&gcBlackenEnabled, 1)
        systemstack(func() {
                // 恢复程序，记录 STW 时长
                now = startTheWorldWithSema(trace.enabled)
                work.pauseNS += now - work.pauseStart
                work.tMark = now
                memstats.gcPauseDist.record(now - work.pauseStart)
        })

        semrelease(&worldsema)
        releasem(mp)
        semrelease(&work.startSema)
}
```

gcStart()函数中会调用 startTheWorldWithSema()函数来恢复程序的执行，并记录 STW 的时间，也就是 pauseNS 的数值，这个数值可以通过 pprof 观测到，是有关垃圾回收性能的重要指标。

gcStart()函数中进行了有关标记阶段准备的工作，下面介绍有关标记阶段的相关原理和实现。

4.3.5　标记阶段

标记阶段是垃圾回收最为重要的阶段。它不仅涉及后台标记协程和辅助标记用户程序的协作，还涉及三色标记、写屏障和协助标记的具体操作。

1．标记协程调度

gcStart()函数在其第二阶段时会调用 runtime 的 gcBgMarkStartWorkers()函数来创建后台标记协程，它会为每个处理器创建一个协程来执行 runtime 的后台标记函数 gcBgMarkWorker()；具体代码如下：

```
func gcBgMarkStartWorkers() {
        // 每个处理器都要启动一个后台标记协程
        for gcBgMarkWorkerCount < gomaxprocs {
                go gcBgMarkWorker()
                notetsleepg(&work.bgMarkReady, -1)
                noteclear(&work.bgMarkReady)
                gcBgMarkWorkerCount++
        }
}
```

需要注意的是，虽然上述代码中使用 go 关键词启动了协程来执行 gcBgMarkWorker() 函数，但是该函数的内部实现会调用 gopark()函数进入休眠状态，并创建对应的 gcBgMarkWorkerNode 绑定当前协程，然后添加到后台标记协程池 gcBgMarkWorkerPool 中；具体代码如下：

```
func gcBgMarkWorker() {
        gp := getg()
        // 初始化 gcBgMarkWorkerNode 结构体并且绑定当前协程
        node := new(gcBgMarkWorkerNode)
        node.gp.set(gp)
        for {
            // 进入休眠状态
            gopark(func(g *g, nodep unsafe.Pointer) bool {
                    node := (*gcBgMarkWorkerNode)(nodep)

                    // 将自己所属的 node 加入到后台标记协程池中，等待调度
                    gcBgMarkWorkerPool.push(&node.node)
                    return true
            }, unsafe.Pointer(node), waitReasonGCWorkerIdle, traceEvGoBlock, 0)
        }
        ....
}
```

所以后台标记协程并不是直接被处理器调度执行，而是全局调度器在垃圾回收处于标记阶段时会通过 gcController 的 findRunnableGCWorker()函数获取到该后台标记协程来执行；如果 findRunnableGCWorker()函数找不到或者认为当前不该执行后台标记协程，就

去执行其他正常的协程；若此时恰好没有正常协程执行，也会执行后台标记协程。但是上述两种场景执行的后台标记协程逻辑并不完全相同，且处于不同的模式。图 4-11 为处理器和 Worker 的关系示意，每个处理器都会有一个后台标记协程与之对应。

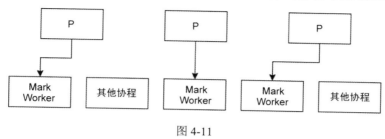

图 4-11

有关处理器调度的逻辑详见如下代码所示的 schedule() 函数，它会调用垃圾收集控制器中 gcController 的 findRunnableGCWorker() 方法获取并执行用于后台标记的任务。

```
func schedule() {
    // gcBlackenEnabled 开启，表明是标记阶段了，需要执行后台标记协程
    if gp == nil && gcBlackenEnabled != 0 {
        // 通过 findRunnableGCWorker 找到对应协程
        gp = gcController.findRunnableGCWorker(_g_.m.p.ptr())
    }
    // 无后台标记协程，寻求正常可执行协程，如果没有，也会触发后台标记协程
    if gp == nil {
        gp, inheritTime = findrunnable()
    }
    execute(gp, inheritTime)
}
```

findRunnableGCWorker() 函数首先从后台标记协程池 gcBgMarkWorkerPool 中获取一个后台标记协程节点，取出其绑定的协程，然后根据 gcController 的 dedicatedMarkWorkersNeeded 和 fractionalUtilizationGoal 字段的数值为当前处理器设置不同的 gcMarkWorkerMode，最后将后台标记协程状态设置为运行中。其具体实现代码如下：

```
func (c *gcControllerState) findRunnableGCWorker(_p_ *p) *g {
    // 没有标记协程可以执行，标记阶段的后期可能出现这种情况
    if !gcMarkWorkAvailable(_p_) {
        return nil
    }
    // 从后台标记协程池中取一个
    node := (*gcBgMarkWorkerNode)(gcBgMarkWorkerPool.pop())
    if node == nil {
        return nil
    }
    // 如果 dedicatedMarkWorkersNeeded 减 1 还大于 0，则表示需要一个强制执行
的标记协程
    if decIfPositive(&c.dedicatedMarkWorkersNeeded) {
```

```
            // 需要一直执行直到并发标记结束阶段，处理器不可用且被抢占
            _ p_.gcMarkWorkerMode = gcMarkWorkerDedicatedMode
        } else if c.fractionalUtilizationGoal == 0 {
            // 当碎片 CPU 执行率目标为 0 时
            // 不需要执行，标记协程返回到池中
            gcBgMarkWorkerPool.push(&node.node)
            return nil
        } else {
            delta := nanotime() - c.markStartTime
            // 当前标记协程的 CPU 占用率大于阈值
            if delta > 0 && float64(_p_.gcFractionalMarkTime)/
float64(delta) > c.fractionalUtilizationGoal {
                // 该情况下不需要执行后台标记
                gcBgMarkWorkerPool.push(&node.node)
                return nil
            }
            // 需要执行后台标记，处理器可以被抢占
            _p_.gcMarkWorkerMode = gcMarkWorkerFractionalMode
        }

        // 拿到对应协程，将状态标记设置为运行阶段
        gp := node.gp.ptr()
        casgstatus(gp, _Gwaiting, _Grunnable)
        return gp

    }
```

后台标记协程有三种不同的模式，对应的字段为 gcMarkWorkerMode。后台标记协程在不同模式下会使用不同的策略来标记对象，具体如表 4-7 所示。上述 gcController 的 find-RunnableGCWorker()函数会按照当前程序的运行状态和程序运行环境指标来选择不同的模式。

表 4-7

协程模式	说　　明
gcMarkWorkerDedicatedMode	后台标记协程所属的处理器需要强制执行标记协程，不会被其他协程抢占
gcMarkWorkerFractionalMode	后台标记协程所属的处理器片段执行标记协程，会被其他协程抢占。当后台标记协程的 CPU 使用率小于预期（fractionalUtilizationGoal）时，以该模式执行后台标记协程帮助垃圾收集达到利用率的目标
gcMarkWorkerIdleMode	后台标记协程所属处理器没有可以执行的其他协程时，会执行标记协程，会被其他协程抢占

gcController 的 dedicatedMarkWorkersNeeded 和 fractionalUtilizationGoal 的字段通过 gcControllerState 的 startCycle()函数根据全局处理器的个数以及垃圾收集的 CPU 利用率计算出来，从而决定不同模式的工作协程的数量；具体函数实现如下代码所示：

```
func (c *gcControllerState) startCycle(markStartTime int64, procs int) {
    ... // 初始化一系列垃圾回收相关的指标变量
```

```
    // 计算后台标记协程 CPU 利用率目标值和强制执行协程数，一般最终结果会在 25%左右
    // gcBackgroundUtilization 值为 0.25
    totalUtilizationGoal := float64(procs) * gcBackgroundUtilization
    // 计算强制标记协程执行数量，进一法
    c.dedicatedMarkWorkersNeeded = int64(totalUtilizationGoal + 0.5)
    // 计算误差率
    utilError := float64(c.dedicatedMarkWorkersNeeded) / totalUtilizationGoal
- 1
    const maxUtilError = 0.3
    // 进一法计算的误差范围大于 30%
    if utilError < -maxUtilError || utilError > maxUtilError {
            // 当 gcBackgroundUtilization 为 0.25 时，一般 GOMAXPROCS<=3
或者=6 时会导致这种情况，所以进行补偿
            if float64(c.dedicatedMarkWorkersNeeded) > totalUtilizationGoal {
                    c.dedicatedMarkWorkersNeeded--
            }
            c.fractionalUtilizationGoal    =    (totalUtilizationGoal    -
float64(c.dedicatedMarkWorkersNeeded)) / float64(procs)
    } else {
            // 误差不大于 30%，则不需要片段执行的后台标记协程
            c.fractionalUtilizationGoal = 0
    }

    // 如果是 STW 状态，则强制标记协程执行数量就是 GOMAXPROCS
    if debug.gcstoptheworld > 0 {
            c.dedicatedMarkWorkersNeeded = int64(procs)
            c.fractionalUtilizationGoal = 0
    }
}
```

上述函数的最终目标是保证后台标记协程的总 CPU 占有率维持在 25%左右。也就是强制执行的后台标记协程数量 n 和片段执行的后台标记协程 CPU 占有率 m 应该满足如下表达式：

$$n + m \times \text{GOMAXPROCS} = \text{GOMAXPROCS} \times 0.25$$

后台标记协程的总 CPU 占用率目标为 25%，那么 GOMAXPROCS 为 4 或者 8 时，只需要一个或者两个处理器强制执行后台标记协程即可达到总 CPU 占用率（25%）。当 GOMAXPROCS 为 3 或者 6 时，因为无法被 4 整除，所以需要强制执行的后台标记协程和片段执行的后台标记协程共同协作，达到总 CPU 占用率，即 GOMAXPROCS 为 6 时，dedicatedMarkWorkersNeeded 为 1，fractionalUtilizationGoal 为 0.08。

如图 4-12 所示，当 GOMAXPROCS 为 4 时，有一个处理器一直强制执行后台标记协程，其他三个处理器执行正常协程；当 GOMAXPROCS 为 6 时，有一个处理器一直强制执行后台标记协程，其他五个处理器按照计算的 CPU 占用比例，分别片段执行后台标记协程和正常协程；而 GOMAXPROCS 为 8 时，有两个处理器一直强制执行后台标记协程，其他六个处理器执行正常协程。

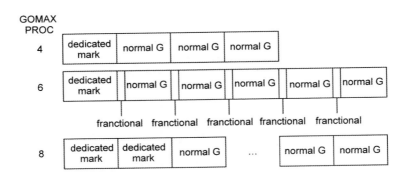

图 4-12

上面我们讲解了调度器的 schedule()函数通过 findRunnableGCWorker()函数执行 gc-MarkWorkerDedicatedMode 或者 gcMarkWorkerFractionalMode 两个模式下后台标记协程的相关原理和过程。schedule()函数还会调用 runtime 的 findrunnable()函数寻找正常可以执行的协程。不过，当无法找到正常可执行的协程时，也会执行 gcMarkWorkerIdleMode 模式的后台标记协程来加快标记流程。具体代码如下所示：

```
func findrunnable() (gp *g, inheritTime bool) {
    ...
    // 如果处于标记阶段，并且没有其他正常协程可以执行
    if gcBlackenEnabled != 0 && gcMarkWorkAvailable(_p_) {
        // 从后台标记协程池中取出一个
        node := (*gcBgMarkWorkerNode)(gcBgMarkWorkerPool.pop())
        if node != nil {
            _p_.gcMarkWorkerMode = gcMarkWorkerIdleMode
            gp := node.gp.ptr()
            casgstatus(gp, _Gwaiting, _Grunnable)
            return gp, false
        }
    }
}
```

下面我们来看 runtime 的 gcBgMarkWorker()函数的具体实现。该函数的循环中不断地陷入休眠，被调度执行，根据三种模式执行扫描和标记任务，并且每次循环末尾都会检测标记任务完成情况。函数的执行大致分为如下三个步骤：

（1）创建标记协程节点 gcBgMarkWorkerNode，绑定当前协程，然后将标记协程节点添加到后台标记协程池中，接下来调用 gopark()函数主动陷入休眠，等待上文提及的 schedule()函数调度执行；

（2）被调度执行后，根据后台标记协程所在处理器上的 gcMarkWorkerMode 模式决定扫描任务的策略；

（3）标记任务执行结束或者处理器被抢占后，检查当前标记协程状态和是否还存在

标记任务来判定标记是否完成。如果完成，则调用 runtime 的 gcMarkDone()函数完成标记阶段。

上述第（1）步的具体实现在 4.3.5 小节已经讲解过，我们直接来看第（2）步。当 gc-BgMarkWorker()函数被唤醒后，先将 work 的后台标记协程等待数量 nwait 字段减 1，表示有一个后台标记协程恢复执行了，然后根据协程所在处理器的 gcMarkWorkerMode 模式来使用不同的 gcDrainFlags 参数调用 runtime 的 gcDrain()函数处理标记任务；具体实现代码如下：

```
func gcBgMarkWorker() {
    ...
        for {
            .... //gopark 进入休眠，等待调度
            pp := gp.m.p.ptr()
            pp.gcMarkWorkerStartTime = startTime
            // 后台标记协程等待数量减 1
            decnwait := atomic.Xadd(&work.nwait, -1)
            // 使用系统栈执行
            systemstack(func() {
                    casgstatus(gp, _Grunning, _Gwaiting)
                    // 根据不同的模式，执行不同逻辑
                    switch pp.gcMarkWorkerMode {
                    case gcMarkWorkerDedicatedMode:
                        // 执行 gcDrain,允许抢占
                        gcDrain(&pp.gcw, gcDrainUntilPreempt|
                            gcDrainFlushBgCredit)
                        if gp.preempt {
                            // 当前处理器被抢占，使用如下策略将抢占方从执行
                            队列中剔除，
                            // 去其他处理器执行
                                if drainQ, n := runqdrain(pp); n > 0 {
                                    lock(&sched.lock)
                                    globrunqputbatch(&drainQ, int32(n))
                                    unlock(&sched.lock)
                                }
                        }
                        // 执行 gcDrain(),不允许抢占
                        gcDrain(&pp.gcw, gcDrainFlushBgCredit)
                    case gcMarkWorkerFractionalMode:
                        // 执行 gcDrain
                        gcDrain(&pp.gcw, gcDrainFractional|
                            gcDrainUntilPreempt|gcDrainFlushBgCredit)
                    case gcMarkWorkerIdleMode:
                        // 执行 gcDrain
                        gcDrain(&pp.gcw, gcDrainIdle|
                            gcDrainUntilPreempt|gcDrainFlushBgCredit)
                    }
                    casgstatus(gp, _Gwaiting, _Grunning)
            })
```

```
        }
    }
```

在 gcMarkWorkerDedicatedMode 模式下,后台标记协程是不能被抢占的,但是在第一次调用 gcDrain()函数时是允许被抢占的,一旦处理器被抢占,就会将当前所属处理器上所有可运行的协程转移至全局等待队列中,保证后台标记协程不会被抢占,然后以不允许被抢占的模式调用 gcDrain()函数。

当 gcMark 因为被抢占、标记任务完成、CPU 时间片段使用完等因素返回后,gcBgMark-Worker()函数会先将后台标记协程等待数量加 1,表示一个标记协程即将进入休眠等待状态,然后记录本轮标记任务的执行时间,当所有的后台标记协程都陷入等待并且没有剩余标记工作时,就认定该轮垃圾回收的标记阶段结束了,此时会调用 runtime 的 gcMarkDone()函数,具体代码如下:

```
func gcBgMarkWorker() {
    ...
    for {
        ... //gopark 进入休眠, 等待调度,根据 mode 执行 gcDrain
        //后台标记协程等待数量加一
        incnwait := atomic.Xadd(&work.nwait, +1)
        // 记录本次执行时间
        duration := nanotime() - startTime
        gcController.logWorkTime(pp.gcMarkWorkerMode, duration)
        if pp.gcMarkWorkerMode == gcMarkWorkerFractionalMode {
            atomic.Xaddint64(&pp.gcFractionalMarkTime, duration)
        }
        pp.gcMarkWorkerMode = gcMarkWorkerNotWorker
        // 如果所有标记协程都陷入等待并且已经没有任务,则通知主协程标记完成
        if incnwait == work.nproc && !gcMarkWorkAvailable(nil) {
            releasem(node.m.ptr())
            node.m.set(nil)

            gcMarkDone()
        }
    }
}
```

了解了有关后台标记协程的调度流程,下面我们来看标记阶段最为核心的扫描和标记逻辑。

2. 扫描和标记逻辑

gcDrain()函数是扫描和标记根对象和堆上对象的核心方法,它的执行逻辑大致分为以下四个阶段:

第一阶段:根据传入的 gcDrainFlags 参数初始化所需变量和检查函数;

第二阶段：循环扫描和标记根对象，循环过程中会检测是否被抢占或者被 STW，而且还会根据上一阶段生成的检查函数进行检查是否结束函数；

第三阶段：循环从标记任务池 gcWork 中取出标记任务执行，并且更新全局辅助标记信用等数据，循环过程中与第二阶段相同，也会检测是否被抢占或者被 STW，并且调用检查函数检查。

第四阶段：函数结束前，更新本次扫描的对象数量到全局数据中。

如同上文所说的，gcBgMarkWorker()函数根据不同的 gcMarkWorkerMode 模式来使用不同的 gcDrainFlags 参数调用 gcDrain()函数处理标记任务，gcDrain()函数会根据 gcDrainFlags 参数选择不同的执行和检查策略；具体代码如下所示：

```
func gcDrain(gcw *gcWork, flags gcDrainFlags) {

    gp := getg().m.curg
    // 遇到抢占标记时是否需要返回
    preemptible := flags&gcDrainUntilPreempt != 0
    // 是否统计标记量
    flushBgCredit := flags&gcDrainFlushBgCredit != 0
    // 是否执行一定量标记后返回
    idle := flags&gcDrainIdle != 0
    // 记录初始的已扫描数量
    initScanWork := gcw.heapScanWork

    // 本次执行需要完成的扫描标记量
    checkWork := int64(1<<63 - 1)
    var check func() bool
    // 这两种模式下，需要初始化不同的检查函数
    if flags&(gcDrainIdle|gcDrainFractional) != 0 {
        checkWork = initScanWork + drainCheckThreshold
        // 不同的模式，不同的检查函数
        if idle {
            check = pollWork
        } else if flags&gcDrainFractional != 0 {
            check = pollFractionalWorkerExit
        }
    }
}
```

上述代码中参数的含义如下：

● gcDrainUntilPreempt：gcMarkWorkerDedicatedMode 模式下的第一次调用以及 gcMarkWorkerFractionalMode 和 gcMarkWorkerIdleMode 模式下会设置，表示协程所述处理器被抢占时停止扫描标记任务，也就是协程的 preempt 字段被设置成 true；

● gcDrainIdle：gcMarkWorkerIdleMode 模式下会设置，表示标记协程所在处理器上包含其他待执行协程时停止标记任务，也就是调用 pollWork()函数检查；

● gcDrainFractional：gcMarkWorkerFractionalMode 模式下会设置，表示标记协程在 CPU 的使用率大于 fractionalUtilizationGoal 的 1.2 倍时停止标记任务，也就是调用 poll-FractionalWorkerExit()函数检查；

● gcDrainFlushBgCredit：所有模式下都会设置，会调用 gcFlushBgCredit()函数计算当前标记协程完成的标记任务量。

gcDrain()函数完成第一阶段相关变量初始化阶段后，就开始第二阶段，即对根对象进行扫描和标记；具体代码如下所示：

```
func gcDrain(gcw *gcWork, flags gcDrainFlags) {
        // 根对象任务未完成，先扫描和标记根对象任务
        if work.markrootNext < work.markrootJobs {
                // 当允许被抢占并且被抢占或者 STW 时停止
                for  !(gp.preempt  &&  (preemptible  ||  atomic.Load
(&sched.gcwaiting) != 0)) {
                        // 标记根对象任务序号加 1
                        job := atomic.Xadd(&work.markrootNext, +1) - 1
                        if job >= work.markrootJobs {
                                break
                        }
                        // 扫描并标记根对象
                        markroot(gcw, job, flushBgCredit)
                        // 检查是否要返回
                        if check != nil && check() {
                                goto done
                        }
                }
        }
}
```

gcDrain()函数在第二阶段的核心逻辑就是调用 markroot()函数进行根对象的扫描和标记，包括全局变量、数据段内变量以及协程栈内存变量的扫描和标记。在每次扫描结束后都会调用 check()函数检查是否需要退出本次标记，如果需要，就跳转到 done 标记的代码块。

markroot()函数会根据传入的 uint32 类型的 job 值来执行不同的逻辑，较为重要的是调用 markrootBlock 扫描全局变量，以及调用 scanstack 扫描和标记对应协程栈上的变量。两个函数的实现涉及 Go 语言程序数据段和协程堆栈的实现细节，这里就不一一深入了解了，只需要知道它们能解析出对应的全局变量对象和栈对象，然后调用 greyobject()函数将其染成灰色即可；具体代码如下：

```
func greyobject(obj, base, off uintptr, span *mspan, gcw *gcWork, objIndex
uintptr) {
        mbits := span.markBitsForIndex(objIndex)
        // useCheckmark 为 true 时，使用 checkmark 标记对象，而不是独立的 mark bits
        if useCheckmark {
```

```
            if setCheckmark(obj, base, off, mbits) {
                    return
            }
    } else {
            // 如果已经标记，则返回
            if mbits.isMarked() {
                    return
            }
            mbits.setMarked()
            // 标记对象所属的 mspan
            arena, pageIdx, pageMask := pageIndexOf(span.base())
            if arena.pageMarks[pageIdx]&pageMask == 0 {
                    atomic.Or8(&arena.pageMarks[pageIdx], pageMask)
            }

            // 检查跨度类，如果它不是指针对象，就直接标记为黑色
              if span.spanclass.noscan() {
                    gcw.bytesMarked += uint64(span.elemsize)
                    return
              }
    }
    // 加入标记队列
    if !gcw.putFast(obj) {
            gcw.put(obj)
    }
}
```

greyobject() 函 数 会 根 据 useCheckmark 的 值 来 使 用 不 同 的 标 记 策 略 标 记 对 象，
useCheckmark 默认为 false，而且在标记阶段也是保持 false，所以上述函数会执行 false 分支
的逻辑。也就是将对象所属的 mspan 的 mark bits 进行标记，同时也将 mspan 所属的 arena
管理的内存页进行标记，然后根据 mspan 所属跨度类是否为指针类型进行判断，如果是
非指针类型，则直接将其标记为黑色，不需要加入标记对象列表，其他情况则需要调用
gcwork 的 put 系列函数将灰色对象添加到标记队列列表中。

markroot() 函数和 greyobject() 函数需要 gcwork 结构体作为参数，它是上文提及的标记
对象队列的抽象，存储着标记为灰色的对象，对象扫描函数 scanobject()、根对象扫描函数
markroot() 和栈对象扫描函数 scanstack() 以及写屏障都会向其中添加灰色对象，然后 gcDrain
会从 gcwork 中取出灰色对象，交给 scanobject 处理，这是一个典型的生产者和消费者的
模型。具体运行机制如图 4-23 所示。

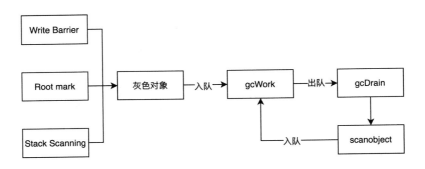

图 4-13

gcWork 为后台标记协程提供了生产和消费灰色对象的抽象，该结构体持有主备两个对象缓冲区 wbuf1 和 wbuf2，分别互为主缓冲区和备缓冲区，结构体如下：

```
type gcWork struct {
    wbuf1, wbuf2 *workbuf    // 主备队列
    bytesMarked uint64       //
    heapScanWork int64       // 标记对象数
    flushedWork bool         // 是否刷新
}

type workbufhdr struct {
    node lfnode // must be first
    nobj int
}
// 头部数据和对象指针数组
type workbuf struct {
    workbufhdr
    obj      [(_WorkbufSize    -    unsafe.Sizeof(workbufhdr{}))    /
goarch.PtrSize]uintptr
    }
```

当根对象扫描标记、栈对象扫描标记、写屏障等操作发现新的灰色对象时，会调用结构体的 put()函数生产对象，而 gcDrain()函数的第三阶段逻辑会调用其 tryGet 系列函数获取对象，形成生产者和消费者关系。当在该结构体中增加对象时，会首先操作当前的主缓冲区，一旦主缓冲区空间不足，就会触发主备缓冲区的切换，然后尝试增加对象；如果两个缓冲区空间都不足时，将满的主队列添加到全局变量 work 的满队列 full 字段中，并且从全局的工作缓冲区中获取空闲的队列，然后再插入对象，并且检查是否需要加快队列中元素消耗速度，也就是调用 gcController 的 enlistWorker()函数，尝试使用空闲处理器强制执行后台标记协程，以加快消费速度。具体代码如下：

```
func (w *gcWork) put(obj uintptr) {
    flushed := false
    wbuf := w.wbuf1
```

```
            if wbuf == nil {
                // 初始化主队列
                w.init()
                wbuf = w.wbuf1
            } else if wbuf.nobj == len(wbuf.obj) {
                // 主队列满了，切换主备队列
                w.wbuf1, w.wbuf2 = w.wbuf2, w.wbuf1
                wbuf = w.wbuf1
                if wbuf.nobj == len(wbuf.obj) {
                    // 两个队列都满了，将主队列添加到全局的 full 队列中
                        putfull(wbuf)
                        w.flushedWork = true
                    // 从全局获取新队列，从 work 的 wbufSpans 进行分配
                        wbuf = getempty()
                        w.wbuf1 = wbuf
                        flushed = true
                }
            }
            // 加入队列
            wbuf.obj[wbuf.nobj] = obj
            wbuf.nobj++

            // 尝试启动强制执行的后台标记协程，来帮忙多消费队列中的灰色对象
            if flushed && gcphase == _GCmark {
            gcController.enlistWorker()
            }
        }

    func putfull(b *workbuf) {
        b.checknonempty()
        // 加入到满队列列表中
        work.full.push(&b.node)
    }
```

由上述代码可知，标记对象队列也分为当前处理器的本地队列和全局队列，不同处理器会独立执行后台标记协程，但是会通过全局队列进行平衡；如果本地的队列满了，就会放入到全局队列中，而如果本地队列空了，就会从全局队列中取一部分标记对象到本地队列来消费，从而平衡了各个处理器的标记任务规模，提高了整体标记效率。

当 gcDrain()函数调用 markroot 进行根对象扫描并且将灰色对象加入到标记对象队列 gcWork 中后，gcDrain()函数的第三阶段就是从 gcWork 中取出标记的灰色对象，调用 scanobject 对其引用或者持有的对象进行扫描，出现下列三种情况时会停止扫描：标记对象队列为空、执行协程被抢占。检查函数检测发现需要停止扫描。具体代码如下：

```
func gcDrain(gcw *gcWork, flags gcDrainFlags) {
        // 当允许被抢占并且被抢占或者 STW 时停止
        for !(gp.preempt && (preemptible || atomic.Load(&sched.gcwaiting) !=
0)) {
```

```
                    // 从标记对象队列获取标记的灰色对象
                    b := gcw.tryGetFast()
                    if b == 0 {
                            b = gcw.tryGet()
                            if b == 0 {
                            // 刷新写屏障的生产标记任务的缓存，可能会产生更多任务
                                    wbBufFlush(nil, 0)
                                    b = gcw.tryGet()
                            }
                    }
                    // 暂时没有标记任务
                    if b == 0 {
                            break
                    }
                    // 执行扫描标记任务
                    scanobject(b, gcw)
                    ... // 更新扫描对象数量，更新辅助标记配额和调用检查函数
            }
    }
```

gcWork 的 tryGet()函数和 tryPut()函数逻辑类似，都是依次从主备队列中尝试取出标记对象，如果没有，则通过 tryGetfull()函数从全局队列的满队列列表中取出列表替换本地列表，再尝试获取对象。

而 scanobject()函数则是根据对象的 heapBits 来遍历该对象持有的成员变量对象，然后调用 greyobject()函数将成员对象标记成灰色并加入标记对象队列；其代码如下：

```
func scanobject(b uintptr, gcw *gcWork) {
        ...
        var i uintptr
        for i = 0; i < n; i, hbits = i+goarch.PtrSize, hbits.next() {
                ...
                obj := *(*uintptr)(unsafe.Pointer(b + i))
                if obj != 0 && obj-b >= n {
                        // 根据指针和对象运行时数据去堆中查找对象并将其染成灰色
                        if obj, span, objIndex := findObject(obj, b, i); obj != 0 {
                                greyobject(obj, b, i, span, gcw, objIndex)
                        }
                }
        }
        gcw.bytesMarked += uint64(n)
        gcw.heapScanWork += int64(i)
}
```

gcDrain()函数的第四阶段会更新扫描对象数量并调用 gcFlushBgCredit()函数来更新协程本地辅助标记配额和全局辅助标记配额（标记配额的相关概念我们会在接下来的辅助标记小节内详细介绍）；代码如下：

```
func gcDrain(gcw *gcWork, flags gcDrainFlags) {
```

```
    done:
        // 更新扫描对象数据
        if gcw.heapScanWork > 0 {
                gcController.heapScanWork.Add(gcw.heapScanWork)
            // 刷新辅助标记数据
            if flushBgCredit {
                    gcFlushBgCredit(gcw.heapScanWork - initScanWork)
            }
            gcw.heapScanWork = 0
        }
}
```

至此，我们了解了使用 gcDrain() 函数来扫描和标记根对象的四个阶段，它们围绕 gcWork 这个标记对象队列形成了一个标记对象的生产者和消费者模式；首先生产包括全局变量、栈对象在内的根对象相关的标记对象，然后从 gcWork 中取出标记对象，再次扫描标记其引用的对象并加入到队列中，从而不断地进行生产和消费，直到队列为空，也就是所有标记对象都完成为止。

3．辅助标记

因为后台标记协程只能占用 25% 左右的 CPU 使用率来扫描和标记对象；而标记的同时，用户程序还在不断执行，不断进行内存分配操作，可能会出现用户程序分配内存的速度超出后台任务标记速度的情况，从而导致垃圾回收的标记阶段一直无法结束，最终导致内存溢出（Out of Memory，OOM）。为了避免内存溢出，Go 语言引入了一套使用记账还账系统实现的辅助标记机制。

所谓记账和还账就是分配了多少内存就需要完成多少标记任务。每一个协程都持有 gcAssistBytes 配额字段，表示当前协程辅助标记的对象字节数，进行分配内存时会将该字段值减去分配内存大小，而 gcDrain() 函数的第四阶段则会调用 gcFlushBgCredit() 函数将该字段值加上标记对象的内存大小。当 gcAssistBytes＜0 时，就认定协程分配对象速度大于标记对象的速度，需要进行辅助标记。

在并发标记阶段期间，当协程调用 mallocgc() 函数为新对象分配内存时，会检查当前协程的 gcAssistBytes 是否小于 0，如果小于 0，则调用 gcAssistAlloc() 函数进行辅助标记；具体代码如下：

```
func mallocgc(size uintptr, typ *_type, needzero bool) unsafe.Pointer {
    var assistG *g
    // 如果当前处于标记阶段
    if gcBlackenEnabled != 0 {
            assistG = getg()
            if assistG.m.curg != nil {
                    assistG = assistG.m.curg
            }
            // 将当前协程的 gcAssistBytes 减去本次分配的大小数值
            assistG.gcAssistBytes -= int64(size)
```

```
                 // 如果小于 0, 则需要进行辅助标记
                 if assistG.gcAssistBytes < 0 {
                          gcAssistAlloc(assistG)
                 }
        }
}
```

协程的 gcAssistBytes 数据构建的记账还账系统类似于上文的标记对象队列，都有生成者和消费者，也都有协程本地数据和全局数据。当本地的 gcAssistBytes 不足时，就会调用 gcAssistAlloc()函数，该函数会检查全局数据中 gcController 的 gcScanCredit 是否还有足够配额。如果有，则直接使用全局的配额，减少其使用的数值；如果不足，则只能调用 gcAssistAlloc()函数来执行标记对象任务以"挣够"所需配额，辅助标记示意如图 4-14 所示。

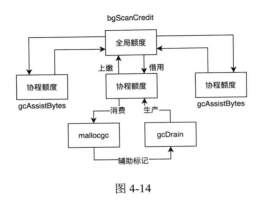

图 4-14

在执行标记任务后如果发现配额还不足，则需要让出处理器或者陷入休眠状态，等待有足够配额后被唤醒再尝试执行；具体代码如下：

```
func gcAssistAlloc(gp *g) {
    retry:
        bgScanCredit := atomic.Loadint64(&gcController.bgScanCredit)
        stolen := int64(0)
        if bgScanCredit > 0 {
                // 从全局配额中偷取配额
                atomic.Xaddint64(&gcController.bgScanCredit, -stolen)
                scanWork -= stolen
                // 直接返回
                if scanWork == 0 {
                        return
                }
        }
        // 配额不足, 执行辅助标记任务
        systemstack(func() {
                gcAssistAlloc1(gp, scanWork)
        })
```

```
                // 配额还是不足
        if gp.gcAssistBytes < 0 {
                // 如果当前被抢占，只能陷入休眠，让出处理器，等待再次被调度
                if gp.preempt {
                        Gosched()
                        goto retry
                }

                // 否则加入到辅助队列并阻塞，等到后台标记协程生成更多配额
                if !gcParkAssist() {
                        goto retry
                }
        }
}
```

　　gcAssistAlloc() 函数会再次检测当前是否处于垃圾回收的标记阶段，如果不是，就没必要进行辅助标记了，而是直接将 gcAssistBytes 设置为 0，允许本次内存分配，然后返回；如果仍处于标记阶段，则调用 gcDrainN() 函数来进行一定数量的标记任务，最后将本次辅助标记总共标记的字节数添加到 gcAssistBytes 上，表示"挣得"了这么多的额度；具体代码如下：

```
func gcAssistAlloc1(gp *g, scanWork int64) {
        // 如果标记阶段完成，将 gcAssistBytes 设置为 0
        if atomic.Load(&gcBlackenEnabled) == 0 {
                gp.gcAssistBytes = 0
                return
        }
        ...
        gcw := &getg().m.p.ptr().gcw
        workDone := gcDrainN(gcw, scanWork) // scanWork 表示需要标记的量
        // 将辅助标记的字节数添加到 gcAssistBytes 上
        assistBytesPerWork := gcController.assistBytesPerWork.Load()
        gp.gcAssistBytes += 1 + int64(assistBytesPerWork*float64(workDone))
        ...
}
```

　　gcDrainN() 函数和 gcDrain() 函数第三阶段的逻辑类似，都会从标记对象队列 gcWork 中取出标记对象，然后调用 scanobject 来扫描并标记其引用对象，但是 gcDrainN() 函数在执行一定数量的扫描标记任务后就会退出。

　　当进行辅助标记后额度仍然不足时，当前协程会调用 gcParkAssist() 函数进入休眠状态，将自己加入到全局的 assistQueue 队列中，然后调用 goparkunlock() 函数来陷入休眠；具体代码如下：

```
func gcParkAssist() bool {
        lock(&work.assistQueue.lock)
        // 检查是否还处于标记阶段
        if atomic.Load(&gcBlackenEnabled) == 0 {
                unlock(&work.assistQueue.lock)
```

```
            return true
    }
    // 将所在协程加入到全局的 assistQueue 队列中
    gp := getg()
    oldList := work.assistQueue.q
    work.assistQueue.q.pushBack(gp)

    // 再次检查是否有额度，如果有，则退出队列，返回
    if atomic.Loadint64(&gcController.bgScanCredit) > 0 {
            ....
    }
    // 陷入休眠状态
    goparkunlock(&work.assistQueue.lock,
            waitReasonGCAssistWait, traceEvGoBlockGC, 2)
    return true
}
```

当后台标记协程执行标记任务后，会调用 **gcFlushBgCredit**()函数来增加额度，当发现额度大于或等于 0 时，就会唤醒对应的等待协程；或者在进入标记终止阶段前唤醒所有等待的协程。

综上，当 Go 语言程序分配对象数量较多、频率较多时就大概率会导致 Go 语言使用辅助标记机制，此时，分配对象所需内存时会协助帮助标记对象，从而导致延迟增加，甚至陷入休眠，以致整体执行效率下降。

4．写屏障标记

在 4.3.1 小节说明了 Go 语言会使用混合写内存屏障在并发标记阶段提供三色不变性，从而解决三色标记可能导致的浮动垃圾和对象漏标问题。混合写屏障的实现需要编译器和运行时的共同协作。

Go 语言编译器会在涉及指针赋值相关的 Store、Move 和 Zero 操作前加入写屏障；具体代码如下：

```
if writeBarrier.enabled {
    gcWriteBarrier(ptr, val)     // 并不是普通的函数调用
} else {
    *ptr = val
}
```

下面示例代码中，test()函数会将变量 *a* 的指针赋值给变量 *b*，将其进行遍历，生成的汇编码中可以看到上述有关写屏障的逻辑。

```
// GOOS=linux GOARCH=amd64 go tool compile -S -N -l main.go
func test() *string {
    a := "goland"
    b := &a
    return b
}
```

上述代码生成的汇编部分代码如下所示:

```
// 对比 writeBarrier 是否开启
0x0036 00054 (main.go:5)      CMPL      runtime.writeBarrier(SB), $0
0x003d 00061 (main.go:5)      JEQ       66
0x003f 00063 (main.go:5)      NOP
0x0040 00064 (main.go:5)      JMP       78
// 没开启直接赋值
0x0042 00066 (main.go:5)      LEAQ      go.string."goland"(SB), CX
0x0049 00073 (main.go:5)      MOVQ      CX, (AX)
0x004c 00076 (main.go:5)      JMP       95
// 开启后需要调用 gcWriteBarrierCX 标记
0x004e 00078 (main.go:5)      MOVQ      AX, DI
0x0051 00081 (main.go:5)      LEAQ      go.string."goland"(SB), CX
0x0058 00088 (main.go:5)      CALL      runtime.gcWriteBarrierCX(SB)
0x005d 00093 (main.go:5)      JMP       95
```

由上述代码可见,在进行变量 b 的赋值时,会检查 writeBarrier 是否为 0,如果为 0,则表示写屏障未开启,所以直接 JEQ 到 66 行进行直接赋值;如果不为 0,则表示写屏障开启,则跳转到 78 行调用 runtime 的 gcWriteBarrierCX() 函数进行写屏障标记。

writeBarrier() 函数的 enable 在启动初始化的 schedinit 函数中默认为 true,并且在切换全局垃圾回收阶段的 setGCPhase() 函数中会被设置,当垃圾回收流程处于标记阶段或者标记终止阶段时才会开启;具体实现代码如下:

```
func setGCPhase(x uint32) {
    atomic.Store(&gcphase, x)
    writeBarrier.needed  =  gcphase  ==  _GCmark  ||  gcphase  ==
_GCmarktermination
    writeBarrier.enabled = writeBarrier.needed || writeBarrier.cgo
}
```

所以当垃圾回收处于这两个阶段时,所有的指针赋值相关操作都会调用 runtime 的 gc-WriteBarrierCX() 函数,也就是调用 gcWriteBarrier() 函数。gcWriteBarrier() 函数并不是普通的 Go 语言函数,而是通过 asm 直接汇编编写的函数,所以会有不同 CPU 指令集的版本,比如,asm_arm.s 和 asm_riscv64.s 等版本。gcWriteBarrier() 函数将赋值操作的覆盖值和被覆盖值对应的对象指针加入到当前处理器的写屏障缓存队列 wbBuf 中,当 wbBuf 满了时,就会调用 wbBufFlush() 函数将 wbBuf 添加到标记对象队列 gcWork 中。相关结构体定义如下:

```
type wbBuf struct {
    // 下一个写入位置
    next uintptr
    // 数组结束位置
    end uintptr
    // 写缓存记录的地址
    buf [wbBufEntryPointers * wbBufEntries]uintptr
}
```

```
// 处理器的数据结构
type p struct {
    wbBuf wbBuf
}
```

经过三种不同模式的 **gcBgMarkWorker** 后台标记协程协作，再加上辅助标记、写屏障标记等操作，共同完成了语言垃圾回收的标记阶段，然后可以调用 **gcMarkDone()** 函数来处理标记终止阶段的相关操作。

4.3.6 标记终止阶段

runtime 的 **gcMarkDone()** 函数会首先检测当前是否处于标记阶段并且所有后台标记协程都在休眠，而且没有待处理的标记对象任务，然后刷新所有处理器的本地写屏障缓存和将所有本地 gcWork 也刷新到全局队列，最后再次检查标记任务是否已经全部完成。该部分逻辑的实现如下：

```
func gcMarkDone() {
    semacquire(&work.markDoneSema)
top:
    // 检查是否处于标记阶段，是否后台标记协程都在休眠状态，而且gcWork已经没有待
        处理任务
    if !(gcphase == _GCmark &&
        work.nwait == work.nproc && !gcMarkWorkAvailable(nil)) {
            semrelease(&work.markDoneSema)
            return
    }
    semacquire(&worldsema)
    gcMarkDoneFlushed = 0
    systemstack(func() {
                gp := getg().m.curg
                casgstatus(gp, _Grunning, _Gwaiting)
                // 遍历所有处理器
                forEachP(func(_p_ *p) {
                // 刷新处理器的写屏障缓存到gcWork中
                wbBufFlush1(_p_)

                // 将 gcWork 中的缓存对象添加到全局队列中
                 _p_.gcw.dispose()
                // 表示 gcWork 的数据都已迁移到全局队列中
                if _p_.gcw.flushedWork {
                        atomic.Xadd(&gcMarkDoneFlushed, 1)
                        _p_.gcw.flushedWork = false
                }
            })
            casgstatus(gp, _Gwaiting, _Grunning)
    })
    // 上一步增加了未处理灰色对象，所以需要重新等待再检查一遍
```

```
        if gcMarkDoneFlushed != 0 {
                semrelease(&worldsema)
                goto top
    }
```

　　如果上述检查通过，gcMarkDoen()函数就开始处理标记终止的阶段的逻辑，先 STW，然后修改 gcBlackenEnabled 来禁止辅助标记和后台标记协程执行，唤醒所有因为辅助标记而休眠的协程，然后调用 gcController 的 endCycle()函数完成本轮标记阶段，最后调用 gc-MarkTermination()函数；具体代码如下：

```
func gcMarkDone() {
        // 确保全局和本地都没有未扫描和标记的对象，切换到标记结束状态
        now := nanotime()
        work.tMarkTerm = now
        work.pauseStart = now
        getg().m.preemptoff = "gcing"
        // STW
        systemstack(stopTheWorldWithSema)
        ... // 再次检测，不行则从新到 TOP
        // 禁止辅助标记和后台标记协程执行
        atomic.Store(&gcBlackenEnabled, 0)

        // 唤醒所有的修改辅助标记线程，让他们可以分配内存
        gcWakeAllAssists()
        semrelease(&work.markDoneSema)
        schedEnableUser(true)
        // 结束本地标记循环，统计各类数据
        nextTriggerRatio := gcController.endCycle(now, int(gomaxprocs),
work.userForced)

        // 执行标记终止函数
        gcMarkTermination(nextTriggerRatio)
}
```

　　gcMarkTermination()函数首先会将全局垃圾回收状态设置为_GCmarktermination，然后调用 gcMark()方法确保所有标记工作已经完成。然后将全局垃圾回收状态设置为_GCoff，调用 gcSweep 开始清理工作。接着进行相关统计工作，包括内存大小、垃圾回收时间、CPU 利用率、性能统计等。然后停止 STW，恢复程序执行，遍历每个处理器的 mcache 来确保其会被清理，并且打印 gctrace；具体代码如下：

```
func gcMarkTermination(nextTriggerRatio float64) {
        // 设置为标记终止阶段，此阶段写屏障仍然开启，但会被直接标黑
        setGCPhase(_GCmarktermination)
        ...
        gp.waitreason = waitReasonGarbageCollection

        systemstack(func() {
                // STW 中的标记
```

```
                    // 确认是否所有的 GC 标记工作已经完成
                    gcMark(startTime)
            })

            systemstack(func() {
                    work.heap2 = work.bytesMarked
                    // 设置当前 GC 阶段到关闭，并禁用写屏障
                    setGCPhase(_GCoff)
                    // 开始清理
                    gcSweep(work.mode)
            })

            g_.m.traceback = 0
            casgstatus(gp, _Gwaiting, _Grunning)



            // 更新统计数据，包括内存大小、GC 时间、性能统计等
            ...
            // 恢复执行
            systemstack(func() { startTheWorldWithSema(true) })

            systemstack(freeStackSpans)

            // 确保每个处理器的 mcache 都被清理
            systemstack(func() {
                    forEachP(func(_p_ *p) {
                            p_.mcache.prepareForSweep()
                    })
            })
            // 打印 gctrace
            ...
            semrelease(&worldsema)
            semrelease(&gcsema)
    }
```

gcMarkTerminationh()函数统计包括内存大小、垃圾回收时间、CPU 使用率等数据能够帮助控制器决定下一轮触发垃圾收集的堆大小；除了数据统计之外，该函数还会调用 runtime 的 gcSweep()函数重置清理阶段的相关状态并且唤醒后台清理协程。

4.3.7 内存清理

下面，我们来看垃圾回收的最后步骤清理内存。上文提到的 gcSweep()函数会首先重置清理阶段的相关状态，然后判断是否需要强制阻塞地清理内存或者无法并行清理内存，如果条件符合，则不断执行 sweepone 进行清理，最后使用 ready()函数唤醒后台清理内存协程；具体代码如下：

```
func gcSweep(mode gcMode) {
```

```
    assertWorldStopped()
        lock(&mheap_.lock)
    // 修改内存清理相关字段
    mheap_.sweepgen += 2
    sweep.active.reset()
    mheap_.pagesSwept.Store(0)
    mheap_.sweepArenas = mheap_.allArenas
    mheap_.reclaimIndex.Store(0)
    mheap_.reclaimCredit.Store(0)
    unlock(&mheap_.lock)


    sweep.centralIndex.clear()
    // 如果不是并行内存清理或者当前是强制状态
    if !_ConcurrentSweep || mode == gcForceBlockMode {
            // 就不断执行 sweepone 直到没有可清理的为止
            for sweepone() != ^uintptr(0) {
                    sweep.npausesweep++
            }
    }


    lock(&sweep.lock)
    if sweep.parked {
            sweep.parked = false
            // 唤醒后台清理协程, 进行后台清理
            ready(sweep.g, 0, true)
    }
    unlock(&sweep.lock)
}
```

gcSweep()使用 ready()函数将全局变量 sweep 记录的协程恢复执行，这个协程会执行后台内存清理任务的 bgsweep()函数。bgsweep()函数首先将自己所在协程记录到全局变量 sweep 的 g 字段中，然后进入休眠状态等待唤醒；具体代码如下：

```
func bgsweep(c chan int) {
        // 记录当前协程
        sweep.g = getg()
        // 进入休眠
        sweep.parked = true
        goparkunlock(&sweep.lock, waitReasonGCSweepWait, traceEvGoBlock, 1)

        for {
                // 不断进行 sweepone 函数进行内存清理
                for sweepone() != ^uintptr(0) {
                        sweep.nbgsweep++
                        Gosched()
                }
                // 清理 wbuf
                for freeSomeWbufs(true) {
```

```
                                Gosched()
                }
                // 如果还未清理结束，则继续
                if !isSweepDone() {
                        unlock(&sweep.lock)
                        continue
                }
                // 清理结束，再次进入休眠
                sweep.parked = true
                goparkunlock(&sweep.lock,          waitReasonGCSweepWait,
traceEvGoBlock, 1)
        }
}
```

唤醒后，它会循环地执行内存清理任务，不断地调用 sweepone()函数和 freeSomeWbufs()
函数进行内存清理，并判断本轮是否清理结束，若结束，就会再次调用 goparkunlock()函
数陷入休眠。

bgsweep() 函数的内存清理任务实际是通过 sweep()函数实现的，它会调用
nextSpanForSweep()函数从 mheap 中查找待清理的内存管理单元 mspan，然后调用 sweep-
Locked 的 sweep()函数进行清理，并记录清理的内存页数。返回值等于^uintptr(0)，表示
没有内存管理单元需要清理了；具体代码如下：

```
func sweepone() uintptr {
        sl := sweep.active.begin()
        // 校验是否清扫已完成
        if !sl.valid {
                gp.m.locks--
                return ^uintptr(0)
        }

        // 寻找待清理的 mspan
        npages := ^uintptr(0)
        var noMoreWork bool
        for {
                // 找到下一个需要清理的 mspan
                s := mheap.nextSpanForSweep()
                if s == nil {
                        noMoreWork = sweep.active.markDrained()
                        break
                }
                if s, ok := sl.tryAcquire(s); ok {
                        npages = s.npages
                        // 调用 sweepLocked 的 sweep 函数进行清理
                        if s.sweep(false) {
                                mheap_.reclaimCredit.Add(npages)
                        } else {
                                npages = 0
```

```
                    }
                    break
                }
            }
        sweep.active.end(sl)
        gp.m.locks--
        return npages
}
```

　　通过上述代码可以看到，最终由 sweepLocked 的 sweep() 函数进行了对应 mspan 内存区域的清理工作，该函数会根据标记阶段生成的 markBits 回收 mspan 内需要清理的对象。然后根据传入的参数 preserve 来判断是否要将清理后的 mspan 归还给 mheap，如果需要，就会根据 mspan 所属的跨度类，按照微对象、小对象和大对象的不同划分，进行不同的 mspan 操作，将其添加到 mheap 的 fullSwept 或者 partialSwept 列表中。

—— 本章小结 ——

　　对于任何一个具备运行时的高级语言，内存分配和垃圾收集都是其运行时的重要组成部分，也是决定其执行效率的关键之一。

　　本章我们首先讲解了 Linux 内存堆栈体系，然后讲解了 Go 语言的用户程序、内存分配器和垃圾收集器三者的关系，接着深入讲解了 Go 语言中基于线程缓存的多级内存分配体系，了解了不同对象的内存分配区域和规则；最后讲解了 Go 语言垃圾回收相关的基础理论和具体实现。理解和掌握 Go 语言内存分配和垃圾回收机制是对 Go 语言程序进行性能优化的基础，希望读者好好阅读并充分理解本章内容。

　　在本章的讲解中，涉及很多有关 GMP 和协程相关的操作。在第 5 章将详细讲解 Go 语言的协程机制。

第 5 章　Go 语言协程

Go 语言的一个重要特色是在语言层面支持并发，而协程（Goroutine）是 Go 语言中最基本的执行单元之一。协程是 Go 语言中的轻量级线程实现，由 Go 语言运行时管理。Go 语言程序会将协程中的任务合理地分配给每个 CPU。对于每一个 Go 语言程序来说，其至少有一个主协程。当程序启动时，会自动创建主协程。

本章将会介绍协程诞生的背景、协程调度相关的并发模型及其相关的应用。

5.1　进程与线程

在正式介绍协程之前，我们将会对进程和线程进行复习。在协程诞生之前，一直存在进程和线程。下面对相关概念、两者之间的异同以及其中涉及的并发与并行进行讲解。

5.1.1　进程和线程的概念

在本小节中，笔者会力求透彻地讲述清楚究竟什么是进程和线程，尤其是线程；因为它和协程有着密不可分的联系，更是读者理解协程的基础。

1. 进程的概念

进程是一个具有一定独立功能的程序在一个数据集上的一次动态执行的过程。它是操作系统进行资源分配和调度的独立单位，是应用程序运行的载体。进程是一种抽象的概念，目前没有统一的标准定义。进程一般由程序、数据集合和进程控制块三部分组成；其中，程序用于描述进程要完成的功能，是控制进程执行的指令集；数据集合是程序在执行时所需要的数据和工作区；程序控制块包含进程的描述信息和控制信息，是进程存在的唯一标志。

进程具有如下的特征：

（1）动态性：进程是临时的，有生命期的，是动态产生、动态消亡的；

（2）并发性：任何进程都可以同其他进程一起并发执行；

（3）独立性：如前所讲，进程是系统进行资源分配和调度的独立单位；

（4）结构性：该特征不言而喻，进程由三部分组成，不再赘述。

总的来说，进程就是上下文切换之间的程序执行部分，是对运行中的程序的描述，也是对该段 CPU 执行时间的描述。

2．线程的概念

在早期的操作系统中，进程是拥有资源和独立运行的最小单位，也是程序执行的最小单位。任务调度采用的是时间片轮转的抢占式调度方式，而进程是任务调度的最小单位，每个进程有各自独立的一块内存，使得各个进程之间内存地址相互隔离。

随着计算机的发展，对 CPU 的要求越来越高，由于进程的颗粒度太大，每次的执行都要进行进程上下文的切换，进程之间的切换开销越来越大，已经无法满足越来越复杂的程序要求了。于是就产生了线程的概念，线程是程序执行中一个单一的顺序控制流程，是程序执行流程的最小单元，是处理器调度和分派的基本单位。一个进程可以包含一个或多个线程，各个线程之间共享程序的内存空间（也就是所在进程的内存空间）。一个标准的线程由线程 ID、当前指令指针 PC、寄存器和堆栈组成；而进程由内存空间（代码、数据、进程空间、打开的文件）和一个或多个线程组成。

（1）线程模型分类

操作系统根据资源访问权限的不同，其体系架构可分为内核空间和用户空间。内核空间主要操作访问 CPU、I/O、内存等硬件资源，为上层应用程序提供最基本的基础资源。用户空间则是上层应用程序的固定活动空间，它不可以直接访问资源，必须通过"系统调用""库函数"或"Shell 脚本"来调用内核空间提供的资源。

注意，现代计算机语言可以狭义地认为是一种"软件"，它们中所谓的"线程"往往是用户态的线程，与操作系统本身内核态的线程（Kernel Scheduling Entity，KSE，内核调度实体）还是有区别的。

下面我们就来详细讲解内核级线程模型、用户级线程模型以及介于二者之间的两级线程模型。

① 内核级线程模型

内核级线程模型（1∶1）如图 5-1 所示。在一个纯粹的内核级应用软件中，有关线程的所有工作都是由内核完成的，应用程序部分没有进行线程管理的代码，只有一个到内核线程设施的应用程序编程接口（API）。

内核级线程模型直接调用操作系统的内核线程，所有线程的创建、终止、切换、同步等操作，都由内核来完成。一个用户态的线程对应一个系统线程，它可以利用多核机制，但上下文切换需要消耗额外的资源。C++语言就是这种线程模型。

内核为进程及其内部的每个线程维护上下文信息，调度是基于线程完成的。该方法克服了用户级线程的两个基本缺陷如下：

● 内核可以同时把同一个进程中的多个线程调度到多个处理器中；
● 如果进程中的一个线程被阻塞，内核可以调度同一个进程中的另一个线程。

内核级线程模型的优点是内核线程自身可以使用多线程。其缺点是：控制从一个线程传送到同一个进程内的另一个线程时，需要内核的状态切换，有切换的开销。

② 用户级线程模型

用户级线程模型（M：1）如图 5-2 所示。在一个纯粹的用户级线程软件中，有关线程管理的所有工作都由应用程序完成，内核觉察不到线程的存在。用户级线程与内核级线程存在差别：当进程中还有用户线程在运行时，进程不终止；当进程中只有守护线程在运行时，进程终止。

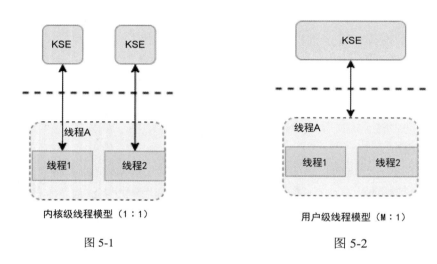

内核级线程模型（1：1）   用户级线程模型（M：1）

图 5-1   图 5-2

通过图 5-2 可知，多个用户态的线程对应着一个内核线程，程序线程的创建、终止、切换或者同步等线程工作必须由自身来完成。它可以做快速地上下文切换；美中不足的是不能有效利用多核 CPU。下面我们来详细描述一下用户级线程模型的优缺点以及缺点的解决方法。

使用用户级线程模型而非内核级线程有很多优点，具体如下：

● 由于所有线程管理数据结构都在一个进程的用户地址空间中，线程切换不需要内核态特权，因此，进程不需要为了线程管理而切换到内核态，这节省了两次状态转换的开销；

● 调度可以是应用程序相关的。一个应用程序可能更适合简单的轮转调度算法，而另一个应用程序可能更适合基于优先级的调度算法。这样就可以做到为应用程序量身定做调度算法而不影响底层的操作系统调度程序；

● 用户级线程可以在任何操作系统中运行，不需要对底层内核进行修改。

当然，用户级线程也有很多的限制，相对于内核级线程，其缺点如下：

● 在典型的操作系统中，许多系统调用会引起阻塞。因此，当用户级线程执行一个系统调用时，不仅这个线程会被阻塞，而且进程中所有线程都会被阻塞；

● 在纯粹的用户级线程中，一个多线程应用程序不能利用多处理器技术。内核一次只能把一个进程分配给单个处理器，因此一个进程中只有一个线程可以被执行。

针对用户级线程模型的以上两个缺点，我们可以把应用程序写成一个多进程应用程序而非多线程应用程序，但这种方法的每次切换都变成了进程间的切换，而不是线程间的切换，导致开销过大；另一种方式是使用 jacketing 技术，jacketing 把一个产生阻塞的系统调用转换成一个非阻塞的系统调用。

③　两级线程模型

两级线程模型（M：N）是介于用户级线程模型和内核级线程模型之间的一种线程模型，如图 5-3 所示。两级线程模型的实现非常复杂，与内核级线程模型类似，一个进程中可以对应多个内核级线程，但是进程中的线程不和内核线程一一对应；这种线程模型首先创建多个内核级线程，然后用自身的用户级线程去对应创建的多个内核级线程，自身的用户级线程需要本身程序去调度，而内核级的线程交给操作系统内核去调度。

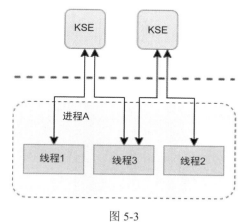

图 5-3

在两级线程模型中，M 个用户线程对应 N 个系统线程，可以充分利用资源。但这种方式的缺点是相应地增加了调度器的实现难度。

Go 语言的线程模型就是一种特殊的两级线程模型（GPM 调度模型）。

（2）线程的生命周期

线程的生命周期如图 5-4 所示。新建一个线程，在线程创建完成之后，线程进入就绪（Runnable）状态，此时创建出来的线程进入抢占 CPU 资源的状态，当线程抢到了 CPU 的执行权，线程就进入运行状态（Running），当该线程的任务执行完成或者是非常态地调用 stop()方法，线程就进入了死亡状态。

由图 5-4 所示可以看出，线程还具有一个阻塞的过程。容易造成线程阻塞的情况有以下三种：

①　当线程主动调用了 sleep()方法时，线程会进入阻塞状态；

②　当线程中主动调用了阻塞时的 IO()方法时，这个方法有一个返回参数，在参数返回之前，线程也会进入阻塞状态；

③　当线程进入正在等待某个通知的情况时，会进入阻塞状态。

CPU 的资源是十分宝贵的，所以，当线程正在进行某种不确定时长的任务时，就会被收回 CPU 的执行权，从而合理使用 CPU 的资源。由图 5-4（线程的生命周期）可以看出，线程在阻塞过程结束之后，会重新进入就绪状态，重新抢夺 CPU 资源。

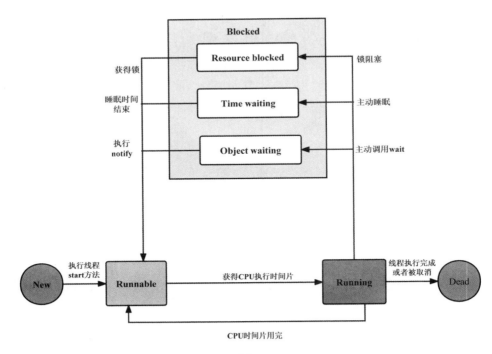

图 5-4

那么如何跳出阻塞呢？从以上三种可能造成线程阻塞的情况来看，都是存在时间限制的，当 sleep() 方法的睡眠超时，线程就自动跳出阻塞状态；第二种则是在返回了一个参数之后或者获取到了等待的通知时，就会自动跳出线程的阻塞过程。

5.1.2　进程与线程的区别

进程和线程都是对一个时间段的描述，是对 CPU 工作时间段的描述，只是颗粒大小不同而已。通过图 5-5（进程与线程的对比），我们可以对进程和线程的区别有个更直观的了解。

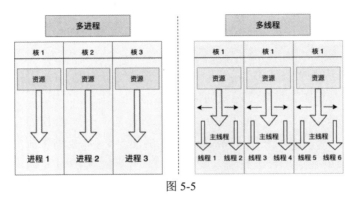

图 5-5

结合本节前面所讲以及图 5-5 所示内容，我们从以下四个方面来梳理一下进程和线程的关键区别。

（1）线程是程序执行的最小单位，而进程是操作系统分配资源的最小单位。

（2）一个进程由一个或多个线程组成，线程是一个进程中代码的不同执行路线。

（3）进程之间相互独立，但同一进程下的各个线程之间共享程序的内存空间（包括代码段、数据集、堆等）及一些进程级的资源（如打开的文件和信号等），某进程内的线程在其他进程不可见；

（4）调度和切换：线程的上下文切换比进程的上下文切换要快得多。线程具有廉价、启动和退出都比较快、对系统资源的冲击较小等特点，而且线程间彼此分享了大部分核心对象（File Handle）的拥有权。

5.1.3　并发与并行

前面部分介绍了进程和线程的相关概念。下面我们来了解与进程、线程相关的并发与并行的概念。

（1）并发：两个或多个事件在同一个时间段内发生。

（2）并行：两个或多个事件在同一时刻发生（同时发生）。

并发和并行的对比示意如图 5-6 所示。

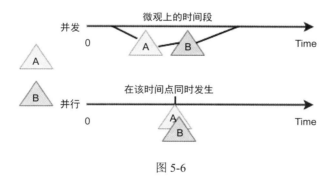

图 5-6

在操作系统中，安装了多个程序，并发指的是在一段时间内宏观上有多个程序在同时运行，在单个 CPU 系统中，每一时刻只能有一道程序执行，即微观上这些程序是分时地交替运行，由于分时交替运行的时间非常短，所以给人的感觉像是同时运行的；而在多个 CPU 系统中，可以并发执行的程序会分配到多个处理器上，实现多任务并行执行，即利用每个处理器来处理一个可以并发执行的程序，这样多个程序便可以同时执行。目前计算机市场上说的多核 CPU，便是多核处理器，核数越多，并行处理的程序也就越多，大大提高了计算机运行的效率。

单核处理器的计算机肯定是不能并行处理多个任务的，只能是多个任务在单个 CPU

上并发运行。同理，线程也是一样的，从宏观角度上理解线程是并行运行的，但是从微观角度上分析却是串行运行的，即一个线程一个线程地去运行，当系统只有一个 CPU 时，线程会以某种顺序执行多个线程，我们把这种情况称之为线程调度。

进程和线程是我们理解 Go 语言协程的基础，通过本小节的学习，相信读者已经了解了这些知识。下面我们将讲解协程（Goroutine）的知识。

5.2 协程的诞生

协程并不是 Go 语言最先开始提出的概念，很早之前就有协程的相关实现，本小节将介绍协程诞生的背景、工作机制和优势，以及其与线程之间的差异。

5.2.1 协程诞生的背景

我们在开发应用服务时，经常需要考虑的因素就是提高机器使用率，这个非常好理解。当然机器使用率和开发效率、维护成本之间往往存在权衡。通俗地讲：要么费人力，要么费机器。

机器成本中最贵的就是 CPU，程序一般分为 CPU 密集型和 IO 密集型。对于 CPU 密集型，我们的优化空间可能没那么多，但对于 IO 密集型却有非常大的优化空间。如果程序总是处于 IO 等待中使得 CPU 空闲，就是一种资源的浪费。

为了提高 IO 密集型程序的 CPU 使用率，我们尝试用多进程/多线程编程让多个任务一起运行，分时复用抢占式调度，虽然提高了 CPU 的利用率，但由于多个进线程存在调度切换，也有一定的资源消耗，因此进线程数量不可能无限增大。

目前，我们编写的程序大部分都是同步 IO 的，效率还不够高，因此出现了一些异步 IO 框架，但是异步框架的编程难度比同步框架要大。不可否认，异步是一个很好的优化方向。同步 IO 和异步 IO 的区别如下：

（1）同步是指应用程序发起 I/O 请求后需要等待或者轮询内核 I/O 操作完成后才能继续执行；

（2）异步是指应用程序发起 I/O 请求后仍继续执行，当内核 I/O 操作完成后会通知应用程序或者调用应用程序注册的回调函数。

我们以 C/C++开发的服务端程序为例，Linux 的异步 IO 出现得比较晚，因此像 epoll 之类的 IO 复用技术仍然有相当大的余地，但是同步 IO 的效率没有异步 IO 的高，因此当前的优化方向包括异步 IO 框架（如 boost.asio 框架）和协程方案（腾讯 libco）。

5.2.2 协程的工作机制和优势

协程（Coroutine）是在 1963 年由 Melvin E. Conway USAF、Bedford、MA 等人提出的一个概念，而且协程的概念是早于线程（Thread）提出的，但直到近几年才在某些语言

（如 Lua）中得到广泛应用。由于协程是非抢占式的调度，无法实现公平的任务调用，也无法直接利用多核优势，其工作机制如图 5-7 所示。因此，我们不能武断地说协程比线程更高级。

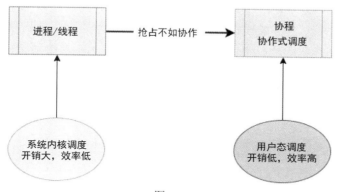

图 5-7

尽管，在任务调度上，协程是弱于线程的。但是在资源消耗上，协程却是极低的。一个线程的内存为 MB 级别，而协程只需要 KB 级别。而线程的调度需要内核态与用户态频繁地切入切出，相应地，也增加了资源消耗。

协程是一种用户态的轻量级线程，调度完全由用户控制，并拥有自己的寄存器上下文和栈。在调度切换时，协程将寄存器上下文和栈保存到其他地方，在切回来的时候，再恢复先前保存的寄存器上下文和栈，直接操作栈则基本没有内核切换的开销，可以不加锁地访问全局变量，所以上下文的切换非常快。

子程序（或者称为函数）在所有语言中都是层级调用，比如 A 调用 B，B 在执行过程中又调用了 C，C 执行完毕返回，B 执行完毕返回，最后是 A 执行完毕。所以子程序调用是通过栈实现的，一个线程就是执行一个子程序。子程序调用总是一个入口，一次返回，调用顺序是明确的。

而协程的调用与子程序的不同。协程在子程序内部被中断后，转而执行别的子程序，在适当的时候再来接着执行。如下代码所示：

```
func Num() {
    print '1'
    print '2'
    print '3'
}
func Alphabet() {
    print 'a'
    print 'b'
    print 'c'
}
```

在如上的代码中，假设由协程执行，在执行#Num 的过程中，可以随时被中断，而去执行#Alphabet；#Alphabet 在执行的过程中也可能被中断再去执行#Num，因此结果可能是：1 2 a b 3 c。

协程的特点在于是由一个线程执行。与多线程相比，协程的优势如下：

（1）极高的执行效率：因为子程序切换不是线程切换，而是由程序自身控制，因此，没有线程切换的开销。与多线程相比，线程数量越多，协程的性能优势就越明显；

（2）不需要多线程的锁机制：因为只有一个线程，也不存在同时写变量冲突，在协程中控制共享资源不加锁，只需要判断状态就好了，所以执行效率比多线程高很多。

5.2.3 协程、线程、进程的差异

通过上面对协程与线程两个概念的介绍可知，二者存在很多区别。可简单地概括如下：（1）在二者的关系上，一个线程可以有多个协程，一个进程也可以有单独拥有多个协程，比如 Python 中能使用多核 CPU；

（2）线程和进程都是同步机制，而协程则是异步机制；

（3）协程能保留上一次调用时的状态，在每次过程重入时，就相当于进入上一次调用的状态；这一点是线程和进程都做不到的。

支持协程库的语言和库有 Python（gevent）、Java（quasar）、C++（libco）以及原生支持的 Go 语言。

5.3 Go 语言的调度器 goroutine

> We believe that writing correct concurrent, fault-tolerant and scalable applications is too hard. Most of the time it's because we are using the wrong tools and the wrong level of abstraction. — Akka
> 之所以写正确的并发、容错、可扩展的程序如此之难，是因为我们用了错误的工具和错误的抽象。

以上这句话是 Akka 官方文档的开篇之言，启示我们开启正确编写高并发的应用之路。Go 语言不但为并发而生，而且还是为数不多的在语言层面实现并发的编程语言，调度器 goroutine 是其关键。

在前面的小节中已经介绍了进程、线程和协程的相关知识。本节主要介绍 Go 语言的调度器 goroutine。

goroutine 和其他语言的协程（coroutine）在使用方式上类似，但也存在不同的地方。首先在表述上不同，Go 语言和其他语言的表述分别是 goroutine 和 coroutine。其次，协程是一种协作任务控制机制，简单来说协程不是并发的，而 goroutine 支持并发。因此 goroutine 可以理解为一种 Go 语言的协程，同时它可以运行在一个或多个线程上。

5.3.1 Go context 上下文

多个 goroutine 传递上下文数据是如何实现的呢？这里就要提到 Go context 上下文。

context 是 Go 语言中广泛使用的程序包，由 Google 公司开发。由于它使用简单，所以基本成了目前编写 go 基础库的通用规范。

context 主要用于 goroutine 之间的上下文信息传递，包括取消信号、超时时间、截止时间、k-v 等。

1. 为什么会需要 context

Go 语言常用来写后台服务，搭建一个 http server 非常的简单和方便。在 Go 语言构建的服务端 server 里，通常每来一个请求都会启动若干个 goroutine，这些 goroutine 同时工作。其中有些可能去查询数据库获取数据，有些可能用来调用第三方接口获取相关数据，如图 5-8 所示。

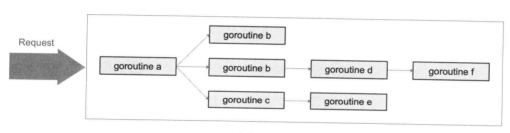

图 5-8

多个 goroutine 之间需要共享该请求的基本数据，如图 5-9 所示。例如登录的 token、处理请求的最大超时时间（如果超过此值再返回数据，请求方就会因为超时而接收不到）等。当出现请求取消或是处理时间太长，有可能是使用者关闭了浏览器或是超过了请求方规定的超时时间，以致请求方直接放弃了这次请求结果。此时，所有正在为这个请求工作的 goroutine 需要快速退出，不再需要相关的执行结果。在相关联的 goroutine 都退出后，系统就可以回收相关的资源。

因此，context 包就是为了解决上面所说的这些问题。简单来说，就是在一组 goroutine 之间传递共享的值、取消信号等。

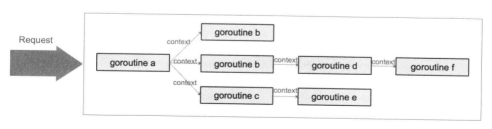

图 5-9

在 Go 语言中，我们不能直接强行"kill"协程。goroutine 的使用一般会通过 channel 的方式来实现。在某些场景下，处理一个请求生成了很多 goroutine，且这些 goroutine 之间相互关联，就需要共享一些全局变量。它们有共同的 deadline，而且可以同时被关闭，这时就可以通过 context 来实现。相比之下，使用 channel 就会显得比较麻烦。

2. 核心接口

context 中包含的接口方法如下：

```
type Context interface {
    // Deadline returns the time when work done on behalf of this context
    // should be canceled. Deadline returns ok==false when no deadline is
    // set.
    Deadline() (deadline time.Time, ok bool)
    // Done returns a channel that's closed when work done on behalf of this
    // context should be canceled.
    Done() <-chan struct{}
    // Err returns a non-nil error value after Done is closed.
    Err() error
    // Value returns the value associated with this context for key.
    Value(key interface{}) interface{}}
```

针对上述的接口，我们简单介绍一下其中的方法。

（1）Deadline()：返回 context.Context 被取消的时间，也就是完成工作的截止日期。

（2）Done()：返回一个 channel，这个 channel 会在当前工作完成或者上下文被取消之后关闭，多次调用 Done()方法会返回同一个 channel。

（3）Err()：返回 context.Context 结束的原因，它只会在 Done 返回的 channel 被关闭时，才会返回非空的值；不同原因返回如下：

① 如果 context.Context 被取消，会返回 Canceled 错误；

② 如果 context.Context 超时，会返回 DeadlineExceeded 错误。

（4）Value()：从 context.Context 中获取键对应的值，对于同一个上下文来说，多次调用 Value 并传入相同的 Key 会返回相同的结果。该方法可以用来传递请求特定的数据。

在请求处理的过程中，会调用各层的函数，每层的函数会创建自己的 goroutine，形成一棵 goroutine 树。所以 context 也应该反映并实现成一棵树。context 的所有函数、接口、结构体及其作用如表 5-1 所示。

表 5-1

名　　称	类　　型	作　　用
context	接口	定义了 context 接口的四个方法
emptyCtx	结构体	实现了 context 接口，它其实是个空的 context
CancelFunc	函数	取消函数
canceler	接口	context 取消接口，定义了两个方法
cancelCtx	结构体	表示可以被取消
timerCtx	结构体	超时会被取消

续表

类　　型	名　　称	作　　用
valueCtx	结构体	可以存储 k-v 对
Background	函数	返回一个空的 context，常作为根 context
TODO	函数	返回一个空的 context，常用于重构时期，没有合适的 context 可用
WithCancel	函数	基于父 context，生成一个可以取消的 context
newCancelCtx	函数	创建一个可取消的 context
propagateCancel	函数	向下传递 context 节点间的取消关系
parentCancelCtx	函数	找到第一个可取消的父节点
removeChild	函数	去掉父节点的孩子节点
init	函数	包初始化
WithDeadline	函数	创建一个有 deadline 的 context
WithTimeout	函数	创建一个有 timeout 的 context
WithValue	函数	创建一个存储 k-v 对的 context

3．创建 context

经过前面对 goroutine 的介绍，我们接下来动手实现如何创建 context 上下文。首先需要了解的是，context 包允许使用以下方式创建和获得 context。

（1）默认上下文[context.Background() Context]

这个函数返回一个空 context，其只能用于高等级（在 main 或顶级请求处理中）。用于派生我们稍后谈及的其他 context。函数源代码如下：

```
ctx := context.Background()
```

（2）默认上下文[context.TODO() Context]

这个函数也是创建一个空 context。用于当不确定使用什么 context，或函数后续更新用以接收一个 context；其实现代码如下：

```
ctx := context.TODO()

var (
background = new(emptyCtx)
todo = new(emptyCtx)

)
```

从源代码来看，context.Background()和 context.TODO()函数互为别名，没有太大的差别。不同的是，静态分析工具可以使用它来验证 context 是否正确传递，这是一个重要的细节，因为静态分析工具可以在早期帮助发现潜在的错误，并且可以连接到 CI/CD 管道。

（3）传值方法[context.WithValue(parent Context, key, val interface{}) (ctx Context, cancel CancelFunc]

此函数接收 context 并返回派生 context，其中值 val 与 key 关联，并通过 context 树与

context 一起传递。这意味着，一旦获得带有值的 context，从中派生的任何 context 都会获得此值；源代码如下：

```
ctx := context.WithValue(context.Background(), key, "test")
```

笔者不建议使用 context 值传递关键参数，而是函数应接收签名中的那些值，使其显式化。

（4）取消信号[context.WithCancel(parent Context) (ctx Context, cancel CancelFunc)]

context.WithCancel()函数能够从 context.Context 中衍生出一个新的子上下文并返回用于取消该上下文的函数（CancelFunc）。一旦执行返回的取消函数，当前上下文以及它的子上下文都会被取消，所有的 goroutine 都会同步收到这一取消信号。该函数源代码如下：

```
ctx, cancel := context.WithCancel(context.Background())
```

注意，只有创建它的函数才能调用取消函数来取消此 context。我们可以传递取消函数，但是强烈建议不要这样做。这可能导致取消函数的调用者没有意识到取消 context 的下游影响，即可能存在源自此的其他 context，以致程序以意外的方式运行。简而言之，不要传递取消函数。

（5）计时器上下文[context.WithDeadline(parent Context, d time.Time) (ctx Context, cancel CancelFunc)]

此函数返回其父派生 context，当截止日期超过或取消函数被调用时，该 context 将被取消。我们可以创建一个在未来某个时间自动取消的 context，并在子函数中传递它。当由于截止日期耗尽而取消该 context 时，获得此 context 的所有函数都会收到通知，从而停止运行并返回。函数源代码如下：

```
ctx, cancel := context.WithDeadline(context.Background(), time.Now().Add
(2 * time.Second))
```

（6）计时器上下文[context.WithTimeout(parent Context, timeout time.Duration) (ctx Context, cancel CancelFunc)]

此函数类似于 context.WithDeadline()函数。不同之处在于，它将持续时间作为参数输入而不是时间对象。此函数返回派生 context，如果调用取消函数或超过超时持续时间，则会取消该派生 context。函数源代码如下：

```
ctx, cancel := context.WithTimeout(context.Background(), 2 * time.Second)
```

4．使用 context

介绍完了 context 的强大 API 函数，下面介绍它的简单应用。

对于 Web 服务端开发，往往希望将一个请求处理的整个过程串起来，这就非常依赖于 Thread Local（对于 Go 语言而言，可理解为单个协程所独有）的变量，而在 Go 语言中并没有这个概念，因此需要在函数调用的时候传递 context。具体代码如下：

```
package test
import (
```

```
    "context"
    "fmt"
    "testing")
func TestContext(t *testing.T) {
ctx := context.Background()
process(ctx)

ctx = context.WithValue(ctx, "hello", "aoho")
process(ctx)}func process(ctx context.Context) {
hello, ok := ctx.Value("hello ").(string)
if ok {
    fmt.Printf("hello_=%s\n", hello)
} else {
    fmt.Printf("no hello\n")
}}
```

运行结果如下：

```
no hello
hello =aoho
```

通过以上代码中可以看到，第一次调用 process() 函数时，ctx 是一个空的 context，自然获取不到 hello；在第二次调用时，通过 WithValue() 函数创建了一个 context，并赋上了 hello 这个 key，自然就能获取传入的 value 值。对应现实场景中可能是从一个 HTTP 请求中获取到的 RequestID。

5.3.2　Go 语言并发模型

Go 语言实现了两种并发形式。第一种是大家普遍认知的多线程共享内存，其实就是 Java 或者 C++ 等语言中的多线程开发。第二种是 Go 语言特有的，也是 Go 语言所推荐的 CSP（Communicating Sequential Processes）并发模型。

CSP 并发模型是在 1970 年左右被提出的概念，它不同于传统的多线程通过共享内存来通信，CSP 讲究的是"以通信的方式来共享内存"。

普通的线程并发模型，就是像 Java、C++或者 Python，它们线程间通信都是通过共享内存的方式来进行的。非常典型的方式就是在访问共享数据（例如数组、Map、或者某个结构体或对象）的时候，通过锁来访问。因此，在很多时候，会衍生出一种方便操作的数据结构，叫作"线程安全的数据结构"。例如，Java 提供的包 java.util.concurrent 中的数据结构。Go 语言中也实现了传统的线程并发模型。

Go 语言的 CSP 并发模型是通过 goroutine 和 channel 来实现的，二者的区别如下：

（1）goroutine 是 Go 语言中并发的执行单位。有点抽象，其实就是和传统概念上的"线程"类似，可以理解为"轻量级线程"；

（2）channel 是 Go 语言中各个并发结构体（goroutine）之前的通信机制。通俗地讲，就是各个 goroutine 之间通信的"管道"，有点类似于 Linux 中的管道。

生成一个 goroutine 的方式非常简单在函数前面加上关键字 go 就可以了，如下：

```
go call()
```

在协作式调度中，用户态协程会主动让出 CPU 控制权来让其他协程使用，确实提高了 CPU 的使用率；但是用户态协程不够智能怎么办？即它不知道何时让出控制权，也不知道何时恢复执行。

为了解决这个问题，我们需要一个中间层来调度这些协程，才能让用户态的成千上万个协程稳定有序地运行起来，我们一般将这个中间层称为用户态协程调度器。

5.3.3　Go 调度模型概览

Go 语言从 2007 年年底开发至今已经发展了 15 年，Go 语言的调度器也不是一蹴而就的，在最初的几个版本中，调度器也非常简陋，无法支撑大并发。经过多个版本的迭代和优化，目前已经有很优异的性能。Go 语言调度器发展历程如图 5-10 所示。

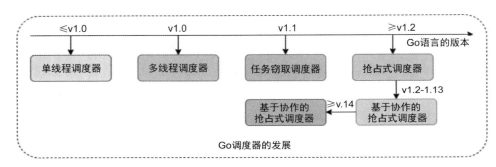

图 5-10

下面我们逐一介绍图 5-10 中的不同发展阶段。

（1）单线程调度器

版本小于 v1.0，程序中只能存在一个活跃线程，由 GM 模型组成。

（2）多线程调度器

版本为 v1.0，允许运行多线程的程序；全局锁导致竞争严重。

（3）任务窃取调度器

版本为 v1.1，引入了处理器 P，构成了目前的 G-P-M 模型；在处理器 P 的基础上实现了基于工作窃取的调度器；在某些情况下，goroutine 不会让出线程，进而造成饥饿问题；时间过长的垃圾回收（Stop-the-world，STW）会导致程序长时间无法工作。

（4）抢占式调度器

v1.2 之后，具体如下：

● 基于协作的抢占式调度器 v1.2-1.13，通过编译器在函数被调用时插入抢占检查指令，在函数被调用时检查当前 goroutine 是否发起了抢占请求，实现基于协作的抢占式调度；goroutine 可能会因为垃圾回收和循环长时间占用资源而导致程序暂停；

● 基于信号的抢占式调度器，版本为 v1.14，实现基于信号的真抢占式调度；

垃圾回收在扫描栈时会触发抢占调度；抢占的时间点不够多，还不能覆盖全部的边缘情况。

下面重点讲解其中的 GM 模型和 GPM 模型。

1. GM 模型

GM 模型中，Go 语言在运行时启动多个线程来执行多个 goroutine 任务，Go 语言最开始的调度器是 GM 模型。其中，G 表示 goroutine，应用层开启的任务；M 表示 Go 语言运行时开启的线程（machine）。这些线程的个数、CPU 的核数与当前的 goroutine 的数量、当前的 goroutine 的行为有一定的关系。

多个 G 相当于是任务队列，多个 M 构成线程池，然后每个 M 取出一定量的任务来执行，看起来很完美，但是实际存在一些问题。

任务队列需要加锁，参考多线程可知，加锁在一定的任务粒度下会损耗性能。假如 M 上正在执行任务阻塞，比如调用系统调用，那么这个 M 上的其他任务得不到执行。当 goroutine 调用系统调用的时候，M 能不能把当前的 G 切出去，执行下一个 G，等系统调用返回，再继续执行？答案是否定的，系统调用只能阻塞，并且等待返回结果。

M 频繁地调用系统调用，就把自己其他任务传递给其他的 M，因此造成一定的性能损耗。

2. GPM 模型

Go 语言的 1.2 版本（即在任务窃取调度器之后）采用的就是 GPM 模型（见图 5-11），GPM 模型涉及的主要概念包括以下三个。

（1）G（goroutine）

调度系统的最基本单位 goroutine 存储了 goroutine 执行的 stack 信息、goroutine 状态以及 goroutine 的任务函数等。

（2）P（processor）

P 表示逻辑 processor，是线程 M 执行的上下文。P 的最大价值是其拥有的各种 G 对象队列、链表、cache 和状态。

（3）M（machine）

M 代表着真正的执行计算资源，可以认为它就是 os thread（系统线程），是真正调度系统的执行者，每个 M 就像一个勤劳的工作者，总是从各种队列中找到可运行的 G，而且这样的 M 可以同时存在多个。

M 在绑定有效的 P 后，进入调度循环，而且 M 并不保留 G 状态，这是 G 可以跨 M 调度的基础。

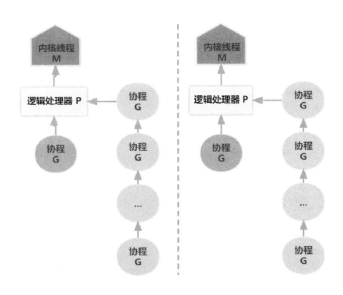

图 5-11

从图 5-11 中可以看出，这三个概念显然不是对等的关系，具体的关联总结如下：

（1）M 和内核线程之间是一对一的关系，一个 M 在其生命周期中只会和一个内核线程关联，所以不会出现对内核线程的频繁切换；Go 语言的运行时在执行系统监控和垃圾回收等任务时会创建 M，M 空闲时不会被销毁，而是放到一个调度器的空闲 M 列表中，等待与 P 关联，M 默认数量为 10000。

（2）P 和 M 之间是多对多的关系，P 和 G 之间是一对多的关系，它们之间的关联是易变的，由 Go 语言的调度器完成调度；Go 语言的运行时按规则调度，让 P 和不同的 M 建立或断开关联，使得 P 中的 G 能够及时获得运行时机。

（3）P 的数量默认为 CPU 总核心数，最大为 256，当 P 没有可运行的 G 时（P 的可运行 G 队列为空），P 会被放到调度器的空闲 P 列表中，等待 M 与它关联；P 有可能会被销毁，如运行时用 runtime.GOMAXPROCS 把 P 的数量从 32 降到 16 时，剩余 16 个会被销毁，它们原来的 G 会先转到调度器可运行的 G 队列和自由 G 列表中。

（4）每个 P 中有可运行的 G 队列（如图 5-11 所示中最下面的那行 G）和自由 G 列表，当 G 的代码执行完后，该 G 不会被销毁，而是被放到 P 的自由 G 列表或调度器的自由 G 列表。如果程序新建了 Go 协程，调度器会在自由 G 列表中取一个 G，然后把 Go 协程的函数赋值到 G 中（如果自由 G 列表为空，就创建一个 G）；可见 Go 语言调度器在调度时很大程度复用了 M、P、G。

（5）在 Go 程序初始化后，调度器首先进行一轮调度，此时用 M 去搜索可运行的 G。其中我们的 main() 函数也是一个 G，找到可运行的 G 后就执行它；从如下的队列中寻找。

① 从本地 P 的可运行的 G 队列中找。

② 从调度器的可运行的 G 队列中找。

③ 从其他 P 的可运行的 G 队列中找。

P 的可运行 G 队列最大只能存放长度为 256 的 G，当队列满后，调度器会把一半的 G 转到调度器的可运行 G 队列。

从上而下解析完 Go 语言的两级线程模型之后，我们知道了 GPM 模型在 G 和 M 之间引入 P。处理器持有一个由可运行的 goroutine 组成的运行队列 runq，还反向持有一个线程。调度器在调度时会从处理器的队列中选择队列头的 goroutine 放到线程 M 上执行。G 要想到 M 上执行，必须先绑定一个 P，然后 P 在 M 上执行，因此 P 是 G 和 M 的中间层，P 的数量决定了同时能有几个 G 在执行，P 数量小于或等于 CPU 的核数。P 可以控制整个程序的并发程度。

由 P 来完成一部分 M 的任务，之前是 M 从任务队列获取任务，现在是 P 从任务队列获取任务，并放到自己的本地队列，当 M 上执行的 G 阻塞时，P 与 M 分离，阻塞的 G 仍然和 M 绑在一起继续阻塞等待系统调用返回。因此 P 就可以继续和其他的 M 结合，M 和 G 就解耦了，这样就解决了 GM 模型存在的阻塞问题。此时，M 只执行任务，P 只分发任务，解耦了之前 M 既要执行任务，又要管理任务的耦合。

这样一来，M 面对的不是 G 了，M 只需找到一个 P 去结合，然后执行 P 中的 G。

通过上面的讲解，我们将调度的机制简单总结如下：runtime 首先准备好 G、P、M，然后 M 绑定 P，M 从各种队列中获取 G，切换到 G 的执行栈上并执行 G 上的任务函数，调用 goexit 做清理工作并回到 M，如此反复。

5.3.4 调度器的实现原理

本小节我们主要基于目前主流的 GPM 模型进行讲解调度器的实现原理。

GPM 模型使用一种 $M{:}N$ 的调度器来调度任意数量的协程运行于任意数量的系统线程中，从而保证了上下文切换的速度并且利用了多核，但是这样做会增加调度器的复杂度。其调度原理如图 5-12 所示。

在图 5-12（a）所示中我们可以看到，新创建的 goroutine 会先存放在 Global 全局队列中，等待 Go 语言调度器进行调度，随后 goroutine 被分配给其中的一个逻辑处理器 P，并放到这个逻辑处理器对应的 Local 本地运行队列中（逻辑处理器的 goroutine 队列），最终等待被逻辑处理器 P 执行即可。

将其进一步丰富之后，如图 5-12（b）所示，在 M 与 P 绑定后，M 会不断地从 P 的 Local 队列中无锁地取出 G，并切换到 G 的堆栈执行，当 P 的 Local 队列中没有 G 时，再从 Global 队列中获取一个 G，当 Global 队列中也没有待运行的 G 时，则尝试从其他的 P 窃取部分 G 来执行相当于 P 之间的负载均衡。

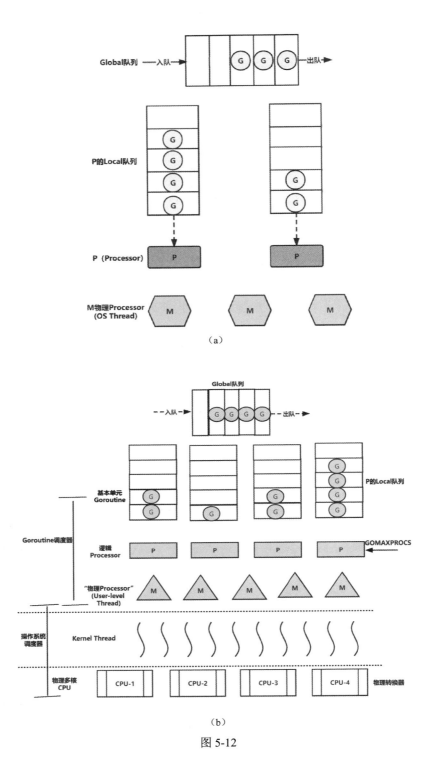

（a）

（b）

图 5-12

goroutine 在整个生存期也存在不同的状态切换，主要的状态如表 5-2 所示。

表 5-2

状　　态	描　　述
_Gidle	被分配且未初始化
_Grunnable	未执行代码，没有栈的所有权，且存储在运行队列中
_Grunning	可以执行代码，拥有栈的所有权，并且被赋予了内核线程 M 和处理器 P
_Gsyscall	正在执行系统调用、拥有栈的所有权、没有执行用户代码，被赋予了内核线程 M，但是不在运行队列上
_Gwaiting	由于运行时而被阻塞，没有执行用户代码并且不在运行队列上，但是可能存在于 channel 的等待队列上
_Gdead	没有被使用，没有执行代码，但可能有分配的栈
_Gcopystack	栈正在被拷贝、没有执行代码、不在运行队列上
_Gmoribund_unused	当前未使用，但在 gdb 脚本中进行了硬编码
_Gpreempted	意味着这个 goroutine 停止了自己的 suspendG 抢占

虽然 goroutine 在运行时中定义的状态非常多而且复杂，但是我们可以将这些不同的状态聚合成最终的三种：等待中、可运行、运行中。在运行期间，会在这三种不同的状态之间来回切换。

（1）等待中：goroutine 正在等待某些条件满足，如系统调用结束等，包括 _Gwaiting、_Gsyscall 和 _Gpreempted 几个状态。

（2）可运行：goroutine 已经准备就绪，可以在线程运行，如果当前程序中有非常多的 goroutine，每个 goroutine 就可能会等待更多的时间，即 _Grunnable。

（3）运行中：goroutine 正在某个线程上运行，即 _Grunning。

下面我们将结合源码学习具体是如何创建 goroutine 的，可从实现原理来理解这个过程。

若要启动一个新的 goroutine 来执行任务，就需要使用 Go 语言中的 go 关键字。创建 goroutine 的步骤如图 5-13 所示。

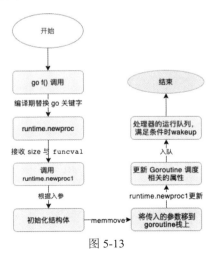

图 5-13

接下来，我们结合图 5-13 来具体看一下创建 goroutine 的实现。

（1）go 关键字会在编译期间通过 cmd/compile/internal/gc.state.stmt 和 cmd/compile/internal/gc.state.call 两个方法将该关键字转换成 runtime.newproc()函数调用。

（2）在#runtime.newproc()函数中我们还会获取 goroutine 以及调用方的程序计数器，然后调用 runtime.newproc1()函数。

（3）#runtime.newproc1()函数会根据传入参数初始化一个 g 结构体。

（4）将传入的参数移到 goroutine 的栈上。Go 语言会调用 runtime.memmove()函数将 fn 函数的全部参数复制到栈上。

（5）更新 goroutine 调度相关的属性。在复制了栈上的参数之后，runtime.newproc1() 函数会设置新的 goroutine 结构体的参数。

（6）最后将初始化好的 goroutine 加入处理器的运行队列并在满足条件时调用 runtime.wakep()函数以唤醒新的处理器执行 goroutine。

完整的调度状态转换如图 5-14 所示。

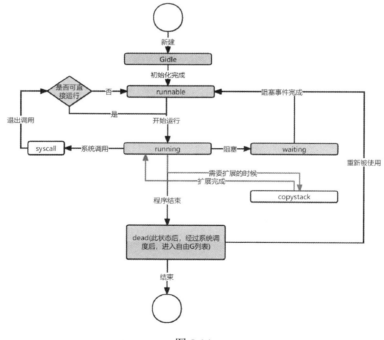

图 5-14

通过图 5-14 所示可以看到，新建的 G 都是_Grunnable 的，新建 G 的时候优先从空闲列表获取 G 这样可以复用 G；_Gdead 通过 newproc 会变为_Grunnable，通过 go func()的语法新建的 G 并不是直接运行，而是放入可运行的队列中，且运行时间并不能确定，而是由调度系统自发地运行。

本小节，我们已经完整分析了调度器的调度执行。当我们通过 runtime.newproc()函数创建好主 goroutine 后，会将其加入到一个 P 的本地队列中。 随着 runtime.mstart 启动调度器，主 goroutine 便开始得以调度。当并发量大且 goroutine 很多的时候，应如何进行资源的切换呢？下面我们就来介绍 goroutine 的通信。

5.4　goroutine 之间的通信：channel

我们知道 Go 语言实现了两种并发形式：多线程共享内存和 CSP 并发模型。Go 语言的 CSP 并发模型是通过 goroutine 和 channel 来实现的，如图 5-15 所示。channel 是 Go 语言中不同 goroutine 之间的通信机制，即各个 goroutine 之间通信的"管道"，有点类似于 Linux 中的管道。合理利用 Go 语言协程和 channel 能帮助我们大大提高程序的性能。

（a）多线程使用共享内存传递数据　　　　　（b）goroutine 使用 channel 通信

图 5-15

在很多主流的编程语言中，多个线程传递数据的方式一般都是共享内存，为了解决线程冲突的问题，我们需要限制同一时间内能够读写这些变量的线程数量，这与 Go 语言鼓励的方式并不相同。

虽然我们在 Go 语言中也能使用共享内存加互斥锁进行通信，但是 Go 语言提供了一种不同的并发模型，也就是通信顺序进程（Communicating Sequential Processes，CSP）。Goroutine 和 channel 分别对应 CSP 中的实体和传递信息的媒介，Go 语言中的 goroutine 会通过 channel 传递数据。

本小节将会具体介绍 channel 的结构、使用以及 goroutine 与 channel 的结合；最后探讨在面对并发时，我们是该用锁还是用 channel。

5.4.1　channel 的设计与结构

作为 Go 语言核心的数据结构和 goroutine 之间的通信方式，我们首先需要了解它的底层数据结构。

Go 语言的 channel 在运行时使用 runtime.hchan 结构体表示。在 Go 语言中创建新的 channel 时，创建的结构体如下：

```
type hchan struct {
  qcount   uint
  dataqsiz uint
```

```
buf      unsafe.Pointer
elemsize uint16
closed   uint32
elemtype *_type
sendx    uint
recvx    uint
recvq    waitq
sendq    waitq

lock mutex
}
```

实现 channel 的结构并不神秘,本质上就是一个 mutex 锁加上一个环状缓存、 一个发送方队列和一个接收方队列。上述代码中的参数含义如下:

- qcount:表示 channel 中的元素个数;
- dataqsiz:表示 channel 中的循环队列的长度;
- buf:表示 channel 的缓冲区数据指针;
- sendx:表示 channel 的发送操作处理到的位置;
- recvx:表示 channel 的接收操作处理到的位置;
- elemsize 和 elemtype:分别表示当前 channel 能够收发的元素大小和类型;

sendq 和 recvq 存储了当前 channel 由于缓冲区空间不足而阻塞的 goroutine 列表,这些等待队列使用双向链表 runtime.waitq 表示,链表中所有的元素都是 runtime.sudog 结构,代码如下:

```
type waitq struct {
 first *sudog
 last *sudog
}
```

runtime.sudog 表示一个在等待列表中的 goroutine,该结构体中存储了阻塞的相关信息以及两个分别指向前后 runtime.sudog 的指针。

1. 定义与声明 channel

channel 可分为如下三种类型:

(1)只读 channel:只能读 channel 中的数据,不可写入;

(2)只写 channel:只能写数据,不可读;

(3)一般 channel:可读可写。

创建 channel 还分为带缓冲区 channel 和不带缓冲区 channel

(1)带缓冲区 channel:定义声明时候制定了缓冲区大小(长度),可以保存多个数据。

(2)不带缓冲区 channel:只能存一个数据,并且只有当该数据被取出时才能保存下一个数据。

声明 channel 的示例代码如下:

```
var readOnlyChan <-chan int  // 只读 chan
var writeOnlyChan chan<- int // 只写 chan
var mychan  chan int    //读写 channel
//定义完成以后需要 make 来分配内存空间，不然使用时造成 deadlock
mychannel = make(chan int, 10)
//或者
read_only := make (<-chan int, 10)//定义只读的 channel
write_only := make (chan<- int, 10)//定义只写的 channel
read_write := make (chan int, 10)//可同时读写
```

若缓存未满，则 channel 中发送消息时不会阻塞；若缓存满了，则发送操作将被阻塞，直到有其他 goroutine 从中读取消息。相应地，当 channel 中消息不为空时，读取消息不会出现阻塞，当 channel 为空时，读取操作会造成阻塞，直到有 goroutine 向 channel 中写入消息。通过 len()函数可以获得 chan 中的元素个数，通过 cap()函数可以得到 channel 的缓存长度。

channel 是引用类型，channel 必须初始化才能写入数据，即 make 后才能使用。管道是有类型的，如 intChan 只能写入整数 int。

5.4.2　channel 的使用

介绍完了 channel 的相关概念，这一小节将介绍 channel 的基本应用，包括其初始化、写入/读取数据以及 Channel 的关闭和遍历，最后使用 goroutine 和 channel 来实现一个较为完整的实例，旨在帮助读者理解 Go 语言协程的通信方式。

1．基本应用

下面将会通过一个简单的示例演示 channel 的初始化、写入/读取数据到管道、从管道读取数据以及基本的注意事项；示例代码如下：

```
import (
   "fmt"
   "testing")
//管道 func TestBase(t *testing.T) {

   //管道的使用
   //1．创建一个可以存放 3 个 int 类型的管道
   var intChan chan int
   intChan = make(chan int, 3)

   //2．intChan 的值及地址
   fmt.Printf("intChan 的值=%v intChan 的地址=%p\n", intChan, &intChan)

   //3．向管道写入数据
   intChan <- 1
   intChan <- 2
   intChan <- 3
```

```
//4. 管道的长度和cap(容量)
fmt.Printf("channel len= %v cap=%v \n", len(intChan), cap(intChan))

//5. 从管道中读取数据
var num2 int
num2 = <-intChan
fmt.Println("num2=", num2)
fmt.Printf("channel len= %v cap=%v \n", len(intChan), cap(intChan))

//6. 如果我们的管道数据已经被全部取出，可再取就会报告 deadlock
num3 := <-intChan
num4 := <-intChan
num5 := <-intChan

fmt.Println("num3=", num3, "num4=", num4)
//报错
//fmt.Println("num3=", num3, "num4=", num4, "num5=", <-intChan)}
```

运行结果如下：

```
intChan 的值=0xc000100100 intChan 的地址=0xc00000e038
channel len= 3 cap=3
num2= 1
channel len= 2 cap=3
num3= 2 num4= 3
```

我们分析一下上面示例代码的实现。上述代码首先创建一个可以存放 3 个 int 类型的 channel；随即查看 intChan 的值及地址。channel 是引用类型，因此也是个地址；查看管道的长度和 cap（容量），方法与 Go 语言容器一样；从管道中读取数据；从管道中读出一个数据之后，可以看到 intChan 的长度减 1，容量未变；将 intChan 中的所有数据读完之后，如果继续取就会报错如下：

```
fatal error: all goroutines are asleep - deadlock!
```

在没有使用协程的情况下，如果 channel 数据取完了，继续取就会报 deadlock。

2. channel 的关闭和遍历

channel 用完还需要对其进行关闭，除此之外，还需要掌握 channel 通道的遍历方式，以获取 channel 中的数据。

（1）channel 的关闭

使用内置函数 close 可以关闭 channel，当 channel 被关闭后，就不能再向 channel 写数据了，但是仍然可以从该 channel 读取数据。

（2）channel 的遍历

channel 支持使用 for-range 的方式进行遍历，需要注意以下两个细节：

● 在遍历时，如果 channel 没有关闭，则会出现 deadlock 的错误。

● 在遍历时，如果 channel 已经关闭，则会正常遍历数据，在遍历完后，就会退出遍历。通过如下的示例代码来具体实践 channel 的关闭和遍历操作。

```go
func TestCloseAndRead(t *testing.T)  {
intChan := make(chan int, 3)
intChan<- 1
intChan<- 2
close(intChan) // close
//这时不能够再写入数据到 channel
//intChan<- 3
//当管道关闭后，读取数据是可以的
n1 := <-intChan
fmt.Println("n1=", n1)

//遍历管道
intChan2 := make(chan int, 5)
for i := 0; i < 5; i++ {
    intChan2<- i * 2  //放入 5 个数据到管道
}

close(intChan2)
for v := range intChan2 {
    fmt.Println("v=", v)
}
}
```

运行结果如下：

```
n1= 1
v= 0
v= 2
v= 4
v= 6
v= 8
```

我们具体分析一下其中涉及的知识点。上述代码首先创建一个可以存放 3 个 int 类型的 channel；然后写入数值 1 和 2，之后关闭通道；这时不能够再写入数据到 channel，否则会报如下的错误。

```
panic: send on closed channel [recovered]
    panic: send on closed channel
```

当 channel 被关闭后，可以继续读取数据。遍历 channel 时，不能使用普通的 for 循环，代码如下：

```
// for i := 0; i < len(intChan2); i++ {

// }
```

channel 可以使用 range 取值（见下面代码），并且会一直从 channel 中读取数据，直到有 goroutine 对该 channel 执行 close 操作，循环才会结束。

```
ch := make(chan int, 10)for x := range ch{
    fmt.Println(x)}//等价于
for {
    x, ok := <- ch
    if !ok {
        break
    }

    fmt.Println(x)
}
```

3. 生产者与消费者的案例

操作系统的经典问题就是生产者和消费者的算法。使用 goroutine 和 channel 实现代码如下：

```
import (
 "fmt"
 "testing"
 "time")
//生产者 func Producer(i int, queue chan<- int) {
 queue <- i
 fmt.Println("produce:", i)}
//消费者 func Consumer(queue <-chan int) {
 for ; ; { //当前的消费者循环消费
    fmt.Printf("queue len %d \n", len(queue))
    v := <-queue
    fmt.Printf("consume current value %d \n", v)
 }}
func TestCsp(t *testing.T) {
 queue := make(chan int, 2) //队列的容量为 2
 for i := 0; i < 3; i++ {
    go Producer(i, queue) //多个生产者
 }
 for j := 0; j < 3; j++ {
    go Consumer(queue) //多个消费者
 }
 time.Sleep(1e9) //让 Producer 与 Consumer 完成}
```

我们在测试函数中，定义了一个队列容量为 2 的 channel，分别启动三个生产者和消费者。当队列未满时，生产者才能继续生产，否则阻塞。所以案例生产的数量为 3。由于队列容量为 2，所以在生产第三个数据时，必然需要消费者已经消费其中的一个数据。其中一个预期的执行结果如下：

```
produce: 0
queue len 2
consume current value 0
queue len 1
```

```
consume current value 2
queue len 0
queue len 0
queue len 2
produce: 2
produce: 1
consume current value 1
queue len 0
```

由运行结果可以看到，消费者消费的次数大于 3，当队列为空时，继续等待，最终消费完队列中的 3 个数据。有些读者可能会疑问，输出结果为什么是乱序消费。其实是因为执行的时候有多个生产者，如何改成有序生产，读者可以自己动手试验一下。

生产者 goroutine 通过 channel 传值，消费者 goroutine 从 channel 取值，这两个 goroutine 通过 channel 完成通信。

5.4.3　解决 channel 阻塞：select

当 channel 没有接收者能够处理数据时，向 channel 发送数据会被下游阻塞；当 channel 的发送队列中不存在等待的 goroutine 并且缓冲区中也不存在任何数据时，从管道中接收数据的操作会变成阻塞。在 Go 语言中，select 可以处理多个信号，用来解决 channel 阻塞问题。

在 UNIX 中，select()函数用来监控一组描述符，该机制常被用于实现高并发的 socket 服务器程序。Go 语言直接在语言级别支持 select 关键字，用于处理异步 IO 问题。select 关键字也能够让 goroutine 同时等待多个 channel 的可读或者可写，在多个文件或者 channel 发生状态改变之前，select 会一直阻塞当前线程或者 goroutine，如图 5-16 所示。

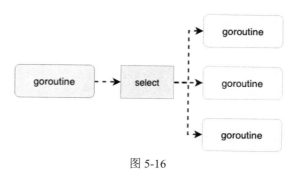

图 5-16

本小节将介绍 select 的基本应用以及 select 的应用实践：超时处理机制。

1. 基本应用

select 的基本使用方式如下代码所示：

```
select {
    case <- chan1:
    // 如果 chan1 成功读到数据

    case chan2 <- 1:
    // 如果成功向 chan2 写入数据
```

```
    default:
    // 默认分支
}
```

select 是一种与 switch 相似的控制结构，与 switch 稍有不同的是，select 中虽然也有多个 case，但是这些 case 中的表达式必须都是 channel 的收发操作。

select 默认是阻塞的，只有当监听的 channel 中有发送或接收可以进行时才会运行，当多个 channel 都准备好的时候，select 会随机地选择一个执行。

2．select 应用实践：超时处理机制

Go 语言没有对 channel 提供直接的超时处理机制，但我们可以利用 select 来间接实现；实例代码如下：

```go
func TestSelect(t *testing.T) {

    //1.定义一个管道两个数据 int
    intChan := make(chan int, 2)
    for i := 0; i < 2; i++ {
        intChan<- i
    }
    //2.定义一个管道 3 个数据 string
    stringChan := make(chan string, 3)
    for i := 0; i < 3; i++ {
        stringChan <- "No." + fmt.Sprintf("%d", i)
    }

    for {
        select {
        //注意：这里,如果 intChan 一直没有被关闭,不会一直阻塞而导致 deadlock 问题,
会自动到下一个 case 匹配
        case v := <-intChan :
            fmt.Printf("从 intChan 读取的数据 %d\n", v)
            time.Sleep(time.Second)
        case v := <-stringChan :
            fmt.Printf("从 stringChan 读取的数据 %s\n", v)
            time.Sleep(time.Second)
        default :
            fmt.Printf("defalut, over.\n")
            time.Sleep(time.Second)
            return
        }
    }
}
```

执行结果如下：

```
从 stringChan 读取的数据 No.0
从 intChan 读取的数据 0
从 stringChan 读取的数据 No.1
```

```
从 stringChan 读取的数据 No.2
从 intChan 读取的数据 1
defalut, over.
```

我们具体分析一下如上的代码。首先我们分别定义 intChan 管道、缓存两个数据 int，以及 stringChan 通道缓存 3 个数据 string。在使用传统的方法遍历通道时，如果不关闭 intChan，则会阻塞而导致 deadlock 问题。在实际开发中，可能我们不好确定应该什么时候关闭该管道，但是使用 select 可以解决从管道读取数据的阻塞问题。

此外，channel 的零值是 nil，并且对 nil 的 channel 发送或者接收操作都会永远阻塞，在 select 语句中操作 nil 的 channel 永远都不会被 select 到。这可以用 nil 来激活或者禁用 case，来达成处理其他输出/输出时间超时和取消的逻辑。

5.4.4　goroutine 与 channel 的结合案例

Go 语言中提倡的设计模式不是通过共享内存的方式进行通信，而是通过通信的方式共享内存。Go 语言提供了一种不同的并发模型，即通信顺序进程，前面已有过讲解，不再赘述。

上面的小节介绍了 goroutine 的基本应用，这一小节将通过演示 goroutine 与 channel 结合使用的案例，学习 goroutine 是如何使用 channel 来传递数据的。业务设计如下：

开启两个协程：读协程和写协程。其中写数据协程向管道 intChan 中写入 5 个整数；读协程从管道 intChan 中读取写入的数据。读协程和写协程操作的是同一个通道，只有在主线程等待 writeData 和 readDate 协程都完成工作后，才能退出 channel。

根据需求，我们进行如图 5-17 所示的设计。

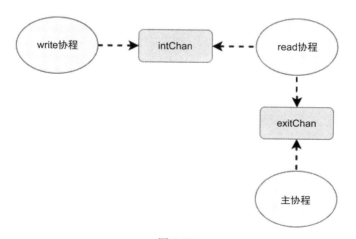

图 5-17

图 5-19 所示的设计中涉及三个 goroutine。其中，write 协程用于写入数据到通道；read

协程用于读取数据；剩余一个 goroutine 是测试代码的主协程。

我们还需要定义两个通道如下：

（1）intChan 用于 write 协程与 read 协程之间的通信，通道大小为 2，写入的数据被读取出来；

（2）exitChan 用于 read 协程与主协程之间的通信，通道大小为 1，当完成读操作之后，主协程退出。

具体的实现代码如下：

```go
import (
"fmt"
"testing"
"time")
func writeData(intChan chan int) {
for i := 1; i <= 5; i++ {
    //放入数据
    intChan <- i
    fmt.Println("writeData ", i)
    time.Sleep(time.Second)
}
close(intChan) //关闭}
//read datafunc readData(intChan chan int, exitChan chan bool) {

for {
    v, ok := <-intChan
    if !ok {
        break
    }
    time.Sleep(time.Second)
    fmt.Printf("readData 读到数据=%v\n", v)
}
//readData 读取完数据后，即任务完成
exitChan <- true
close(exitChan)
}
func TestchannelAndGoroutine(t *testing.T) {

    //创建两个管道
    intChan := make(chan int, 3)
    exitChan := make(chan bool, 1)

    go writeData(intChan)
    go readData(intChan, exitChan)

    //time.Sleep(time.Second * 5)

    for {
```

```
        , ok := <-exitChan
        if !ok {
            break
        }
    }
}
```

预期的运行结果如下：

```
writeData  1
writeData  2
readData 读到数据=1
readData 读到数据=2
writeData  3
writeData  4
readData 读到数据=3
writeData  5
readData 读到数据=4
readData 读到数据=5
```

在实现时，我们设置了通道的大小为 2，所以当 writeData 写完两个数据之后，通道阻塞；当在 readData 读取数据之后，writeData 继续写入；当 writeData 写完数据之后，关闭 channel；当 readData 循环读取结束之后，exitChan 写入 true；主协程一直在阻塞，直到 exitChan 的数据写入。

5.4.5　并发问题是选 Mutex 还是选 channel

面对并发问题，选择 channel 还是 Mutex，是很多程序员都会遇到的问题。从语言特性来说，Go 语言的 CSP 通信机制提倡通过通信共享内存，而不是通过共享内存而通信。面对并发问题，我们首先想到的应该是 channel，因为 channel 是线程安全的并且不会有数据冲突，比锁更高效。

因此，具体在面对并发问题时，判断如何选择的依据是 channel 与 Mutex 二者的能力，并根据它们的能力进行具体应用。

从二者的能力进行场景划分，channel 管道能够让数据流转起来，适合传递数据，即把某个数据发送给其他协程；分发任务，每个任务都是一个数据；异步执行的结果，返回的结果是一个数据。而 Mutex 用来保证数据不动，在指定时间只给某个协程访问的权限，数据不动的场景通常有：缓存与状态。通过 Mutex 保证数据的并发安全。

由此，当我们面对并发问题时，根据二者的能力，从问题场景中尝试找到数据是如何流动的，接着将其中数据流动的路径换成 channel。最后设计一个简要的 Mutex 方案，通过对比得出易做和高效的方案。

当然，除了 channel 和 Mutex 二选一的方式，还可以整合这两种方案的使用。通常情况下，复杂的并发场景可以分解成很多小的并发问题，每个小的并发都可以单独选择

channel 或者 Mutex。因此对于复杂场景，通常不是单独地选择 channel 或者 Mutex，而是二者的组合使用。

对于 channel 和 Mutex 的选择问题，其实并没有一个固定答案，也没有固定的方法，而是需要灵活地选择最适合当前业务的方案。

—— 本章小结 ——

本章主要介绍了 Go 语言调度器 goroutine 的相关实现细节。goroutine 是 Go 语言中的轻量级线程。多个协程可能在一个或者多个线程运行。同时，协程的调度是非抢占式，需要协程主动交出控制权。channel 在 Go 语言中是"一等公民"，Go 语言建议不要通过共享内存来通信，而是提倡通过通信来共享内存。

鲁克斯在《人月神话》一书中指出"没有一种单纯的技术或管理上的进步，能够独立地承诺在 10 年内大幅度地提高软件的生产率、可靠性和简洁性"。那么，goroutine 的出现对于提升分布式系统的并发是银弹吗？

第 6 章　Go 语言网络并发处理

　　网络和并发一直都是计算机语言的重要领域之一，高并发网络请求也是互联网系统架构的重要性能指标之一。随着互联网的普及，热门互联网系统的用户量急剧增加，导致系统承载的请求量和并发压力逐步提升。在这一个过程中，计算机科学家和软件开发者也陆续解决了单机一万并发和单机百万并发实际问题。网络和并发问题涉及计算机网络处理、线程协程并发切换、内存大小等计算机和软件开发方面的技术，是一个综合性的面向实际场景的优化领域，值得每个立志成为架构师的开发者深入研究。Go 语言未出现前，C++或者 Java 被认为是处理网络请求的业务主流开发语言，而如今，Go 语言被认为是天生支持网络请求和并发的，并且使用其协程会更加容易地处理大并发业务。

　　在本章中，我们会先了解网络并发领域的相关背景知识和发展历程；接着讲解目前处理网络并发的最佳模式——Reactor 模式，并介绍 Getty 库相关实现；最后学习 Go 语言原生的 HTTP 包和 FastHttp 包的实现和相关优化。

6.1　网络并发处理的演变

　　互联网的基础设施就是网络通信，但是早期互联网还不够普及，用户也不多，所以，大多数服务器提供的服务可能只有不到 100 个用户同时访问，并发数量较小，所以并不存在网络并发处理的难题。

　　2000 年以来，随着互联网用户量的飞速增长和即时通信等在线实时互动新应用模式的出现，网络并发处理问题逐步显现。每一个用户使用的网络设备都必须与服务器保持 TCP 连接才能获得实时数据，所以面对日益增长的用户量，每台服务器要接收和处理的 TCP 请求和连接数量也迅速增长，出现了 C10K 和 C100K 问题。

　　C10K 和 C1000K 的首字母"C"是 Client 客户端的缩写。C10K 是指单机能够同时处理 1 万个客户端请求，也就是并发连接 1 万的问题，而 C1000K 也就是单机支持处理 100 万个请求，并发连接 100 万的问题。

　　最初的服务器都是基于进程/线程模型的，新到来一个 TCP 连接，就需要分配 1 个进程。而进程会占用较多的内存资源，还需要操作系统内核进行调度，一台固定硬件配置的机器无法创建过多进程，而且过多的进程也会导致操作系统内核调度效率下降，影响整体效率。对于并发 1 万网络请求，就要创建 1 万个进程，这对于单台标准配置的小型机器是无法承受的。所以势必要增加机器数量来处理对应数量的网络请求，导致成本上升。

Dan Kegel 在 1999 年的《The C10K problem》一文中对上述问题进行了归纳和总结，并首次系统地给出了解决方案，所以这种普遍的网络现象和技术局限用其文章名称进行命名，被称为 C10K 问题，后续随着互联网的进一步发展，并发网络请求数量再次提升，又出现了 C1000K 和 C10M 的问题。

下面，我们依次讲解 C10K、C1000K 和 C10M 各自的问题背景、导致原因及其相应的解决思路和后续发展方向。

6.1.1 程序设计导致的 C10K 问题

对于 C10K 问题，其实相应的机器内存、CPU 和网络等物理资源是足够的。以 2000 年代较为主流的 2GB 内存和千兆网卡的小型机服务器来说，假设处理一个并发请求需要 200KB 内存和 100KB 的网络带宽，那么处理 1 万个并发网络请求正好只需要 2GB 内存和千兆网络带宽。

所以，物理资源是满足的，主要是程序设计问题导致了 C10K 问题，特别是网络请求处理的 I/O 模型问题。当时 Linux 中网络处理都采用同步阻塞的方式，也就是每个请求都分配一个进程或者线程，网络请求处理线程会一直阻塞，等待分配的进程或线程将业务逻辑处理完毕后才进行下一个请求的处理。这种方式在并发网络请求较低的场景可以完美工作，比如并发 100 个请求，但增加到 10K 个请求时，10K 个进程或线程的调度、上下文切换都会导致性能下降。

创建的进程线程多了，有关网络请求的数据复制频繁，数据包在内核和用户空间内来回传递，进程或者线程上下文切换消耗大，导致网络服务器整体效率下降，这就是 C10K 问题的本质。

Dan Kegel 不仅描述了 C10K 问题的现象和本质原因，还提出了为解决 C10K 问题而需要解决的两个子问题，如下：

（1）旧的同步阻塞方式下，一个进程或线程只能处理一个请求，而此时不再适用，是不是可以用非阻塞 I/O 或者异步 I/O 来处理多个网络请求呢？

（2）怎么更节省操作系统资源，用更少的资源处理更多的处理客户请求，也就是要用更少的进程或者线程来服务这些请求。

上述两个问题对应着 I/O 模型优化和工作模式的优化，下面我们分别来进行讲解。

1. I/O 模型优化

有关解决 C10K 问题用到的 I/O 模式就是我们在网络编程中经常用到的 I/O 多路复用（I/O Multiplexing），它是一种单进程（或线程）监听若干网络 I/O 文件描述符是否可以执行相应 I/O 操作的技术。

目前主流的 I/O 多路复用技术有三种实现，分别是 select、poll 和 epoll。它们的优缺点如下所述。

（1）select 和 poll 技术

select 和 poll 会从网络 I/O 文件描述符列表中找出对应的可执行描述符，然后进行真正的网络 I/O 读写。借助它们，一个线程可以同时监控一批网络套接字的文件描述符，以达到单线程处理多请求的目的。

select 和 poll 属于较为早期的多路复用技术，存在一定的局限性和缺点。如下所述：

① select 使用固定长度的数组，表示文件描述符的集合，因此会有最大描述符数量的限制。32 位操作系统的默认限制是 1024；

② select 检查套接字状态是用轮询的方法，所以时间复杂度是 $O(n)$，对于大量网络请求的处理会花费很长时间；

③ poll 对 select 进行了改进，换成了一个没有固定长度的数组，不会对描述符数量进行限制。但 poll 同样需要对文件描述符列表进行轮询，时间复杂度也是 $O(n)$；

④ 应用程序调用 select 和 poll 时，需要把文件描述符的集合从用户空间传入内核空间，由内核修改后，再传回到用户空间中，频繁地进行用户态和内存态的切换和数据复制也导致了性能的下降。

（2）epoll 技术

epoll 解决了上述 select 和 poll 的诸多问题并进行了性能的优化。

① epoll 使用红黑树代替数组，提供了更好的查找有效率。此外，操作系统内核会直接管理文件描述符的集合，不需要应用程序在每次操作时都传入，减少了数据复制；

② epoll 使用事件驱动的机制，只关注有 I/O 事件发生的文件描述符，不需要轮询扫描整个集合，时间复杂度为 $O(1)$；

③ 使用 mmap 处理用户态和内核态数据复制，二者共用一块内存进行文件描述符等数据的存储。

综合上述优化手段，epoll 在高并发场景能够更好地处理文件描述符的增长，提供更加稳定的性能。但是 epoll 与 select 相比，并不是所有情况下都会更高效，在较少文件描述符监听且所有 socket 都处于频繁活跃状态的场景下，select 要比 epoll 高效。

除了 I/O 多路复用技术外，操作系统和其他网络框架也引入了全新的异步 I/O。异步 I/O 可以异步地处理 I/O 操作，而不用等待这些操作完成。而在 I/O 操作完成后，操作系统会用信号量、回调函数等事件通知的方式，通知应用程序操作完成。然后应用程序才会去查询 I/O 操作的结果。

异步 I/O 虽然能够提供完全异步的处理方式，但是其起步时间较晚，Windows 操作系统的实现较为全面，而 Linux 操作系统的实现需要较高版本，并且使用较为复杂，所以一直没有流行起来。不过 Linux 也在 5.1 版本发布了全新的 io_uring 异步 I/O 模型，迎来了社区的一致好评。

2．工作模型优化

对比网络 I/O 模型的优化，请求处理的工作模式优化相对简单，并且已经长期稳定。一个进程或者线程使用 I/O 多路复用或者异步 I/O 可以同时处理多个请求。具体有以下两种不同的工作模型，我们来详细了解一下。

（1）主进程和多个 worker 子进程

首先主进程执行操作系统的 API 的 bind()和 listen()函数监听对应端口后，就创建多个子进程；每个子进程都进行调用 accept()或 epoll_wait()函数来等待并处理 socket 相关的 I/O 事件。

比如，最常用的反向代理服务器 Nginx 的网络处理模式就是这样。Nginx 是多进程模式，由主进程和多个 worker 进程组成。其中，主进程主要用来初始化套接字，并管理子进程的生命周期；而 worker 进程则负责实际的请求处理。具体如图 6-1 所示。

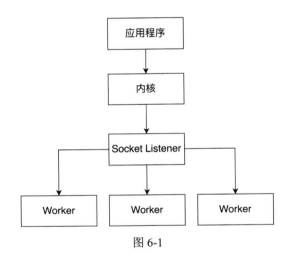

图 6-1

当然，我们也可以用线程代替进程来追求更小的系统资源消耗：主线程负责套接字初始化和子线程状态的管理，而子线程则负责实际的请求处理。由于线程的调度和切换成本比较低，实际上可以进一步把 epoll_wait 都放到主线程中，保证每次事件都只唤醒主线程，而子线程只需要负责后续的请求处理。

（2）监听相同端口的多进程模型

在这种方式下，所有的进程都监听相同的接口，并且开启 SO_REUSEPORT 选项，由内核负责将请求负载均衡到这些监听进程中去。这一过程如图 6-2 所示。

由于内核确保了只有一个进程被唤醒，就不会出现惊群问题了。比如，Nginx 在 1.9.1 版本中就已经支持了这种模式。但想要使用 SO_REUSEPORT 选项，就需要用 Linux 3.9 以上的版本才可以。

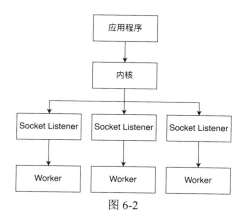

图 6-2

6.1.2　操作系统调优的 C1000K 问题

基于 I/O 多路复用和处理请求工作的优化，C10K 问题就可以很容易解决。不过，随着互联网的发展以及家用个人计算机的普及，网络服务的用户量进一步提升，所以又有了 C100K 和 C1000K 问题，也就是并发从原来的 1 万增加到 10 万乃至 100 万。从 1 万到 10 万，可以根据解决 C10K 问题的优化方案，使用 epoll 技术配置对应的线程池，再加上 CPU、内存和网络等硬件设备的提升便可解决。但是并发处理 100 万的 C1000K 问题就陷入了新的困境，操作系统制约了该问题的解决。

首先，从物理资源使用上来说，100 万个请求需要大量的系统资源。比如，假设每个请求需要 16KB 内存的话，那么总共就需要大约 15 GB 内存。而从网络带宽上来说，假设只有 20%活跃连接，即使每个连接只需要 1KB/s 的吞吐量，总共也需要 1.6 Gb/s 的吞吐量。千兆网卡显然满足不了这么大的吞吐量，所以还需要配置万兆网卡。不过主流的服务器的硬件配置也在逐步发展，达到了相应的水平。

更为重要的是，从操作系统上来说，大量的网络连接会占用大量的系统资源，甚至达到操作系统预设的处理上限，比如文件描述符的数量、TCP 连接状态的跟踪队列大小和网络协议栈的缓存大小等，操作系统的网络栈无法同时处理这么多数量的网络请求。需要进行多队列网卡、中断负载均衡、CPU 绑定以及将网络包的处理卸载到网络设备（如 TSO/GSO、LRO/GRO、VXLAN OFFLOAD）等各种硬件和软件的优化。

要解决 C1000K 问题，除了程序设计层面，还需要从应用程序到 Linux 内核，再到 CPU、内存和网络各个层面的深度优化。

6.1.3　更进一步的 C10M 问题

虽然现代互联网大型应用架构中，在不考虑具体业务处理的情况下，单机能够处理 100 万网络请求已经可以满足大多数场景，但是人们对于性能的要求是无止境的。有没有可能在单机中同时处理 1000 万的请求呢，这也就是 C10M 问题。

当一个系统实现了 1000 万的并发连接时，这些并发请求会消耗大量的物理硬件资源。在 C1000K 问题中，各种软硬件的优化很可能都已经做到极致了，特别是当升级完硬件，增加了足够多的内存和带宽足够大的网卡后，你可能会发现，无论如何优化应用程序和内核中的各种网络参数，想实现 1000 万请求的并发，都是极其困难的。

所以，《The Secret To 10 Million Concurrent Connections -The Kernel Is The Problem, Not The Solution》一文就提出解决 C10M 问题的关键是要意识到操作系统内核调优不再是解决办法，操作系统自身的局限正是问题所在。这也就意味着不要让操作系统内核执行所有网络请求涉及的繁重任务，而是将网络数据包处理、内存管理、处理器调度等任务从内核转移到应用程序高效地完成。

Intel 推出的基于 Intel x86 架构的 DPDK（Data Plane Development Kit，数据平面开发套件）实现了高效灵活的包处理解决方案。它是用户态网络的标准。它跳过内核协议栈，直接由用户态进程通过轮询的方式来处理网络接收。经过近 6 年的发展，DPDK 已经发展成支持多种高性能网卡和多通用处理器平台的开源软件工具包。但是要解决 C10M 从问题，除了使用 DPDK 等技术外，还有以下三个方向的问题需要进行考量。

（1）网络数据包直接传递到业务逻辑， 而不是经过 Linux 内核协议栈。Linux 协议栈是复杂和繁琐的， 数据包经过它无疑会导致性能的巨大下降，并且会占用大量的内存资源。而 DPDK 等技术可以让网卡驱动就直接运行在应用层，将接管网卡收到的数据包直接传递到应用层的业务逻辑里进行处理，而无须经过 Linux 内核协议栈。当然，发往本服务器的非业务逻辑数据包还是要经过 Linux 内核协议栈的，比如用户的 SSH 远程登录操作连接等。

（2）多线程的绑核问题。一个具有 8 核心的 CPU，一般会有一个控制面线程和 7 个数据面线程，每一个线程绑定到一个处理核心。这样做的好处是最大化核心 CACHE 利用，实现无锁设计，避免进程切换消耗。

（3）内存空间管理。首先，可以在 Linux 系统启动时把业务所需内存直接预留出来，摆脱 Linux 内核的管理。其次，Linux 一般采用每页 4K 的内存分页，实际可以采用更大内存分页，比如 2M，从而一定程度上减少地址转换等的性能消耗。

总之，C10K 已不再是问题，并且目前业界已经有很多实现 C10K 的纯语言领域技术方案；C1000K 问题需要进行中断、网络协议栈、缓存队列等操作系统内核领域的调优；而对于 C10M 问题，却只能从更加底层的方向着手，使用 DPDK 等技术规避操作系统的限制，直接在用户态处理网络请求。

了解了编程语言处理网络请求并发的发展历程后，我们就来具体看一下 Go 语言有关网络编程的相关实现，分别是 TCP 层面的 Reactor 请求处理模式和更高层次的 HTTP 请求处理。

6.2　Reactor 请求处理模式

Reactor 模式是较为经典的网络请求处理模式，在 Java、C++等语言和众多开源网络处理项目中都有应用。具体有关该模式的介绍可以具体查看 Doug Lea 的 《Scalable IO in Java》一文。虽然该文章是基于 Java 语言进行描述，但是这些优化手段不只适用于 Java 领域，还可以借鉴到 Go 语言中。下面我们先来看一下该文章介绍的有关 Java I/O Reactor 模式的处理，然后介绍使用 Reactor 处理模式开发的 Go 语言网络处理库 Getty。

6.2.1　Reactor 模式简介

Doug Lea 在《Scalable in Java》一文中通过各个角度循序渐进地梳理了网络服务开发中的相关问题，以及在解决问题的过程中服务模型的演变与进化，文章中讲解了 Reactor 模式的几种服务模型架构，也被 Netty、Mina 等大多数高性能 I/O 服务框架所采用，有助于大家更深入地了解 Netty、Mina 等服务框架的编程思想与设计模式；这些编程思想和设计模式也可以借鉴到 Go 语言的网络框架中，例如 Getty、Tidwall 和 Evio 等。

常见的网络服务程序都具备一套相同的网络请求处理流程，例如：读取请求数据、对请求数据进行解码、对数据进行处理、对请求响应数据进行编码和发送响应等，具体如图 6-3 所示。

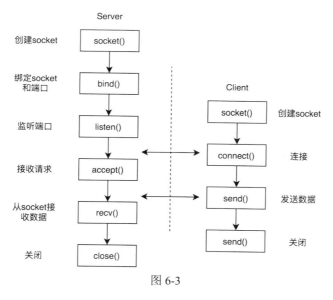

图 6-3

当然，在实际应用中，每一步的运行效率都是不同的，例如其中可能涉及 xml 解析、文件传输、Web 页面加载、计算服务等不同功能。不同的实际应用会进行不同的优化，但是网络处理框架会专注于网络 I/O 相关的步骤。

在网络服务器开发中，I/O 事件通常被当做任务执行状态的触发器使用，在 Handler 处理过程中主要针对的也是 I/O 事件，如图 6-4 所示。

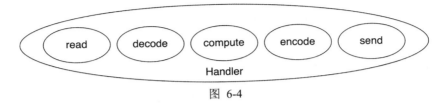

图 6-4

一个网络请求的处理流程包括读取数据、解码，然后执行相应的业务计算，得出结果，接着是编码成二进制数据，最后发送到客户端。每一步骤共同构成了网络请求的处理链。在经典的网络请求处理模式下，上述所有的步骤都由同一个线程完成。

为了更透彻地理解 Reactor 模式（也称为基于事件驱动模式），我们展开对比学习，先了解一下经典的网络处理模式，该模式的运行机制大致如图 6-5 所示。

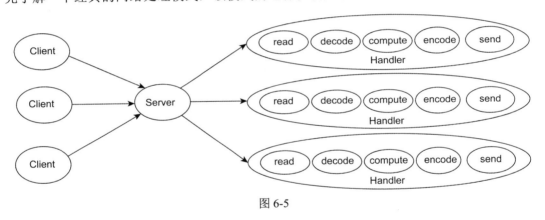

图 6-5

如图 6-5 可知，经典网络处理模式下，每一个连接的处理都会对应分配一个新的线程，Go 语言原生网络库也是这种模式，只不过它是使用 Go 语言特有协程来处理，规避了该模式下可能带来的线程数量过多、切换耗时长和内存占用等问题。

而基于事件驱动的架构设计，通常比经典的架构模型更加有效，因为它可以使用更少的线程处理网络请求，从而节省内存资源，减少线程切换带来的消耗。事件驱动模式下通常不需要为每个连接的处理建立一个线程，这意味这更少的线程开销、更少的上下文切换和更少的锁互斥。

Reactor 模式还有一个响亮的名称：反应器模式，它有以下三个特点：

（1）会通过分配适当的 handler（处理程序）来响应 I/O 事件；

（2）每个 handler 执行非阻塞的操作；

（3）通过将 handler 绑定到事件进行管理。

Reator 模式可以分为单线程模式、多线程设计模式和基于多个反应器的多线程模式三种。不同的模式会在处理网络请求的不同处理步骤上有所区别，下面我们来一一了解。

1. 单线程模式

单线程模式会使用单独的 acceptor 线程来接收客户端建立连接的请求，建立连接，然后将该连接交给后续的线程处理，后续的线程会依次处理网络请求的读取、解码、处理、编码和发送等步骤；如图 6-6 所示。

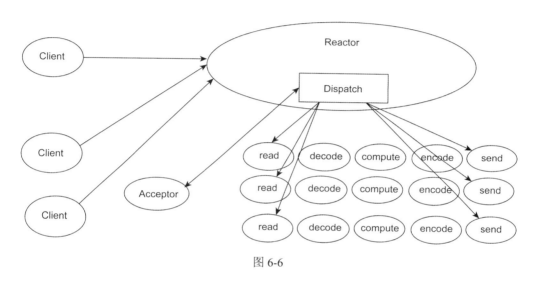

图 6-6

单线程模式是实现较为简单的基础型 Reactor 模式，它无法利用多处理器的优势。所以一般来说，多线程模式才是最为常见的 Reactor 模式实现。

2. 多线程设计模式

图 6-7 是 Reactor 多线程设计模式的示意，该模式在 Reactor 线程的基础上把非 I/O 操作放在了 Worker 线程中执行。

多线程设计模式相较于单线程模式，采用了如下两个策略。

（1）增加 Worker 线程池，专门用于处理非 I/O 的业务操作。

如图 6-7 所示，Reactor 反应器线程需要迅速处理 I/O 流程，而如果整个过程中涉及业务相关的处理较慢或产生阻塞时会拖慢整个反应器线程的执行速度，导致线程来不及处理后续的 I/O 事件，造成网络请求堆积；所以我们需要把一些非 I/O 操作，比如说编解码和业务逻辑交给 Woker 线程来做。

（2）拆分并增加反应器 Reactor 线程。

如图 6-7 所示，acceptor 线程会接收网络连接的建立请求，然后将有关读写的 I/O 操作交给 Reactor 反应器线程执行。一方面在压力较大时可以饱和处理 I/O 操作，提高处理能力；另一方面维持多个 Reactor 线程也可以做负载均衡使用；线程的数量可以根据程序本身是 CPU 密集型还是 I/O 密集型操作来进行合理的分配。

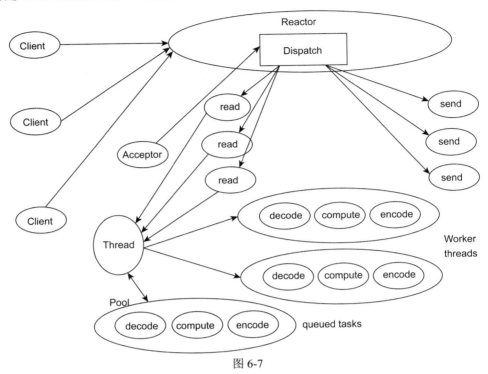

图 6-7

接下来，我们系统梳理一下 Reactor 多线程设计模式的具体特点。

（1）将非 I/O 操作的业务逻辑交于 Worker 线程执行，提升了 Reactor 线程的处理性能。

（2）比将非 I/O 操作重新设计为事件驱动的方式更简单。

（3）一次性读取缓冲区数据，方便异步非 I/O 操作处理数据。

（4）通过线程池的方式对线程进行调优与控制，一般情况下，需要的线程数量比客户端数量少很多。

当把非 I/O 操作放到线程池中运行时，需要注意以下问题。

（1）任务之间的协调与控制。每个任务的启动、执行、传递的速度是很快的，不容易协调与控制。

（2）每个 handler 中 dispatch 的回调与状态控制。

（3）不同线程之间缓冲区的线程安全问题。

（4）需要任务返回结果时，任务线程等待和唤醒状态间的切换。

为解决上述问题，可以使用 PooledExecutor 线程池框架，这是一个可控的任务线程池，主函数采用 execute(Runnabler)，它具备以下功能，可以很好地对池中的线程与任务进行控制与管理。

（1）可设置线程池中最大与最小线程数。

（2）按需要判断线程的活动状态，及时处理空闲线程。

（3）当执行任务数量超过线程池中的线程数量时，有一系列的阻塞、限流策略。

3．基于多个反应器的多线程模式

基于多个反应器的多线程模式是对多线程模式的进一步完善，它再次进行 I/O 操作细分，将 accept 操作和 read、write 操作分开处理，acceptor 处理器只处理建立网络连接的请求，然后将建立好的连接交给副反应器处理，副反应器会使用线程池等待并处理对应连接的 read 和 write 事件，此外，实际的编解码和业务请求处理还是交给 Worker 线程处理。基于多个反应器的多线程模式机制如图 6-8 所示。

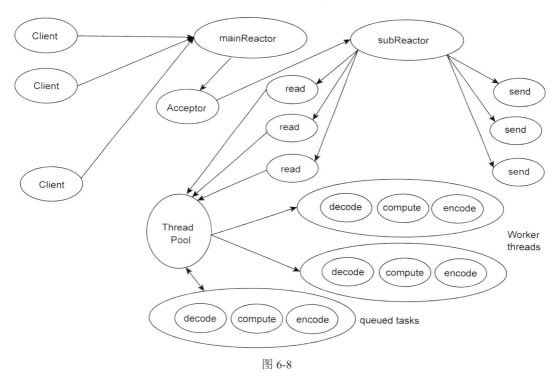

图 6-8

一般来说，acceptor 处理器是单线程处理，因为建立网络请求的操作耗时很短；然后副处理器的函数因为需要进行 read 和 write 操作，涉及网络数据从内核空间和用户空间的复制，需要花费一定时间，所以线程数和操作系统的 CPU 核数保持一致时整体执行效率最高。而执行编解码和具体业务操作的工作线程需要具体问题具体分析，如果编解码和业务操作执行时间很短，则不建议使用工作线程，而是直接在副处理器线程中进行相应的操作，减少线程的切换消耗；如果相应的操作耗时较长，则建议交给工作线程，避免影响副处理器线程执行响应后续的 I/O 读写事件。

目前主流的网络框架都采用 Reactor 模式，比如说 Mina 、Netty 和我们下一小节要讲解的 Getty 库；可以说该模式是目前最为主流的网络并发处理模式之一。

了解了 Reactor 网络处理模式的三种具体实现后，我们接下来以 Getty 库为例来看一下 Reactor 模式的具体实现。

6.2.2　Getty 网络库介绍

在 Go 语言中，Getty 是一个基于 Reactor 模式网络层框架，目前支持 TCP、UDP 和 Websocket 三种网络协议。它的整体设计理念类似于 Netty，严格遵循着分层设计的原则。主要分为数据交互层、业务控制层、网络层，同时还提供非常易于扩展的监控接口，其实就是对外暴露的网络库使用接口。Getty 是 dubbo-go 项目底层依赖的网络通信库之一，根据官方提供的压测数据，服务端 TPS 数达 12556，网络吞吐可达 12556×915 B/s，约等于 11 MB/s，此外 Getty 服务端仅仅使用了 6%的 CPU，内存占用也仅约 100MB，并且在请求流量过去后，Getty 会把 CPU 和内存等资源还给操作系统。

下面，我们以项目中的 tcp-echo 案例来讲解一下框架的整体流程。

1．监听

我们首先来看一下 tcp-echo 案例中 Server 相关的启动流程，它会在启动流程时监听对应端口，然后启动相应的协程来处理建立网络连接的请求；具体代码如下：

```
log.Fatal(s.ListenAndServe())
addr = gxnet.HostAddress2(conf.Host, port)
// 配置相关的
serverOpts := []getty.ServerOption{getty.WithLocalAddress(addr)}
serverOpts = append(serverOpts, getty.WithServerTaskPool(taskPool))
// 建立 Server
server = getty.NewTCPServer(serverOpts...)
// 启动协程处理
server.RunEventLoop(newSession)
log.Debugf("server bind addr{%s} ok!", addr)
```

有关 Server 的相关配置都是通过 Options 设计模式来配置，比如说 WithLocalAddress()函数是配置 IP 地址，WithServerTaskPool()函数用来配置工作线程池。然后调用 RunEventLoop()函数来真正监听对应的 IP 和端口地址，并且启动相应的处理器协程。

RunEventLoop()函数是 Server 结构体的函数，在 NewTCPServer()函数中进行该结构体的构建和初始化工作，其具体结构体实现如下代码所示：

```
type server struct {
    ServerOptions                        // 配置参数
    endPointID EndPointID                // 节点 ID
    pktListener    net.PacketConn        //
    streamListener net.Listener          //
    lock           sync.Mutex            // 服务端锁
    endPointType   EndPointType          // 节点类型
```

```
server            *http.Server
sync.Once
done chan struct{}
wg   sync.WaitGroup
}
```

Server 初始化后，会调用其 RunEventLoop()函数，该函数会首先调用 listen()函数，然后根据 Server 的节点类型 endPointType 来进行不同协议对应函数的调用。具体实现代码如下：

```
func (s *server) RunEventLoop(newSession NewSessionCallback) {
    // 建立监听
    if err := s.listen(); err != nil {
            panic(fmt.Errorf("server.listen() = error:%+v",
            perrors.WithStack(err)))
    }
    // 根据类型调用不同网络协议的 RunEventLoop()函数
    switch s.endPointType {
    case TCP_SERVER:
        s.runTCPEventLoop(newSession)
    }
}
```

Listen()函数会根据不同的 endPointType 来调用不同网络协议的 listen()函数，对于 TCP 来说，会调用 listenTCP()函数，具体代码如下：

```
func (s *server) listenTCP() error {
        if s.sslEnabled {
            // tls 模式下的监听
            If sslConfig,buildTlsConfErr:=s.tlsConfigBuilder.BuildTlsConfig();
buildTlsConfErr == nil && sslConfig != nil {
                streamListener, err = tls.Listen("tcp", s.addr, sslConfig)
            }
        } else {
            // 普通的监听
            streamListener, err = net.Listen("tcp", s.addr)
        }
        // 赋值
        s.streamListener = streamListener
        s.addr = s.streamListener.Addr().String()
        return nil
}
```

ListenTCP()函数会根据当前的模式调用不同的 Go 语言网络库 API 来监听对应的 IP 和端口，并将对应的结构体保存到 Server 中。比如说 net.Listen() 函数。然后 runTCPEventLoop()函数会进行相应的 I/O 事件处理，它是进行网络处理的核心数据，其相关逻辑涉及建立连接、读取数据、编解码和业务处理以及写数据等多个步骤。

2．建立连接

RunTCPEventLoop()函数首先会启动一个协程，该协程就类似于 Acceptor 处理器线程，只会响应建立网络连接的请求。具体代码片段如下：

```
func (s *server) runTCPEventLoop(newSession NewSessionCallback) {
    go func() {
        var (
            err    error
            client Session
            delay  time.Duration
        )
        for {
            // 每次进行一定时间的等待
            if delay != 0 {
                <-gxtime.After(delay)
            }
            // 接收网络连接建立请求
            client, err = s.accept(newSession)
            .... // 处理一起
            delay = 0
            // 交给副处理器执行
            client.(*session).run()
        }
    }()
}
```

在以上代码中，runTCPEventLoop()函数启动了一个协程，该协程会无限循环地执行 accept()函数，然后调用 accept 返回的 Session 结构体中的 run()函数来进行后续网络请求处理步骤。

Accept()函数进行了三步操作，首先是调用监听端口时生成的 streamListener 字段的 Accept()函数，等待网络连接的建立请求；然后调用 newTCPSession()函数将获得的 net.Conn 结构体封装成 Getty 库层面的统一的 Session 结构体，最后调用用户在 runEventLoop()函数传入的 NewSessionCallback 回调函数，进行相应的用户自定义行为，具体代码如下：

```
func(s*server) accept(newSession NewSessionCallback) (Session, error) {
    // err 相关错误处理省略
    // 调用 streamListener 的 Accept()函数等待网络连接建立
    conn, err := s.streamListener.Accept()
    // 封装成 TCPSession
    ss := newTCPSession(conn, s)
    // 调用用户程序的回调，处理 Session
    err = newSession(ss)
    return ss, nil
}
```

下面代码是 NewSessionCallback 和 tcp-echo 项目中的相应实现。该回调函数的主要作用就是为新建立的网络连接进行相应的socket参数的配置和设置Getty相关的处理器函数。

```
type NewSessionCallback func(Session) error
func newSession(session getty.Session) error {
        var (
                ok        bool
                tcpConn   *net.TCPConn
        )
        if tcpConn, ok = session.Conn().(*net.TCPConn); !ok {
                panic(fmt.Sprintf("%s, session.conn{%#v} is not tcp
connection\n", session.Stat(), session.Conn()))
        }
        // 设置 NoDelay 策略
        tcpConn.SetNoDelay(conf.GettySessionParam.TcpNoDelay)
        // 设置 keepAlive 标识
        tcpConn.SetKeepAlive(conf.GettySessionParam.TcpKeepAlive)
        if conf.GettySessionParam.TcpKeepAlive {
                tcpConn.SetKeepAlivePeriod(conf.GettySessionParam.keepAlive
Period)
        }
        // 设置读/写缓存大小
        tcpConn.SetReadBuffer(conf.GettySessionParam.TcpRBufSize)
        tcpConn.SetWriteBuffer(conf.GettySessionParam.TcpWBufSize)

        session.SetName(conf.GettySessionParam.SessionName)
        session.SetMaxMsgLen(conf.GettySessionParam.MaxMsgLen)
        // 设置处理器
        session.SetPkgHandler(echoPkgHandler)
        session.SetEventListener(echoMsgHandler)
        // 设置读/写超时时间
        session.SetReadTimeout(conf.GettySessionParam.tcpReadTimeout)
        session.SetWriteTimeout(conf.GettySessionParam.tcpWriteTimeout)

        return nil
}
```

如上代码所示，newSession()函数从 Getty 封装的 Session 结构体中取出了 Go 语言原生的 net.Conn 连接，然后设置其相关初始化参数，比如说读/写超时时间、读/写缓存大小等。更为重要的是，它还会设置 Session 的处理器 PkgHandler 和事件监听器 EventListener。

在 Getty 的 runTCPEventLoop()函数中，Acceptor 处理器协程在调用 Accept()函数获取对应的 Session 后，会调用其 run()函数进行处理。run()函数的具体实现代码如下：

```
func (s *session) run() {
        if s.Connection == nil || s.listener == nil || s.writer == nil {
                log.Error(errStr)
                panic(errStr)
        }
```

```
        // 设置 session 的状态
        s.UpdateActive()
        // 调用事件处理器的 OnOpen 回调函数，表示新连接建立
        if err := s.listener.OnOpen(s); err != nil {
        }
        // 添加心跳 timer
        if , err:= defaultTimerWheel.AddTimer(heartbeat, gxtime.TimerLoop,
s.period, s); err != nil {
                panic(fmt.Sprintf("failed    to    add    session    %s    to
defaultTimerWheel err:%v", s.Stat(), err))
        }
        // 统计数据
        s.grNum.Add(1)
        // 启动副反应器协程，处理读操作
        go s.handlePackage()
    }
```

如上代码所示，Session 的 run()函数会调用用户程序注册的事件处理器的 OnOpen()函数，表示目前有新连接建立，然后会启动一个新的副反应器协程执行 handlePackage()函数来进行本次网络请求的后续处理流程。

3. 读取数据和解码

与 RunEventLoop()函数类型类似，handlePackage()函数也会根据不同的网络协议调用不同的函数，对于 TCP 协议会调用 HandleTCPPackage()函数。该函数会构建新的 buf 空间，然后在无限循环中调用 conn 的 recv()函数从建立的 TCP 连接中读取数据，直到 buf 满了或者发生异常，然后调用 reader 的 Read()函数来尝试解析数据；如果数据解析成功，则调用 addTask()函数将解析后的数据交给 worker 线程池处理，否则就表示还有数据未读完，继续进行循环处理；具体代码如下：

```
func (s *session) handleTCPPackage() error {
    // 初始化 buf
    pktBuf = gxbytes.NewBuffer(nil)
    conn = s.Connection.(*gettyTCPConn)
    for {

        bufLen = 0
        for {
            bufLen, err = conn.recv(buf)
            if err != nil {
                .../// 异常处理
            }
            break
        }

        if 0 != bufLen {
            pktBuf.WriteNextEnd(bufLen)
```

```
                                for {
                                        if pktBuf.Len() <= 0 {
                                                break
                                        }
                                // 交给 reader 解析数据
                                        pkg,pkgLen,err=s.reader.Read(s,pktBuf.Bytes())
                                        ... // 异常处理
                                // 解析成完整的请求，调用 addTask ( ) 交给worker 处理
                                        s.UpdateActive()
                                        s.addTask(pkg)
                                        pktBuf.Next(pkgLen)
                                }
                        }
                        if exit {
                                break
                        }
                }
        }
```

Read()函数是用户程序自定义的数据解码回调函数，因其并不是本章的重点，就不作具体介绍了，而 addTask()函数的调用则是 Getty 作为网络处理框架的关键流程；它的定义如下：

```
func (s *session) addTask(pkg interface{}) {
        f := func() {
                s.listener.OnMessage(s, pkg)
                s.incReadPkgNum()
        }
        if taskPool := s.EndPoint().GetTaskPool(); taskPool != nil {
                taskPool.AddTaskAlways(f)
                return
        }
        f()
}
```

由上述代码可见，addTask()函数根据 taskPool 是否配置，可分为两种处理模式：当 taskPool 字段（也就是 6.2.1 小节讲到的 worker 线程池）未配置时，会直接在当前协程执行 onMessage 回调函数，让用户程序进行对应的业务处理；如果配置了 taskPool 字段，则使用协程池来执行对应的业务处理。两种模式的选择依据在 6.2.1 小节中也有提及，就是看具体业务处理的耗时长短。

看过 Getty 基于 Reactor 处理模式的 TCP 请求处理逻辑后，下面讲解 Go 语言标库 HTTP 库的实现流程和有关 TCP 请求的处理逻辑。

6.3　HTTP 请求处理

与 Getty 不同的是，HTTP 库使用原始的一个请求一个协程的方式进行网络请求处理，

这是因为协程比较轻量级，不会消耗过多的系统资源。所以 Go 语言在网络处理领域有一定的优势。下面先讲解 net/http 网络处理库的具体实现，然后了解 FastHttp 对标准 HTTP 库的优化。

6.3.1 net/http 包解析

我们来看一下 net/http 使用的示例代码，这也是官方提供的最为简单的案例，其代码如下：

```
s := &http.Server{
Addr:          ":8080",
    Handler:       myHandler,
    ReadTimeout:   10 * time.Second,
    WriteTimeout:  10 * time.Second,
    MaxHeaderBytes: 1 << 20,
}
log.Fatal(s.ListenAndServe())
```

以上代码的处理逻辑为：创建 Listen Socket，监听指定端口 8080，等待客户端的请求，创建协程处理请求。

Go 语言就是通过这个方法来进行相应的端口监听、接收请求、请求读取以及解析与路由分配相关的操作；下面我们来具体了解一下。

1. 端口监听

上述 net/http 使用的示例代码中，先初始化一个 Server 对象，传入了处理器 Handler、端口号和超时时间等配置，然后调用了 Server 的 ListenAndServe()方法。该方法则先调用 listen 接口监听对应的端口地址，然后调用 Serve()函数来等待网络连接的接入，具体实现代码如下：

```
func (srv *Server) ListenAndServe() error {
    if srv.shuttingDown() {
        return ErrServerClosed
    }
    addr := srv.Addr
    if addr == "" {
        addr = ":http"
    }
    ln, err := net.Listen("tcp", addr)
    if err != nil {
        return err
    }
    return srv.Serve(ln)
}
```

2．接受请求

Serve()函数是接收请求的核心代码；具体实现代码如下：

```
for {
    // 接收监听器 listener 的请求
    rw, e := l.Accept()
    if e != nil {
        // 监听是否关闭信号
        select {
        case <-srv.getDoneChan():
            return ErrServerClosed
        default:
        }
    }
    …
    // 创建新连接
    c := srv.newConn(rw)
    // 再返回之前，设置连接状态
    c.setState(c.rwc, StateNew)          // before Serve can return
    // 创建 goroutine，真正处理连接
    go c.serve(ctx)
}
```

从上述代码中可以看到，这里用了一个无限 for 循环来不断响应新的 TCP 连接的建立请求。

我们来梳理一下上面代码的实现思路。

（1）通过 listener.Accept 接收请求。

（2）用接收到的请求创建一个新的 Conn，并设置为 New 状态。

（3）创建一个协程来处理连接。

每个请求都会创建一个对应的 goroutine 去处理，所以各个请求之间是相互不影响的，同时提高并发性能。

3．请求读取和解析

我们继续进入 connection 的 serve()函数中看看；下面是该函数的具体源码。

```
for {
    …

    // 读 request 请求
    w, err := c.readRequest(ctx)

    …
    // 调用业务层定义的路由
    serverHandler{c.server}.ServeHTTP(w, w.req)

    …
```

```
    // flush 刷 io buffer 的数据
    w.finishRequest()
```

readRequest 便是读取数据和解析请求的地方，包括解析请求的 header、body 和一些基本的校验，比如 header 头信息、请求 method 等。最后将请求的数据赋值到 Request，并初始化 Response 对象，供业务层调用。

4. 路由分配 handler

在上面 serve()函数的源码中，我们已经看到了"serverHandler{c.server}.ServeHTTP(w, w.req)"，此处实际上就是调用最开始在 main()函数中定义的 handler，并将处理好的 Request、Response 对象作为参数传入；具体代码如下：

```
type serverHandler struct {
    srv *Server
}

func (sh serverHandler) ServeHTTP(rw ResponseWriter, req *Request) {
    handler := sh.srv.Handler
    if handler == nil {
        handler = DefaultServeMux
    }
    if req.RequestURI == "*" && req.Method == "OPTIONS" {
        handler = globalOptionsHandler{}
    }
    handler.ServeHTTP(rw, req)
}
```

所以，在 ServeHTTP 中有"handler = DefaultServeMux"，说明我们使用了默认的路由器；如果 ListenAndServe 不是传 nil，就会使用自己定义的路由器。例如下面的这段示例代码。

```
package main
import (
    "fmt"
    "net/http"
    "log"

    "github.com/julienschmidt/httprouter"
)

func Index(w http.ResponseWriter, r *http.Request, _ httprouter.Params) {
    fmt.Fprint(w, "Welcome!\n")
}

func main() {
    router := httprouter.New()
    router.GET("/", Index)
```

```
        log.Fatal(http.ListenAndServe(":8080", router))
    }
```

看到了吧，上面代码中的 router 便是自定义的路由器，在运行到上面 ServerHTTP 的时候，便是使用指定的路由器进行路由。

路由器的默认实现是 DefaultServeMux，它会根据路径找对应的 handler。这里涉及路由的注册、根据注册的路由找对应的 handler 以及找不到路由信息时的处理等三个问题。

默认路由器（DefaultServeMux）的结构定义如下：

```
type ServeMux struct {
    mu      sync.RWMutex
    m       map[string]muxEntry
    es      []muxEntry
    hosts bool
}
```

在上述代码中，m 是一个 map，用来存储路由 pattern 与 handler 的关系；es 是一个 slice，将路由按长度从大到小排序并存储起来。

我们梳理一下它们的匹配规则：首先精确匹配 m 中的 pattern；在 m 不能精确匹配路径时，会在 es 中找到最接近的路由规则；比如注册了两个路径/a/b/和/a/，当请求 URL 是/a/b/c 时，会匹配到/a/b/而不是/a/。

不知大家是否还记得，在 ListenAndServe 之前，有如下这么一行代码：

```
http.HandleFunc("/hello", helloHandler),
```

这行代码便是在注册路由；具体实现如下：

```
func HandleFunc(pattern string, handler func(ResponseWriter, *Request)) {
    DefaultServeMux.HandleFunc(pattern, handler)
}
func (mux *ServeMux) HandleFunc(pattern string, handler func(Response
Writer, *Request)) {
    …
    mux.Handle(pattern, HandlerFunc(handler))
}
func (mux *ServeMux) Handle(pattern string, handler Handler) {
    …
    e := muxEntry{h: handler, pattern: pattern}
    mux.m[pattern] = e
    if pattern[len(pattern)-1] == '/' {
        mux.es = appendSorted(mux.es, e)
    }
    if pattern[0] != '/' {
        mux.hosts = true
    }
}
```

上述函数就展示了将路由表注册到 ServeMux.m 和 ServeMux.es 的全过程。

我们已经了解了端口监听、接收请求、读取请求并解析，再到路由分配 handler 相关实现；现在再反过来具体看一下 handler.ServeHTTP 的实现。它的实现就是将请求交给 ServeMux 的 Handle()函数进行处理，它会针对 host 和 path 进行匹配，返回对应的 Handler，然后交给 Handler 的 ServeHTTP()函数处理；具体实现代码如下：

```
// 根据预设的 pattern，将 request 分配给最匹配的 handler 处理
func (mux *ServeMux) ServeHTTP(w ResponseWriter, r *Request) {
    …
    h, _ := mux.Handler(r)
    h.ServeHTTP(w, r)
}
…
func (mux *ServeMux) handler(host, path string) (h Handler, patternstring) {
    if mux.hosts {
        h, pattern = mux.match(host + path)
    }
    if h == nil {
        h, pattern = mux.match(path)
    }
    if h == nil {
        h, pattern = NotFoundHandler(), ""
    }
    Return
}
func (mux *ServeMux) match(path string) (h Handler, pattern string) {
    // 优先查找 m 表
    v, ok := mux.m[path]
    if ok {
        return v.h, v.pattern
    }
    // 未精确匹配成功，查询 es（已排序），路径长的优先匹配
    for _, e := range mux.es {
        if strings.HasPrefix(path, e.pattern) {
            return e.h, e.pattern
        }
    }
    return nil, ""
}
```

当路径并没有注册的处理器时，Go 语言内置了一个 NotFoundHandler 处理器，返回"404 not found"的错误提示。

6.3.2 Go Fasthttp 解析

Fasthttp 是一个由 Go 语言编写并以高并发和高性能为目的的 HTTP 库，包括客户端和服务端。相比 net/http，Fasthttp 在特定场景下都拥有更好的性能以及更低的内存占用。

因为 net/http 的对外暴露 API 有限，限制了很多优化机会，所以 Fasthttp 团队进行了重写并定义了差异化的 API。二者的差异如下：

（1）net/http 请求对象生存期不受请求处理程序执行时间的限制。因此，服务器必须为每个请求创建一个新的请求对象，而不是像 Fasthttp 那样重用现有对象；

（2）net/http 要求每个请求创建一个新的响应对象。而 FastHttp 则使用响应对象池进行对象复用；

（3）net.http 将 HTTP 请求的头部信息存储在类型为 map[string][]string 的哈希表中。FastHttp 则避免在一开始就解析头部数据，减少不必要的内部分配。因此，在调用用户提供的请求处理程序之前，服务器必须解析 HTTP 请求携带的头部数据，将它们从[]byte 转换为 string，并将它们放入哈希表中。这都需要 Fasthttp 避免不必要的内存分配。

相对应地，Fasthttp 提供的 API 接口和 net/http 的也有一些差异，迁移方面会带来一些成本。

根据 Fasthttp 官方的总结，Fasthttp 比 net/http 快 10 倍。具体报告可以去 Fasthttp 官方网站查看。下面是 GOMAXPROCS 为 1 时，二者 Server 端的性能报告，如下：

```
// net/http
$ GOMAXPROCS=1 go test -bench=NetHTTPServerGet -benchmem -benchtime=10s
BenchmarkNetHTTPServerGet1ReqPerConn                          1000000
12052 ns/op        2297 B/op        29 allocs/op
BenchmarkNetHTTPServerGet2ReqPerConn                          1000000
12278 ns/op        2327 B/op        24 allocs/op
BenchmarkNetHTTPServerGet10ReqPerConn                         2000000
8903 ns/op         2112 B/op        19 allocs/op
BenchmarkNetHTTPServerGet10KReqPerConn                        2000000
8451 ns/op         2058 B/op        18 allocs/op
BenchmarkNetHTTPServerGet1ReqPerConn10KClients               500000
26733 ns/op        3229 B/op        29 allocs/op
BenchmarkNetHTTPServerGet2ReqPerConn10KClients               1000000
23351 ns/op        3211 B/op        24 allocs/op
BenchmarkNetHTTPServerGet10ReqPerConn10KClients              1000000
13390 ns/op        2483 B/op        19 allocs/op
BenchmarkNetHTTPServerGet100ReqPerConn10KClients             1000000
13484 ns/op        2171 B/op        18 allocs/op
// Fasthttp
$ GOMAXPROCS=1 go test -bench=kServerGet -benchmem -benchtime=10s
BenchmarkServerGet1ReqPerConn                                10000000
1559 ns/op         0 B/op           0 allocs/op
BenchmarkServerGet2ReqPerConn                                10000000
1248 ns/op         0 B/op           0 allocs/op
BenchmarkServerGet10ReqPerConn                               20000000
797 ns/op          0 B/op           0 allocs/op
BenchmarkServerGet10KReqPerConn                              20000000
716 ns/op          0 B/op           0 allocs/op
```

```
BenchmarkServerGet1ReqPerConn10KClients                                10000000
1974 ns/op          0 B/op          0 allocs/op
  BenchmarkServerGet2ReqPerConn10KClients                              10000000
1352 ns/op          0 B/op          0 allocs/op
  BenchmarkServerGet10ReqPerConn10KClients                             20000000
789 ns/op           2 B/op          0 allocs/op
  BenchmarkServerGet100ReqPerConn10KClients                            20000000
604 ns/op           0 B/op          0 allocs/op
```

Fasthttp 对性能提高的优化点主要包括对象的复用、减少内存分配、减少[]byte 到 string 的转化以及协程池等方面。

关于 Fusthttp 的优化策略一共有以下五个具体优化手段。

1．减少[]byte 的分配，尽量去复用它们

Fasthttp 通过以下两种方式减少[]byte 的分配并进行复用。

（1）使用 sync.Pool。例如 reader、writer 和 Cookie 都会使用 Pool 机制。

（2）使用 slice = slice[:0]。所有类型的 Reset()方法均使用此方式。例如类型 URI、Args、ByteBuffer、Cookie、RequestHeader 和 ResponseHeader 等。

Fasthttp 里共有 35 处使用了 sync.Pool。sync.Pool 除了降低 GC 的压力，还能复用对象，减少内存分配；代码如下：

```
// 例如类型 Server
type Server struct{
    // ...
  ctxPool        sync.Pool        //存 RequestCtx 对象
    readerPool     sync.Pool        //存 bufio 对象，用于读 HTTP Request
    writerPool     sync.Pool        //存 bufio 对象，用于写 HTTP Request
    hijackConnPool sync.Pool
    bytePool       sync.Pool
}

// 例如 cookies
var cookiePool = &sync.Pool{
    New: func() interface{} {
        return &Cookie{}
    },
}

func AcquireCookie() *Cookie {
    return cookiePool.Get().(*Cookie)
}

func ReleaseCookie(c *Cookie) {
    c.Reset()
    cookiePool.Put(c)
}
```

还有复用已经分配的[]byte，代码如下：

```
s = s[:0]和s = append(s[:0], b...)这两种复用方式总共出现了191次，比如清空 URI。
// 清空 URI
func (u *URI) Reset() {
    u.pathOriginal = u.pathOriginal[:0]
    u.scheme = u.scheme[:0]
    u.path = u.path[:0]
    // ...
}
```

2．方法参数尽量用[]byte，纯写场景可避免用 bytes.Buffer

方法参数使用[]byte，这样做避免了[]byte 到 string 转换时带来的内存分配和复制。毕竟本来从 net.Conn 读出来的数据也是[]byte 类型。

Fasthtt 也提供了以 string 类型为参数的系列函数（见下面的代码），这些函数实际上使用另外一个名为 ByteBufferPool 的库来实现，不会造成 string 到 []byte 的转换。

```
// 例如写 Response 时，提供专门的 string 方法
func (resp *Response) SetBodyString(body string) {
    // ...
    bodyBuf.WriteString(body)
}
```

上面代码中的 bodyBuf 变量类型为 ByteBuffer，就是 ByteBufferPool 库的核心结构体。

该库的主要目标是反对多余的内存分配行为。ByteBuffer 与标准库的 bytes.Buffer 类型对比，性能要高 30%；但 ByteBuffer 只提供了 write 类操作，适合高频写场景；具体代码如下：

```
// 先看下标准库 bytes.Buffer 是如何增长底层 slice 的
// 增长 slice 时，都会调用 grow() 方法
func (b *Buffer) grow(n int) int {
    // ...
    if m+n <= cap(b.buf)/2 {
        copy(b.buf[:], b.buf[b.off:])
    } else {
        // Not enough space anywhere, we need to allocate.
        // 通过 makeSlice 获取新的 slice
        buf := makeSlice(2*cap(b.buf) + n)
        // 而且还要拷贝
        copy(buf, b.buf[b.off:])
        b.buf = buf
    }
    // ...
}

func makeSlice(n int) []byte {
    // maekSlice 是直接分配出新的 slice，没有复用的意思
    return make([]byte, n)
```

```
    }

    // 再看 ByteBuffer 的做法
    // 通过复用减少内存分配，下次复用
    func (b *ByteBuffer) Reset() {
        b.B = b.B[:0]
    }

    // 提供专门 String 方法，通过 append 避免 string 到 []byte 转换带来的内存分配和拷贝
    func (b *ByteBuffer) WriteString(s string) (int, error) {
        b.B = append(b.B, s...)
        return len(s), nil
    }

    // 如果写 buffer 的内容很大呢? 增长的事情交给 append
    // 但因为 Reset() 做了复用，所以 cap 足够情况下，append 速度会很快
    func (b *ByteBuffer) Write(p []byte) (int, error) {
        b.B = append(b.B, p...)
        return len(p), nil
    }
```

Request 和 Response 都是用 ByteBuffer 存储 body 的。清空 body 是把 ByteBuffer 交还给 pool，方便后续请求时复用，减少内存分配和回收次数，提高整体性能; 具体实现代码如下:

```
    var (
        responseBodyPool bytebufferpool.Pool
        requestBodyPool  bytebufferpool.Pool
    )

    func (req *Request) ResetBody() {
        req.RemoveMultipartFormFiles()
        req.closeBodyStream()
        if req.body != nil {
            if req.keepBodyBuffer {
                req.body.Reset()
            } else {
                requestBodyPool.Put(req.body)
                req.body = nil
            }
        }
    }

    func (resp *Response) ResetBody() {
        resp.bodyRaw = nil
        resp.closeBodyStream()
        if resp.body != nil {
            if resp.keepBodyBuffer {
                resp.body.Reset()
```

```
        } else {
            responseBodyPool.Put(resp.body)
            resp.body = nil
        }
    }
}
```

3．不放过能复用内存的地方

有些地方需要 kv 型数据，一般会使用 map[string]string。但 map 不利于复用，所以
Fasthttp 使用 slice 来实现 map，这样做的缺点是增加查询时间复杂度 $O(n)$。可 key 数量不多时，
slice 的方式能够很好地减少内存分配，该优势在大并发场景下尤为明显，具体代码如下：

```
type argsKV struct {
    key      []byte
    value    []byte
    noValue bool
}


// 增加新的 kv
func appendArg(args []argsKV, key, value string, noValue bool) []argsKV {
    var kv *argsKV
    args, kv = allocArg(args)
    // 复用原来 key 的内存空间
    kv.key = append(kv.key[:0], key…)
    if noValue {
        kv.value = kv.value[:0]
    } else {
        // 复用原来 value 的内存空间
        kv.value = append(kv.value[:0], value…)
    }
    kv.noValue = noValue
    return args
}


func allocArg(h []argsKV) ([]argsKV, *argsKV) {
    n := len(h)
    if cap(h) > n {
        // 复用底层数组空间，不用分配
        h = h[:n+1]
    } else {
        // 空间不足再分配
        h = append(h, argsKV{})
    }
    return h, &h[n]
}
```

4．避免 string 与[]byte 转换开销

string 与[]byte 两种类型转换是需要内存分配与复制开销的，但有一种特殊办法能够避

免开销，该方法利用 string 和 slice 在 runtime 里的结构只差一个 Cap 字段来实现；具体代码如下：

```go
type StringHeader struct {
    Data uintptr
    Len  int
}

type SliceHeader struct {
    Data uintptr
    Len  int
    Cap  int
}

// []byte -> string
func b2s(b []byte) string {
    return *(*string)(unsafe.Pointer(&b))
}

// string -> []byte
func s2b(s string) []byte {
    sh := (*reflect.StringHeader)(unsafe.Pointer(&s))
    bh := reflect.SliceHeader{
        Data: sh.Data,
        Len:  sh.Len,
        Cap:  sh.Len,
    }
    return *(*[]byte)(unsafe.Pointer(&bh))
}
```

注意，这种做法会带来如下的问题：

（1）转换出来的[]byte 不能有修改操作；

（2）依赖 StringHeader 和 SliceHeader 结构体定义，结构体发生变化后，代码就失效了；

（3）依赖 unsafe 的 Pointer 函数的实现，不同 Go 语言版本可能有差异。

5. 通过协程池复用协程

Go 语言原生 Server 的 go()函数中是每次都启动一个协程来处理网络请求；代码如下：

```go
l := listen()
func (srv *Server) Serve(l net.Listener) error {
    for {
        rw, err := l.accept()
        ...
        // 处理请求，每次都开启一个 gorotine
        go c.serve(ctx)
    }
}
```

而 Fasthttp 则是使用协程池，每次从协程池中取出一个协程来处理网络请求。

```go
func (s *Server) Serve(ln net.Listener) error {
    for {
        if c, err = acceptConn(s, ln, &lastPerIPErrorTime); err != nil {
            ...
        }
        // 对应 go c.serve(ctx)
        if !wp.Serve(c) {
            //...
        }
        //...
    }
}
```

下面是具体的协程池 workPool 的实现代码。getCh 会从其中获得一个协程，如果有可复用的，则直接获取；否则，创建一个新的。

```go
// 例如 workPool. 每个请求以一个新的 goroutine 运行。就是 workPool 做的调度
type workerPool struct {
    // ...
    workerChanPool sync.Pool
}

func (wp *workerPool) getCh() *workerChan {
    var ch *workerChan
    // ...
    if ch == nil {
        if !createWorker {
            // 已经达到 worker 数量上限，不允许创建了
            return nil
        }
        // 尝试复用旧 worker
        vch := wp.workerChanPool.Get()
        if vch == nil {
            vch = &workerChan{
                ch: make(chan net.Conn, workerChanCap),
            }
        }
        ch = vch.(*workerChan)
        // 创建新的 goroutine 处理请求
        go func() {
            wp.workerFunc(ch)
            // 用完了返回去
            wp.workerChanPool.Put(vch)
        }()
    }
    return ch
}
```

但是 Fasthttp 在高并发场景下会导致 RequestBody 的内容丢失或者错乱，这个问题在 Go

语言官方的 net/http 下是不存在的。问题的根源就在从缓存池获取 RequestCtx 上，Fasthttp 获取 RequestCtx 对象的代码如下：

```
func (s *Server) acquireCtx(c net.Conn) (ctx *RequestCtx) {
    v := s.ctxPool.Get()
    if v == nil {
        ctx = &RequestCtx{
            s: s,
        }
        keepBodyBuffer := !s.ReduceMemoryUsage
        ctx.Request.keepBodyBuffer = keepBodyBuffer
        ctx.Response.keepBodyBuffer = keepBodyBuffer
    } else {
        ctx = v.(*RequestCtx)
    }
    ctx.c = c
    return
}
```

从如上的代码中可以看出，Fasthttp 使用 ctxPool 来维护 RequestCtx，每次请求都先从 ctxPool 中获取。如果能获取到，就用池中已经存在的；如果获取不到，就出一个新的 RequestCtx。这也就是 Fasthttp 性能高的一个主要原因，复用 RequestCtx 可以减少创建对象所有的时间以及减少内存使用率。

但是随之而来的问题是：在高并发的场景下，如果整个请求链路中有另起的协程，在前一个 RequestCtx 处理完成业务逻辑以后（另起的协程还没有完成），立刻被第二个请求使用，那就会发生前文所述错乱的 request body。

不过目前来讲，Fasthttp 只适合小到中型规模请求的高并发场景，对于大多数场景，net/http 是更好的选项；不过 Fasthttp 的优化手段确实是通用的，值得大家借鉴和学习。

—— **本章小结** ——

本章中，我们首先介绍了网络请求处理在当前高级语言应用中的重要性，讲解了 C10K 问题的由来、解决方式和延展。接着重点阐述了响应式网络处理 Reactor 模式，了解了 Getty 库的对应实现。最后，我们介绍并对比了网络处理方面的 net/http 库和 Fasthttp 库。和其他领域类似，网络处理领域有很多可以跨语言的最佳实践和优化方式，这才是我们需要关注和掌握的。

在网络处理中，各类情况的错误处理是比较重要的逻辑组成部分之一，在第 7 章中我们将具体了解 Go 语言错误处理机制。

第 7 章　Go 语言错误处理机制

错误处理对于任何一门编程语言都必不可少，程序执行时总有几率出现一些意料之内或者意料之外的错误或者异常。对于一些可控的错误或者异常，如果能够在语言层面提供一些机制进行预防或者恢复，就可以大大提高程序运行的健壮性。在 Go 语言中，错误是作为变量处理，是可编程的，这大大提升开发人员面对错误时的可操作性；而对于运行时出现的程序异常，通过使用 defer、panic 和 recover 对其进行恢复处理。在本章我们先了解 Go 语言中对错误和异常的基本处理方式，接着结合源码对其实现原理进行讲解，从而熟练掌握 Go 语言中的错误处理机制。

7.1　代码中的错误与异常

程序运行时出错是常见的情形，比如我们在请求一个 HTTP 接口时，由于暂时的网络中断，程序无法从网路 I/O 中读取到数据而导致执行出错；也有可能是代码逻辑存在错误，越界访问数组，导致程序执行崩溃。

在一般的高级编程语言中，都存在错误和异常两种概念，例如 Go 语言中的 error 和 panic，Java 语言中的 exception 和 error。错误一般是指在可能出现问题的地方出现了问题，比如上述我们所说的 HTTP 请求时网络断开，这种情况属于意料之内，编程时可由开发人员预测并加以处理。而异常属于意料之外的错误，比如数组越界访问和空指针异常等，部分异常可以导致程序运行崩溃并不可恢复，比如 Java 语言中常见的 NoClassDefFoundError 异常。

在很多编程语言中，都提供了 try-catch-finally 的错误异常处理机制：编程的时候将可能出现错误或者异常的代码放置在代码块中；在 catch 块中捕获错误或者异常，并进行业务外的处理工作，例如重试或者数据回滚等；最后在 finally 块中执行最后必要的清理工作。我们来看下面的示例代码。

```
try{
    // logic code
    ...
}catch(Exception1 e1){
    // retry
    ...
}catch(Exception2 e2){
    // recover
    ...
}finally {
```

```
    // clean
    ...
}
```

上述代码中，当 try 块中的代码在运行时出现错误或者异常时，程序立即跳转到 catch 中执行错误异常处理逻辑。这样的方式能够帮助开发人员对可能出现错误或者异常的代码进行包装，在错误或者异常出现时及时进行处理，以提高程序的健壮性。

一般来说，try-catch-finally 的使用会产生较大的开销，滥用 try-catch-finally 可能会大大降低程序的性能，所以要在可能出现错误的代码块中正确合理地使用它。

Go 语言中提供了 error 接口作为错误处理的标准模式，它将 error 作为一个函数返回值，迫使函数的调用方对 error 进行处理或者忽略。error 可以被逐层返回，直到被忽略或者处理。

Go 语言中还提供了 panic() 和 recover() 两个内置函数来触发和终止异常处理流程，并提供 defer 关键字来延迟执行 defer() 函数。被 defer 关键字声明的语句，会被 Go 语言压入栈中，在函数或者 panic 异常结束时，被依次从栈中取出执行。而 recover() 函数只能在 defer() 函数中使用才有效。

7.2　Go 语言的错误处理哲学

Go 语言中认为错误是正常处理流程的一部分，建议将错误作为函数返回值返回，让开发人员对错误处理具备完全控制权，但这也对开发人员提出了更高的要求：你需要对可能出现的错误负责：处理或者忽略。接下来我们来了解一下 Go 语言中的错误处理设计。

7.2.1　Errors are values

与其他编程语言不同，Go 语言中倡导 "Errors are values" 的处理思想，当遇到错误，会马上中断并进行处理或者返回给上游；但是这样的处理方式容易导致在代码中出现大量的 if 判断语句对 error 进行判断，例如下面的代码：

```
result, err := doSomething()
if err != nil{
    // 直接返回
    return err
}
// do other thing
```

当项目代码快速增长起来时，代码中可能会充斥着大量的 "if(err != nil)" 判断片段，但是这样的设计和约定也迫使开发人员明确检查和定位错误发生的位置并进行处理。

7.2.2　error 接口

在 Go 语言中，error 接口的定义如下：

```
type error interface {
Error() string
}
```

Go 语言的标准库 errors 包中内置了最常用的 errorString，它是一个仅包含错误信息的 error 实现，可以通过 errors.New() 和 fmt.Errorf() 函数创建。实现 error 接口仅需提供一个 Error() 方法，使得开发人员可以为 error 添加任何所需的信息，比如我们可以实现一个 Error 结构体，在其内携带错误时调用栈信息，如下代码所示：

```
type Error struct {
    Msg string
    Code int32
    St []uintptr // 调用栈
}


// 获取调用栈信息
func callers() []uintptr {
    var pcs [32]uintptr
    n := runtime.Callers(3, pcs[:])
    st := pcs[0:n]
    return st
}


func New(code int32, msg string) error {
    return &Error{
        Code: int32(code),
        Msg:  msg,
        St: callers(),
    }
}


func (e *Error) Error() string {
    if e == nil {
        return "OK"
    }
    return fmt.Sprintf("code:%d, msg:%s", e.Code, e.Msg)
```

如此一来，在实际使用过程中，我们就可以通过断言的方式将 error 转化为特定类型的结构体从而进行特异化处理，示例代码如下：

```
if e, ok := err.(*Error); ok {
    // 取出堆栈信息进行处理
    st := e.St
    // ....
}else {
    // 其他错误处理
```

```
}
```

在 Go 1.13 版本之后，errors 标准库引入了 Wrapping Error 的概念，也就是我们可以对 error 进行嵌套。Go 语言为 fmt.Errorf 提供"%w"来格式化嵌套的 err，示例代码如下：

```
func main(){
err := errors.New("test err")
err = fmt.Errorf("doSomething %w", err)
fmt.Println(err)
}
```

打印的 err 的错误信息即为 doSomething test err。

与此同时，errors 包之下还存在 errors.Unwrap()、errors.Is()、errors.As()三个函数，用于对所返回的错误进行再次判别和处理。我们可以通过如下示例代码来体验它们的作用。

```
type LocalError struct {
    err string
    sign int32
}

func (le *LocalError) Error() string {
    if le != nil{
        return le.err
    }

    return ""
}

func main(){
    err := errors.New("test err")
    wrapErr := fmt.Errorf("doSomething %w", err)
    unWrapErr := errors.Unwrap(wrapErr)

    localErr := &LocalError{err: "local err"}
    asErr := errors.New("as err")

    fmt.Println(unWrapErr == err)
    fmt.Println(errors.Is(unWrapErr, err))
    fmt.Println(errors.Is(wrapErr, err))

    fmt.Println(errors.As(wrapErr, &asErr))
    fmt.Println(errors.As(wrapErr, &localErr))
    fmt.Println(asErr)
}
```

预期的输出结果为：

```
true
true
true
```

```
true
false
doSomething test err
```

　　如果 err 中存在多层嵌套，就需要多次使用 errors.Unwrap 进行嵌套解析。errors.Is()函数会比较两个 error 是否相等，并尝试使用 errors.Unwrap()函数解析待比较的 error，直到找到任意相等的 error 目标，所以上述结果中，wrapErr、unWrapErr 都与 err 相等。而 errors.As() 函数用来判断 error 是否为特定类型，如果类型匹配，就将进行赋值。在上述例子中，wrapErr 和 asErr 的类型一致，因此 asErr 被赋予了 wrapErr 的值，而 wrapErr 和 localErr 的类型不一致，所以 errors.As()的结果为 false。

7.2.3　对 error 进行编程

　　由于 error 是一个值，因此我们可以对其进行编程，进而简化 Go 语言错误处理的重复代码。在一些管道和循环的代码中，只要其中一次处理出现错误，就应该退出本次管道或者循环。通常的做法是每次迭代都检查错误，但为了让管道和循环的操作显得更加自然，我们可以将 error 封装到独立的方法或者变量中返回，以避免错误处理掩盖控制流程，如 gorm 中的 DB 设计，具体代码如下所示：

```
err := DB.Where(queryString, queryValue...).
    Table("table_name").
    Updates(map[string]interface{}{...}).Error
if err != nil{
    // 错误处理逻辑
}
```

　　在上述代码中，error 是从 gorm.DB 的 Error 成员变量中获取的。在数据库请求执行结束之后，程序才从 DB 中获取执行错误，这样的写法使得错误处理不会中断执行流程。注意，无论如何简化 error 的设计，程序都要检查和处理错误，错误是无法避免和忽略的。

7.3　处理异常并恢复

　　在大多数的代码逻辑中，错误都可以通过参数检测等方式提前发现；但当出现数组访问越界这类能够导致程序执行崩溃的异常时，就需要使用 Go 语言中提供的 defer、panic 和 recover 组合来捕获程序中运行时的异常并恢复程序的正常执行流程。

　　接下来我们先来了解 defer、panic 和 recover 的基本使用方式，再详细学习它们的实现原理。

7.3.1　基本使用方式

　　defer、panic 和 recover 在使用和实现上都存在一定的联系，比如 recover 需要在 defer 中使用才能生效，panic 和 recover 互为相反的关系。接下来我们一一介绍它们的使用方式。

1．defer

defer 是 Go 语言中提供的一种延迟执行机制，每次执行 defer，都会将对应的函数压入栈中。在函数返回或者 panic 异常结束时，Go 语言会依次从栈中取出延迟函数执行。

在编程的时候，经常需要打开一些资源，比如数据库连接、文件等；在资源使用完成之后需要释放，不然有可能会造成资源泄露。这个时候，我们可以通过 defer 语句在函数执行完之后，自动释放资源，避免在每个函数返回之前手动释放资源，减少冗余代码。

defer 关键字存在以下三个比较重要的特点。

（1）defer 按照调用 defer 的逆序执行，即后调用的 defer 在函数退出时先执行，后进先出。

（2）defer 被定义时，参数变量会被立即解析，传递参数的值拷贝。

（3）defer 可以读取并修改函数的命名返回值。

我们可以通过以下三个示例来分别对 defer 关键字的三个特点进行阐述。

【示例 7-1】多 defer 延迟函数逆序执行。

其代码如下：

```
package main
import "fmt"
func main() {
    defer fmt.Println("I register at first, but execute at last")
    defer fmt.Println("I register at middle, execute at middle")
    defer fmt.Println("I register at last, execute at first")
    fmt.Println("test begin")
}
```

预期的结果为：

```
test begin
I register at last, execute at first
I register at middle, execute at middle
I register at first, but execute at last
```

从上述示例的预期结果输出可以发现，在同一个函数内调用 defer 语句，先调用的 defer 语句在最后执行，而最后调用的 defer 语句在最先执行，满足后进先出的调用执行原则。

【示例 7-2】defer 延迟函数立即解析参数。

其代码如下：

```
package main
import "fmt"
func main() {
    i := 10
    defer fmt.Printf("defer i is %d\n", i)
    i = 20
    fmt.Printf("current i is %d\n", i)
```

```
}
```

预期的结果为：

```
current i is 20
defer i is 10
```

在上述示例代码中，变量 *i* 作为函数参数，在调用 defer 语句时，当时的值 10 被立即复制并保存，等待函数返回前被取出执行。而后面 *i* 的值在被修改为 20 时，并不会影响 defer 语句中被复制保存的 *i* 值。

然而，当 defer 以闭包的方式引用外部变量时，就会在延迟函数真正执行的时候，根据整个上下文确定当前的值；具体实现代码如下：

```
package main
import "fmt"
func main()  {
for i := 0; i < 5; i++ {
        defer func() {
            fmt.Println(i)
        }()
    }
}
```

预期的结果为：

```
5
5
5
5
5
```

上述示例为了演示方便，在 for 循环中使用了 defer 语句，但在日常开发中，并不建议在循环中使用 defer 语句。因为相较于直接调用，defer 的执行存在着额外的开销，例如，defer 会对其后需要的参数进行内存复制，还会对 defer 结构进行压栈出栈操作。因此，在循环中使用 defer 可能会带来较大的性能开销。

【示例 7-3】在 defer 延迟函数中修改命名返回值。

其代码如下：

```
package main
import "fmt"
func main()  {
    fmt.Println("result is ", test())
}


func test()  (i int) {
    defer func() {
        i++
    }()
```

```
return 1
```

预期的结果为：

```
result is 2
```

在上述示例中，我们在 test() 函数中通过 return 语句直接返回了结果 1，而后通过 defer 语句对命名返回值的结果进行了自增 1 的修改，使得 test() 函数的最后返回结果为 2。结合上面的示例，对于命名返回值，defer 和 return 的执行顺序如下：

（1）在 return 执行之后，i 将会被赋值为 1；

（2）执行 defer 语句中声明的函数，如上述示例 7-3 中的自增操作；

（3）最后返回 i，作为函数返回值。

2．panic() 内置函数

panic() 是一个内置函数，用于抛出程序执行的异常。它会终止其后将要执行的代码，并依次逆序执行 panic() 所在函数可能存在的 defer 函数列表；然后返回该函数的调用方；如果函数的调用方中也有 defer 函数列表，也将被逆序执行，执行结束后再返回到上一层调用方，直到返回当前 goroutine 中的所有函数为止，最后报告异常，程序崩溃退出。异常可以直接通过 panic() 函数调用抛出，也可能是因为运行时的错误而引发，比如访问了空指针等。注意，无论是在主 goroutine 还是子 goroutine 中出现的异常，都能够导致程序崩溃退出。

3．recover() 内置函数

recover() 是一个内置函数，可用于捕获 panic，重新恢复程序正常执行流程，但是 recover() 函数只有在 defer 内部使用时才有效。

4．组合使用

组合使用 defer、panic 和 recover 可以对可能出现程序异常的代码进行包装，避免程序运行崩溃退出。我们通过下面的示例来了解一下，具体实现代码如下：

```go
package main
import (
    "fmt"
    "runtime"
)
func main() {
    err := panicAndReturnErr()
    if err != nil{
        fmt.Printf("err is %+v\n", err)
    }
    fmt.Println("returned normally from panicAndReturnErr")
}
func panicAndReturnErr() (err error){
    defer func() {
        // 从 panic 中恢复
```

```
        if e := recover(); e != nil {
            // 打印栈信息
            buf := make([]byte, 1024)
            buf = buf[:runtime.Stack(buf, false)]
            err = fmt.Errorf("[PANIC]%v\n%s\n", e, buf)
        }
    }()
    fmt.Println("panic begin")
    panic("panic this game")
    fmt.Println("panic over")
    return nil
}
```

预期的结果为：

```
panic begin
err is [PANIC]panic this game
goroutine 1 [running]:
main.panicAndReturnErr.func1(0xc00009af08)
        /Users/xuan/Desktop/company/workbench/go_test/defer/main.go:23
+0xa1
    panic(0x10ad7a0, 0x10eb510)
            /usr/local/go/src/runtime/panic.go:969 +0x166
    main.panicAndReturnErr(0x0, 0x0)
            /Users/xuan/Desktop/company/workbench/go_test/defer/main.go:28
+0xc2
    main.main()
            /Users/xuan/Desktop/company/workbench/go_test/defer/main.go:9
+0x26


returned normally from panicAndReturnErr
```

在上述示例中，我们在 defer() 函数中使用 recover() 函数帮助程序从 panic 中恢复过来，并获取异常堆栈信息组成 error 返回调用方。从上述例子的执行结果可以看出，panicAndReturnErr() 函数在 panic 之后将会执行 defer 定义的延迟函数，恢复程序的正常执行逻辑。panicAndReturnErr 从 panic 中恢复后将直接返回，不会执行函数中 panic 后面的其他代码。

在日常开发中，对于可能出现执行异常的函数，如数组越界、操作空指针等，在函数中定义一个使用 recover() 函数的 defer 延迟函数，有利于提高程序执行的健壮性，避免程序运行时异常崩溃。但是也不能滥用 defer、panic 和 recover 异常处理组合，将所有的异常转化为 error 返回或者忽略，对于一些不可处理的异常，如内存泄露等异常应该及早关闭程序，避免错误的代码逻辑被持续执行，从而导致不可控的错误结果。

知其然知其所以然，了解了 defer、panic 和 recover 的基础用法之后，我们再结合源码学习其在 Go 语言中的实现原理，帮助我们在实际开发中合理地处理 Go 语言中运行时异常。

7.3.2　defer 延时执行的实现原理

defer 会在函数返回或者 panic 异常结束时执行，它的实现是由编译器和运行时共同实现。在 Go 语言编译阶段，生成中间代码时，编译器会调用 buildssa()为函数体生成 SSA 形式的函数，接着调用 genssa()将函数的 SSA 表示转换为具体的机器指令。

在 buildssa 阶段中，会调用 state.stmt()对函数内的各个语句进行 SSA 处理，如下代码所示：

```go
// src/cmd/compile/internal/gc/ssa.go
func (s *state) stmt(n *Node) {
    //...
    switch n.Op {
    //...
    case ODEFER:
        //...
        // 开放编码式 defer
        if s.hasOpenDefers {
            s.openDeferRecord(n.Left)
        } else {
            // 在堆上分配 defer
            d := callDefer
            if n.Esc == EscNever {
                // 在栈上分配 defer
                d = callDeferStack
            }
            s.call(n.Left, d)
        }
        //...
    }
    //...
}
```

在 stmt()函数中，对于 defer 关键字的解析会产生三种不同的实现形式，分别是在堆上分配的 defer 语句、在栈上分配的 defer 语句、开放编码式的 defer 语句。

在上面的三种实现形式中，defer 语句的执行性能是自前而后依次提升的。接下来我们分别介绍它们的具体实现方式。

1. 在堆上和栈上分配 defer 语句

从名字上的定义可得知，在堆上和栈上分配的 defer 语句实现的主要区别在于存储延迟调用函数数据的_defer 结构体的内存是分配在堆上还是栈上。为了方便读者理解，我们将这两种实现形式放在一起对比讲解。_defer 结构体中存储 defer 执行相关的信息，其定义如下：

```
// src/runtime/runtime2.go
type _defer struct {
    siz        int32 // 参数与结果内存大小
    started    bool
    heap       bool // 是否在堆上分配
    openDefer  bool //是否经过开放编码优化
    sp         uintptr // 栈指针
    pc         uintptr // 调用方的程序计数器
    fn         *funcval // defer 传入的函数
    _panic     *_panic
    link       *_defer // 下一个 _defer
}
```

而对于每一个 goroutine，在运行时都会有一个_defer 链表，用来表示当前执行流程中待执行的延迟函数，如图 7-1 所示。

图 7-1

在图 7-1 所示中，g 代表 goroutine 的数据结构。每个 goroutine 中都有一个_defer 链表，当代码中遇到 defer 关键字时，Go 语言都会将 defer 相关的函数和参数封装到_defer 结构体中，然后将其插入到当前 goroutine 的_defer 链表头部。在当前函数执行完毕之后，Go 语言会从 goroutine 的_defer 链表头部取出属于当前函数的 defer 延时函数执行并返回。

在 stmt()函数中指定 defer 关键字的生成形式后，编译器还会调用 call 方法将函数和方法调用翻译为 SSA 形式，对于在堆上分配的 defer 语句，为其生成保存延时函数参数的指令，并插入 deferproc 调用指令；而对于在栈上分配的 defer 语句，也会生成保存延时函数参数的指令，区别在于这里会插入 deferprocStack 调用指令。编译器最后都会在 exit()函数返回前插入 deferreturn 调用指令，如下代码所示：

```
// src/cmd/compile/internal/gc/ssa.go
func (s *state) call(n *Node, k callKind) *ssa.Value {
    ...
    var call *ssa.Value
    if k == callDeferStack {
        // 在栈上创建_defer 结构体
        t := deferstruct(stksize)
        //...
        // 在栈上创建预留保存_defer 的各个字段的内存
        s.store(types.Types[TUINT32],
                s.newValue1I(ssa.OpOffPtr,types.Types[TUINT32].PtrTo(),t.
Fie ldOff(0), addr),
                s.constInt32(types.Types[TUINT32], int32(stksize)))
```

```
            s.store(closure.Type,
                s.newValue1I(ssa.OpOffPtr,closure.Type.PtrTo(),t.FieldOff(6),
addr),
                closure)
        // 保存参与 defer 调用的参数
        ft := fn.Type
        off := t.FieldOff(12)
        args := n.Rlist.Slice()
        // ... 忽略 testLateExpansion 调试代码
        // 插入 deferprocStack 调用，并传递栈上分配_defer 指针作为参数
        call = s.newValue1A(ssa.OpStaticCall, types.TypeMem, deferproc
Stack, s.mem())
        // ...
    } else {
        // 在堆上创建_defer 结构体
        argStart := Ctxt.FixedFrameSize()
        if k != callNormal {
            // 保存 deferproc 的参数
            argsize:=s.constInt32(types.Types[TUINT32],int32(stksize))
            ACArgs=append(ACArgs,ssa.Param{Type: types.Types[TUINT32],
Offset: int32(argStart)})
            if testLateExpansion {
                callArgs = append(callArgs, argsize)
            } else {
                addr:=s.constOffPtrSP(s.f.Config.Types.UInt32Ptr,
argStart)
                // 保存参数 size
                s.store(types.Types[TUINT32], addr, argsize)
            }
            ACArgs=append(ACArgs,ssa.Param{Type:types.Types[TUINTP
TR], Offset: int32(argStart) + int32(Widthptr)})
            if testLateExpansion {
                callArgs = append(callArgs, closure)
            } else {
                addr:=s.constOffPtrSP(s.f.Config.Types.Uintptr
Ptr,arg Start+int64(Widthptr))
                // 保存函数地址 fn
                s.store(types.Types[TUINTPTR], addr, closure)
            }
            stksize += 2 * int64(Widthptr)
            argStart += 2 * int64(Widthptr)
    }
    ...

    // 插入 deferproc 调用
    switch {
    case k == callDefer:
        aux := ssa.StaticAuxCall(deferproc, ACArgs, ACResults)
```

```
                // ... 忽略 testLateExpansion 调试代码
                call=s.newValue1A(ssa.OpStaticCall,types.TypeMem,aux,s.mem())
        ...
        }
        ...
    }
    ...

    // 结束 defer 块
    if k == callDefer || k == callDeferStack {
        s.exit()
        ...
    }
    ...
    }
    func (s *state) exit() *ssa.Block {
        if s.hasdefer {
            if s.hasOpenDefers {
                ...
            } else {
                // 调用 deferreturn
                s.rtcall(Deferreturn, true, nil)
            }
        }
        ...
    }
```

一个函数中被 defer 关键字声明的延迟函数在运行时会生成一个 _defer 结构体，插入当前 goroutine 的 _defer 链表的头部等待执行。在堆上分配的 defer 语句在运行时被插入 deferproc() 函数用于生成 _defer 结构体，该函数将生成的 _defer 结构体分配到堆中，代码如下：

```
// src/cmd/runtime/panic.go
func deferproc(siz int32, fn *funcval) {
    //...
    sp := getcallersp()
    argp := uintptr(unsafe.Pointer(&fn)) + unsafe.Sizeof(fn)
    callerpc := getcallerpc()

    d := newdefer(siz)
    if d._panic != nil {
        throw("deferproc: d.panic != nil after newdefer")
    }
    // 将 _defer 指针添加到当前 goroutine 的 _defer 链表上
    d.link = gp._defer
    gp._defer = d
    d.fn = fn
    d.pc = callerpc
```

```
    d.sp = sp

    // 将参数保存到 _defer 结构体中
    switch siz {
    case 0:
        // Do nothing.
    case sys.PtrSize:
        *(*uintptr)(deferArgs(d)) = *(*uintptr)(unsafe.Pointer(argp))
    default:
        // 进行参数拷贝
        memmove(deferArgs(d), unsafe.Pointer(argp), uintptr(siz))
    }

    return0()
}
```

在上述代码中，主要进行一些简单的参数处理，通过 newdefer() 函数创建了一个新的 _defer 结构体，然后将 fn、callerpc 和 sp 等信息赋值给它。而 return0() 函数是唯一一个不会触发延时调用的函数，从而避免了递归调用 deferreturn() 函数。

在 newdefer() 方法中，会通过 P 或者在调度器的 defer 池中获取 _defer 结构体，达到内存复用的目的，从而减少内存分配的损耗；代码如下：

```
// src/cmd/runtime/panic.go
func newdefer(siz int32) *_defer {
    var d *_defer
    sc := deferclass(uintptr(siz))
    gp := getg()
    // 如果 defer 参数的小于 P 的 deferpool 长度，支持最大为 4
    if sc < uintptr(len(p{}.deferpool)) {
        pp := gp.m.p.ptr()
        // 如果 P 本地缓存池为空，尝试从全局池中获取空闲 defer 到 P 的本地资源池
        if len(pp.deferpool[sc]) == 0 && sched.deferpool[sc] != nil {
            systemstack(func() {
                lock(&sched.deferlock)
                for len(pp.deferpool[sc]) < cap(pp.deferpool[sc])/2
&& sched.deferpool[sc] != nil {
                    d := sched.deferpool[sc]
                    sched.deferpool[sc] = d.link
                    d.link = nil
                    pp.deferpool[sc] = append(pp.deferpool[sc], d)
                }
                unlock(&sched.deferlock)
            })
        }

        // 在 P 本地分配 _defer 结构体
        if n := len(pp.deferpool[sc]); n > 0 {
            d = pp.deferpool[sc][n-1]
```

```
                    pp.deferpool[sc][n-1] = nil
                    pp.deferpool[sc] = pp.deferpool[sc][:n-1]
            }
        }
    // 如果没有可用的缓存，直接从堆上分配新的_defer 结构体和参数
    if d == nil {
        systemstack(func() {
            total := roundupsize(totaldefersize(uintptr(siz)))
            d = (*_defer)(mallocgc(total, deferType, true))
        })
    }
    d.siz = siz
    d.heap = true
    return d
}
```

在上述代码中，newdefer()函数将尝试从 P 或者调度器的 deferpool 获取到_defer 结构体的指针，如果获取失败，就直接在堆上分配 defer 结构体的空间。接着 newdefer()函数还会将该_defer 结构体的指针插入到当前 goroutine 的头部，达到后进先出的执行目的。

对于栈上分配的 defer 语句，程序在运行时会执行 deferprocStack()函数用于封装 _defer 结构体，代码如下：

```
// src/cmd/runtime/panic.go
func deferprocStack(d *_defer) {
    gp := getg()
    if gp.m.curg != gp {
        // go code on the system stack can't defer
        throw("defer on system stack")
    }
    // _defer 结构体已经分配在栈上，此处只是进行内容赋值
    d.started = false
    d.heap = false          // 可见此时 defer 被标记为不在堆上分配
    d.openDefer = false
    d.sp = getcallersp()
    d.pc = getcallerpc()
    ...
    // 将 _defer 结构体指针添加到当前 goroutine 的 _defer 链表
    //   d.panic = nil
    //   d.fd = nil
    //   d.link = gp._defer
    //   gp._defer = d
    *(*uintptr)(unsafe.Pointer(&d._panic)) = 0
    *(*uintptr)(unsafe.Pointer(&d.fd)) = 0
    *(*uintptr)(unsafe.Pointer(&d.link)) = uintptr(unsafe.Pointer(gp._defer))
    *(*uintptr)(unsafe.Pointer(&gp._defer))=uintptr(unsafe.Pointer(d))
    return0()
}
```

在编译阶段，由于_defer 结构体的空间已经在栈上分配保留，deferprocStack()函数的主要功能仅仅是在运行时将相关参数放到栈中分配的_defer 结构体中，并将该_defer 结构体加入到当前 goroutine 的_defer 链表头部。

在存在 defer 语句的函数中，函数在返回之前被编译器插入了 deferreturn 函数的调用指令。deferreturn 会在函数返回前被调用，它从当前 goroutine 的_defer 链表取出属于当前函数的 defer 延迟函数进行调用，代码如下：

```go
// src/cmd/runtime/panic.go
func deferreturn(arg0 uintptr) {
    gp := getg()
    d := gp._defer
    if d == nil {
        return
    }
    // 确定 defer 的调用方是否为当前 deferreturn 的调用方
    sp := getcallersp()
    if d.sp != sp {
        return
    }
    ...

    // 将参数复制出 _defer 结构体外
    switch d.siz {
    case 0:
        // Do nothing.
    case sys.PtrSize:
        *(*uintptr)(unsafe.Pointer(&arg0)) = *(*uintptr)(deferArgs(d))
    default:
        memmove(unsafe.Pointer(&arg0), deferArgs(d), uintptr(d.siz))
    }
    // 获取被 defer 调用函数的入口地址
    fn := d.fn
    // 释放_defer 以复用
    d.fn = nil
    gp._defer = d.link
    freedefer(d)
      _ = fn.fn

    // 调用被 defer 调用的函数，并跳转到下一个 defer
    jmpdefer(fn, uintptr(unsafe.Pointer(&arg0)))
}
```

在上述代码中，deferreturn()函数首先从当前 goroutine 的_defer 链表中取出头部的_defer 结构体，通过创建_defer 结构体时传递的调用者的堆栈首地址 sp 来判断_defer 结构体代表的延迟函数和 deferreturn()的调用者是否为同一个函数，如果是，说明该延迟函数属于调用者函数。deferreturn()函数最后将会调用 jmpdefer()函数传入待执行的延迟函数和参数。

在 deferreturn()函数中，会在需要时对 defer 的参数进行再次复制。多个 defer()函数以 jmpdefer 尾调用的方式被链式调用。jmpdefer 通过调用者的 sp 推算出 deferreturn 的入口地址，由于被 defer 调用的函数在返回时会出栈，pc 将会再次回到 deferreturn 的初始位置，进而重复调用 deferreturn()函数，从而模拟 deferreturn()函数不断地对自己进行尾递归，直到执行完属于调用者函数的所有延迟函数。

2. 开放编码式的 defer 语句

相对于在对堆上分配的 defer 语句，在栈上分配的 defer 语句显然具备更快的执行效率：数据距离执行代码更快、资源回收更快等。但是它依然存在延迟函数从_defer 链表出栈的成本，为了进一步提升 defer 的执行效率，Go 语言在 1.14 版本中通过开放编码的方式实现 defer 语句，它使用类似函数内联的方式，将 defer 延迟函数直接插入到调用函数的尾部，大大降低了 defer 的调用开销。

使用开放编码式的 defer 语句需要一定的产生条件，是否启用会在编译阶段生成 SSA 来决定，代码如下：

```
// src/cmd/compile/internal/gc/walk.go
const maxOpenDefers = 8
func walkstmt(n *Node) *Node {
    ...
    switch n.Op {
    case ODEFER:
        Curfn.Func.SetHasDefer(true)
        Curfn.Func.numDefers++
        // defer 的数量小于或等于 8 个
        if Curfn.Func.numDefers > maxOpenDefers {
            Curfn.Func.SetOpenCodedDeferDisallowed(true)
        }
        // 循环语句中不存在 defer
        if n.Esc != EscNever {
                Curfn.Func.SetOpenCodedDeferDisallowed(true)
        }
    case ...
    }
    ...
}
// src/cmd/compile/internal/gc/ssa.go
func buildssa(fn *Node, worker int) *ssa.Func {
    ...
    var s state
    ...
    s.hasdefer = fn.Func.HasDefer()
    ...
    // 可以对 defer 进行开放编码的条件
```

```
    s.hasOpenDefers=Debug.N==0&&s.hasdefer&&    !s.curfn.Func.OpenCoded
DeferDisallowed()
    case s.hasOpenDefers && (Ctxt.Flag_shared || Ctxt.Flag_dynlink) &&
thearch.LinkArch.Name == "386":
        s.hasOpenDefers = false
    }
    if s.hasOpenDefers && s.curfn.Func.Exit.Len() > 0 {
        s.hasOpenDefers = false
    }
    if s.hasOpenDefers &&
        s.curfn.Func.numReturns*s.curfn.Func.numDefers > 15 {
        s.hasOpenDefers = false
    }
    ...
}
```

从上述代码中可以了解到，编译器进行开放编码式的 defer 具备以下条件：

（1）没有禁止编译器优化；

（2）存在 defer 语句；

（3）函数内 defer 的数量不超过 8 个；

（4）非使用共享库的 386 架构机器；

（5）函数不存在额外的退出代码；

（6）函数内返回语句与 defer 语句个数的乘积不超过 15；

（7）循环语句中不存在 defer 语句。

要理解开放编码式的 defer 语句实现需要首先理解延迟比特。延迟比特是一种机制，用来记录函数内的 defer 语句是否被执行，特别是条件语句中 defer 语句是否被执行。

延迟比特使用一个字节表示，如图 7-2 所示，字节中的每一位比特都代表了待执行的 defer 语句，当数组中的比特位被设置为 1 时，表示该比特位对应的延迟函数会在函数返回前被执行。

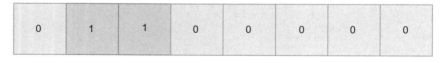

图 7-2

当 defer 语句存在于判断语句之中时，并不是所有的 defer 语句都会被执行。只有判断语句为真时，其中的 defer 语句才会被执行，我们来看下面的伪代码示例。

```
func test1(){
    defer f1(a1)
    if cond {
        defer f2(a2)
    }
```

```
    defer f3(a3)
    return
}

// example
deferBits = 0            // 初始值 00000000
deferBits |= 1 << 0      // 遇到第 1 个 defer, 设置为 00000001
// 保存函数和参数
_f1 = f1
_a1 = a1
if cond {
    // 如果条件为真, 则设置为 00000011, 否则依然为 00000001
    deferBits |= 1 << 1
    _f2 = f2
    _a2 = a2
}
deferBits |= 1 << 1 // 第 3 个比特位被设置
_f3 = f3
_a3 = a3
exit:
if deferBits & 1 << 1 != 0 {
    deferBits &^= 1 << 1
    _f3(a3)
}

if deferBits & 1 << 1 != 0 {
    deferBits &^= 1 << 1
    _f2(a2)
}

if deferBits & 1 << 0 != 0 {
    deferBits &^= 1 << 0
    _f1(a1)
}
```

　　延迟比特的作用就是标记哪些 defer 语句在函数中被执行, 这样在函数返回时可以根据延迟比特的记录确定需要执行的延迟函数。因为延迟比特的大小仅为一个字节, 即 8bit, 所以启动开放编码式的 defer 语句会限定函数中的 defer 语句少于 8 个。函数在退出之前, 将根据被标记的延时比特位决定哪些延迟函数将被调用。

　　与在栈上和堆上分配 defer 时的 defer 结构体不一样, 开放编码式的 defer 语句通过 openDeferInfo 结构体存储延迟函数的函数指针和参数, 如下代码所示:

```
// src/cmd/compile/internal/gc/ssa.go
type openDeferInfo struct {
    n          *Node
    closure    *ssa.Value  // 待调用函数
    closureNode *Node
```

```
    rcvr          *ssa.Value          // 方法接收器
    rcvrNode      *Node
    argVals       []*ssa.Value        // 参数
    argNodes      []*Node
}
```

在编译阶段构造 SSA 的过程中，编译器会调用 openDeferRecord()函数在栈上构建 open-DeferInfo 结构体用于存储延迟函数相关数据，如下代码所示：

```
// src/cmd/compile/internal/gc/ssa.go
func (s *state) stmt(n *Node) {
    ...
    switch n.Op {
    case ODEFER:
        // 开放编码式 defer
        if s.hasOpenDefers {
                s.openDeferRecord(n.Left)
        } else { ... }
    case ...
    }
    ...
}
func (s *state) openDeferRecord(n *Node) {
    ...
    var args []*ssa.Value
    var argNodes []*Node

    // 记录与 defer 相关的入口地址与参数信息
    opendefer := &openDeferInfo{
        n: n
    }
    fn := n.Left
    // 保存函数入口地址
    if n.Op == OCALLFUNC {
        closureVal := s.expr(fn)
        closure := s.openDeferSave(nil, fn.Type, closureVal)
        opendefer.closureNode = closure.Aux.(*Node)
        if !(fn.Op == ONAME && fn.Class() == PFUNC) {
                opendefer.closure = closure
        }
    } else {
        ...
    }
    // 对需要立即求值的参数进行计算和保存
    for _, argn := range n.Rlist.Slice() {
        var v *ssa.Value
        if canSSAType(argn.Type) {
                v = s.openDeferSave(nil, argn.Type, s.expr(argn))
        } else {
```

```
            v = s.openDeferSave(argn, argn.Type, nil)
        }
        args = append(args, v)
        argNodes = append(argNodes, v.Aux.(*Node))
    }
    opendefer.argVals = args
    opendefer.argNodes = argNodes
    index := len(s.openDefers)
    s.openDefers = append(s.openDefers, opendefer)
    // 在 defer 结构体存储成功后，设置延迟比特位 deferBits |= 1<<len(defers

    bitvalue := s.constInt8(types.Types[TUINT8], 1<<uint(index))
    newDeferBits    :=    s.newValue2(ssa.OpOr8,    types.Types[TUINT8],
s.variable(&deferBitsVar, types.Types[TUINT8]), bitvalue)
    s.vars[&deferBitsVar] = newDeferBits
    s.store(types.Types[TUINT8], s.deferBitsAddr, newDeferBits)
}
```

　　而在函数返回之前，exit()函数会依次倒序插入对延迟比特检查的代码，检查该比特位是否被置为 1，从而执行对应的延时函数。这也就是我们介绍开放编码式的 defer 语句实现原理伪码的下半部分实现，代码如下：

```
// src/cmd/compile/internal/gc/ssa.go
func (s *state) exit() *ssa.Block {
    if s.hasdefer {
        if s.hasOpenDefers {
            ...
            s.openDeferExit()
        } else {
            ...
        }
    }
    ...
}
func (s *state) openDeferExit() {
    deferExit := s.f.NewBlock(ssa.BlockPlain)
    s.endBlock().AddEdgeTo(deferExit)
    s.startBlock(deferExit)
    s.lastDeferExit = deferExit
    s.lastDeferCount = len(s.openDefers)
    zeroval := s.constInt8(types.Types[TUINT8], 0)
    testLateExpansion := ssa.LateCallExpansionEnabledWithin(s.f)
    // 倒序检查和运行 defer 语句
    for i := len(s.openDefers) - 1; i >= 0; i-- {
        r := s.openDefers[i]
        bCond := s.f.NewBlock(ssa.BlockPlain)
        bEnd := s.f.NewBlock(ssa.BlockPlain)

        deferBits := s.variable(&deferBitsVar, types.Types[TUINT8])
```

```
        // 生成延时比特位检查的条件分支代码
        bitval := s.constInt8(types.Types[TUINT8], 1<<uint(i))
        andval := s.newValue2(ssa.OpAnd8, types.Types[TUINT8], deferBits,
bitval)
        eqVal   :=   s.newValue2(ssa.OpEq8,   types.Types[TBOOL],   andval,
zeroval)
        b := s.endBlock()
        b.Kind = ssa.BlockIf
        b.SetControl(eqVal)
        b.AddEdgeTo(bEnd)
        b.AddEdgeTo(bCond)
        bCond.AddEdgeTo(bEnd)
        s.startBlock(bCond)

        // 如果生成的条件分支被触发，则将清空当前的延迟比特位        nbitval :=
s.newValue1(ssa.OpCom8, types.Types[TUINT8], bitval)
        maskedval   :=   s.newValue2(ssa.OpAnd8,   types.Types[TUINT8],
deferBits, nbitval)
        s.store(types.Types[TUINT8], s.deferBitsAddr, maskedval)
        s.vars[&deferBitsVar] = maskedval

        // 取出保存的入口地址、参数信息，生成调用被延迟函数的代码
        argStart := Ctxt.FixedFrameSize()
        fn := r.n.Left
        stksize := fn.Type.ArgWidth()
        ...
        for j, argAddrVal := range r.argVals {
            f := getParam(r.n, j)
            pt := types.NewPtr(f.Type)
            //...
        }
        // 调用延时函数
        var call *ssa.Value
        // ...
        s.endBlock()
        s.startBlock(bEnd)
    }
}
```

而运行时，在函数返回前被插入的 deferreturn()函数中，将根据是否开启开放编码式的 defer 语句来调用 runOpenDeferFrame()函数以该方式执行延迟函数，代码如下：

```
// src/cmd/runtime/panic.go
func runOpenDeferFrame(gp *g, d *_defer) bool {
    fd := d.fd

    // ...
    _, fd = readvarintUnsafe(fd)
    deferBitsOffset, fd := readvarintUnsafe(fd)
```

```
        nDefers, fd := readvarintUnsafe(fd)
        deferBits    :=    *(*uint8)(unsafe.Pointer(d.varp    -    uintptr(defer
BitsOffset)))
        // 逆序执行
        for i := int(nDefers) - 1; i >= 0; i-- {
            // 获取延时函数的入口地址和参数
            var argWidth, closureOffset, nArgs uint32
            argWidth, fd = readvarintUnsafe(fd)
            closureOffset, fd = readvarintUnsafe(fd)
            nArgs, fd = readvarintUnsafe(fd)
            // 判断该比特位对应的延迟函数是否需要被执行
            if deferBits&(1<<i) == 0 {
                    // ...
                    continue
            }
            closure := *(**funcval)(unsafe.Pointer(d.varp - uintptr(closure
Offset)))
            d.fn = closure
            // ...
            deferBits = deferBits &^ (1 << i)
            *(*uint8)(unsafe.Pointer(d.varp - uintptr(deferBitsOffset))) =
deferBits
            p := d._panic
            reflectcallSave(p, unsafe.Pointer(closure), deferArgs, argWidth)
            if p != nil && p.aborted {
                    break
            }
        d.fn = nil
        memclrNoHeapPointers(deferArgs, uintptr(argWidth))
        // ...
        }
        return done
    }
```

在上述代码中，runOpenDeferFrame 首先从 _defer 结构体中读取 deferBits、当前函数
defer 数量等信息，然后循环中依次读取函数的入口地址和参数信息并通过 deferBits 判断
该函数是否需要被执行，最后调用 runtime.reflectcallSave 执行需要执行的 defer 延迟函数。

开放编码的实现相对于栈上分配，进一步提升了 defer 语句的执行性能，将原本尾递
归循环调用延时调用链的实现改为了 for 循环遍历 openDefers 切片，使得 defer 延迟调用
与普通函数调用的性能损耗相当。

7.3.3　panic 终止程序和 recover 从 panic 中恢复的原理

panic 可以中断 Go 语言程序的执行，函数调用 panic 将会立即停止执行函数的其他代
码，并在执行结束后在当前 goroutine 中递归执行调用方的所有 defer 延迟函数，最后退出

程序。而 recover 可以恢复 panic 造成的程序崩溃，但是它必须在 defer 语句内部被调用才能发挥作用。

在编译阶段，panic 关键字会被编译器转化为 gopanic()函数调用插入到代码中，gopanic()函数代码如下：

```
// src/cmd/runtime/panic.go
func gopanic(e interface{}) {
    gp := getg()
    // ...
    var p _panic
    p.arg = e
    p.link = gp._panic
    gp._panic = (*_panic)(noescape(unsafe.Pointer(&p)))

    // ...

    for {
        d := gp._defer
        if d == nil {
                break
        }

        // ...

        d._panic = (*_panic)(noescape(unsafe.Pointer(&p)))

        done := true
        if d.openDefer {
                done = runOpenDeferFrame(gp, d)
                if done && !d._panic.recovered {
                        addOneOpenDeferFrame(gp, 0, nil)
                }
        } else {
                p.argp = unsafe.Pointer(getargp(0))
                reflectcall(nil,    unsafe.Pointer(d.fn),    deferArgs(d),
uint32(d.siz), uint32(d.siz))
        }
        p.argp = nil
        if gp._defer != d {
                throw("bad defer entry in panic")
        }
        d._panic = nil

        pc := d.pc
        sp := unsafe.Pointer(d.sp)
        if done {
            d.fn = nil
```

```
                gp._defer = d.link
                freedefer(d)
        }

        freedefer(d)
        if p.recovered {
                // ...
        }
    }
    //...

    fatalpanic(gp._panic)
    *(*int)(nil) = 0
}
```

在上述代码中，gopanic()函数将创建新的_panic 结构体并加入到当前 goroutine 的
_panic 链表头部，接着循环执行当前 goroutine 中_defer 链表内的延迟函数，最后调用
fatalpanic 打印全部的 panic 消息和调用时传入的参数并终止程序。

_panic 结构体用来存储 panic 的相关数据，其定义如下：

```
// src/runtime/runtime2.go
type _panic struct {
    argp      unsafe.Pointer    defer 调用时的参数指针
    arg       interface{}       //调用 panic 传入的参数
    link      *_panic           // 上一个 _panic 结构体
    pc        uintptr
    sp        unsafe.Pointer
    recovered bool              // 当前 recover 是否被 recover 恢复
    aborted   bool
    goexit    bool
}
```

而对于 recover 关键字会被编译器转化为 gorecover()函数并插入到代码中，代码如下
所示：

```
// src/cmd/runtime/panic.go
func gorecover(argp uintptr) interface{} {
gp := getg()
p := gp._panic
if p != nil && !p.goexit && !p.recovered && argp == uintptr(p.argp) {
    p.recovered = true
    return p.arg
}
return nil
}
```

gorecover()函数的实现非常简单，如果当前 goroutine 中没有调用 panic，那么将会直接
返回 nil。只有发生 panic，并且 goroutine 内_defer 延迟调用链中的延迟函数被调用，gorecover()

244 深入 Go 语言——原理、关键技术与实战

函数才会生效。gorecover()函数会修改_panic 结构体中的 recovered 字段，然后在 gopanic()函数中根据该字段判断该 panic 是否被恢复并执行相关处理逻辑，代码如下：

```go
// src/cmd/runtime/panic.go
func gopanic(e interface{}) {
    ...

    for {
        // 执行延迟调用函数
        // 如果 defer 存在 recover()函数被调用，将会设置 p.recovered = true

        pc := d.pc
        sp := unsafe.Pointer(d.sp)

        // ...
        if p.recovered {
            gp._panic = p.link
            // ...
            for gp._panic != nil && gp._panic.aborted {
                gp._panic = gp._panic.link
            }
            if gp._panic == nil {
                gp.sig = 0
            }
            gp.sigcode0 = uintptr(sp)
            gp.sigcode1 = pc
            mcall(recovery)
            throw("recovery failed")
        }
    }
    // ...
}
```

在上述代码中，首先从_defer结构体中取出了程序计数器pc和栈指针sp并调用recovery()函数触发 goroutine 的调度，recovery()函数的代码如下：

```go
// src/cmd/runtime/panic.go
func recovery(gp *g) {
    sp := gp.sigcode0
    pc := gp.sigcode1

    if sp != 0 && (sp < gp.stack.lo || gp.stack.hi < sp) {
        print("recover: ", hex(sp), " not in [", hex(gp.stack.lo), ", ",
hex(gp.stack.hi), "]\n")
        throw("bad recovery")
    }

    gp.sched.sp = sp
    gp.sched.pc = pc
```

```
    gp.sched.lr = 0
    gp.sched.ret = 1
    gogo(&gp.sched)
}
```

上述代码中的 gogo()函数会跳回到 defer 语句调用的位置。recovery()函数在调度过程中会将函数的返回值设置为 1。而 deferproc()函数的注释中提示到，当该函数的返回值为 1 时，编译器生成的代码会直接跳转到调用方函数返回之前并执行 runtime.deferreturn，如下代码所示：

```
// src/cmd/runtime/panic.go
func deferproc(siz int32, fn *funcval) {
    ...
    // deferproc returns 0 normally.
    // a deferred func that stops a panic
    // makes the deferproc return 1.
    // the code the compiler generates always
    // checks the return value and jumps to the
    // end of the function if deferproc returns != 0.
    return0()
}
```

程序在跳转到 deferreturn()函数之后，就已经从 panic 中恢复了，而此时 gorecover()函数也将从_panic 结构体中取出调用 panic 时传入的 arg 参数返回给调用方，程序重新回归正常的执行逻辑。

从 panic 和 recover 这对关键字的实现上可以看出，panic 可以通过 recover 进行恢复，但这要求该 recover 必须和 panic 处于同一 goroutine 的直接调用链上，否则将无法对 panic 进行恢复。

—— 本章小结 ——

在本章中，我们介绍了 Go 语言中错误处理的基本思想：Errors are values，要把错误当作值返回给调用方，由调用方决定处理还是忽略错误。Go 语言简洁的 error 接口设计虽然给了开发人员天马行空般的可扩展能力，但是也容易带来较多的 "if err != nil" 重复判断。接着我们了解 defer、panic 和 recover 组合，帮助 Go 程序从异常中恢复正常执行逻辑，并详细讲解了 defer、panic 和 recover 三个关键字的具体实现原理，帮助读者对 Go 语言的错误处理机制有更好的理解。

面向对象设计是当前软件设计开发重要的一部分，Go 语言通过巧妙的类型设计，为开发人员提供面向对象的编程特性。在第 8 章，我们将进入 Go 语言的类型系统，了解如何在 Go 语言中进行面向对象编程。

第 8 章　Go 语言的类型系统

　　类型系统是高级编程语言的主要组成部分之一，它包含了基础数据类型、用户自定义类型、接口和类、继承和组合关系以及上述机制的实现原理。类型系统能够提供错误检查、模块化和文档化等重要能力，能够体现编程语言最为本质的特征。

　　本章会先讲解数据类型的概念，然后讨论用户自定义类型、抽象类型和面向对象概念；接着介绍接口和类等概念在不同编程语言中的不同体现，最后介绍 Go 语言中类型系统的具体实现。

8.1　编程语言类型系统简介

　　大多数高级编程语言都有类型系统，也就是程序运行时的每一个值都有其类型，提供该值隐含的上下文信息，并限制其可执行的操作集合。所谓隐含上下文信息，是指语言会按照值的类型处理该值的初始化和回收等操作，比如 Go 语言会为 int32 和 int64 类型的值分配不同的内存空间，会将指针类型值所对应的数据分配到堆上。所谓限制其可执行的操作集合，是指不同类型值有着不同的操作，比如开发者可以用 len() 函数获得 Map 类型值的大小，却不能获得 sync.Map 类型值的大小。

　　早期编程语言只支持少数几种基础数据类型，比如 int、float 和 char，用户只能基于这些类型和指针来管理这一类相关联的数值。后续在 ALGOL 68 语言中引入了用户自定义类型机制，允许开发者将基础类型组合成所需的复杂类型，这是数据类型系统发展过程中的重要节点。通过可以命名的用户自定义类型增加了程序的可读性，也方便了开发者管理自定义类型中的相关数值。在 20 世纪 80 年代出现的编程语言将用户自定义类型更进一步完善，提供了抽象数据类型，其基本思路是类型的接口与该类型的具体实现应该分离。随着抽象数据类型的发展，面向对象设计语言也逐步进入主流，衍生了诸如封装、继承和多态等概念。究其根本，面向对象是抽象数据类型的一种应用。

　　语言的类型系统最实用的功能就是错误检查，比如函数调用时的参数类型检测；其次是自定义类型能为程序模块化提供帮助，比如 Java 用类作为程序模块的最小组成单位之一；最后可以提供文档化帮助，类型的声明为使用者提供如何使用的线索信息。

　　语言的类型系统还可以对语言进行分类，按照值类型决定的时间分为静态类型语言和动态类型语言；按照值的类型是否可以隐式转换分为强类型语言和弱类型语言。常见的高级编程语言中，Go、Java 和 Rust 语言是静态强类型语言，Python 是动态强类型语言，

JavaScript 是动态弱类型语言，而 C、C++可以认为是静态弱类型语言。

　　注：基础数据类型包括整数、浮点数、复数等数值类型以及布尔类型、字符类型等。各个语言中这些基础类型的实现往往较为相似，且都涉及计算机基础原理中的底层值表示机制，所以本章并不对其进行深入介绍。

　　我们先来分别了解一下用户自定义类型、抽象数据类型和面向对象相关类型的背景、使用和实现原理。

8.1.1　用户自定义类型

　　使用语言自带的基础数据类型或其他自定义类型组合而成的新类型就叫作用户自定义类型。不同的语言对其称呼不同，一般称为结构，用关键字 struct 声明，比如在 Go 语言中，使用 type 和 struct 关键字可以定义 User 类型，将用户的编号、姓名和年龄等数据组合在一起，示例代码如下：

```
type User struct {
    ID int64
    Name string
    Age int32
}
```

　　此外，在 Go 语言中可以将结构体类型作为函数接收器，从而定义结构体自有的特殊函数，这类似于面向对象语言中的类方法，如下代码所示：

```
func (u User) checkName(p string) bool {
    return u.Name == p
}
func (u *User) modifyName(n string) {
    u.Name = n
}
```

　　若方法的接收者是某类型的值变量，称为值接收器。如上面代码中的 checkName() 函数。值接收器的函数中的修改接收器值并不会生效，因为 Go 语言进行函数调用时会进行值复制，函数中的修改发生在复制上，并不影响原值。

　　若方法的接收者是某类型的指针变量，则称为指针接收器。如上述代码中的 modifyName()函数。指针接收器的函数中的修改接收器值会生效，因为指针的值虽然发生复制，但是仍然指向原值。其实函数接收器变量的传递规则和参数变量传递规则一致，可以将接收器作为函数的隐式第一个参数，具体规则如图 8-1 所示。

　　注意，正是因为不修改原值，所以值接收器函数是并发安全的，而指针接收器函数不是并发安全的。

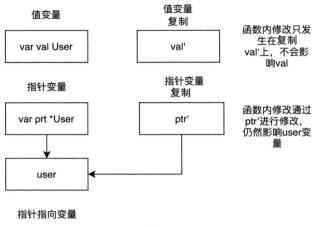

图 8-1

虽然函数接收器分为值接收器和指针接收器,但是值变量和指针变量都可以调用对应的函数,Go 语言会为我们自动进行转换。当值变量调用指针接收器函数时,取地址获取相应的指针变量再进行调用。而指针变量调用值接收器函数时,则根据指针获取原值再进行调用。转换之后,进行函数调用,上述的接收器传递规则依旧生效,代码如下:

```go
func main() {
    vale := User{}
    vale.checkName("Tom")
    vale.modifyName("Jack")  // 值变量调用指针接收器函数
    pointer := &User{}
    pointer.checkName("Tom") // 指针变量调用值接收器函数
    pointer.modifyName("Jack")
}
```

当然,值复制和类型转换会带来性能损耗,如果结构体很大,进行复制成本会较大,此时使用指针接收器较好。我们将上述代码进行修改,添加 checkNameVal() 和 checkNamePtr()两个函数,然后对上述四种情况进行性能测试,具体代码如下:

```go
func Benchmark1(b *testing.B) {
    for n := 0; n < b.N; n++ {
        vale := User{Name: "Tom"}
        vale.checkNameVal("Tom")
    }
}

func Benchmark2(b *testing.B) {
    for n := 0; n < b.N; n++ {
        vale := User{Name: "Tom"}
        vale.checkNamePtr("Tom")
    }
}
```

```go
func Benchmark3(b *testing.B) {
    for n := 0; n < b.N; n++ {
        vale := &User{Name: "Tom"}
        vale.checkNameVal("Tom")
    }
}

func Benchmark4(b *testing.B) {
    for n := 0; n < b.N; n++ {
        vale := &User{Name: "Tom"}
        vale.checkNameVal("Tom")
    }
}
```

性能测试的结果如下所示：

```
Benchmark1
Benchmark1-4        479087091           2.385 ns/op
Benchmark2
Benchmark2-4        489129352           2.423 ns/op
Benchmark3
Benchmark3-4        495222750           2.403 ns/op
Benchmark4
Benchmark4-4        505528220           2.806 ns/op
```

由上述输出结果可知，在结构体不复杂的情况下，第一种场景效率最高，第二种场景因为需要取地址而比第一种场景效率差一些；而第四种场景相较于第三种场景需要先根据指针获取原值再进行值复制，所以效率最差。

注意，Go 语言的结构体并不是类，而是结构体，不同于 Java 或 C++ 语言中的 class。本章后续会在机器码或汇编层面讲解 Go 语言结构体的实现。

此外，我们还可以基于其他自定义类型来进行构建，比如使用 User 来构建 Student 类型，此外还包括学生 ID 和学生年级，示例代码如下：

```go
type Student struct {
    ID int64
    User User
    Grade int32
}
```

通过自定义类型，开发者可以将一组相关联的数值组合在一起进行初始化或传递，提高了代码的可维护性。示例代码如下：

```go
func main() {
    s := Student{
        ID: 1,
        User: User{
            ID:  1,
            Name: "Tom",
```

```
        Age: 9,
    },
    Grade: 1,
}
recordStudent(s)
}
func recordStudent(student Student) {
    // add student into database
}
```

如上代码所示，Student 结构体中的数据可以一起进行初始化，并作为一个整体传递给 recordStudent() 函数进行持久化存储，减少了函数的参数数量，也增加了代码的可读性和可修改性。

8.1.2 抽象数据类型

抽象是编程语言甚至计算机发展史上影响最为深远的思想之一。通过抽象，可以对外公开少部分可用信息，隐藏具体实现，从而减少程序的复杂性，并简化编程过程。在目前的高级语言中最为基础的两种抽象就是过程抽象和数据抽象。其中，过程抽象就是子程序或函数；而数据抽象则是由一个特定数据类型描述一组类型的行为或属性。

比如 Go 语言的 Context 就是一个抽象数据类型，定义了 Deadline()、Done()、Err() 和 Value() 函数，具体如下：

```
type Context interface {
    Deadline() (deadline time.Time, ok bool)
    Done() <-chan struct{}
    Err() error
    Value(key interface{}) interface{}
}
```

在 Go 语言标准库中，emptyCtx、CancelCtx 实现了 Context 接口，提供了各自的函数实现，并用于不同的业务逻辑场景。

不同于 C++ 语言或者 Java 语言需要使用关键字显示表明类型实现了某一接口，Go 语言使用动态语言常用的鸭子类型系统（Duck Type），如果类型实现了接口定义的所有函数，该类型就被认为实现了该接口。当然，鸭子类型系统并不能精确地表达 Go 语言抽象数据类型的全部特性，因为鸭子类型系统一般不进行静态类型检查，而 Go 语言会在编译期进行类型检查，所以 Go 语言的创造者们更喜欢用结构类型（Structural Typing）一词来表述 Go 语言抽象类型系统。

Go 语言中令人困惑的是接口的函数未限制接收器是值接收器还是指针接收器，这样就导致会有两类可以使用结构体实现接口的方式，如下代码所示：

```
type emptyCtx {}
func (e *emptyCtx) Deadline() (deadline time.Time, ok bool) {} // 指针接收器
```

```
func (e emptyCtx) Deadline() (deadline time.Time, ok bool) {}  // 值接收器
```

这两种实现方式会影响到接口类型变量初始化方式。其中，使用指针接收器实现的结构体就必须使用结构体指针来初始化接口变量；而使用值接收器的方式则两种初始化方式都可以使用；具体代码如下：

```
var ctx Context = &emptyCtx{}          // 使用结构体指针来初始化接口变量
var ctx Context = emptyCtx{}           // 使用结构体来初始化接口变量
```

Java 和 C++等语言在类实现接口时必须进行显示指定。CancelContext 必须使用 implements 显示指定自己实现了 Context 接口，否则不能认为其实现了该接口；示例代码如下：

```
interface Context {
    void cancel();
}

class CancelContext implements Context {
    public void cancel() {
        // do something
    }
}
```

除此之外，Rust 的 trait（特征）也可以表达接口的含义，虽然二者有一些差异（见下面代码）。使用 trait 关键字定义 Context，然后使用 impl 和 for 关键字为 CancelContext 实现 Context 特征。

```
pub struct CancelContext {
}

pub trait Context {
    fn cancel(&self);
}

impl Context for CancelContext {
    fn cancel(&self) {
        // do something
    }
}
```

不同语言抽象数据类型的概念命名和内涵有所不同，其实现也不尽相同。本章后续内容会详细讲解 Go 语言相关的实现。

8.1.3　面向对象编程

面向对象语言设计最早可以追溯到 SIMULA 67，但直到 1980 年的 Smalltalk80 才将其完善，并随着 Java 语言的崛起而全面流行起来。面向对象编程是一种编程设计思想，把对象作为程序的基本单元，约定对象包含数据和操作数据的相关函数，共同对外提供

能力。面向对象设计的语言必须支持三个关键的语言特性：抽象数据类型、继承以及多态（方法动态派发）。抽象数据类型在上一小节已经讲解，本小节主要讲解继承和多态。

1. 继承

在面向对象语言中，继承是代码复用和扩展的常见手段之一。通过继承，子类型可以获得父类型的属性和行为，并且子类型的实例可以被当做父类的实例使用。继承一般分为基于原型的继承（Prototype-Based Inheritance）和基于类的继承（Class-Based Inheritance），JavaScript 语言就实现了基于原型的继承，而其他高级编程语言更多是实现了基于类的继承。Go 语言并未实现上述两种意义上的继承，而是提供嵌入机制。下面我们将了解其嵌入概念。嵌入可以理解为一种组合或者代理模式的自动语法糖。

嵌入语法的使用类似于结构体成员变量的声明，但是并不定义成员变量名，只定义类型，具体代码如下所示：

```go
type Animal struct {
    Name string
}

func (a *Animal) Eat() {
    fmt.Printf("%v is eating", a.Name)
    fmt.Println()
}

type Cat struct {
    Animal // 只有类型，并不定义成员变量名，表明是嵌入
}
```

如上代码所示，Animal 类型实现了 Eat() 函数，而在 Cat 类型的定义中，嵌入了 Animal 类型。被嵌入的 Animal 类型被称为内部类型，而 Cat 被称为外部类型。外部类型会持有一个内部类型的实例，并对外提供所有内部类型的函数，而这些函数的内部实现则是直接调用了内部类型实例的对应函数。下面代码展示了外部类型初始化和调用其对应函数的具体实现。

```go
cat := &Cat{
    Animal: &Animal{
        Name: "cat",
    },
}
cat.Eat()
```

可见，初始化 Cat 类型需要传入一个 Animal 类型，并且可以直接调用其 Eat() 函数。

注意，不同于一般的继承机制，Cat 并不是 Animal 的子类型，所以并不能作为 Animal 类型使用，如下代码所示：

```go
cat := &Cat{
    Animal: &Animal{
```

```
            Name: "cat",
        },
    }
    handleAnimalVal(cat) // error Cat is not Animal
    handleAnimalPrt(&val) // error *Cat is not *Animal

    func handleAnimalVal(a Animal) {}
    func handleAnimalPtr(a *Animal) {}
```

而在基于类的继承中，子类是可以充当父类的实例使用的，比如 Java 通过 extend 关键字来实现继承，继承类被称为子类，被继承类被称为父类或超类。凡是接受父类的地方都可以使用子类。在 Go 语言中只能通过多态来实现这一机制。

此外，继承并不是面向对象语言专属的概念，C 语言早在面向对象语言发明之前就提供了类似的机制来实现将数据结构伪装成另一种数据结构的特性，具体如下代码所示：

```
example.h
---------------------------------
struct Animal;
struct Cat;
struct Cat* makeCat(char* name);
void eat(struct Cat* cat);

example.c
---------------------------------

struct Animal {
  char* name;
}

void eat(struct Animal* cat) {
    printf("animal %v is eating", cat.Name)
}

struct Cat {
    char* name;
    int coat_color;
}

struct Cat* makeCat(char* name) {
    struct Cat* cat = malloc(sizeof(struct Cat));
    cat->name = name;
    return cat;
}

void eat(struct Cat* cat) {
     printf("cat %v is eating", cat.Name)
}
```

```
int main(int ac, char** av) {
    struct Animal * animal = (struct Animal*) makeCat("Tom");
    eat(animal);
}
```

如上述代码的 main() 函数实现所示，通过指针将 Cat 伪装成 Animal 来使用。这是因为 Cat 是 Animal 结构体的一个超集，二者共同拥有成员变量的顺序也是一样的。二者的结构体如图 8-2 所示。

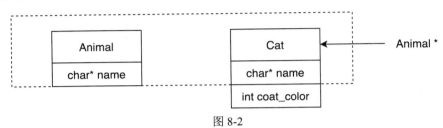

图 8-2

使用 Animal 指针指向一个 Cat 类型的结构体，并且可以将其作为参数传递给 eat() 函数，此时会调用以 Animal 类型指针为参数的 eat() 函数，而不是以 Cat 类型指针为参数的 eat() 函数。

注意，在 C 语言中，开发者必须手动将 Cat 向上转换为 Animal；而在真正的面向对象编程语言中，这种类型的向上转换通常是隐式的，由编译器或运行时代替开发者进行转换。本章后半部分我们将深入 Go 语言汇编代码，了解嵌入的真正底层实现和其类型转换过程。

2. 多态

在编程语言和类型系统中，多态（Polymorphism）能为不同数据类型的实体提供统一的接口，或使用一个单一的符号来表示多个不同的类型。也就是说，多态能够允许同一段代码在不同上下文中拥有不同的类型，进行不同的实现绑定，从而在不影响类型检查的情况下，为不同类型编写通用的代码。下面代码就体现了多态。

```
type IO interface {
    read() []byte
}
func getChars(io IO) []byte {
    return io.read()
}
```

GetChars() 函数接收 IO 接口作为参数，然后调用其 read() 函数读取数据。不同 IO 的 read() 函数是不同的，比如从标准输入读取和从文件读取。所以，传入不同的 IO 接口实现类就会调用不同的 read() 函数实现，也就是 read() 函数绑定了不同的实现，即所谓的多态。

不同的语言有着不同的多态实现方式。目前常见的多态实现方式一共有三类，分别是参数化多态（Parametric Polymorphism）、特定多态（Ad-hoc Polymorphism）和子类型多态（Subtype Polymorphism）。

（1）参数化多态

参数化多态实际上是指在定义复合类型的成员变量和函数的参数时不指定其具体的类型，而是在真正使用时将其类型作为参数传入，使得复合类型和函数对各种具体类型都适用，从而避免大量重复性的工作。其多用于队、列、堆栈等容器类型和通用算法函数。参数化多态是泛型（Generic Programming）的一种实现方式，Go 语言在 1.18 版本引入了参数化多态实现泛型编程，从而将一直被人所诟病的因缺乏泛型编程导致代码重复的短板补齐，本书将在第 9 章对其进行详细介绍。下述代码就是 Go 语言参数化多态的表现。

```
type Vector[T any] []T

// 示例代码
var v Vector[int]
```

如上代码所示，定义 Vector 类型时声明了一个类型参数 T，并标明它可以是任意类型（any 关键字），然后在真正初始化 Vector 类型变量时，传入类型 int，标明其实际上是一个 int 类型数组。

（2）特定多态

特定多态是针对函数和操作符重载等特定问题的多态实现方案。它不像参数化泛型一样，并不是一种通用多态方案，也不是编程语言类型系统的基础特性。

函数重载（overloading）指的是多个函数拥有相同的名称，但是拥有不同的参数和实现。而操作符重载类似于函数重载，针对不同的参数具有不同的实现。Go 语言中只有参数不同的函数会被判定为命名重复，自然无法支持函数重载和特定多态。下面以 Java 代码为例讲述函数重载和操作符重载。

```
public void Add(String a, String b) {
    System.out.print(a + b);
}

public void Add(int a, int b) {
    System.out.print(a + b);
}

Add(1,2) // print 3
Add("1","2") // print 12
```

上述代码分别定义了参数 string 和 int 类型的 Add()函数，在实际调用时，会根据传入的参数，调用不同的 Add()函数实现。

（3）子类型多态

子类型多态是指一种父子类型的包含关系，子类型可以替代父类型作为参数进行传递，当调用父类型函数时，运行时会根据调用对象的实际类型来调用不同的函数实现。子类型多态多存在于 Java 等面向对象语言中，Go 语言因其 Structural Typing 类型系统也可以实现子类型多态。注意，这里的子类型和继承并不是同一个概念，子类型反映的是类型（接口）实现的关系；而继承则是两个对象之间的关系。所以 Go 语言没有继承特性也能实现子类型多态。

```
type File struct {}

func (f File) read() []byte { .... }

func main() {
    f := File{}
    getChars(f)
}
```

如上代码所示，File 实现了 IO 类型的 read()函数，从而被认为是 IO 类型的子类型，所以就可以将类型为 File 的变量 f 传入参数为 IO 类型的 getChars()函数中。GetChars()函数中会调用参数的 read()方法，Go 语言运行时会根据参数的实际类型进行函数绑定，调用 File 类型的 read()函数。这也体现了子类型多态属于动态多态，因为上述函数绑定发生在运行时。

类似于类型系统，按照代码进行绑定的时间，多态还可以分为静态多态（Static Polymorphism）和动态多态（Dynamic Polymorphism）。其中，静态多态的代码绑定发生在编译期，而动态多态的代码绑定发生在运行时；静态多态牺牲灵活性获取性能，是零成本抽象，而动态多态牺牲性能获取灵活性；动态多态在运行时需要额外读取类信息等数据，花费更多时间，并占用较多空间，所以一般情况下都使用静态多态。上述三种多态实现方式中，参数化多态和特定多态一般是静态多态，子类型多态一般是动态多态。

Go 语言只支持子类型多态（在 1.18 版本中支持参数多态），Rust 语言支持参数多态和特定多态，而 Java 语言则支持参数化多态和子类型多态。C 语言也可以实现类似多态的代码机制，了解其具体实现方式有利于我们对多态和接口实现的本质有更好的理解。

Linux 中的驱动 IO 设备正是使用了这一机制，每个 IO 设备都提供 open()、close()、read()、write()和 seek()五个函数，在其他语言中可以将其定义为接口或抽象类，而在 C 语言中的定义如下：

```
struct FILE {
    void (*open)(char* name, int mode);
    void (*close)();
    int (*read)();
    void (*write)(char);
    void (*seek)(long index, int mod);
}
```

FILE 结构体中有五个函数指针类型成员变量，分别对应上述五个函数。而不同的 IO 设备代码都需要各自实现自己版本的五个函数，并且将 FILE 结构体的函数指针变量指向对应的实现函数。下面的代码声明了 FILE 类型的 console 变量，将对应的五个函数的指针传入结构体中，作为其成员变量。

```
#include "file.h"
void open(char* name, int mode) { /*...*/}
void close() {/*...*/}
int read() {int c; /*...*/ return c;}
void write(char c) {/*...*/}
void seek(long index, int mode) {/*...*/}
struct FILE console = {open, close, read, write, seek};
```

最后，getchar()函数接收 FILE 类型的数据作为参数，然后通过结构体的函数指针调用对应的函数；传入的 FILE 类型的数据不同，则函数指针也不同，也就调动了不同的函数实现，从而展示了多态能力；具体实现代码如下：

```
extern struct FILE* STDIN;

int getchar() {
    return STDIN.read();
}
```

C 语言的多态能力也在 Redis 的 dict 实现中有所体现，Redis 中很多数据结构都是依赖哈希表 dictType 实现的，所以其定义了 dictType 结构体，其成员变量都是所需函数的函数指针；代码如下：

```
// 定义哈希字典类型，及其所需的函数指针
typedef struct dictType {
    uint64_t (*hashFunction)(const void *key);
    void *(*keyDup)(void *privdata, const void *key);
    void *(*valDup)(void *privdata, const void *obj);
    int (*keyCompare)(void *privdata, const void *key1, const void *key2);
    void (*keyDestructor)(void *privdata, void *key);
    void (*valDestructor)(void *privdata, void *obj);
} dictType;
```

然后其具体数据结构则需要实现自己版本的函数，并将其函数指针填充到对应的参数上。定义 Set 类型如下代码所示：

```
// 具体实现，定义 Set 类型
dictType setDictType = {
    dictSdsHash,                /* hash function */
    NULL,                   /* key dup */
    NULL,                   /* val dup */
    dictSdsKeyCompare,      /* key compare */
    dictSdsDestructor,      /* key destructor */
    NULL                    /* val destructor */
};
```

通过以上两个 C 语言的案例，我们可以发现多态是函数指针的一种应用，C 语言可以使用函数指针来模拟多态，而面向编程语言将危险的函数指针隐藏掉，内化成语言本

身的特性，提供了更加安全和方便的多态实现机制。

8.2 Go 语言类型底层实现

下面，我们就来了解 Go 语言是如何实现上述类型系统特性的，并深入到 Go 语言运行时和最终汇编码层面对 Go 语言的结构体、嵌入、抽象接口实现以及函数动态绑定原理进行了解。

8.2.1 Go 语言结构体底层实现

上文已经提及，Go 语言结构体并非 Java 和 C++语言中 class 的概念，而是和 C 语言的结构体类似。下面我们来了解结构体变量声明和相关函数调用在机器码或汇编码层面的体现。我们以下面代码为示例进行分析。

```go
func (u User) addAgeVal(a int32) int32 {
    n := u.Age + a
    return n
}
func (u *User) addAgePtr(a int32) int32 {
    n := u.Age + a
    return n
}

func main() {
    u := User{ID: 1, Name: "Tom", Age: 23}
    s1 := u.addAgeVal(1)
    s2 := u.addAgePtr(2)
    println(s1 == s2)
}
```

将上述代码使用如下命令编译成汇编码。

```
GOOS=linux GOARCH=amd64 go tool compile -S -N -l main.go
```

上述参数中，GOOS 指定目标操作系统；GOARCH 指定 CPU 架构；-S 表示打印汇编码；-N 是禁止编译器优化；-l 是禁止内联。

由于机器码篇幅较长，所以下面我们将其分割为变量声明和初始化以及结构体函数调用两部分来分别查看汇编码和了解其相关原理。

1．变量声明和初始化

我们首先来看 main()函数中 u 变量的声明和初始化过程。由于汇编代码较多，下面只截取部分内容展示，具体如下：

```
"".main STEXT size=217 args=0x0 locals=0x60 funcid=0x0
    ....
    // 声明并清空 u 变量所需空间
    0x0029 00041 (main.go:17)    MOVQ    $0, "".u+64(SP)
```

```
0x0032 00050 (main.go:17)    MOVL    $0, "".u+80(SP)
0x003a 00058 (main.go:17)    MOVQ    $1, "".u+88(SP)
// 将值 1 加载到栈底 56 字节位置，也就是给 User 的 ID 赋值
0x003a 00058 (main.go:17)    MOVQ    $1, "".u+64(SP)
// 将 Tom 字面量地址加载到栈底 64 字节位置
0x0043 00067 (main.go:17)    LEAQ    go.string."Tom"(SB), AX
0x004a 00074 (main.go:17)    MOVQ    AX, "".u+72(SP)
// string 类型不同于其他基础类型，需要将其长度也加载到栈中
0x004f 00079 (main.go:17)    MOVQ    $3, "".u+80(SP)
// 将 23 加载到栈底 80 字节位置，给 Age 赋值
0x0058 00088 (main.go:17)    MOVL    $23, "".u+88(SP)
```

由上述代码可知，结构体真的就是基础类型变量的集合，并没有额外其他信息的加载，对于类型为 User 的 u 变量的声明并初始化语句，首先将对应的栈内空间清零，然后依次处理三个初始化参数值，并加载到对应的栈空间位置，完成初始化过程。其中，ID 和 Age 由于是基础类型，所以较为简单，而 Name 字段涉及 string 类型，稍有区别。不过在本书第 2 章对数据结构源码进行分析时就已经了解过 string 类型的运行时表达，具体如下代码所示：

```
type StringHeader struct {
    Data uintptr
    Len  int
}
```

由此可知，汇编中首先将 Tom 字面量地址加载到栈内空间，给 Data 变量赋值，然后将字面量的长度 3 加载到对应位置，给 Len 变量赋值。

我们通过图 8-3 所示来对此时的栈内空间进行详细描述。SP 代表栈顶指针，而 ""．u+64(SP)" 代表相对于栈顶偏移 64 字节的位置，u 则是引用地址的别名，也就是变量 u 的名称。如图 8-3 所示，在栈空间中，并不存在结构体 User，而是由基础类型数值和指针等组成的一段空间，这段空间就代表着结构体 User。从栈顶向栈底方向依次为占据 8 字节的代表 User.ID 的常量值 1、占据 16 字节的代表 User.Name 的字符串 Tom 值地址和占据 8 字节的代表 User.Age 的常量 23。其中，字符串 Tom 又由 8 字节的 Data 指针和 8 字节的 Len 变量组成。

上述代码中的变量 u 未发生逃逸，所以分配在栈中。如果将变量声明成指针类型并且符合逃逸规则，该结构体就会分配在堆上，代码如下所示：

```
func makeUser() *User {
    u := &User{ID: 1, Name: "Tom", Age: 23}
    return u
}
```

上述指针变量声明和初始化过程的汇编代码如下所示：

```
u := &User{ID: 1, Name: "Tom", Age: 23}
"".makeUser STEXT size=181 args=0x8 locals=0x28 funcid=0x0
```

```
// 将 User 类型加载到栈首, 作为 newObject 的参数
0x002a 00042 (main.go:29)    LEAQ    type."".User(SB), AX
0x0031 00049 (main.go:29)    MOVQ    AX, (SP)
0x0035 00053 (main.go:29)    CALL    runtime.newobject(SB)
// 将 newObject 的返回值也就是 User 结构体的指针加载到对应寄存器和栈内地址
0x003a 00058 (main.go:29)    MOVQ    8(SP), AX
0x003f 00063 (main.go:29)    MOVQ    AX, "".. autotmp_2+24(SP)
// 使用指针, 将值 1 设置到结构体的 id 位置, 其他字段设置类似
0x0044 00068 (main.go:29)    MOVQ    $1, (AX)
```

由上述代码可以看出,汇编代码会首先将 User 结构体的类型指针加载到栈顶(类型指针将在下一小节具体讲解)作为参数;然后调用 newObject()函数在堆上按照 User 结构体类型分配对应的空间,并返回空间的起始地址;最后使用该起始地址设置结构体的变量。分配在堆上的结构体示意如图 8-3(b)所示。

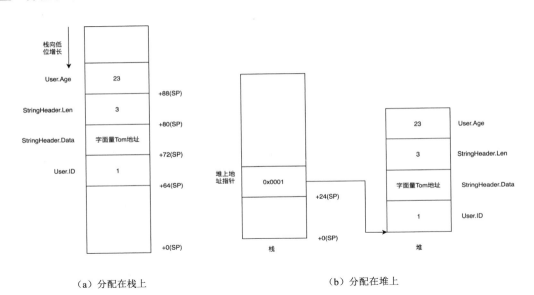

（a）分配在栈上   （b）分配在堆上

图 8-3

由图 8-3 可以看到,当结构体分配在栈上时,其内部成员变量会依次排列在栈中,占据各自固定的空间;而结构体分配在堆上时,其在栈上只会存在一个指向堆地址的指针,该指针指向结构体在堆上的起始位置。

2. 结构体函数调用

下面介绍结构体作为函数接收器是如何进行函数调用的,包括如何传递参数和返回值以及如何进行值接收器和指针接收器的转换等。上述示例中涉及函数调用的片段如下:

```
"".main STEXT size=217 args=0x0 locals=0x60 funcid=0x0
    ....
    // 将 User 类型变量 u 的数值 copy 到寄存器, 然后再 copy 到对应栈空间
```

```
0x0060 00096 (main.go:20)    MOVQ    "".u+64(SP), AX
0x0065 00101 (main.go:20)    MOVQ    "".u+72(SP), CX
0x006a 00106 (main.go:20)    MOVQ    "".u+80(SP), DX
0x006f 00111 (main.go:20)    MOVQ    AX, (SP)
0x0073 00115 (main.go:20)    MOVQ    CX, 8(SP)
0x0078 00120 (main.go:20)    MOVQ    DX, 16(SP)
0x007d 00125 (main.go:20)    MOVL    $23, 24(SP)
// 声明值为 1 的 int32 参数，加载到对应位置
0x0085 00133 (main.go:20)    MOVL    $1, 32(SP)
// 调用对应函数
0x008d 00141 (main.go:20)    CALL    "".User.addAgeVal(SB)
// 从 +40(SP) 加载返回值到 AL 寄存器，并保存到 +60(SP)
0x0092 00146 (main.go:20)    MOVL    40(SP), AX
0x0096 00150 (main.go:20)    MOVL    AX, "".s1+60(SP)
```

Go 语言的调用规约要求函数参数和返回值都通过栈来传递，这部分空间由调用方在其栈帧（Stack Frame）上提供。

函数接收器是隐式的第一个函数参数，所以上述代码片段的第一步就是将变量 u 复制到对应的栈空间上，这也正对应了值接收者的复制机制；然后则是声明 int32 类型的值为 1 的参数 a 并分配到指定位置；接着是使用 call 指令调用 User 的 addAgeVal() 函数，call 指令会将函数的返回值地址推到栈顶，也就是会存储栈的 +40(SP) 位置上；最后会将其值加载到 +60(SP) 上，也就是将函数返回值赋值给变量 s1。

被调用 addAgeVal() 函数的相关汇编程序代码如下：

```
"".User.addAgeVal STEXT nosplit size=48 args=0x30 locals=0x10 funcid=0x0
    // 栈增长 16 字节，存储当前 BP 值到 8(SP)，然后使用 LEAQ 计算出新的栈帧指针到 BP
寄存器
    0x0000 00000 (main.go:9)     SUBQ    $16, SP
    0x0004 00004 (main.go:9)     MOVQ    BP, 8(SP)
    0x0009 00009 (main.go:9)     LEAQ    8(SP), BP

    // 清零返回值栈空间
    0x000e 00014 (main.go:9)     MOVL    $0, "".~r1+64(SP)
    // 将 user 的 age 变量加载到 AX 寄存器，然后将其和参数 a 进行累加
    0x0016 00022 (main.go:10)    MOVL    "".u+48(SP), AX
    0x001a 00026 (main.go:10)    ADDL    "".a+56(SP), AX
    // 将累计后的值从寄存器加载到 +4(SP) 上，也就是复制给变量 n
    0x001e 00030 (main.go:10)    MOVL    AX, "".n+4(SP)
    // 设置返回值
    0x0022 00034 (main.go:11)    MOVL    AX, "".~r1+64(SP)
    // 恢复 BP 指针，栈缩短 16 字节，调用 RET 指令返回
    0x0026 00038 (main.go:11)    MOVQ    8(SP), BP
    0x002b 00043 (main.go:11)    ADDQ    $16, SP
    0x002f 00047 (main.go:11)    RET
```

从上述代码中可以看出，addAgeVal() 函数的调用大致分为以下五个步骤：

（1）使用 SUBQ 指令将 SP 减少 16，代表栈增长 16 字节，因为栈帧是向低位增长，其中 8 个字节用于存储当前的栈帧指针，并使用 LEAQ 计算出新的栈帧指针存到 BP 中；

（2）初始化函数返回值，因为其类型是 int32，所以将其设置为对应的零值，栈空间地址是+64(SP)；

（3）从+48(SP)位置加载函数接收器 User 的变量 Age 到 AX 寄存器，然后将其和函数参数 a 累加，其位置为+56(SP)；

（4）将二者的和赋值给变量 n 并保存到返回值所在栈空间，也就是+64(SP)；

（5）从 8(SP)中取出旧栈帧指针，并且将栈帧缩小 16 字节，然后调用 RET 指令返回。

综上所述，main()函数调用 User 的 addAgeVal()函数的过程如图 8-4 所示。

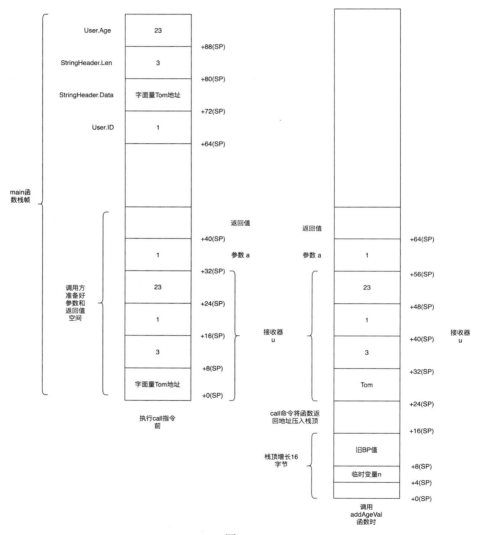

图 8-4

如图 8-4 所示，我们看到在 main() 函数执行 call 指令前，为调用函数 addAgeVal() 的参数和返回值准备好了空间，然后将函数接收器 u 和对应的参数 a 按照顺序复制到该空间上，然后预留 +40(SP) 的位置给函数调用的返回值。也正是因为值接收器和函数参数发生复制，所以函数内对其修改不会影响原值。

调用 call 指令时，会将指令返回地址压入栈首，然后再执行 addAgeVal() 函数的指令，将栈顶增长 16 字节，从而导致函数接收器、参数和返回值相对于 SP 的地址发生变化，增加了 16 字节，所以大家会发现 addAgeVal() 函数中指令操作的相对地址发生了变化。

下面介绍与调用指针接收器函数 addAgePtr() 相关的具体指令，了解它与值接收器函数的区别；具体代码如下：

```
"".main STEXT size=241 args=0x0 locals=0x68 funcid=0x0
    // 将接收器 u 的起始栈地址加载到栈顶
    0x009a 00154 (main.go:21)     LEAQ    "".u+64(SP), AX
    0x009f 00159 (main.go:21)     MOVQ    AX, (SP)
    // 将参数 a 的值 1 加载到 8(SP)
    0x00a3 00163 (main.go:21)     MOVL    $2, 8(SP)
    // 调用
    0x00ab 00171 (main.go:21)     CALL    "".(*User).addAgePtr(SB)
```

由上述代码可以看到，调用 addAgePtr() 函数时不会对接收器 u 进行复制，而只是将 u 的起始栈地址加载到栈顶，这其实就相当于传递了指向 u 的指针；然后设置参数 a 的值，最后使用 call 指令调用 addAgePtr() 函数。

而 addAgePtr() 函数的指令和 addAgeVal() 函数类似，唯一不同的是要使用指针来获取接收器 u 的 age 变量的值；具体如下所示：

```
"".(*User).addAgePtr STEXT nosplit size=54 args=0x18 locals=0x10
funcid=0x0
    ....
    // 前后指令和 addAgePtr 类似
    // 从 +24(SP) 取出 u 的指针到寄存器
    0x0016 00022 (main.go:14)     MOVQ    "".u+24(SP), AX
    // 将 u 的 age 变量加载到集群器，
    // 24(AX) 就是表示相对于 u 指针记录的起始位置偏移 24 字节，也就是 age 变量的位置
    0x001d 00029 (main.go:14)     MOVL    24(AX), AX
```

从对应的栈空间获取到接收器 u 的指针，也就是其起始地址，从起始地址开始偏移 24 字节就是接收器 u 的 age 变量位置。整个流程如图 8-5 所示。

由图 8-5 所示可知，在调用指针接收器的函数时，只需要将其地址作为默认参数进行传递，所以在函数内对接收器的修改都是直接修改在原值上。此外，调用 addAgePtr() 函数的场景是在值变量上调用指针接收器函数，我们看到编译器将值的地址取出作为接收器参数进行传递，而如果是指针变量调用值接收器函数，则会先对指针进行取地址，然后再将指针指向的值数据进行复制。

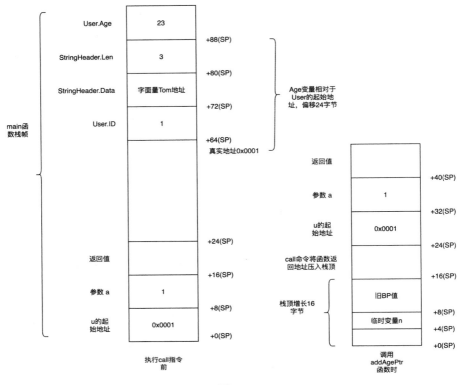

图 8-5

8.2.2 嵌入底层实现

在前面的内容中，我们曾经讲过，嵌入是 Go 语言层面的组合或者代理模式的自动语法糖。所以，如在 8.1.3 小节的嵌入 Animal 类型（内部类型）的 Cat 类型（外部类型）也可以使用如下组合的方式实现。

```go
type Cat struct {
    Animal *Animal
    Name string
}
func (c *Cat) Eat() {
    c.Animal.Eat()
}
func main() {
    c := &Cat{
        Animal: Animal{Age: 1},
        Name: "Tom",
    }
    c.Eat()
}
```

　　与嵌入不同，组合版本的 Cat 将 Animal 作为一个成员变量，实现了 Animal 所有的函数，并在函数中直接调用了 Animal 对应的函数。通过汇编码对比，我们会发现上述代码与下面嵌入版本的代码所生成的汇编代码相似。

```
type Animal struct {
    Age int
}
func (a Animal) Eat() {}

type Cat struct {
    Animal
    Name string
}

func main() {
    c := &Cat{
        Animal: Animal{Age: 1},
        Name: "Tom",
    }
    c.Eat()
}
```

　　上述两段代码生成的汇编码篇幅较长，这里我们只选取关键部分进行展示和讲解。不过我们可以从汇编码中找出很多证据证明嵌入就是组合模式的语法糖。如下代码是汇编码中 Cat 类型的相关定义。

```
type."".Cat SRODATA size=160
    rel 24+8 t=1 type..eqfunc."".Cat+0
    rel 32+8 t=1 runtime.gcbits.02+0
    rel 40+4 t=5 type..namedata.*main.Cat.+0
    rel 44+4 t=5 type.*"".Cat+0
    rel 56+8 t=1 type."".Cat+96
    rel 80+4 t=5 type..importpath."".+0
    rel 96+8 t=1 type..namedata.Animal.+0
    rel 104+8 t=1 type."".Animal+0
    rel 120+8 t=1 type..namedata.Name.+0
    rel 128+8 t=1 type.string+0
    rel 144+4 t=5 type..namedata.Eat.+0
    rel 148+4 t=27 type.func()+0
    rel 152+4 t=27 "".(*Cat).Eat+0
    rel 156+4 t=27 "".Cat.Eat+0
```

　　由上述代码可以看到，第 8 行和第 10 行分别是 Animal 和 Name 两个成员变量字段，而第 9 行和第 11 行分别表示上述两个成员变量的类型是 Animal 和 String。这表明，看似嵌入是匿名的，但是真正生成汇编码时还是转换成了组合模式，成为被嵌入类型的普通成员变量。第 12、13 行表示 Cat 结构体也定义了自身的 Eat() 方法，而其 Eat() 函数的汇编码定义如下所示：

```
"".Cat.Eat STEXT dupok size=86 args=0x18 locals=0x10 funcid=0x16
...
    0x0026 00038 (<autogenerated>:1)    MOVQ    "".this+24(SP), AX
    0x002b 00043 (<autogenerated>:1)    MOVQ    AX, (SP)
    0x002f 00047 (<autogenerated>:1)    PCDATA  $1, $1
    0x002f 00047 (<autogenerated>:1)    CALL    "".Animal.Eat(SB))
...
```

在上述汇编代码中，前两句的含义是将 Cat 的 Animal 类型的成员变量加载到对应位置（SP），作为函数调用的第一个参数，然后用 call 命令调用 Animal 的 Eat()函数。

综上，可以证明嵌入模式生成的汇编码和使用组合模式的代码在逻辑上是一致的。

8.2.3　接口底层实现

在理解接口的具体实现和相关特性原理前，我们先了解结构体和接口的数据结构，它是 Go 语言运行时对结构体和接口的运行时表示。接口包括空接口（如 interface{}）和非空接口，在底层源码级别有两个结构体与之对应，分别是 eface 和 iface。其中，eface 结构体表示不包含任何方法的 interface{}类型；iface 结构体表示包含方法的接口。

我们先从较为简单的 eface 开始了解，eface 结构体的定义如下：

```
type eface struct {
    type *_type // 类型指针
    data unsafe.Pointer // 数据指针
}
```

由于 interface{}类型不包含任何方法，所以它的结构也相对来说比较简单，只包含指向底层类型和数据的两个指针。从上述结构我们也能推断出，Go 语言中的任意类型都可以转换成 interface{}类型。

_type 是 Go 语言类型的运行时表示；其中包含了很多元信息，如类型的大小、哈希、对齐以及种类等；具体定义如下：

```
type _type struct {
    size      uintptr// 类型占用空间
    ptrdata   uintptr    // 指针相关的区域
    hash      uint32     // hash 值，用于快速判断类型是否相等
    tflag     tflag
    align     uint8      // 对齐
    fieldAlign uint8
    kind      uint8
    equal func(unsafe.Pointer, unsafe.Pointer) bool // 当前类型的多个
对象是否相等
    gcdata    *byte
    str       nameOff
    ptrToThis typeOff
}
```

_type 的 kind 字段是 typekind.go 文件中定义的枚举值，如 slice 类型对应的 kind 是 kindSlice，而 string 类型是 kindString，其他用户自定义结构体或接口则分别是 kindStruct 和 kindInterface。

nameOff 和 typeOff 都是 int32 类型的别名，代表类型名称字符串和类型元信息指针在二进制文件段中的偏移位置。通过该偏移量，Go 语言运行时可以获取对应名称的字符串和元信息。

iface 表示非空接口，具体定义如下代码所示，其中，data 是指向原始数据的指针；itab 类型的 tab 字段则是接口类型的核心组成部分。

```
type iface struct {
    tab  *itab
    data unsafe.Pointer
}
```

itab 结构的具体定义如下代码所示，它是 interface 的核心数据结构。

```
type itab struct {
    inter *interfacetype
    _type *_type
    hash  uint32
    _     [4]byte
    fun   [1]uintptr
}
```

itab 结构的成员变量包括 inter、_type、hash 和 fun，其作用如表 8-1 所示。

表 8-1

变量名称	作　　用
inter	指向 interfacetype 的指针。其封装了_type 和额外与 interface 相关的信息，它代表 interface 本身的类型
_type	_type 类型的指针。代表 interface 所持有值的类型，也就是实际类型
hash	对 _type 类型中 hash 值的复制。用于进行类型转换时快速判断目标类型和具体类型 _type 是否一致
fun	持有该 interface 的虚函数表的函数指针的数组。用于函数的动态分配，该数组大小动态可变，在使用时会通过原始指针获取其中的数据，所以 fun 数组中保存的元素数量是不确定的

interfacetype 结构体的定义如下代码所示：

```
type interfacetype struct {
    typ     _type
    pkgpath name
    mhdr    []imethod
}

type imethod struct {
    name nameOff
    ityp typeOff
}
```

interfacetype 结构体中也包含_type 类型信息，此外还包含了 interface 的包路径和由暴露方法类型组成的数组。imethod 中的 nameOff 字段和 typeOff 字段与_type 类型中的含义一致。

综上所述，接口相关数据结构的关系如图 8-6 所示。

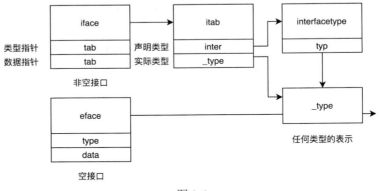

图 8-6

由图 8-6 可知，Go 语言中非基础类型（Primitives Type）的变量类型都可以由 iface 或 eface 表达，而 iface 和 eface 背后虽然有 itab 或者 interfacetype 等类型，但是最终都是由_type 类型来表达，即_type 是 Go 语言中任意类型的表达。

下面，我们通过具体的代码来解释上述的数据结构，使读者了解这些数据结构是如何辅助运行时进行相关操作的。将上文案例中的 Animal 改成接口，Eat 是其定义的函数，而 Cat 实现了 Eat()函数，从而实现了 Animal 接口；具体代码如下所示：

```go
type Animal interface {
    Eat()
}

type Cat struct {
    Id int32
    Num int32
}

//go:noinline
func (c Cat) Eat()  {}
func (c Cat) Lick() {}

func main() {
    var a Animal = Cat{10, 20} // 类似于 a := Animal(Cat{10,20})
    a.eat()
}
```

main()函数的第一行声明语句可以很好地揭示 itab 中 inter 和_type 的区别。其中, inter

代表接口本身的类型定义（也称作声明类型），也就是 Animal；而_type 则是变量实际的类型，也就是 Cat。前者约束了变量的可操作集合，而后者则提供实际的操作，因为变量 a 的声明类型是 Animal，所以它只能调用 Eat()函数，而不能调用 Lick()函数；而在实际进行调用时，变量 a 实际类型是 Cat 类型，所以会调用 Cat 提供的 Eat()函数实现。

Main()函数中有关声明变量 a 语句的汇编代码如下所示：

```
"".main STEXT size=274 args=0x0 locals=0x60 funcid=0x0
    // 初始化结构体临时变量，设置 Name 和 Age 对应空间的值
    0x0031 00049 (intertest.go:21)    LEAQ    go.string."Tom"(SB), AX
    0x0038 00056 (intertest.go:21)    MOVQ    AX, "".autotmp_1+64(SP)
    0x003d 00061 (intertest.go:21)    MOVQ    $3, "".autotmp_1+72(SP)
    0x0046 00070 (intertest.go:21)    MOVL    $1, "".autotmp_1+80(SP)
    0x004e 00078 (intertest.go:21)    MOVQ    "".autotmp_1+64(SP), AX
    0x0053 00083 (intertest.go:21)    MOVQ    "".autotmp_1+72(SP), CX
    0x0058 00088 (intertest.go:21)    MOVQ    AX, "".autotmp_2+40(SP)
    0x005d 00093 (intertest.go:21)    MOVQ    CX, "".autotmp_2+48(SP)
    0x0062 00098 (intertest.go:21)    MOVL    $1, "".autotmp_2+56(SP)
    // 构造 iface 结构体，将 itab 地址加载到 24(SP)并将 40(SP)的地址设置到 32(SP)
    0x006a    00106    (intertest.go:21)                    LEAQ
go.itab."".Cat,"".Animal(SB), AX
    0x0071 00113 (intertest.go:21)    MOVQ    AX, "".a+24(SP)
    0x0076 00118 (intertest.go:21)    LEAQ    "".autotmp_2+40(SP), AX
    0x007b 00123 (intertest.go:21)    MOVQ    AX, "".a+32(SP)
```

如上代码所示，第一阶段是在栈上初始化结构体 Cat，这部分和上一小节的部分类似，不再赘述。而第二部分就是构造 iface 结构体，其可分为以下两个部分：

（1）使用 LEAQ 指令将编译器预先生成的 itab 的地址加载到+24(SP)地址，即 iface 中 itab 值；

（2）将第一阶段生成结构体 Cat 的首地址加载到+32(SP)地址上，即 iface 中 data 的值。

在汇编代码中，我们可以查看到编译器预先生成的 itab 的具体定义，如下所示：

```
go.itab."".Cat,"".Animal SRODATA dupok size=32
    0x0000 00 00 00 00 00 00 00 00 00 00 00 00 00 00 00 00    ................
    0x0010 12 a8 f8 10 00 00 00 00 00 00 00 00 00 00 00 00    ................
    rel 0+8 t=1 type."".Animal+0
    rel 8+8 t=1 type."".Cat+0
    rel 24+8 t=1 "".(*Cat).eat+0
```

在上述 itab 的定义中，大部分地址空间都被 0 填充，但在 0x0010 这个位置上，有 4 个字节的值被设置过。我们对照 Go 语言源码中 itab 结构体的定义，将上述地址和结构体字段对应起来；代码如下所示：

```
type itab struct {
    inter *interfacetype    // 偏移地址 0x00 ($00)
    _type *_type            // 偏移地址 0x08 ($08)
```

```
    hash   uint32                // 偏移地址 0x10 ($16)
    _      [4]byte               // 偏移地址 0x14 ($20)
    fun    [1]uintptr            // 偏移地址 0x18 ($24)
                                 // 偏移地址 0x20 ($32)
}
```

由上述代码可以看到被设置非零值的地址位置正对应 hash 字段，也就是 Cat 类型的 hash 值已经预先计算并存储在汇编码中。除了 hash 字段外，itab 其他字段的数据要通过链接器重定向才能被填充，itab 定义的后三段正是进行重定向的指令。

第一段是告诉链接器将接口 Animal 的类型信息填充到前 8 个字节位置，也就是设置 inter 字段；第二段则是将 Cat 结构体的类型信息填充到第二个 8 字节的位置，设置 _type 字段；最后一段则是将 Cat 结构体的 Eat() 函数相关的信息填充到第四个 8 字节位置，设置 fun 字段。

到此，变量 a 的声明和初始化过程就完成了，各个数据的分布如图 8-7 所示。

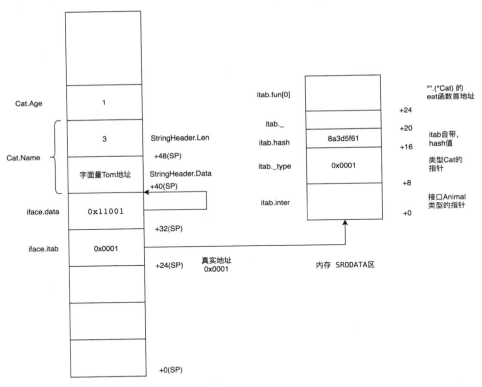

图 8-7

由图 8-7 可以看出，+40(SP)～+56(SP) 的空间上构造了 Cat 结构体，+24(SP)～+32(SP) 空间上正好构造了 iface 结构体，就是类型为 Animal 的变量 a 的底层表达。其中，iface 的 data 字段指针会指向 Cat 结构体起始位置；而 itab 字段指针则指向内存代码段的具体

itab 定义，其中包含了 Animal 接口和 Cat 结构体类型信息以及对应的函数表。

本案例中，iface 是通过调用 runtime.convT2I() 函数构造出来的，这里涉及 Go 编译器的优化，对于非逃逸场景，无须额外调用函数在堆上构造 iface，而是直接在栈空间上构造即可，从而提高执行效率。一旦变量 a 被传递到函数外，即发生逃逸，就应该在堆上创建该变量，也就需要调用 convT2I() 函数。从下面函数动态派发的例子中可看到相应的实现。

8.2.4　接口函数调用和动态派发

下面我们来看进行 Eat() 函数调用的相关汇编代码实现。在上文中已经提及对于接口相关函数的调用，Go 语言提供了多态机制，可以根据接收器的具体类型进行动态调用；接口代码如下：

```
"".main STEXT size=274 args=0x0 locals=0x60 funcid=0x0
    ...
    // 调用函数时进行类型检查，看当前变量的 iface 的 itab 是否等于 Cat."".Animal
    0x0095 00149 (intertest.go:22)    MOVQ    "".a+24(SP), CX
    0x009a 00154 (intertest.go:22)    LEAQ    go.itab."".Cat,"".Animal(SB), DX
    0x00a1 00161 (intertest.go:22)    CMPQ    DX, CX
    // 调用函数的参数和返回值空间准备，然后调用 Cat 的 Eat() 函数
    ...
    0x00d7 00215 (intertest.go:22)    CALL    "".Cat.Eat(SB)
```

上述汇编码直接使用 call 指令调用了 Cat 结构体的 Eat() 函数，并不是动态派发的。这也是因为 Go 编译器进行了性能优化，在编译期间确定了需要调用的函数，提高了执行效率。可以使用下列代码进行编译，查看汇编代码中函数调用的实现。

```go
func main() {
    var a Animal = Cat{"Tom", 1}
    callEat(a)
}

func callEat(a Animal) {
    a.Eat()              // 动态派发
    a.(Cat).Eat()        // 固定函数调用
}
```

callEat() 函数的汇编代码如下所示，我们可以看到调用两次 Eat() 函数的区别。我们先来看一下 main() 函数的具体实现，因为变量 a 传递给 callEat() 函数会发生逃逸，所以就调用 convT2I() 函数在堆上创建 iface 结构体。

```
"".main STEXT size=170 args=0x0 locals=0x50 funcid=0x0
    // 和 8.2.2 小节类似的初始化过程
    0x0031 00049 (intertest.go:21)    LEAQ    go.string."Tom"(SB), AX
    0x0038 00056 (intertest.go:21)    MOVQ    AX, ""..autotmp_1+48(SP)
    0x003d 00061 (intertest.go:21)    MOVQ    $3, ""..autotmp_1+56(SP)
```

```
    0x0046 00070 (intertest.go:21)      MOVL    $1, ""..autotmp_1+64(SP)
    // 将 itab 地址和结构体地址作为参数传递给 convT2I() 函数
    0x004e 00078 (intertest.go:21)      LEAQ    go.itab."".Cat,"".Animal(SB),
AX
    0x0055 00085 (intertest.go:21)      MOVQ    AX, (SP)
    0x0059 00089 (intertest.go:21)      LEAQ    ""..autotmp_1+48(SP), AX
    0x005e 00094 (intertest.go:21)      MOVQ    AX, 8(SP)
    0x0063 00099 (intertest.go:21)      CALL    runtime.convT2I(SB)
```

如上述代码所示，将 itab 地址和结构体数据地址作为参数传递给了 convT2I() 函数，而 convT2I() 函数的实现就是在堆上分配一块空间来存储 itab 地址和数据地址；具体实现代码如下：

```
func convT2I(tab *itab, elem unsafe.Pointer) (i iface) {
    t := tab._type
    x := mallocgc(t.size, t, true)
    typedmemmove(t, x, elem)
    i.tab = tab
    i.data = x
    return
}
```

我们看一下 CallEat() 函数中动态派发的实现，具体汇编代码如下：

```
"".callEat STEXT size=202 args=0x10 locals=0x38 funcid=0x0
    // 将 itab 地址移动到 AX 寄存器
    0x0021 00033 (intertest.go:26)      MOVQ    "".a+64(SP), AX
    // 根据 itab 地址偏 24 的数据加载到 AX 寄存器，即 itab 中的函数表 fun 字段
    0x0028 00040 (intertest.go:26)      MOVQ    24(AX), AX
    // 将参数变量 a 加载到栈首，作为接收器，函数隐式参数
    0x002c 00044 (intertest.go:26)      MOVQ    "".a+72(SP), CX
    0x0031 00049 (intertest.go:26)      MOVQ    CX, (SP)
    // fun 字段中保存着 Cat.Eat() 函数的首地址，使用指令 CALL 进行调用
    0x0035 00053 (intertest.go:26)      CALL    AX
```

首先将 itab 数据结构中的 fun 字段加载到寄存器中，在图 8-7 所示中，fun 字段存储着 Cat 结构体 Eat() 函数的首地址，可使用 call 指令进行调用。由于 itab 结构体中 fun 的函数地址不同，所以就会调用不同的函数。这就是所谓的 Go 语言的函数动态派发，也就是多态机制的实现。

而对于 callEat() 函数中的第二种调用语句，则是编译器确定调用的 Cat 的 Eat() 函数，在运行时直接调用。先构造两个新的函数，然后分别对其进行性能测试；具体代码如下：

```
func DynamicCallEat(a Animal) {
    a.Eat() // 动态派发
}

func StaticCallEat(a Animal) {
    a.(Cat).Eat() // 固定函数调用
}
```

```
func Benchmark1(b *testing.B) {
    var a Animal = Cat{1, 1}
    for n := 0; n < b.N; n++ {
        DynamicCallEat(a)
    }
}

func Benchmark2(b *testing.B) {
    var a Animal = Cat{1, 1}
    for n := 0; n < b.N; n++ {
        StaticCallEat(a)
    }
}
```

压测命令参数和结果如下：

```
go test -gcflags=-N -benchmem -test.count=3 -test.cpu=1 -test.benchtime=1s
-bench=.


Benchmark1       251497788              4.805 ns/op
Benchmark1       234093175              4.705 ns/op
Benchmark1       262713224              4.538 ns/op
Benchmark2       253847436              5.001 ns/op
Benchmark2       159914318              6.324 ns/op
Benchmark2       191050191              5.622 ns/op
```

由上述结果可以看出，动态派发一次调用平均需要 5.647 ns，而直接函数调用则只需要 4.682 ns。即在不开启编译器优化的情况下，动态派发会带来大约 20% 的性能损耗。

—— 本章小结 ——

本章介绍了面向对象语言的特性，对比了 Go 语言和 C 语言在封装、继承和多态三方面的异同点；然后讲解了 Go 语言推崇的面向对象特性，使用嵌入方式进行继承；最后我们从源码和汇编代码级别了解和学习了 Go 语言类型转换、函数调用等具体的底层实现。

了解了 Go 语言的类型系统以及自定义结构体和抽象结构体等语法的原理和实现后，在第 9 章将介绍泛型和反射相关语法的使用以及背后的原理和实现。

第9章 Go 语言的泛型和反射

泛型和反射都是高级编程语言中的进阶特性之一，不同语言提供了不同的泛型和反射机制，它们各有优劣。泛型编程让我们能够使用一种消除类型区分的形式来表达函数和数据结构。而反射是指程序在运行时可以访问、检测和修改其自身状态或者行为，让开发者具备动态修改程序的能力。

下面，首先讲解泛型的基础知识和各大语言泛型特性的实现方案，接着讲解 Go 语言的泛型语法和具体实现，最后探究 Go 语言反射的基础知识、使用案例和实现原理。

9.1 Go 语言的泛型

泛型是通用编程语言的进阶特性之一，它一般在强类型语言中提供消除类型区别的函数或者数据结构，用于基础代码或者库开发。高级编程语言出现之初，就有泛型相关的语言特性，但是其实现机制一直在变化。

9.1.1 Go 语言泛型基础理念

通俗地讲，泛型是一种统称，是指在定义函数、接口或类的时候，不预先指定具体的类型；而在使用的时候再指定类型的特性，不同编程语言对泛型的实现和称谓均不一样。Java、C#和 Swift 等语言有对应的泛型机制（Generics），而 ML、Scala 和 Haskell 等语言中相关特性被称为参数多态（Parametric Polymorphism）；C++中的模板也提供了类似特性。上述不同语言中的不同特性都可以统称为泛型。

当使用泛型定义函数或者类时，在函数定义中指定参数、返回值的类型和类成员变量类型的地方，就可以改用泛型来表示。采用这种技术，使得代码适应性更强，从而为函数或者类的使用者提供更多的功能，同时也避免了代码的重复。

广义的泛型编程分为两部分：数据类型的泛型或者说参数化类型，以及泛型函数。也就是使用泛型定义类型或结构体以及使用泛型定义函数。

参数化类型是指在定义数据结构或者类型的时候，不指定具体的类型，而是将其作为参数使用，使得该定义对各种具体类型都适用。参数化类型的好处是语言能够更具表达力（某种程度上接近动态类型语言），同时还保持了完整的静态类型安全。

而泛型函数则是指在声明函数时，其参数或者返回值的类型并不需要直接指定，而是推迟到函数调用时再指定，这无疑增强了函数的可用性，让诸如 sort、max 等通用函数适用于任何一种类型。

　　泛型的语言层面实现一般较为复杂，需要在程序员的编程效率、代码编译速度和最终运行速度三者之间进行权衡和选择。下面我们就来分别了解主流编程语言中 C++、Java 和 Rust 的泛型实现方案。

1. C++语言的泛型实现方案

　　C++语言使用模板实现类似泛型的机制，提供了类似泛型的能力。C++语言的模板机制其实就是编译器根据代码情况生成了对应类的代码。C++语言模板是通过宏来进行处理的，相当于复制和粘贴了类模板的代码，并替换了模板参数类型。虽然提高了程序员的开发效率，但是编译器的实现变得非常复杂，模板的展开会生成大量重复代码，也会导致最终的二进制文件膨胀和编译缓慢，并且需要链接器来解决代码重复的问题。

2. Java 语言的泛型实现方案

　　Java 语言则使用类型擦除实现自身的泛型体系。在编译时进行类型检查，并且 Java 语言编译器会对类、方法、变量级别的模板参数进行装箱 boxing 化，进行类型擦除后将具体的参数类型替换成 Object 类型，导致具体类型参数在运行时无法直接获取，但运行时开销相对较小，比 Go 语言借助反射模拟范型性能好，也不用像 C++语言一样，复制代码会引起编译速度下降或者代码尺寸膨胀，但是 Java 类型的装箱和拆箱会降低程序的执行效率。

　　注意，编译时类型擦除虽然会对源码做一定的调整，某些信息看似丢失了，比如 List<Integer> 被擦除后变为了 List<Object>，在运行时我们依然可以通过反射机制来获取 Integer 的类型。这是因为类型擦除并不是删除所有类型信息，模板实参的信息会以某种形式保存下来，以便反射时使用。

3. Rust 语言的泛型实现方案

　　Rust 语言通过在编译时进行泛型代码的单态化来保证效率。单态化是一个在编译期间确定具体类型，将通用代码转换为特定代码的过程。在 Rust 语言中泛型是零成本的抽象，使用泛型特性完全不会带来性能的降低。但是有得必有失，Rust 语言是在编译期为泛型对应的多个类型生成各自的代码，因此损失了编译速度和增大了最终生成文件的大小。

　　Go 语言在 1.18 版本后引入泛型机制，其原理和 Rust 语言的泛型原理类似。下面我们先讲解没有泛型机制导致的开发效率问题，然后讲解 Go 语言泛型的基础使用和实现原理。

9.1.2　泛型的必要性

　　正如 Go 语言泛型语法负责人之一 Ian Lance Taylor 在 Gophercon 2019 上所提及的，在缺少泛型机制的情况下，Gopher 在使用 Go 语言编辑通用函数或数据结构时会遇到困难，不得不为不同的类型编写额外或重复的代码，这也是 Go 语言被人诟病最多的地方之一。

　　比如，将切片进行前后倒置的 reverse()函数。下面是对于 int 类型切片的实现版本。

使用 first 和 last 两个指针逐步将切片的数据一一进行位置交换。

```go
func ReverseInts(s []int) {
    first := 0
    last := len(s) - 1
    for first < last {
        s[first], s[last] = s[last], s[first]
        first++
        last--
    }
}
```

类似地，对于 string 类型的切片，开发者仍然需要实现 reverse()函数，具体如下所示：

```go
func ReverseStrings(s []string) {
    first := 0
    last := len(s) - 1
    for first < last {
        s[first], s[last] = s[last], s[first]
        first++
        last--
    }
}
```

由上述代码可知，两个函数除了参数类型不同外，实现逻辑是一致的。

但是因为 Go 语言是静态类型，并且 1.18 版本之前的版本不支持泛型，所以类似 reverse()函数的调用必须为不同类型的切片编写不同的版本，从而增加了重复的代码量，不利于后期的维护。而其他静态类型的语言，比如 C++或者 Java 和 Rust，都支持使用泛型来处理这种类型的问题。

9.2 Go 语言的泛型特性

Go 语言添加泛型的讨论从 2010 年就已经开始，社区对泛型的讨论非常多，呼声也非常高，但是 Go 语言团队一直有优先级更高的工作，并且泛型特性的引入影响巨大，需要对泛型语法和实现机制进行详细的讨论和验证。

在 GopherCon 2019 大会上，Ian Lance Taylor 代表 Go 语言核心团队做了有关 Go 语言泛型进展的介绍。自那以后，Go 语言团队对原先的 Go Generics 技术草案做了进一步精化，并编写了相关工具让社区 Go 语言开发者体验这份设计的 Go 泛型语法。经过一年多的思考、讨论、反馈与实践，Go 语言开发团队在这份旧设计的基础上，又撰写了一份 Go Generics 的新技术提案《Type Parameters》。本提案与上一份提案最大的不同之处在于：使用扩展的 interface 类型替代 Contract，用于对类型参数的约束。

Go 语言官博发表了 Go 核心团队成员 Ian Lance Taylor 和 Go 语言之父之一的 Robert Griesemer 撰写的文章《The Next Step for Generics》，该文介绍了 Go 语言泛型的最新进展和未来计划。

读者了解《The Next Step for Generics》一文中的理念后，会更有利于后续学习和理解 Go 语言泛型以及 Go 语言泛型的语法和实现机制。

9.2.1　Go 语言泛型的理念

Go 语言开发团队致力于使用独立、相互正交的、可以被任意组合的特性来降低语言的复杂性，并通过允许特性间进行的任意组合来最大化收益。所以，Go 语言开发团队也想对泛型支持做同样的事情。

在《The Next Step for Generics》一文中，泛型特性开发应当遵循的准则包括以下五项。

1．最小化新概念

应当尽可能少地向语言之中加入新的概念，也就是要把新加入的语法、关键字和其他名称及其影响最小化。

2．泛型代码的复杂性是由提供者承担的，不是使用者

复杂性要尽可能由泛型包的提供者来承担。Go 语言团队不希望使用者在使用包的时候还要关心泛型。这是说调用泛型函数应该尽量与调用的普通函数一致，而且任何来自使用泛型包的错误都应该易于理解和修改。此外，泛型相关的代码也应当易于调试。

3．提供者和使用者可以相互独立地工作

类似地，为了能让包的提供者和使用者相互独立地工作，Go 语言团队要让使用者对泛型代码和编写者对泛型代码这两个来自不同层面的关注更容易分离。

4．编译时间短，运行速度快

Go 语言开发团队希望可以尽可能地保持当下 Go 语言给我们带来的短编译时间和高运行速度的便利。泛型通常会引入在编译速度和运行速度之间的取舍。但是开发团队希望尽可能使编译速度和运行速度都快。

5．保留 Go 语言语法的清晰和简单

现在的 Go 语言是一门简单的语言。开发团队一直在思考如何在加入泛型的同时，保留原有的清晰性和简单性。

这些准则应当作用到 Go 语言的泛型实现当中，泛型是可以给语言带来不小的收益，但是不能导致 Go 语言发生巨大变化，这才值得引入泛型。

9.2.2　Go 语言泛型语法

下面我们就来了解 Go 语言在 1.18 版本引入的泛型特性的相关语法，包括泛型函数、泛型类型和类型约束。

1．泛型函数

参数化类型是 Go 语言泛型设计的基本思想。我们先从函数的形参和实参讲起；具体

代码如下：

```
func AddInts(a int, b int) int {
    // 变量a,b是函数的形参  "a int, b int" 这一串被称为形参列表
    return a + b
}
Add(100,200) // 调用函数时，传入的 100 和 200 是实参
```

如上代码所示，变量 a 和 b 是函数 AddInts 的形参（parameter），类似占位符没有具体的值，只有调用函数传入实参（argument）之后才有具体的值。

将形参和实参概念进行推广，变量的类型也可以有类似形参和实参的概念，我们将其称之为类型形参（Type Parameter）和类型实参（Type Argument）。相对应地，使用泛型特性编写的函数形式如下：

```
func AddInts[V int | float64](a, b V) V {
    return a + b
}
```

上述代码中，V 就是类型形参，使用该形参，可以定义函数的参数类型和返回值类型，int|float64 表示对该形参的限制，也称类型约束（Type Constraint），只能是 int 或者 float64 类型。所以，调用上述泛型函数时，需要将类型实参传入后才能调用；具体如下：

```
func main() {
    fmt.Printf("a + b = %d", AddInts[int](10, 11))
}
```

注意，类型实参必须和传入参数的类型是一致的，否则就会报错。不过若每次都手动传入实参则不方便，所以遵循泛型函数的调用应该方便使用者的原理，Go 语言提供了实参的自动推导功能，可以根据传入的函数参数的类型，推导出实参，代替开发者传递。具体实现代码如下：

```
func main() {
    fmt.Printf("a + b = %d", AddInts(10, 11))
}
```

2. 泛型类型

类似地，我们也可以使用泛型特性来定义开发自己的通用数据结构体，比如定义 MyMap 结构体代替 Go 语言原生的 map；其代码如下：

```
type MyMap[KEY int | string, VALUE float32 | float64] map[KEY]VALUE

var a MyMap[string, float64] = map[string]float64{
    "jack_score": 9.6,
    "bob_score":  8.4,
}

// errorcannot use generic type MyMap[KEY int|string, VALUE float32|float64]
without instantiation
```

```
var a MyMap= map[string]float64{
    "jack_score": 9.6,
    "bob_score":  8.4,
}
```

上述代码中，我们定义了 MyMap 类型，以及 KEY 和 VALUE 两个类型形参，分别为两个形参指定了不同的类型约束；然后在使用该泛型类型时，用类型实参 string 和 flaot64 替换了类型形参 KEY 和 VALUE，泛型类型被实例化为具体的类型，后续的使用与普通的 map 类似。

上述 MyMap 的声明则无法使用 Go 语言自动实参推导功能，必须由开发者填入对应的类型实参。可见，自动推导功能并不是万能的，它只在特定情况下可以生效，减少开发者的输入量，提高编码效率。

我们来进一步地了解泛型类型的定义和使用，泛型类型所声明的类型形参可以用作类型内成员变量的类型，也可以用作类型方法的参数类型和返回值类型；具体代码如下：

```
type MyStruct[T int | float64] struct {
    Data T
}
func (s MyStruct[T]) Add(a T) T {
    return s.Data + a
}
func main() {
    s := MyStruct[int]{Data: 1}
    fmt.Printf("%d", s.Add(10))
}
```

如上代码所示，MyStruct 结构体的类型形参 T 可以用来表示其成员变量 Data 的类型，也可以表示 Add 结构体方法的参数类型和返回值类型。需要注意的是，类型方法只能利用已有的接收器类型的类型形参，而无法定义新的类型形参；具体代码如下：

```
// error syntax error: method must have no type parameters
func (s MyStruct[T]) Add[T2 int | float64](a T2) T {
    return s.Data + a
}
```

除了函数和接口外，类型形参还可以使用在接口和 chan 等 Go 语言元素中。使用泛型技术来定义各类通用的数据结构，比如堆、栈、树和跳表等，而不用为每个类型维护一套相同的代码，极大地提高了库开发者的效率。

3．类型约束

类型约束是对于可以传入的类型实参的约束，不仅约束了类型实参的具体类型，也限定了类型形参所能进行的操作。如下代码定义了一个 Add() 函数，并且约束了类型形参 V 的类型只能是 int 或者 MyStruct[int]。

```
func Add[V int | MyStruct[int]](a, b V) V {
    return a + b
```

```
    }
```

但在编译上述代码时会报错，显示"invalid operation: operator + not defined on a (variable of type V constrained by int|MyStruct[int])"，也就是说 MyStruct 并没有定义操作符"+"对应的实现，Go 语言无法将 int 和 MyStruct 进行相加。所以在理论上，既然 Add() 函数中会使用到操作符"+"，那么就需要对类型形参进行相应的类型约束，且只有能执行"+"操作的基础类型，才能作为实参进行传递，具体如下：

```
func Add[V int | int8 | int16 | int32 | int64 | uint | uint8 | uint16 |
uint32 | uint64 | float32 | float64]](a, b V) V {
    return a + b
}
```

如上代码所示，有些类型形参的类型约束过长，并且多个类型形参都需要相同的约束时，可以将类型约束单独拿出来定义到接口中，然后使用该接口来作为类型约束。如下代码所示：

```
type IntUintFloat interface {
    int | int8 | int16 | int32 | int64 | uint | uint8 | uint16 | uint32
| uint64 | float32 | float64
}
// 使用接口作为类型约束
func Add[V IntUintFloat](a, b V) V {
    return a + b
}
```

此外，Go 语言还提供了关键字 any 作为无任何类型约束的表达方式，类似于 interface{}，我们查看 Go 语言 1.18 版本的官方代码库变更，很多的改动就是将 interface{}修改成了 any。

本小节中，我们从泛型函数、泛型类型和类型约束三方面简单介绍了 Go 语言的泛型特性，若想了解更加全面具体的泛型使用，则可以参阅 Go 语言官方文档。下面我们主要来学习 Go 语言泛型的实现原理。

9.2.3 Go 语言泛型的实现

对于 Go 语言泛型的实现机制，我们先大概了解其具体提案的内容，然后将包含泛型的代码进行编译，通过了解其汇编实现来理解其实现方式。

Go 语言泛型的实现机制叫作 GC Shape Stenciling，它类似于混合了 Rust 的泛型特化和 Java 类型擦除两种泛型实现方案。它的具体提案信息详见 Google 公司的《Generics implementation-GC Shape Stenciling》，其是在两个版本的 Go 语言泛型提案的基础上混合而来，分别是《Generics implementation-Stenciling》和《Generics implementation-Dictionaries》。

Stenciling 提案是在编译期间，针对泛型函数或者类型，为每个需要的类型实参都生成一套对应的代码。因为每个类型都要生成对应的一套代码，这种方案的泛型实现会导致更长的编译时间，生成较多的代码，但是运行时不需要额外操作，零抽象成本，所以追求性能的 Rust 语言选择了类似的方案。

　　Dictionaries 提案则只会生成一套代码，但是它需要额外传入字典参数，字典包含为类型参数实例化的类型信息，字典数据在编译时生成，存储在数据段中，在真正使用时可以通过栈或者寄存器传入。这种方案因为需要额外的传参操作，所以运行时性能会降低，但是因为不需要生成多套代码，所以不会消耗过多编译时间。

　　Go 语言开发团队在 9.2.1 小节所描述的泛型理念的指导下，认为需要同时满足编译时间短和运行效率高的性能要求，所以他们将两个方案融合，形成了目前名为 GC Shape Stenciling 的方案，它也是 Go 语言目前泛型实现的最终方案。该方案在编译期间会针对不同 shape 的类型实参，独立生成一份代码，对于 shape 相同的类型，使用字典区分类型的不同行为。类型的 shape 涉及内存分配器和垃圾回收器对该类型的处理方式，包括它的大小、所需的对齐方式以及类型哪些部分包含指针等。而字典里会包括具体类型的详细信息，包括在泛型函数或者泛型类型中所需调用类型函数的动态分配信息，有关动态分配可以参考第 8 章类型系统中的相关内容。

　　我们来看下面的示例代码，它定义了泛型函数 add() 对参数进行加 1 操作，其类型约束为必须是 int、float32 和 uint64 类型，然后 Test() 函数会使用不同的类型实参和参数值来调用 add() 函数。

```
type MyInt int

func add[T int | float32 | uint64 | MyInt](t T) T {
    return t + 1
}
func main() {
    add(1)
    add(float32(2))
    add(uint64(3))
    add(MyInt(4))
}
```

我们可以使用如下命令进行编译。

```
go build -gcflags="-G=3 -S" main.go // 1.18.1 版本
```

编译后的汇编码比较长，我们来依次查看较为关键的片段。首先我们来看一下 add() 函数对应的汇编码片段，如下：

```
"".add[go.shape.int_0] STEXT dupok nosplit size=55 args=0x10 locals=0x10
funcid=0x0 align=0x0
    0x0000 00000 (main.go:5)        TEXT        "".add[go.shape.int_0](SB),
DUPOK|NOSPLIT|ABIInternal, $16-16
    0x0000 00000 (main.go:5)        SUBQ        $16, SP
    0x0004 00004 (main.go:5)        MOVQ        BP, 8(SP)
    0x0009 00009 (main.go:5)        LEAQ        8(SP), BP
```

```
      0x000e    00014    (main.go:5)                        FUNCDATA          $0,
gclocals·33cdeccccebe80329f1fdbee7f5874cb(SB)
      0x000e    00014    (main.go:5)                        FUNCDATA          $1,
gclocals·33cdeccccebe80329f1fdbee7f5874cb(SB)
      0x000e    00014    (main.go:5)                        FUNCDATA          $5,
"".add[go.shape.int_0].arginfo1(SB)
      0x000e 00014 (main.go:5)        MOVQ      AX, ""..dict+24(SP)
      0x0013 00019 (main.go:5)        MOVQ      BX, "".t+32(SP)
      0x0018 00024 (main.go:5)        MOVQ      $0, "".~r0(SP)
      0x0020 00032 (main.go:6)        MOVQ      "".t+32(SP), CX
      0x0025 00037 (main.go:6)        LEAQ      1(CX), AX
      0x0029 00041 (main.go:6)        MOVQ      AX, "".~r0(SP)
      0x002d 00045 (main.go:6)        MOVQ      8(SP), BP
      0x0032 00050 (main.go:6)        ADDQ      $16, SP
  "".add[go.shape.float32_0] STEXT    dupok  nosplit  size=65   args=0x10
locals=0x10 funcid=0x0 align=0x0
      ...
  "".add[go.shape.uint64_0]  STEXT    dupok  nosplit  size=55   args=0x10
locals=0x10 funcid=0x0 align=0x0
      ...
```

由以上汇编代码可以看出，泛型函数 add()其实被编译出了针对不同类型的多个版本，分别是 go.shape.int_0 版本、go.shape.float32_0 版本和 go.shape.uint64_0 版本。但是我们发现编译器并没有为 MyInt 类型单独编译出一个版本的 add()函数；这是因为 int 和 MyInt 的 shape 相同，只需要生成一套代码。

下列代码是 main()函数中使用不同类型实参调用 add()函数的汇编实现。

```
"".main STEXT size=108 args=0x0 locals=0x18 funcid=0x0 align=0x0
  ... // add(1)
  0x0014 00020 (main.go:9)       LEAQ      "".dict.add[int](SB), AX
  0x001b 00027 (main.go:9)       MOVL      $1, BX
  0x0020 00032 (main.go:9)       CALL      "".add[go.shape.int_0](SB)
  // add(float32(2))
  0x0025 00037 (main.go:10)      LEAQ      "".dict.add[float32](SB), AX
  0x002c 00044 (main.go:10)      MOVSS     $f32.40000000(SB), X0
  0x0034 00052 (main.go:10)      CALL      "".add[go.shape.float32_0](SB)
  //   add(uint64(3))
  0x0039 00057 (main.go:11)      LEAQ      "".dict.add[uint64](SB), AX
  0x0040 00064 (main.go:11)      MOVL      $3, BX
  0x0045 00069 (main.go:11)      CALL      "".add[go.shape.uint64_0](SB)
  // add(MyInt(4))
  0x004a 00074 (main.go:12)      LEAQ      "".dict.add[""MyInt](SB), AX
  0x0051 00081 (main.go:12)      MOVL      $4, BX
  0x0056 00086 (main.go:12)      CALL      "".add[go.shape.int_0](SB)
```

如上代码所示，针对 int、float32 和 uint64 类型都会调用上述编译生成的对应类型的特定函数，但是对于 MyInt 类型的调用，则是调用的 int 类型对应的函数。此外，在调用函数之前，会加载类型对应的字典数据，比如 dict.add[int]到对应的寄存器中，传递给对应的函数。

测试与 Go 语言泛型相关的性能的示例代码如下：

```
func BenchmarkAdd_Generic_Int(b *testing.B) {
    for i := 0; i < b.N; i++ {
            add(i)
    }
}

func BenchmarkAdd_NonGeneric(b *testing.B) {
    for i := 0; i < b.N; i++ {
            addInt(i)
    }
}
func addInt(a int) int {
    return a + 1
}
```

使用 go test 命令执行，结果如下：

```
func BenchmarkAdd_Generic_Int(b *testing.B) {
goos: darwin
goarch: amd64
cpu: Intel(R) Core(TM) i5-5287U CPU @ 2.90GHz
BenchmarkAdd_Generic_Int
BenchmarkAdd_Generic_Int-4      1000000000      0.3225 ns/op
BenchmarkAdd_NonGeneric
BenchmarkAdd_NonGeneric-4       1000000000      0.3305 ns/op
PASS
ok      command-line-arguments 1.100s
```

由上述结果可以看出，泛型函数的性能和普通函数的性能相差不大。

至此，我们了解了 Go 语言泛型的基础语法、实现原理和相关性能指标。下面我们来讲解另一个编程语言高级特性：反射机制，它和泛型类似，都是库代码开发者的强大工具。

9.3　Go 语言反射机制

反射是一个功能强大的工具，它给开发人员提供了在运行时对代码本身进行访问和修改的能力。通过反射，我们可以拿到丰富的类型信息，比如变量的字段名称、类型信息、结构体信息和方法信息等，并使用这些信息进行动态的变量声明、方法调用等操作。简单来讲，反射就是程序在运行的时候能够"观察"并且修改自己的行为。

本节中我们会简要梳理反射技术特性与优劣势并重点讲解 Go 语言的反射机制。

9.3.1　Go 语言反射技术简介

强类型编程语言在编译期间需要对程序中调用的对象的具体类型、接口（Interface）、成员变量（Fields）和方法的合法性进行检查。使用反射技术编写的代码则可以将对需要调用的对象的检查工作从编译期间推迟到运行期间。这样一来，可以在编译期间先不明确指定目标对象的接口名称和字段（Fields），而是在运行时根据目标对象自身的信息决定如何处理。它还允许根据运行时对象自身的信息进行构建新对象和相关方法的调用。

注意，反射并不是高级编程语言中必要的特性，它只是语言运行时展现出来的行为，而大多数静态语言在编译时就把反射所必要的信息给剥离了出来。所以 Java 和 Go 语言等带运行时或虚拟机的语言提供了完整意义的反射，而 C++ 和 Rust 等非运行时语言并不能提供完整意义的反射。提供反射这种特性，主要是为了提高语言表达能力和编程时的灵活性。

（1）支持反射的语言提供了一些在其他编程语言中难以实现的运行时特性，它一般有如下优点：

① 可以在一定程度上避免硬编码，提供灵活性和通用性，作为元编程的一种实现方式，可以减少重复代码；

② 可以将类型作为一个 first-class 对象，获取并修改源代码中元素的结构，如代码块、类和方法等；

③ 可以在运行时像对待源代码语句一样动态地解析并执行字符串中可执行的代码，类似 JavaScript 的 eval() 函数，进而可以根据类名或函数名对应字符串来获取类实例或者进行函数的调用。

（2）任何事物都具有两面性，除了优势，反射技术也有着如下的劣势：

① 学习成本高。面向反射的编程需要较多的高级知识，包括语言类型系统、函数调用等；

② 反射的概念和语法都比较抽象，过多地滥用反射技术会使得代码难以被其他人读懂，不利于团队合作与交流；

③ 由于将代码执行控制逻辑从编译期推迟到了运行期，提高了代码灵活性的同时，也牺牲了部分运行效率，并且不利于进行代码调试。

通过深入学习反射的特性和技巧，我们可以尽可能地避免其劣势，充分利用其优势，提高自身对于反射编程的开发效率。

9.3.2　Go 语言反射使用

Go 语言是一门静态强类型语言，在程序编译的过程中会把代码的反射信息（如字段类型、类型、函数等）写入可执行文件中。在程序执行的过程中，Go 语言运行时会加载可执行文件中变量的反射信息，并提供接口用于在运行时获取和修改代码。接下来我们介绍 Go 语言反射中 Type 和 Value 两个重要的概念。

1. Type 和 Value

Go 语言的反射主要通过 Type 和 Value 两个基本概念来表达。其中，Type 主要用于表示被反射变量的类型信息；而 Value 用于表示被反射变量自身的实例信息。Go 语言反射实现主要位于 reflect 包中。

类型 Type 是 reflect 包定义的接口。开发者使用 reflect 的 TypeOf() 函数获取任意变量的类型。Type 接口中定义了一组实用函数，可以用来获取该变量对应类型的基础信息，包括内存对齐、函数数量、类型名称；还可以根据下标或者名称来获取该类型定义的函数和成员变量；Type 接口的代码定义如下：

```
type Type interface {
    Align() int
    Name()string
    // 根据 index 查找方法
    Method(int) Method
    // 根据方法名查找方法
    MethodByName(string) (Method, bool)
    // 获取类型中公开的方法数量
    NumMethod() int
    NumField() int
    // 根据 index 获取结构体内的成员字段类型对象
    Field(i int) StructField
    // 根据字段名获取结构体内的成员字段类型对象
    FieldByName(name string) (StructField, bool)

    Kind() Kind
    ...
}
```

每个 Type 都有其对应的 kind 种类，通过 Type 的 Kind() 函数可以获得。Type 是指变量所属的类型，包括系统的原生数据类型（如 int 和 string 等）和通过 type 关键字定义的用户自定义类型，比如开发者可以定义 MyStruct 结构体，这些类型的名称一般就是其类型本身。而 kind 是指变量类型所归属的种类，参考 reflect.Kind 中的定义，主要有以下种类：

```
const (
    Invalid Kind = iota
    Bool
    Int
    Int8
    Int16
    Int32
    Int64
    Uint
    Uint8
```

```
        Uint16
        Uint32
        Uint64
        Uintptr
        Float32
        Float64
        Complex64
        Complex128
        Array
        Chan
        Func
        Interface
        Map
        Ptr
        Slice
        String
        Struct
        UnsafePointer
    )
```

所以，int 类型变量对应的 Type 的 kind 是 Int；而 MyStruct 等自定义结构类型的 kind 都是 Struct。

Type 接口下提供了不少用于获取类型中成员变量实例的方法，通过 NumField()、Field() 和 FieldByName() 函数，可以轻易地获取一个类型内的所有成员字段的类型对象 StructField。通过 StructField，可以知道成员字段所属的类型和种类，其定义如下：

```
type StructField struct {
    // 成员字段的名称
    Name string
    // 成员字段 Type
    Type      Type
    // Tag
    Tag       StructTag
    // 字节偏移
    Offset    uintptr
    // 成员字段的 index
    Index     []int
    // 成员字段是否公开
    Anonymous bool
}
```

StructField 中提供了 Type 用于获取字段的类型信息，而 StructTag 一般包含结构体成员字段的额外信息，比如在 JSON 进行序列化和对象映射时会被使用注解信息。

除了获取结构体下的字段域类型对象，Type 还提供 NumMethod()、Method() 和 MethodByName() 方法获取函数的方法类型对象 Method。获取到的方法类型描述对象 Method 描述了方法的基本信息，包括方法名、方法类型等；代码如下：

```
type Method struct {
    // 方法名
    Name    string
    // 方法类型
    Type  Type
     // 反射对象, 可用于调用方法
    Func  Value
    // 方法的 index
    Index int
}
```

在 Method 中的 Func 字段是一个函数对应 Value 对象,可用于方法的调用。在使用 Func 进行方法调用时,需要传入对应的参数 Value 对象,此外如果 Method 指向的是接口类型中定义的函数,那么 Func 传递的第一个参数需要为实现方法的接收器。

reflect 包中 Value 则是一个结构体,开发者使用 reflect 的 valueOf()函数获得任意变量的值,所以它包含了指向该变量的指针和与该变量类型相关的 rtype 数据。Go 语言提供了一系列函数通过该结构体来修改原变量数据或者调用原变量相关函数,具体如下:

```
type Value struct {
    // 值对应的类型
    typ *rtype
    // 指向真正值的指针
    ptr unsafe.Pointer
    flag
}

// 调用函数
func (v Value) Call(in []Value) []Value
// 修改变量值
func (v Value) Set(x Value)
```

了解了 Type 和 Value 之后,下面依次从根据 interface{}获取 Type 系列对象、根据 interface{} 获得 Value 系列对象和通过反射修改值或者调用函数三个方面来讲解反射技术的基础使用。

注意,虽然 Go 语言 1.18 版本中相关接口定义都已经改成 any 关键字,但是在 1.18 版本中 any 关键字就是 interface{}的别名类型。

2. 根据 interface{}获取 Type 系列对象

我们可以使用 reflect 的 TypeOf()和 ValueOf()函数从任意变量中获取对应的 Type()和 Value()函数,然后进行相关信息的获取。此外,反射对象(包括 StructField 和 Method 等)都可以通过对应的函数获取。

比如我们首先创建如下的 Person 接口和 Hero 结构体。其中,Hero 结构体包含三个成员字段,并且可实现 Person 接口的 SayHello()和 Run()函数。

```
package main

import "fmt"
```

```go
// 定义一个人的接口
type Person interface {

    // 和人说hello
    SayHello(name string)
    // 跑步
    Run() string
}

type Hero struct {
    Name string
    Age int
    Speed int
}

func (hero *Hero) SayHello(name string) {
    fmt.Println("Hello " + name, ", I am " + hero.Name)
}

func (hero *Hero) Run() string{
    fmt.Println("I am running at speed " + string(hero.Speed))
    return "Running"
}
```

我们可以创建一个 Hero 结构体，并且通过 reflect.TypeOf()函数来查看其对应的类型信息，代码如下：

```go
func main() {
    // 获取实例的反射类型对象
    typeOfHero := reflect.TypeOf(Hero{})
    fmt.Printf("Hero's type is %s, kind is %s\n",
        typeOfHero, typeOfHero.Kind())
    typeOfHeroPtr := reflect.TypeOf(&Hero{})
    fmt.Printf("Hero ptr's type is %s, kind is %s\n",
        typeOfHeroPtr, typeOfHeroPtr.Kind())
}
```

上述 main()函数的运行结果如下：

```
Hero's type is main.Hero, kind is struct
Hero ptr's type is *main.Hero, kind is ptr
```

以上结果也验证了我们上文提及的所有自定义结构体实例的 Type 是其本身，而种类是 struct。结构体指针变量的 Type 则是对应的结构体指针，其种类是 ptr。

对于指针类型的 Type，我们可以使用 Type 的 Elem()函数获取到指针指向变量的真实类型对象，示例代码如下：

```go
func main() {
    typeOfPtrHero := reflect.TypeOf(&Hero{})
```

```
        fmt.Printf("*Hero's type is %s, kind is %s\n",
            typeOfPtrHero, typeOfPtrHero.Kind())
        typeOfHero := typeOfPtrHero.Elem()
        fmt.Printf("typeOfPtrHero elem to typeOfHero, Hero's type is %s,
            kind is %s", typeOfHero, typeOfHero.Kind())
    }
```

下面代码是上述 main() 函数的运行结果。通过调用 typeOfPtrHero 的 Elem() 函数，我们可以获取到 *main.Helo 指针原类型 main.Hero 的类型对象。

```
*Hero's type is *main.Hero, kind is ptr
typeOfPtrHero elem to typeOfHero, Hero's type is main.Hero, kind is struct
```

如果变量是一个结构体，还可以通过 Type 的 Field 系列函数获取对应的 StructField 实例，进一步获取结构体成员变量的类型属性。接下来，我们通过遍历 Hero 结构体，获取其成员变量的类型并输出，代码如下：

```
func main() {
    typeOfHero := reflect.TypeOf(Hero{})
    // 通过 #NumField 获取结构体字段的数量
    for i := 0 ; i < typeOfHero.NumField(); i++{
        fmt.Printf("field' name is %s, type is %s, kind is %s\n",
            typeOfHero.Field(i).Name,
            typeOfHero.Field(i).Type,
            typeOfHero.Field(i).Type.Kind())
    }
    // 获取名称为 Name 的成员字段类型对象
    nameField, _ := typeOfHero.FieldByName("Name")
    fmt.Printf("field' name is %s, type is %s, kind is %s\n",
nameField.Name, nameField.Type, nameField.Type.Kind())
}
```

上述 main() 函数的运行结果如下：

```
field' name is Name, type is string, kind is string
field' name is Age, type is int, kind is int
field' name is Speed, type is int, kind is int
field' name is Name, type is string, kind is string
```

在上述代码中，先使用 Type 的 NumField 获取 Hero 结构体中成员变量的数量，再通过 typeOfHero 的 Field() 函数根据 index 获取每个成员变量的 StructField 对象并打印它们的类型信息。代码最后还通过 typeOfHero 的 FieldByName 获取了字段名为 Name 的成员变量对象。

我们可以通过 Type 中提供的 Method 系列函数获取接口 Person 中方法的方法类型对象，示例代码如下：

```
func main() {
    // 声明一个 Person 接口，并用 Hero 作为接收器
        var person Person = &Hero{}
```

```
        // 获取接口 Person 的类型对象
        typeOfPerson := reflect.TypeOf(person)
        // 打印 Person 的方法类型和名称
        for i := 0 ; i < typeOfPerson.NumMethod(); i++{
                fmt.Printf("method is %s, type is %s, kind is %s.\n",
typeOfPerson.Method(i).Name, typeOfPerson.Method(i).Type, typeOfPerson.
Method(i).Type.Kind())
        }
        method, _ := typeOfPerson.MethodByName("Run")
        fmt.Printf("method is %s, type is %s, kind is %s.\n", method.Name,
method.Type, method.Type.Kind())
    }
```

上述 main()函数的运行结果如下：

```
method is Run, type is func(*main.Hero), kind is func
method is SayHello, type is func(*main.Hero, string), kind is func
method is Run, type is func(*main.Hero) string, kind is func.
```

除了通过 typeOfPerson 的 Method()函数根据 index 获取方法类型对象，还可以使用 typeOfPerson 的 MethodByName()函数根据方法名查找对应的方法类型对象。从上述输出结果可以看出，方法 Type 的种类均为 func，而类型则为方法的声明。

3．根据 interface{}获得 Value 系列对象

使用 Type 类型对象可以获取到变量的类型与种类，但是无法获取到变量的值，更谈不上对值进行修改，这时候就需要使用 reflect 的 ValueOf()函数获取反射变量的值信息 Value，通过 Value 对变量的值进行查看和修改。获取一个变量 Value 的示例代码如下：

```
func main() {
    h := Hero{"Tom",1, 1}
    valueOfH := reflect.ValueOf(h)
    fmt.Println(valueOfH.interface())
}
```

上述 main()函数的运行结果如下：

```
{Tom 1 1}
```

我们通过 reflect 的 ValueOf()函数获取到了 h 变量的 Value 对象，并通过 valueOfH 的 Interface()函数获取到对应的原始变量的 Interface{}形式。除了通过 Value 的 interface()方法获取变量的值，Value 中还提供了其他用于获取变量原值的方法，代码如下：

```
/ 将值以 int 返回
func (v Value) Int() int64
// 将值以 float 返回
func (v Value) Float() float64
// 将值以 []byte 返回
func (v Value) Bytes() []byte
// 将值以 string 返回
func (v Value) String() string
```

```
// 将值以 bool 返回
func (v Value) Bool() bool
```

Value 的上述系列函数可以和该 Value 对应的 Type 的 kind 进行配合使用，根据其类型的种类，调用不同的 Value()函数来获得对应类型的变量，而不是只获得 interface{}变量。

从 Value 到 interface{}的过程和从 interface{}到 Type 的转换过程都需要经历如下两次转换。

（1）从接口值到反射对象：从基本类型到接口类型的类型转换和从接口类型到反射对象的转换。

（2）从反射对象到接口值：反射对象转换成接口类型和通过显式类型转换变成原始类型。

上述转换的过程具体如图 9-1 所示。

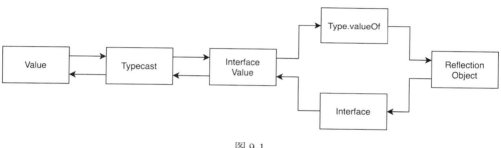

图 9-1

当然不是所有的变量都需要类型转换这一过程。如果变量本身就是 interface{}类型，那么它不需要类型转换，因为类型转换这一过程一般都是隐式的，只有在我们需要将反射对象转换回基本类型时，才需要显式地转换操作。

注意，如果反射变量的原类型与取值所调用的函数不匹配时，程序就会出现 panic 异常，如下例子所示：

```
name := "小明"
valueOfName := reflect.ValueOf(name)
fmt.Println(valueOfName.Bytes())
```

上述代码尝试将 string 类型的值以[]byte 类型取值时就会抛出以下错误：

```
panic: reflect: call of reflect.Value.Bytes on string Value
```

因此在不清楚反射变量的具体类型时，还是建议先使用 Value 的 Interface()方法取值，再通过类型推导进行赋值。

与 Type 获取结构体成员变量和对应的函数类型类似，Value 也提供了 Field 和 Method 系列的函数获得对应成员变量和函数的值；示例代码如下：

```
func main() {
```

```
    h := Hero{"Tom",1, 1}
    valueOfH := reflect.ValueOf(h)
    valueOfName := valueOfH.FieldByName("Name")
    fmt.Println(valueOfName.String())
}
```

上述 main()函数的运行结果如下：

```
Tom
```

4．修改值或者调用函数

对变量的修改可以通过 Value 的 Set()方法实现，示例代码如下：

```
func main() {
    h := &Hero{"Tom",1, 1}
    valueOfH := reflect.ValueOf(h)
    valueOfH.Elem().Set(reflect.ValueOf(Hero{"Jerry",1, 1}))
    fmt.Println(h)
}
```

代码的预期结果是变量 h 被修改，具体输出如下：

```
&{Jerry 1 1}
```

上面代码中，ValueOf()函数获得的是指针变量的 Value 对象，所以需要通过 Elem()
函数进行解引用操作，获得指针指向对象的 Value，用于后续的值修改操作。在 Go 语言
中，直接通过 reflect 的 ValueOf 获取的 Value 都无法直接设定变量值，因为 ValueOf 方法
处理的都是值类型，即使指针对象的 ValueOf 函数返回值也是值类型，也只是指针的复制，
获取到的 Value 无法对原来的变量进行取址，所以直接设定变量值会出现错误。而上述例
子中通过 Elem 对 valueOfH 进行解引用获取的 Value 具备指向原有变量的指针，因此是可
寻址可设置变量值的。

一个变量的 Value 是否可寻址，我们可以通过 CanAddr 方法判断，代码如下：

```
name := "小明"
valueOfName := reflect.ValueOf(name)
fmt.Printf( "name can be address: %t\n", valueOfName.CanAddr())
valueOfName = reflect.ValueOf(&name)
fmt.Printf( "&name can be address: %t\n", valueOfName.CanAddr())
valueOfName = valueOfName.Elem()
fmt.Printf( "&name's Elem can be address: %t", valueOfName.CanAddr())
```

预期输出为：

```
name can be address: false
&name can be address: false
&name's Elem can be address: true
```

从输出结果可以看到，只有指针类型解引用后的 Value 才是可寻址的。

对于结构体类型的变量来说，结构体内的字段不仅要能够被寻址，还需要公开才能
够被设置。因此最终判断一个变量的 Value 是否可设置变量值，可以通过 Value 的 CanSet()

方法判断。Value 中同样提供了 NumField、FieldByIndex 和 FieldByName 来获取结构体内字段的 Value。以下代码演示了如何设置一个结构体内字段的值。

```
func main() {
        h := &Hero{"Tom",1, 1}
        valueOfH := reflect.ValueOf(h)
        valueOfName := valueOfH.Elem().FieldByName("Name")
        if valueOfName.CanSet() {
                valueOfName.Set(reflect.ValueOf("Jerry"))
        }
        fmt.Println(h)
}
```

预期的输出结果如下：

```
&{Jerry 1 1}
```

可以看到 hero 的名字被改为 Jerry，如果对不公开字段的 Value 设置变量值将会抛出错误。

除了取设值外，反射对象 Value 还可以使用 Call()函数调用相应的函数，具体如下：

```
func main() {
        h := &Hero{"Tom",1, 1}
        valueOfH := reflect.ValueOf(h)
        valueOfMethod := valueOfH.MethodByName("SayHello")
        valueOfMethod.Call([]reflect.Value{reflect.ValueOf("Henry")})
}
// output
Hello Henry , I am Tom
```

Call()函数的形参为[]reflect.Value，我们需要把方法的参数生成的 Value 按照声明的顺序传递给被调用的方法。而 Call()函数的返回值也是[]Value，代表函数返回值的 Value 对象。

了解了 Go 语言反射的基础使用后，下面将具体讲解其实现原理。

9.4　Go 语言反射实现

Go 语言反射的实现与第 8 章（Go 语言的类型系统）的相关知识息息相关，接下来我们从获取反射对象、更新变量和调用函数三个方面进行讲解。

9.4.1　获取反射对象

在第 8 章中我们已经介绍过，Go 语言的 interface{}类型在语言内部是通过 emptyInterface 这个结体来表示的，其中的 rtype 字段用于表示变量的类型，另一个 word 字段指向内部封装的数据，结构体定义如下：

```
type emptyInterface struct {
    typ *rtype
```

```
        word unsafe.Pointer
}
```

用于获取变量类型的 reflect 的 TypeOf()函数将传入的变量强制转换成 emptyInterface
类型并获取其中存储的类型信息 rtype，实现代码如下：

```
func TypeOf(i any) Type {
        eface := *(*emptyInterface)(unsafe.Pointer(&i))
        return toType(eface.typ)
}

func toType(t *rtype) Type {
        if t == nil {
            return nil
        }
        return t
}
```

rtype 就是一个实现 Type 接口的结构体，我们可以在 src/reflect 的 Type 文件中查看到
其具体定义和相关函数的实现，其中具体定义如下：

```
type rtype struct {
        size      uintptr
        ptrdata   uintptr   // number of bytes in the type that can contain
pointers
        hash      uint32    // hash of type; avoids computation in hash
tables
        tflag     tflag     // extra type information flags
        align     uint8     // alignment of variable with this type
        fieldAlign uint8    // alignment of struct field with this type
        kind      uint8     // enumeration for C
        // function for comparing objects of this type
        // (ptr to object A, ptr to object B) -> ==?
        equal     func(unsafe.Pointer, unsafe.Pointer) bool
        gcdata    *byte     // garbage collection data
        str       nameOff   // string form
        ptrToThis typeOff// type for pointer to this type, may be zero
}
```

rtype 涉及的成员变量和函数众多，我们只讲解较为复杂的 FieldByName()相关函数的
实现，其具体定义如下：

```
func (t *rtype) FieldByName(name string) (StructField, bool) {
        // 不是结构体种类，直接报错
        if t.Kind() != Struct {
            panic("reflect: FieldByName ofnon-struct type"+t.String())
        }
        // 将 rtype 强制转换成 structType 类型
        tt := (*structType)(unsafe.Pointer(t))
        // 调用 structType 的 FieldByName 函数获取
```

```
        return tt.FieldByName(name)
}
```

由上述代码可知,首先将 rtype 强制转换为 structType 的指针类型,然后调用其 FieldByName()
函数来根据名称获取成员变量类型。有关 structType 和 FieldByName()函数的具体实现
如下:

```
type structType struct {
        rtype
        pkgPath name
        fields  []structField // sorted by offset
}

func(t*structType) FieldByName(name string) (f StructField, present bool) {
        hasEmbeds := false
        // 遍历所有的 field 进行对比
        if name != "" {
                for i := range t.fields {
                        tf := &t.fields[i]
                        if tf.name.name() == name {
                                return t.Field(i), true
                        }
                        if tf.embedded() {
                                hasEmbeds = true
                        }
                }
        }
        // 如果没有嵌入,直接返回
        if !hasEmbeds {
                return
        }
        // 对于嵌入的成员变量,使用特殊方式获取
        return t.FieldByNameFunc(func(s string) bool { return s == name })
}
```

综上,我们大致了解了 TypeOf()函数的实现和 Type 相关函数的实现,用于获取 Value
的函数 ValueOf()的实现也非常简单,在该函数中我们先调用了 reflect 的 escapes()函数保
证当前值逃逸到堆上,然后通过 reflect 的 unpackEface()方法从接口中获取 Value 结构体;
实现代码如下:

```
func ValueOf(i any) Value {
    if i == nil {
        return Value{}
    }
    // 确保逃逸,不会被垃圾回收
    escapes(i)

    return unpackEface(i)
```

```
}

func unpackEface(i any) Value {
    e := (*emptyInterface)(unsafe.Pointer(&i))
    t := e.typ
    if t == nil {
        return Value{}
    }
    f := flag(t.Kind())
    if ifaceIndir(t) {
        f |= flagIndir
    }
    return Value{t, e.word, f}
}
```

reflect.unpackEface()函数会将传入的变量转换成 emptyInterface 结构体，然后将具体类型和指针包装成 Value 结构体并返回。

上述 reflect.TypeOf()函数和 reflect.ValueOf()函数的实现都很简单。下面我们来了解编译器在调用函数之前都做了哪些工作，具体代码如下：

```
package main

import (
    "reflect"
)

func main() {
    i := 20
    _ = reflect.TypeOf(i)
}

$ go build -gcflags="-S -N" main.go
...
MOVQ    $20, "".autotmp_20+56(SP)      // autotmp = 20
LEAQ    type.int(SB), AX                // AX = type.int(SB)
MOVQ    AX, "".autotmp_19+280(SP)       // autotmp_19+280(SP) = type.int(SB)
LEAQ    "".autotmp_20+56(SP), CX        // CX = 20
MOVQ    CX, "".autotmp_19+288(SP)       // autotmp_19+288(SP) = 20
...
```

通过上面这段截取的汇编语言，我们发现在函数调用之前已经发生了类型转换，上述指令将 int 类型的变量转换成了占用 16 字节 autotmp 19+280(SP) ~ autotmp 19+288(SP)的接口，两个 LEAQ 指令分别获取了类型的指针 type.int(SB)以及变量 i 所在的地址。

当我们想要将一个变量转换成反射对象时，Go 语言会在编译期间完成类型转换的工作，将变量的类型和值转换成了 interface{}并等待运行期间使用 reflect 包获取接口中存储的信息。

9.4.2 更新变量

当我们想要更新 Value 时，就需要调用 Value 的 Set()方法更新，该方法会调用 reflect.flag 的 mustBeAssignable 和 reflect.flag 的 mustBeExported 分别检查当前反射对象是否可以被设置以及字段是否对外公开的，实现代码如下：

```
func (v Value) Set(x Value) {
    v.mustBeAssignable()
    x.mustBeExported()
    var target unsafe.Pointer
    if v.kind() == Interface {
        target = v.ptr
    }
    x = x.assignTo("reflect.Set", v.typ, target)
    typedmemmove(v.typ, v.ptr, x.ptr)
}
```

reflect.Value.Set()方法会调用 reflect.Value.assignTo()函数并返回一个新的反射对象，这个返回的反射对象指针就会直接覆盖原始的反射变量，代码如下：

```
func (v Value) assignTo(context string, dst *rtype, target unsafe.Pointer)
Value {
    ...
    switch {
    case directlyAssignable(dst, v.typ):
        ...
        return Value{dst, v.ptr, fl}
    case implements(dst, v.typ):
        if v.Kind() == Interface && v.IsNil() {
            return Value{dst, nil, flag(Interface)}
        }
        x := valueInterface(v, false)
        if dst.NumMethod() == 0 {
            *(*interface{})(target) = x
        } else {
            ifaceE2I(dst, x, target)
        }
        return Value{dst, target, flagIndir | flag(Interface)}
    }
    panic(context + ": value of type " + v.typ.String() + " is not assignable
to type " + dst.String())
}
```

reflect.Value.assignTo 会根据当前和被设置的反射对象类型创建一个新的 Value 结构体，操作如下：

（1）如果两个反射对象的类型可以被直接替换，就会直接将目标反射对象返回；

（2）如果当前反射对象是接口并且目标对象实现了接口，就会将目标对象简单包装成接口值。

在变量更新的过程中，reflect.Value.assignTo 返回的 reflect.Value 中的指针会覆盖当前反射对象中的指针实现变量的更新。

9.4.3 调用函数

在 9.3.2 小节中，我们使用 Call() 函数调用了 Hero 的 SayHelloh() 函数。Call() 的具体定义如下：

```
func (v Value) Call(in []Value) []Value {
    v.mustBe(Func)
    v.mustBeExported()
    return v.call("Call", in)
}
```

reflect.Value.call() 方法是运行时调用方法的入口，它通过两个 mustBe() 开头的方法确定了当前反射对象的类型是函数以及可见性，随后调用 reflect.Value.call() 完成方法调用，这个私有方法的执行过程会分成以下的四个部分：

（1）检查输入参数以及类型的合法性；

（2）将传入的 reflect.Value 参数数组设置到栈上；

（3）通过函数指针和输入参数调用函数；

（4）从栈上获取函数的返回值。

接下来，我们将按照上面的顺序分析使用 reflect 进行函数调用的具体过程。

参数检查是通过反射调用方法的第一步。在参数检查期间，我们会从反射对象中取出当前的函数指针 unsafe.Pointer()，如果该函数指针是方法，那么我们就会通过 reflect.methodReceiver() 函数获取方法的接收者和函数指针，代码如下：

```
func (v Value) call(op string, in []Value) []Value {
    t := (*funcType)(unsafe.Pointer(v.typ))
    ...
    if v.flag&flagMethod != 0 {
        rcvr = v
        rcvrtype, t, fn = methodReceiver(op, v, int(v.flag)>>flagMethodShift)
    } else {
        ...
    }
    n := t.NumIn()
    if len(in) < n {
        panic("reflect: Call with too few input arguments")
    }
    if len(in) > n {
        panic("reflect: Call with too many input arguments")
    }
```

```
    for i := 0; i < n; i++ {
        if xt, targ := in[i].Type(), t.In(i); !xt.AssignableTo(targ) {
            panic("reflect: " + op + " using " + xt.String() + " as type
" + targ.String())
        }
    }
```

上述方法中还会检查传入参数的个数以及参数的类型与函数签名中的类型是否可以匹配，如果参数类型不匹配都会导致整个程序的崩溃中止。

在我们已经对当前方法的参数完成验证之后，就会进入函数调用的下一个阶段，为函数调用准备参数。在第 8 章的函数调用中，我们已经介绍过 Go 语言的函数调用实现，函数或者方法在调用时，所有的参数都会被依次放置到栈上，代码如下：

```
nout := t.NumOut()
frametype, _, retOffset, _, framePool := funcLayout(t, rcvrtype)

var args unsafe.Pointer
if nout == 0 {
    args = framePool.Get().(unsafe.Pointer)
} else {
    args = unsafe_New(frametype)
}
off := uintptr(0)
if rcvrtype != nil {
    storeRcvr(rcvr, args)
    off = ptrSize
}
for i, v := range in {
    targ := t.In(i).(*rtype)
    a := uintptr(targ.align)
    off = (off + a - 1) &^ (a - 1)
    n := targ.size
    ...
    addr := add(args, off, "n > 0")
    v = v.assignTo("reflect.Value.Call", targ, addr)
    *(*unsafe.Pointer)(addr) = v.ptr
    off += n
}
```

为了帮助大家更好地理解参数准备过程，下面梳理一下上述代码的实现过程：

（1）通过 reflect.funcLayout()函数计算当前函数需要的参数和返回值的栈布局，也就是每一个参数和返回值所占的空间大小；

（2）如果当前函数有返回值，就需要为当前函数的参数和返回值分配一片内存空间 args；

（3）如果当前函数是方法，需要将方法的接收者复制到 args 内存中；

（4）将所有函数的参数按照顺序依次复制到对应内存中。

准备参数的过程是计算各个参数和返回值占用的内存空间，并将所有的参数都复制到内存空间对应位置的过程。该过程会考虑函数和方法、返回值数量以及参数类型带来的差异。

准备好调用函数需要的全部参数之后，就会通过以下的代码执行函数指针了。我们会向该函数传入栈类型、函数指针、参数和返回值的内存空间、栈的大小以及返回值的偏移量。

```
    call(frametype, fn, args, uint32(frametype.size), uint32(retOffset))
```

上述函数实际上并不存在，它会在编译期间被链接到 runtime.reflectcall()这个用汇编实现的函数上，我们在这里不会分析该函数的具体实现，感兴趣的读者可以自行了解其实现原理。

当函数调用结束之后，就会开始处理函数的返回值，具体实现代码如下：

```
    var ret []Value
    if nout == 0 {
        typedmemclr(frametype, args)
        framePool.Put(args)
    } else {
        typedmemclrpartial(frametype, args, 0, retOffset)
        ret = make([]Value, nout)
        off = retOffset
        for i := 0; i < nout; i++ {
            tv := t.Out(i)
            a := uintptr(tv.Align())
            off = (off + a - 1) &^ (a - 1)
            if tv.Size() != 0 {
                fl := flagIndir | flag(tv.Kind())
                ret[i] = Value{tv.common(), add(args,off, "tv.Size()!=0"),fl}
            } else {
                ret[i] = Zero(tv)
            }
            off += tv.Size()
        }
    }

    return ret
}
```

上述代码片段大致进行了以下操作：

（1）如果函数没有任何返回值，会直接清空 args 中的全部内容来释放内存空间；

（2）如果函数有返回值，则创建一个 nout 长度（名称为 ret）的切片，用于保存由反射对象构成的返回值；

（3）从函数对象中获取返回值的类型和内存大小，将 args 内存中的数据转换成 reflect. Value 类型并存储到切片中。

由 reflect.Value 构成的 ret 切片会被返回到上层。到这里为止，使用反射实现函数调用的过程就结束了。

—— 本章小结 ——

泛型和反射都是高级编程语言中的进阶特性之一，Go 语言 1.18 版本推出了泛型机制，从而让开发者更好地开发工具函数和通用数结构；而反射则让开发者能够在程序运行过程中获取程序自身的状态并修改状态，从而获取更强的表达能力，大多数序列化库都是基于反射功能而实现的，可以说是高级程序员必须掌握的 Go 语言特性之一。

本章中我们首先讲解了泛型在高级编程语言中的重要性和实现方案，然后了解了 Go 语言的泛型基础语法和具体实现原理；接着我们讲解了反射相关的基础背景和 Go 语言反射相关语法的使用，最后深入学习了 Go 语言反射的具体实现。

了解了 Go 语言有关类型系统、错误处理、泛型和反射等高级特性后，我们将在第 10 章讲解 Go 语言开发过程中常用的工程性实践技巧。

第 10 章　Go 语言工程化实践

在前面的章节，我们具体介绍了 Go 语言的基本知识并深入解析了 Go 语言的部分实现原理。本章将会介绍 Go 语言工程化的相关实践，这部分内容平时可能不包含在 Go 语言的学习中，或者说不被大家所重视，但实际上，掌握日志、测试、调试和性能分析这几种技能工具，对于我们深入了解 Go 语言的实际开发能起到事半功倍的效果。

学会如何合理地输出日志，选择合适的日志框架，不仅仅可以输出一些关键性信息，而且能够帮助我们排查与定位应用程序的问题；软件测试是为了发现错误而执行程序的过程，是软件开发过程的重要一环，用以保证应用程序的质量。在开发和线上运行阶段遇到问题时，还可以通过调试来发现应用程序的问题，通过断点细致地获取每一个函数每一步的执行结果，从而排除和解决一些复杂的业务逻辑问题。通过 pprof 对 Go 语言应用程序进行性能指标的采集以及性能分析，获取到 CPU 和内存使用的细节，可以更进一步地知道函数的耗时情况以及函数之间的调用链。

下面我们将依次介绍日志、测试、调试和性能分析这几个工具，并进行具体的实践。

10.1　日志

日志在整个工程实践中的重要性不言而喻，在选择日志组件的时候也有多方面的考量。详细、正确和及时的反馈是必不可少的，但是整体性能表现是否也是必要考虑的点呢？在长期的实践中发现，有的日志组件对于服务资源的消耗十分巨大，这将导致整个硬件服务成本较高。

日志作为整个代码行为的记录，是程序执行逻辑和异常最直接的反馈。对于整个系统来说，日志是至关重要的组成部分。通过分析日志，我们不仅可以发现系统的问题，同时日志中也蕴含了大量可以被挖掘的有价值信息，因此合理地记录日志是十分必要的。本小节将会介绍日志的级别、如何合理地输出日志信息以及对常见日志框架的分析比较。

10.1.1　日志级别

服务端的日志级别一般包括 Trace（追踪）、Debug（调试）、Info（信息）、Warn（警告）、Error（错误）、Fatal（致命异常）和 Panic（异常主动退出）。下面我们将详细描述这些不同级别的日志。

（1）Trace：很低的日志级别，一般不会使用。示例代码如下：

```
log.Trace("Something very low level.")
```

（2）Debug：调试级别的日志，细粒度信息事件对调试应用程序是非常有帮助的，主要用于在开发过程中打印一些运行信息。示例代码如下：

```
log.Debug("Useful debugging information.")
```

（3）Info：输出一些信息，消息在粗粒度级别上突出强调应用程序的运行过程。打印一些开发人员感兴趣的或者重要的信息，Info 级别可以用于生产环境中输出程序运行的一些重要信息，但是不能滥用，避免打印过多的日志。示例代码如下：

```
log.Info("Something noteworthy happened!")
```

（4）Warn：警告级别的日志，表明会出现潜在错误的情形。这些警告级别的日志信息不一定是错误信息，而是用于给开发人员相关的提示。示例代码如下：

```
log.Warn("You should probably take a look at this.")
```

（5）Error：错误级别的日志，该级别的日志指出虽然发生错误事件，但仍然不影响系统的继续运行。打印错误和异常信息，如果不想输出太多的日志，可以使用这个级别。示例代码如下：

```
log.Error("Something failed but I'm not quitting.")
```

（6）Fatal：致命级别的异常，严重的错误事件将会导致应用程序的退出。这个级别属于重大错误，使得程序直接停止运行。示例代码如下：

```
log.Fatal("Bye.")
```

Go 语言程序在记录之后，会调用 os.Exit(1)退出。

（7）Panic：Go 语言可以在程序中手动触发宕机，让程序崩溃，这样开发者可以及时地发现错误，尽可能降低影响。Go 语言程序在记录异常之后，会主动调用函数 panic()。示例代码如下：

```
log.Panic("I'm bailing.")
```

注意，如果将 log level 设置在某一个级别上，那么比该级别优先级高的日志信息都能打印出来。例如，如果设置优先级为 Warn，那么 Panic、Fatal、Error、Warn 等 4 个级别的日志能正常输出，而 Info、Debug、Trace 级别的日志则会被忽略。通常使用的 4 个级别，按照优先级从高到低分别是 Error、Warh、Info、Debug。

当然，Go 语言标准的日志库 logger 并没有这么多的日志级别，而第三方开源日志基本都具有这些日志级别。

10.1.2　日志格式

介绍完了服务端日志常用的几种级别之后，我们来了解一下日志一般使用哪些格式进行输出。Go 语言常用的日志格式如表 10-1 所示。

表 10-1

日 志 格 式	说　明
TextFormatter	文本形式记录事件
JSONFormatter	JSON 形式记录字段
FluentdFormatter	格式化可由 Kubernetes 和 Google Container Engine 解析的条目
GELF	符合 Graylog 的 GELF 1.1 规范的格式化条目
logstash	将字段记录为 Logstash 事件
prefixed	显示日志条目源以及可选布局
zalgo	注入 zalgo 文本

在生产环境中，我们通常会将日志输出到专门的日志分析服务中，如 logstash 搜集日志，会使用 ELK（Elasticsearch、Logstash、Kibana）实现一套完整的日志收集以及展示的解决方案。接下来，我们将继续学习常用的几种日志框架。

10.1.3 日志框架

Go 语言自带的日志框架功能比较简单，仅提供 print、panic、fatal 三个方法，对于常规的日志切割等功能并未提供支持。Go 语言常用的开源日志框架有 Zap、Logrus、Zerolog 和 Seelog 等。下面我们具体介绍 Logger（Go 语言自带）、Logrus、Zap 和 Seelog 四个日志框架。

1．Go 语言默认的 Go Logger

在介绍其他开源日志包之前，让我们先看看 Go 语言提供的基本日志功能。Go 语言提供的默认日志包为 golang.org/pkg/log。

实现一个 Go 语言中的日志记录器非常简单，首先会创建一个新的日志文件，然后设置它为日志的输出位置；实现代码如下：

```
package ch10

import (
    "log"
    "net/http"
    "os"
    "testing"
)
//2 使用 Logger
func simpleHttpGet(url string) {
    resp, err := http.Get(url)
    if err != nil {
        log.Printf("Error fetching url %s : %s", url, err.Error())
    } else {
        log.Printf("Status Code for %s : %s", url, resp.Status)
        resp.Body.Close()
```

```
        }
    }

func TestDefaultLog(t *testing.T) {
    //1 设置 Logger
    logFileLocation, _ := os.OpenFile("/Users/keetszhu/workspace/go-in-
practice/ch10/test.log", os.O_CREATE|os.O_APPEND|os.O_RDWR, 0744)
    log.SetOutput(logFileLocation)
    // 3 调用
    simpleHttpGet("www.baidu.com")
    simpleHttpGet("http://www.baidu.com")
}
```

我们来分析一下上述代码中的三个注释。

注释 1：设置 Logger，在指定的位置打开文件，如果不存在，则创建并赋予文件的权限。

注释 2：具体使用 Logger，上面的示例代码演示了访问某个网站的过程，如果报错，则输出错误；否则，输出访问网站的状态码。

注释 3：具体调用函数，运行我们的测试用例。

上代码执行的预期结果是在指定的目录生成了日志文件 test.log，生成的日志文件如图 10-1 所示。

图 10-1

Go Logger 最大的优点是使用非常简单。我们可以设置任何 io.Writer 作为日志记录输出并向其发送要写入的日志。不过其缺陷还是挺多的，用起来会有诸多不便，如下：

（1）仅限基本的日志级别；

（2）只有一个 Print 选项。不支持 INFO/DEBUG 等多个级别；

（3）对于错误日志，它有 Fatal 和 Panic；

（4）Fatal 日志通过调用 os.Exit(1)来结束程序；

（5）Panic 日志在写入日志消息之后抛出一个 Panic，但是缺少一个 Error 日志级别，这个级别可以在不抛出 Panic 或退出程序的情况下记录错误；

（6）缺乏日志格式化的能力，如记录调用者的函数名和行号、格式化日期和时间格式等；

（7）不提供日志切割的能力；

（8）fmt.Printf 之类的方法大量使用 interface{}和反射，会有不少性能损失，同时增加了内存分配的频次。

2．可插拔的 Logrus 框架

Logrus 是一个结构化、可插拔的 Go 语言日志框架，完全兼容官方 log 库接口。Logrus

在功能强大的同时还具有高度的灵活性，它提供了自定义插件的功能，有 TEXT 与 JSON 两种可选的日志输出格式。

除此之外，Logrus 还支持 Field 机制和可扩展的 HOOK 机制。它鼓励用户通过 Field 机制进行精细化、结构化的日志记录，允许用户通过 HOOK 的方式将日志分发到任意地方。许多著名开源项目，如 Docker、Prometheus 等都是使用 Logrus 来记录日志。下面我们将具体介绍 Logrus 如何实现记录字段以及输出到文件系统等功能。

（1）字段

Logrus 提倡通过日志记录字段而不是冗长且无法解析的错误消息进行结构化日志记录。例如，可以使用如下的字段方式替代 log.Fatal（无法通过键%d 将事件%s 发送到主题%s）。

```
log.WithFields(log.Fields{
  "event": event,
  "topic": topic,
  "key": key,
}).Fatal("Failed to send event")
```

WithFields()函数调用是可选的。此 API 会使得我们考虑使用产生更多有用日志消息的方式进行日志记录。很多线上问题的情况，通过仅向已存在的日志语句添加一个字段就可以为我们节省大量时间。

通常，使用 Logrus 时，任何使用 printf()函数的情况应被提示添加一个字段。但我们仍然可以将 printf()函数与 Logrus 一起使用。

（2）增加默认字段

将字段始终附加到应用程序或应用程序的一部分中的日志语句通常会很有帮助。例如，可能需要始终在请求的上下文中记录 request_id 和 user_ip。与其在每一行上写 log.WithFields（log.Fields {"request_id":request_id, "user_ip": user_ip}），不如创建一个 logrus.Entry 来传递，示例代码如下：

```
requestLogger := log.WithFields(log.Fields{"request_id": request_id,
"user_ip": user_ip})
requestLogger.Info("something happened on that request") # will log
request_id and user_ip
requestLogger.Warn("something not great happened")
```

（3）钩子

我们可以添加用于日志记录级别的钩子。例如，将 Error、Fatal、Panic 和 info 情况下的信息发送到异常跟踪服务，或同时记录到多个位置，例如系统日志。

Logrus 带有内置钩子。将默认的钩子或者自定义钩子添加到 init()函数中，实现代码如下：

```
import (
  log "github.com/sirupsen/logrus"
  airbrake "gopkg.in/gemnasium/logrus-airbrake-hook.v2"
```

```
  logrus_syslog "github.com/sirupsen/logrus/hooks/syslog"
  "log/syslog"
)

func init() {
  // 使用 Airbrake 钩子将异常严重性或更高级别的错误报告给异常跟踪器。您可以创建自定
义挂钩，请参见"挂钩"部分
  log.AddHook(airbrake.NewHook(123, "xyz", "production"))

  hook, err := logrus_syslog.NewSyslogHook("udp", "localhost:514",
syslog.LOG_INFO, "")
  if err != nil {
    log.Error("Unable to connect to local syslog daemon")
  } else {
    log.AddHook(hook)
  }
}
```

（4）字段条目

除了通过 WithField()和 WithFields()两个方法增加的字段，还有下面这些字段是自动添加到所有日志事件中的。

● Time：字段条目创建的时间。

● Msg：在调用 AddFields()之后，日志消息传递给 {Info，Warn，Error，Fatal，Panic}。

● Level：比如 info 级别的日志。

以上这些字段是一个日志事件的基本信息，因此不需要我们单独增加。

（5）标准的 Logger

标准 Logger 的实现代码如下：

```
import (
 log "github.com/sirupsen/logrus"
 "os"
 "testing"
)

func TestStd(t *testing.T) {
 log.Info("hello, world.")
}
```

直接使用标准的 Logger 比较简单，输出如下：

```
time="2020-06-14T12:41:42+08:00" level=info msg="hello, world."
```

下面是一个更加完整的例子，用于设置输出格式、输出的位置、日志级别等；具体代码如下：

```
import (
 log "github.com/sirupsen/logrus"
 "os"
```

```
    "testing"
)

func TestNewLogger(t *testing.T) {
    // 1 使用 Json 格式输出
    log.SetFormatter(&log.TextFormatter{})

    // 2 输出到 stdout 而不是默认的 stderr
    log.SetOutput(os.Stdout)

    // 3 只打印 warn 以上的日志
    log.SetLevel(log.WarnLevel)

    // 4
    log.WithFields(log.Fields{
        "animal": "walrus",
        "size":   10,
    }).Info("A group of walrus emerges from the ocean")
    // 5
    log.WithFields(log.Fields{
        "omg":    true,
        "number": 122,
    }).Warn("The group's number increased tremendously!")
    // 6
    log.WithFields(log.Fields{
        "omg":    true,
        "number": 100,
    }).Fatal("The ice breaks!")

    // 7 A common pattern is to re-use fields between logging statements by re-using
    // the logrus.Entry returned from WithFields()
    contextLogger := log.WithFields(log.Fields{
        "common": "this is a common field",
        "other":  "I also should be logged always",
    })
    // 8
    contextLogger.Warn("I'll be logged with common and other field")
    // 9
    contextLogger.Info("Me too")
}
```

接下来，我们同样梳理一下上面代码中的注释。

注释 1：设置了日志输出的格式为 JSON。

注释 2：设置了日志的输出源为 stdout。

注释 3：设置了日志的输出级别为 Warn 及以上。

注释 4：输出了一条 Info 日志，可以看到结果里面并没有。

注释 5：输出了一条 Warn 日志，符合我们的预期。

注释 6：这是一条 Fatal 日志，在这条日志输出之后，应用程序就自动退出了。

注释 7：这是通过重用 WithFields 返回的条目复用日志记录语句之间的字段。

预期的输出结果如下：

```
{"level":"warning","msg":"The          group's          number          increased
tremendously!","number":122,"omg":true,"time":"2020-06-15T19:31:53+08:00"}
    {"level":"fatal","msg":"The ice breaks!","number":100,"omg":true,"time":
"2020-06-15T19:35:11+08:00"}
```

在上述完整示例代码中，修改注释 6 的日志级别，可以输出后续的日志（读者可以自行修改），预期的输出结果如下：

```
{"common":"this is a common field","level":"warning","msg":"I'll be logged
with    common    and    other    field","other":"I    also    should    be    logged
always","time":"2020-06-15T19:31:53+08:00"}
```

（6）输出到文件系统

在正常情况下，我们都需要将日志输出到日志文件，一段时间的运行后需要将日志进行分割。例如，通过一个 HOOK 将日志输出到本地文件系统中，并提供日志切割功能，具体实现代码如下：

```go
package main

import (
 rotatelogs "github.com/lestrrat/go-file-rotatelogs"
 "github.com/pkg/errors"
 "github.com/rifflock/lfshook"
 log "github.com/sirupsen/logrus"
 "path"
 "time"
)

func init() {
 ConfigLocalFilesystemLogger("/Users/keetszhu/workspace/go-in-prac
tice/ch10", "testlog",
    12000000, 112000000)
}

func main() {
 log.WithFields(log.Fields{
    "animal": "walrus",
    "size":   10,
 }).Info("A group of walrus emerges from the ocean")
}
func ConfigLocalFilesystemLogger(logPath string, logFileName string,
maxAge time.Duration, rotationTime time.Duration) {
 baseLogPath := path.Join(logPath, logFileName)
```

```
writer, err := rotatelogs.New(
    baseLogPath+".%Y%m%d%H%M",
    rotatelogs.WithLinkName(baseLogPath),   //生成软链，指向最新日志文件
    rotatelogs.WithMaxAge(maxAge),            // 文件最大保存时间
    rotatelogs.WithRotationTime(rotationTime), // 日志切割时间间隔
)
if err != nil {
    log.Errorf("config  local  file  system  logger  error.  %+v",
errors.WithStack(err))
}
log.SetFormatter(&log.JSONFormatter{})

fHook := lfshook.NewHook(lfshook.WriterMap{
    log.DebugLevel: writer, // 为不同级别设置不同的输出目的
    log.InfoLevel:  writer,
    log.WarnLevel:  writer,
    log.ErrorLevel: writer,
    log.FatalLevel: writer,
    log.PanicLevel: writer,
}, &log.JSONFormatter{})
log.AddHook(lfHook)
}
```

预期的输出结果如下：

```
{"animal":"walrus","level":"info","msg":"A group of walrus emerges from
the ocean","size":10,"time":"2020-06-15T20:38:27+08:00"}
```

将文件输出到本地指定的代码目录下，并命名为 testlog，见图 10-2。

图 10-2

从图 10-2 中可以看到生成了两个文件，一个是实际的文件，另一个是软链接。日志文件在被分割之后，软链接指向我们最新的分割文件。

（7）输出到 MQ 或 ES

除了将日志输出到文件系统外，我们在生产环境中经常需要将文件输出到消息队列等中间件中进行分析。例如，通过 HOOK 将日志输出到 amqp 消息队列和 ElasticSearch 中，代码如下：

```
import (
    "github.com/vladoatanasov/logrus_amqp"
    "gopkg.in/olivere/elastic.v5"
    "gopkg.in/sohlich/elogrus.v2"
    log "github.com/sirupsen/logrus"
    "github.com/pkg/errors"
)
```

```
    // config logrus log to amqp
    func ConfigAmqpLogger(server, username, password, exchange, exchangeType,
virtualHost, routingKey string) {
        hook := logrus_amqp.NewAMQPHookWithType(server, username, password,
exchange, exchangeType, virtualHost, routingKey)
        log.AddHook(hook)
    }

    // config logrus log to es
    func ConfigESLogger(esUrl string, esHOst string, index string) {
        client, err := elastic.NewClient(elastic.SetURL(esUrl))
        if err != nil {
            log.Errorf("config es logger error. %+v", errors.WithStack(err))
        }
        esHook, err := elogrus.NewElasticHook(client, esHOst, log.DebugLevel,
index)
        if err != nil {
            log.Errorf("config es logger error. %+v", errors.WithStack(err))
        }
        log.AddHook(esHook)
    }
```

读者可以自行尝试，结果输出也是符合预期的。

Logrus 目前处于维护模式，官方不会引入新功能；但并不意味着 Logrus 已经停止更新。Logrus 将继续保持安全性、错误修复（向后兼容）和性能（受接口限制）。

3. 高性能的 Zap 框架

Zap 是一个非常快的、结构化的、分日志级别的 Go 语言日志库；它同时提供了结构化日志记录和 printf 风格的日志记录，其性能比类似的结构化日志包更好，也比标准库更快。

下面我们将介绍如何配置以及使用 Zap Logger。

（1）配置 Zap Logger

Zap 提供了两种类型的日志记录器：sugared Logger 和 Logger，关于这两类日志记录器的适用场景，我们给出如下的建议：

① 在性能很好但不是很关键的上下文中，使用 sugaredLogger。它比其他结构化日志记录包快 4~10 倍，并且同时支持结构化和 printf 风格的日志记录；

② 在每一微秒和每一次内存分配都很重要的上下文中，建议使用 Logger。它比 sugarLogger 更快，内存分配次数也更少，但它只支持强类型的结构化日志记录。

Zap 库的使用与其他的日志库非常相似，会先创建一个 Logger，然后调用各个级别的方法记录日志（Debug/Info/Error/Warn）。

Zap 提供了快速创建 Logger 的方法：zap.NewExample()、zap.NewDevelopment()和 zap. NewProduction()，以及高度定制化的创建方法 zap.New()。创建前 3 个 Logger 时，Zap 会使用一些预定义的设置，它们的使用场景也有所不同。Example 适合用在测试代码中，Development 在开发环境中使用，Production 则在生成环境使用。Zap 底层 API 可以设置缓存，所以一般使用 defer logger.Sync()将缓存同步到文件中。

Zap 为了提高性能和减少内存分配次数，没有使用反射，而且默认的 Logger 只支持强类型的、结构化的日志，必须使用 Zap 提供的方法记录字段。Zap 为 Go 语言中所有的基本类型和其他常见类型都提供了方法。这些方法的名称也比较好记忆，zap.Type（Type 为 bool/int/uint/float64/complex64/time.Time/time.Duration/error 等）表示该类型的字段，zap.Typep 以 p 结尾表示该类型指针的字段，zap.Types 以 s 结尾表示该类型切片的字段。例如，zap.Bool(key string, val bool) Field：bool 字段；zap.Boolp(key string, val *bool) Field：bool 指针字段；zap.Bools(key string, val []bool) Field：bool 切片字段。

（2）使用 Logger

我们可以通过调用函数 zap.NewProduction().zap.NewDevelopment() 或者 zap.Example() 创建一个 Logger。这些函数都可以创建一个 logger。唯一的区别在于，它们记录的信息不同。例如 production logger 默认记录调用函数信息、日期和时间等。

下面我们看一下如何通过 Logger 调用 Info/Error。在默认情况下，日志都会打印到应用程序的 console 界面。下面通过案例来学习如何使用 Zap Logger。

```
package zap

import (
 "go.uber.org/zap"
 "net/http"
 "testing"
)

func TestZapStd(t *testing.T) {

 // 1 zap.NewDevelopment 格式化输出
 logger, _ := zap.NewDevelopment()
 // 2
 defer logger.Sync()
 // 3
 simpleHttpGet("www.baidu.com", logger)
 simpleHttpGet("http://www.baidu.com", logger)
}

func simpleHttpGet(url string, logger *zap.Logger) {
 resp, err := http.Get(url)
 if err != nil {
     logger.Error(
```

```
            "Error fetching url..",
            zap.String("url", url),
            zap.Error(err))
    } else {
        logger.Info("Success..",
            zap.String("statusCode", resp.Status),
            zap.String("url", url))
        resp.Body.Close()
    }
}
```

上述代码中的三个注释如下：

注释 1：通过调用 zap.NewDevelopment 格式化输出日志信息；

注释 2：刷新所有缓冲的日志条目，应用程序应注意退出前调用 Sync；

注释 3：开始函数调用，正常的 Logger 和错误情况的 Logger 记录，参数化形式记录日志信息。

上述代码的预期结果如下：

```
2020-06-16T23:34:02.302+0800      ERROR      zap/zap_test.go:21      Error
fetching url    {"url": "www.baidu.com", "error": "Get \"www.baidu.com\":
unsupported protocol scheme \"\""}
2020-06-16T23:34:02.431+0800      INFO      zap/zap_test.go:26      Success...
{"statusCode": "200 OK", "url": "http://www.baidu.com"}
```

由上述结果可以看到，输出了两条日志：Error 和 Info 级别的日志。将状态码和 URL 信息输出到日志体中。

（3）使用 sugarLogger

下面让我们使用 sugared Logger 来实现相同的功能（调用 Info/Error）。如下代码是经修改过后使用 SugaredLogger 代替 Logger 的代码。

```
package zap

import (
    "go.uber.org/zap"
    "net/http"
    "testing"
)

func TestZapSugared(t *testing.T) {
    // 1 zap.NewProduction 格式化输出
    logger, _ := zap.NewProduction()
    // 2
    sugarLogger := logger.Sugar()
    // 3
    defer sugarLogger.Sync()
    // 4
    simpleSugaredHttpGet("www.baidu.com", sugarLogger)
```

```
  simpleSugaredHttpGet("http://www.baidu.com", sugarLogger)
}

func simpleSugaredHttpGet(url string, sugarLogger *zap.SugaredLogger) {
  resp, err := http.Get(url)
  if err != nil {
    sugarLogger.Errorf("Error fetching URL %s : Error = %s", url, err)
  } else {
    sugarLogger.Infof("Success! statusCode = %s for URL %s", resp.Status,
url)
    resp.Body.Close()
  }
}
```

预期的执行结果如下：

```
{"level":"error","ts":1592395835.939046,"caller":"zap/zap_test.go:31",
"msg":"Error fetching URL www.baidu.com : Error = Get \"www.baidu.com\":
unsupported protocol scheme \"\"","stacktrace":"go-in-practice/ch10/zap.
simpleSugaredHttpGet\n\t/Users/keetszhu/workspace/go-in-practice/ch10/zap/
zap_test.go:31\ngo-in-practice/ch10/zap.TestZapSugared\n\t/Users/keetszhu/
workspace/go-in-practice/ch10/zap/zap_test.go:23\ntesting.tRunner\n\t/usr/
local/go/src/testing/testing.go:991"}
{"level":"info","ts":1592395836.0115168,"caller":"zap/zap_test.go:33",
"msg":"Success! statusCode = 200 OK for URL http://www.baidu.com"}
```

由上述执行结果可以看到，sugarLogger 大部分的实现和 Logger 都基本相同。唯一的区别是需要通过调用主 Logger 的 Sugar()方法来获取一个 sugarLogger，然后使用 sugarLogger 以 printf 的格式记录语句。

（4）把日志写入文件

注意这里是把日志写入文件，而不是打印到应用程序控制台。这会涉及编码器、日志的位置、日志级别等的配置。将日志写入文件的代码如下：

```
func TestZapSugaredToFile(t *testing.T) {
  writeSyncer := getLogWriter()
  encoder := getEncoder()
  // 3 手动配置
  core := zapcore.NewCore(encoder, writeSyncer, zapcore.DebugLevel)
  logger := zap.New(core)
  // 4
  sugarLogger := logger.Sugar()
  defer sugarLogger.Sync()
  simpleSugaredHttpGet("www.baidu.com", sugarLogger)
  simpleSugaredHttpGet("http://www.baidu.com", sugarLogger)
}

func simpleSugaredHttpGet(url string, sugarLogger *zap.SugaredLogger) {
```

```
sugarLogger.Debugf("Trying to hit GET request for %s", url)
resp, err := http.Get(url)
if err != nil {
    sugarLogger.Errorf("Error fetching URL %s : Error = %s", url, err)
} else {
    sugarLogger.Infof("Success! statusCode = %s for URL %s", resp.Status,
url)
    resp.Body.Close()
}
}
// 2 编码器
func getEncoder() zapcore.Encoder {
 // zap.NewProduction 格式化输出
 return zapcore.NewJSONEncoder(zap.NewProductionEncoderConfig())
}
// 1 指定日志地址
func getLogWriter() zapcore.WriteSyncer {
 file, _ := os.Create("./test.log")
 return zapcore.AddSync(file)
}
```

在上述的实现代码中，注释如下：

注释 1：配置 WriteSyncer，指定日志的位置。这里使用了 zapcore.AddSync() 函数并且将打开的文件句柄传进去。

注释 2：配置 Encoder 编码器，即如何写入日志。使用开箱即用的 NewJSONEncoder() 方法，并使用预先设置的 NewProductionEncoderConfig()方法。如果希望将编码器从 JSON Encoder 更改为普通 Encoder，只需要将 NewJSONEncoder()更改为 NewConsoleEncoder() 即可，代码如下：

```
func getEncoder() zapcore.Encoder {
 // zap.NewProduction 格式化输出
 return zapcore.NewConsoleEncoder(zap.NewProductionEncoderConfig())
}
```

注释 3：手动配置，我们使用#zap.New()方法来手动传递所有配置，而不是使用 zap.NewProduction()的预置方法来创建 Logger。zapcore.Core 需要 Encoder、WriteSyncer 和 LogLevel 三个配置。这里我们指定了 LogLevel 为 Debug。

控制台只是输出了测试用例通过，到对应的文件目录查看日志信息，预期的执行结果如下：

```
{"level":"debug","ts":1592396632.352714,"msg":"Trying to hit GET request
for www.baidu.com"}
{"level":"error","ts":1592396632.353042,"msg":"Error      fetching      URL
www.baidu.com : Error = Get \"www.baidu.com\": unsupported protocol scheme
\"\""}
{"level":"debug","ts":1592396632.353065,"msg":"Trying to hit GET request
```

```
for http://www.baidu.com"}
  {"level":"info","ts":1592396632.482398,"msg":"Success! statusCode = 200
OK for URL http://www.baidu.com"}
```

（5）更改时间编码并添加调用者详细信息

从上面测试用例日志的输出结果可以看出，时间是以非人类可读的方式展示，默认编码方式为 EpochTimeEncoder，如 1592396632.482398。同时，调用方函数的详细信息没有显示在日志中。

想更改时间编码并添加调用者详细信息，我们要做的第一件事是覆盖默认的 ProductionConfig()函数，并进行以下更改。

```
func getEncoder() zapcore.Encoder {
    encoderConfig := zap.NewProductionEncoderConfig()
    // 1
    encoderConfig.EncodeTime = zapcore.ISO8601TimeEncoder
    // 2
    encoderConfig.EncodeLevel = zapcore.CapitalLevelEncoder
    return zapcore.NewConsoleEncoder(encoderConfig)
}
```

上述代码注释如下：

注释 1：修改时间编码器。

注释 2：在日志文件中使用大写字母记录日志级别。

接下来，我们将修改 Zap Logger 代码，添加将调用函数信息记录到日志中的功能。为此，我们将在 #zap.New()函数中添加一个 Option，代码如下：

```
logger := zap.New(core, zap.AddCaller())
```

有时候在某个函数处理中会遇到异常情况，因为这个函数被调用在很多地方。如果我们能输出此次调用的堆栈，那么分析起来就会很方便。如使用函数 zap.AddStack Trace(lvl zapcore.LevelEnabler) 达成这个目的，该函数指定 lvl 和之上的级别都需要输出调用堆栈。

修改完如上配置之后，输出的日志信息如下：

```
  2020-06-17T21:03:44.619+0800     DEBUG     zap/zap_test.go:44     Trying to
hit GET request for www.baidu.com
  2020-06-17T21:03:44.619+0800     ERROR     zap/zap_test.go:47     Error
fetching URL www.baidu.com : Error = Get "www.baidu.com": unsupported protocol
scheme ""
  2020-06-17T21:03:44.619+0800     DEBUG     zap/zap_test.go:44     Trying to
hit GET request for http://www.baidu.com
  2020-06-17T21:03:44.684+0800     INFO      zap/zap_test.go:49     Success!
statusCode = 200 OK for URL http://www.baidu.com
```

通过以上日志信可以看到，我们需要修改的时间编码方式、日志级别大写以及调用函数信息（文件名和行号）都已经实现。

（6）使用 Lumberjack 进行日志切割归档

Zap 本身不支持切割归档日志文件。为了添加日志切割归档功能，可使用第三方库 Lumberjack
来实现。Lumberjack 也是 Zap 官方推荐的 Go 语言包，用于将日志写入滚动文件。使用
Lumberjack 进行日志切割文档的实现代码如下：

```go
package main

import (
 "github.com/natefinch/lumberjack"
 "go.uber.org/zap"
 "go.uber.org/zap/zapcore"
 "net/http"
)

var sugarLogger *zap.SugaredLogger

func main() {
 InitLogger()
 defer sugarLogger.Sync()
 simpleHttpGet("www.sogo.com")
 simpleHttpGet("http://www.sogo.com")
}

func InitLogger() {
 //WriteSyncer 配置文件位置
 writeSyncer := getLogWriter()
 //配置编码方式
 encoder := getEncoder()
 //自定义 Logger 配置
 core := zapcore.NewCore(encoder, writeSyncer, zapcore.DebugLevel)
 //增加调用函数的 Option 选型
 logger := zap.New(core, zap.AddCaller())
 // 使用 Sugared Logger
 sugarLogger = logger.Sugar()
}

func getEncoder() zapcore.Encoder {
 encoderConfig := zap.NewProductionEncoderConfig()
 encoderConfig.EncodeTime = zapcore.ISO8601TimeEncoder
 encoderConfig.EncodeLevel = zapcore.CapitalLevelEncoder
 return zapcore.NewConsoleEncoder(encoderConfig)
}
// Lumberjack 日志按照大小切割
func getLogWriter() zapcore.WriteSyncer {
 lumberJackLogger := &lumberjack.Logger{
    Filename:
"/Users/keetszhu/workspace/go-in-practice/ch10/zap/main/test.log",
```

```
    MaxSize:    1,
    MaxBackups: 5,
    MaxAge:     30,
    Compress:   false,
  }
    return zapcore.AddSync(lumberJackLogger)
}

func simpleHttpGet(url string) {
 sugarLogger.Debugf("Trying to hit GET request for %s", url)
 resp, err := http.Get(url)
 if err != nil {
    sugarLogger.Errorf("Error fetching URL %s : Error = %s", url, err)
 } else {
    sugarLogger.Infof("Success! statusCode = %s for URL %s", resp.Status,
url)
    resp.Body.Close()
 }
 }
```

日志文件的预期结果如下：

```
 2020-06-17T21:12:36.595+0800    DEBUG    main/main.go:47    Trying to hit
GET request for www.baidu.com
 2020-06-17T21:12:36.595+0800    ERROR    main/main.go:50    Error
fetching URL www.baidu.com : Error = Get "www.baidu.com": unsupported protocol
scheme ""
 2020-06-17T21:12:36.595+0800    DEBUG    main/main.go:47    Trying to hit
GET request for http://www.baidu.com
 2020-06-17T21:12:36.668+0800    INFO    main/main.go:52    Success!
statusCode = 200 OK for URL http://www.baidu.com
```

上面的案例把 Zap 知识点进行了整合，这里我们重点关注 Lumberjack 切割日志的配置。lumberjackLogger 采用以下属性作为输入：

- Filename：日志文件的位置；
- MaxSize：在进行切割之前，日志文件的最大容量（以 MB 为单位）；
- MaxBackups：保留旧文件的最大个数；
- MaxAges：保留旧文件的最大天数；
- Compress：是否压缩/归档旧文件。

日志文件以 1MB 为单位进行切割并且在当前目录下最多保存 5 个备份，由此实现了在 main 函数中循环记录日志，并测试日志文件是否会自动切割和归档。

至此，我们介绍并实践了将 Zap 日志组件集成到 Go 语言应用程序项目中的常用知识点。Zap 用在日志性能和内存分配比较关键的地方。除了 Zap 库的基本使用，子包 zapcore 中有更底层的接口，可以定制丰富多样的 Logger。

4．灵活的 SeeLog 框架

SeeLog 是原生 Go 语言日志库，提供了灵活的异步调度、过滤和格式化等功能。项目地址参见：https://github.com/cihub/seelog。SeeLog 相对比较稳定，在 GitHub 上的 star 也并不多，这也从另一个角度说明了其比较简单。

相较于 Logrus 和 Zap，SeeLog 在日志格式化上提供了简单的模版，在易用、方便、可扩展性等方面表现也不错，并把日志输出的自由度交给使用者控制。具体来说，它有如下的特性：

（1）配置能够在不重新编译的情况下更改记录器参数；

（2）在不重新启动应用的情况下即时更改配置；

（3）可以为不同的项目文件和功能设置不同的日志配置；

（4）可调整消息的格式；

（5）同时将日志输出到多个流；

（6）选择记录器优先级策略以将性能损失最小化；

（7）日志消息封装器（JSON, XML, etc）。

SeeLog 提供了最大程度的定制性，既有原生日志的简单 API，又具备类似 Java 平台 Log4j、Logback 的高度灵活配置，支持 Rolling 特性。

SeeLog 支持的日志级别如表 10-2 所示。

表 10-2

日 志 级 别	说　　明
Trace	查找关于所有基本构造状态的普遍信息。使用 Trace 进行深度调试、查找函数的问题部分、检查临时变量的值
Debug	用于详细的系统行为报告和诊断消息，以帮助定位开发过程中的问题
Info	关于应用程序工作的一般信息。在代码中使用 Info 级别，这样即使在生产环境中也可以启用它。所以这是一个"生产日志级别"
Warn	用于指示以安全方式自动处理的小错误、奇怪情况和故障
Error	严重故障影响应用程序的工作流程，但不是致命的（不强迫应用程序关闭）
Critical	在应用程序崩溃之前生成最后的消息。注意，Critical 消息为强制立即刷新，因为在 Critical 情况下，如果应用程序崩溃，那么避免日志消息丢失变得很重要
Off	用于关闭日志记录的特殊日志级别

下面我们将进入 SeeLog 日志框架的实践环节，学习如何使用以及配置 Logger。

（1）快速入门

为了能够对 SeeLog 框架有更加直观的认识，我们首先尝试一个快速入门的案例，代码如下：

```
package seelog

import (
```

```
   log "github.com/cihub/seelog"
    "net/http"
    "testing"
)

func TestStd(t *testing.T) {
 defer log.Flush() // defer 写入日志
 log.Info("Hello from Seelog!")
}
```

预期的输出结果如下：

```
1592458959863687000 [Info] Hello from Seelog!
```

我们前面提到 SeeLog 是原生的 Go 语言日志库，从上述的输出结果可以看出，SeeLog 的使用过程较简单。下面我们进行自定义 Logger 的配置。

（2）配置 Logger

SeeLog 的配置文件一般用 xml，settings.xml 配置文件的示例代码如下：

```
<seelog   type="asynctimer"   asyncinterval="1000000"   minlevel="debug"
maxlevel="error">
    <outputs formatid="main">
        <!-- 仅实现将日志内容输出到终端 -->
        <console/>
    </outputs>
    <formats>
        <format id="main" format="%UTCDate %UTCTime - [%LEV] - %RelFile -
line%Line - %Msg%n"/>
    </formats>
</seelog>
```

在上面的配置中，seelog type 用于设置记录器类型，参见 Logger-types-reference，我们选择的是 asynctimer，即在单独的 goroutine 中处理日志消息，以指定的时间间隔从消息队列中获取消息；minlevel 用于设置日志最低级别；maxlevel 用于设置日志的最高级别。这里，我们先实现将日志内容输出到终端；再设置格式。

输出 UTC 日期 UTC 时间 - 缩写版大写日志级别 - 相对于应用程序运行目录的调用者路径 - 日志记录器被调用时的行号 - 消息文本（最后换行）

在应用程序中加载 SeeLog 配置，代码如下：

```
package seelog

import (
 log "github.com/cihub/seelog"
 "net/http"
 "testing"
)

func TestStd(t *testing.T) {
```

```
    defer log.Flush()
    log.Info("Hello from Seelog!")
}

func TestSeelog(t *testing.T) {
    // 1 加载配置
    logger, err := log.LoggerFromConfigAsFile("settings.xml")

    if err != nil {
        panic("parse seelog.xml error")
    }
    // 2
    log.ReplaceLogger(logger)
    // 3
    defer log.Flush()
    log.Info("Hello from Seelog!")
    // 4
    simpleHttpGet("www.baidu.com")
    simpleHttpGet("http://www.baidu.com")

}
func simpleHttpGet(url string) {
resp, err := http.Get(url)
if err != nil {
    log.Errorf(
        "Error fetching url for %s",
        err)
} else {
    log.Infof("Success fetch %s and status is %s", url,
        resp.Status)
    resp.Body.Close()
}
}
}
```

我们来梳理一下上述代码中的注释，如下：

注释 1：从配置文件中加载 SeeLog 的配置。

注释 2：ReplaceLogger()充当 UseLogger，ReplaceLogger()和 UseLogger()两个函数都更改了负责当前日志 Logger 的包级别变量。ReplaceLogger()会关闭前一个日志记录器（使用刷新日志数据），然后用一个新的日志记录器替换它。

注释 3：日志刷盘；

注释 4：函数调用，输出日志。

预期的输出结果如下：

```
 2020-06-18 05:53:17 - [INF] - seelog_test.go - line25 - Hello from Seelog!
 2020-06-18 05:53:17 - [ERR] - seelog_test.go - line32 - Error fetching url
for Get "www.baidu.com": unsupported protocol scheme ""
 2020-06-18 05:53:17 - [INF] - seelog_test.go - line38 - Success fetch
```

```
http://www.baidu.com and status is 200 OK
```

由于在很多情况下，生成的日志信息无法在主 goroutine 中进行处理，所以通常使用异步 Logger 在非阻塞模式下工作，并依次从队列中读取缓冲的消息。在这种情况下，如果应用程序发生紧急崩溃，就需要确保没有日志数据丢失。而 SeeLog 使用 main()函数的 deferlog.Flush() 解决了这个问题，这保证了日志消息队列中剩下的所有消息都将被正常处理，而不管应用程序是否死机。

5．日志库（框架）小结

下面我们通过一个表格（表 10-3）对上述 Logger、Logrus、Zap 和 SeeLog 四种日志库进行对比，以帮助读者更深刻的理解。

表 10-3

日志库名称	说　　明
Logger	Go 语言官方的日志库，在性能和日志库特性方面，都有被诟病
Logrus	在 Github 库中，stars 数最多的 Go 语言日志库，其功能强大，性能较好
Zap	一个快速、结构化的、分级日志库，Uber 出品，性能很突出，但是自身不支持日志分割，需要依赖第三方
SeeLog	原生的 Go 语言日志库，提供了灵活的异步调度、过滤和格式化，从标准库的 Logger 切换过来非常方便。其功能强大但是性能不佳，不过给社区后来的日志库在设计上提供了很多的启发

以上四种日志库具体的优缺点在前面具体介绍时已经有过详解，这里不再赘述。关于性能测试，读者可以参见开源的项目，如 go-logger-benchmark、zap-benchmarks 等。

除此之外，还有一些日志库，它们在 Github 库中的 star 数并不多，但是功能却很多，如 mkideal/log、go-log、alog 等，这些库简单易用，读者如感兴趣可自行了解学习，这里不再展开讲解。

从具体的实践中来看，笔者比较推荐 Zap，它在整体设计上有非常多精细的考量，代码并不是很多，不到 5000 行；它不仅在性能上表现出色，拥有合理的代码组织结构和结构清晰的抽象关系，更重要的意义是其设计和工程实践上，大家可以依据自己项目的实际需求进行选择。

学习完了常见的日志框架，接下来我们介绍 Go 语言中如何进行应用程序的测试，并对 Go 语言自带测试工具进行实践。

10.2　代码测试

代码测试是应用软件开发不可缺少的步骤，复杂软件系统很难避免软件 bug 的出现，因此测试是整个软件过程中比较重要的环节。

Go 语言自带测试工具，标准库中提供了专门用于测试的代码包 testing，其和 go test 命令结合使用，可以自动执行目标代码包中的任何测试函数。用于测试的代码文件必须以"_test"作为后缀，否则命令会找不到测试文件。测试主要分为单元测试和基准测试。下面我们依次介绍这两种测试类型。

10.2.1　单元测试

单元测试（unit testing）是指对软件中的最小可测试单元进行检查和验证。对于单元测试中单元的含义，一般要根据实际情况去判定，如 C 语言中单元指一个函数，Java 语言中的单元指一个类，图形化的软件中可以指一个窗口或一个菜单等。总的来说，单元就是人为规定的最小的被测功能模块。

单元测试是在软件开发过程中要进行的最低级别的测试活动，软件的独立单元将在与程序的其他部分相隔离的情况下进行测试。

下面我们将介绍如何在 Go 语言中准备单元测试用例，并运行得到测试结果。

1. Go 语言单元测试用例

要开始一个单元测试，需要准备一个 Go 语言源码文件，在命名文件时需要让文件必须以"_test"结尾。默认的情况下，go test 命令不需要任何的参数，它会自动把源码包下面所有的 test 文件测试完毕。常用的参数及说明如表 10-4 所示。

表 10-4

参 数 名 称	说　　明
bench regexp	执行相应的 benchmarks，例如 -bench=.
cover	开启测试覆盖率
run regexp	只运行 regexp 匹配的函数，例如，-run=Array 就执行包含有 Array 开头的函数
v	显示测试的详细命令

单元测试源码文件可以由多个测试用例组成，每个测试用例函数需要以 test 为前缀，例如：

```
func test( t *testing.T)
```

测试用例文件不会参与正常源码编译，且不会被包含到可执行文件中。

测试用例文件使用 go test 指令来执行，没有也不需要 main() 作为函数入口。所有在以"_test"结尾的源码内以 test 开头的函数会自动被执行。测试用例可以不传入" *testing.T" 参数。

我们首先来创建 unit_test.go，代码如下：

```
package unit


import (
 "testing"
)
```

```
func TestHello(t *testing.T) { // 1
 t.Logf("hello %s!","aoho") // 2
}
```

上述代码的注释如下：

注释 1：单元测试文件（*_test.go）里的测试入口必须以 test 开始，参数为“*testing.T”的函数。一个单元测试文件可以有多个测试入口。

注释 2：使用 testing 包的 T 结构提供的 Logf() 方法打印字符串。每个测试用例可能并发执行，使用 testing.T 提供的日志输出可以保证日志跟随这个测试上下文一起打印输出。

testing.T 提供了几种日志输出方法，具体如表 10-5 所示。

表 10-5

日志输出方法	说　　明	日志输出方法	说　　明
Log	打印日志，同时结束测试	Errorf	格式化打印错误日志，同时结束测试
Logf	格式化打印日志，同时结束测试	Fatal	打印致命日志，同时结束测试
Error	打印错误日志，同时结束测试	Fatalf	格式化打印致命日志，同时结束测试

接下来我们执行 go test unit_test.go，在 go test 后指定 helloworld_test.go 文件，表示测试这个文件里的所有测试用例，代码如下：

```
$ go test unit_test.go

=== RUN   TestHello
    TestHello: unit_test.go:9: hello aoho!
--- PASS: TestHello (0.00s)
PASS
ok      command-line-arguments 0.462s
```

测试结果“ok”表示测试通过，command-line-arguments 是测试用例需要用到的一个包名；0.462s 表示测试花费的时间。显示在附加参数中添加了-v，可以让测试时显示详细的流程；PASS 表示测试成功。

或者我们也可以直接使用 Goland 的运行按钮，预期的输出结果如下：

```
=== RUN   TestHello
    TestHello: unit_test.go:9: hello aoho!
--- PASS: TestHello (0.00s)
PASS
```

输出的结果和命令行类似，由编辑器进行了相应的处理。

2．运行指定单元测试用例

go test 指定文件时默认执行文件内的所有测试用例。可以使用“-run”参数选择需要的测试用例单独执行，我们在之前的基础上增加一个测试用例，代码如下：

```
func TestHelloWorld(t *testing.T) {
    t.Logf("hello %s!","world")
```

```
}
```

命令行运行测试用例，预期的结果如下：

```
$ go test -v -run TestHelloWorld unit_test.go

=== RUN   TestHelloWorld
    TestHelloWorld: unit_test.go:13: hello world!
--- PASS: TestHelloWorld (0.00s)
PASS
ok      command-line-arguments  0.779s
```

我们在 go test 命令中指定测试我们刚刚增加的 TestHelloWorld 用例。注意，"-run"跟随的测试用例的名称支持正则表达式，当我们运行如下的命令时，得到的结果往往不是我们所期待的。

```
$ go test -v -run TestHello unit_test.go

=== RUN   TestHello
    TestHello: unit_test.go:9: hello aoho!
--- PASS: TestHello (0.00s)
=== RUN   TestHelloWorld
    TestHelloWorld: unit_test.go:13: hello world!
--- PASS: TestHelloWorld (0.00s)
PASS


ok      command-line-arguments  0.490s
```

可以看到，TestHello 和 TestHelloWorld 都被运行了。参数更改为 "-run TestHello$"即可只执行 TestHello 测试用例。

3. 标记单元测试结果

当需要终止当前测试用例时，可以使用 #FailNow()，示例代码如下：

```
package unit

import (
 "testing"
)

func TestFailNow(t *testing.T) {
 t.Log("start test.")
 t.FailNow() // 终止当前测试用例
 t.Log("end test.")
}
```

执行测试命令，得到的执行结果如下：

```
$ go test -v result_test.go
```

```
=== RUN   TestFailNow
    TestFailNow: result_test.go:9: start test.
--- FAIL: TestFailNow (0.00s)
FAIL
FAIL    command-line-arguments  0.475s
FAIL
```

通过结果我们发现，t.FailNow 后面的语句没有被执行，testing.T 还提供了 Cleanup()、Fail()等函数，调用 Fail()函数后测试结果标记为失败，但是下面的代码依然被程序执行了。或者使用 #Cleanup(func())，入参就是一个清理函数，用法如下：

```
func TestFailNow(t *testing.T) {
 t.Log("start test.")
 t.Cleanup(func() {
    t.Log("end test.")
 })
 t.FailNow()
}
```

在程序最后调用了 t.FailNow()，执行 Cleanup()的清理函数；输出结果如下：

```
=== RUN   TestFailNow
    TestFailNow: result_test.go:9: start test.
    TestFailNow: result_test.go:11: end test.
--- FAIL: TestFailNow (0.00s)
FAIL
```

10.2.2 基准测试

基准测试可以测试一段程序的运行性能及耗费 CPU 的程度。Go 语言中提供了基准测试框架，其使用方法类似于单元测试，使用者无须准备高精度的计时器和各种分析工具，基准测试本身即可以打印出非常标准的测试报告。

1．测试加法性能的基准测试用例

下面代码是创建的 bench_test.go 文件，这段代码使用基准测试框架测试加法性能。注释 1 中的 b.N 由基准测试框架提供。测试代码需要保证函数可重入性及无状态，也就是说，测试代码不使用全局变量等带有记忆性质的数据结构。避免多次运行同一段代码时的环境不一致，不能假设 N 值范围。

```
package bench

import "testing"
func Benchmark_Add(b *testing.B) {
 var n int
 for i := 0; i < b.N; i++ { // 1
    n++
```

```
    }
  }
```

执行测试命令，运行结果如下：

```
$ go test -v -bench=. bench_test.go

goos: darwin
goarch: amd64
Benchmark_Add
Benchmark_Add-8        1000000000              0.313 ns/op
PASS
ok      command-line-arguments  0.958s
```

上述运行结果中的关键参数说明如下：

（1）命令中的 "-bench=." 表示运行 bench_test.go 文件里的所有基准测试与单元测试中的 "-run" 类似。

（2）Benchmark_Add-8 显示基准测试名称。

（3）1000000000 表示测试的次数，也就是 testing.B 结构中提供给程序使用的 N.testing.B 拥有 testing.T 的全部接口。

（4）"0.313 ns/op" 表示每一个操作耗费的时间（纳秒）。

除此之外，通过 "-benchtime" 参数可以自定义测试时间，示例代码如下：

```
$ go test -v -bench=. -benchtime=5s bench_test.go

goos: darwin
goarch: amd64
Benchmark_Add
Benchmark_Add-8        1000000000              0.314 ns/op
PASS
ok      command-line-arguments  1.395s
```

基准测试框架对一个测试用例的默认测试时间是 1s。开始测试时，当以 Benchmark 开头的基准测试用例函数返回时还不到 1s，那么 testing.B 中的 N 值将按 1，2，5，10，20，50，…递增，同时以递增后的值重新调用基准测试用例函数。

2．测试内存

基准测试可以对一段代码可能存在的内存分配进行统计。在上面用例的基础上我们增加一段使用字符串格式化的函数，内部会进行一些分配操作，代码如下：

```
import (
 "fmt"
 "testing"
)

func Benchmark_Alloc(b *testing.B) {
 for i := 0; i < b.N; i++ {
```

```
    fmt.Sprintf("%d", i)
  }
}
```

在命令行中添加 "-benchmem" 参数以显示内存分配情况，执行结果如下：

```
$ go test -v -bench=Alloc -benchmem bench_test.go

goos: darwin
goarch: amd64
Benchmark_Alloc
Benchmark_Alloc-8    9982562      114 ns/op   16 B/op 2 allocs/op
PASS
ok      command-line-arguments  1.600s
```

我们在命令行中的 "-bench" 后指定了参数 Alloc，这样就只测试 Benchmark_Alloc()
函数。

结果中相同的部分不再重复，仅描述有差异的部分，如下：

（1）16 B/op 表示每一次调用需要分配 16 个字节。

（2）2 allocs/op 表示每一次调用有两次分配。

开发者根据结果中的信息可以迅速找到可能的分配点，进行优化和调整。

3．控制计时器

在具体的实践中，有些测试需要一定的启动和初始化时间，如果从 Benchmark()函数
开始计时，就会在很大程度上影响测试结果的精准性。testing.B 提供了一系列的方法可以
方便地控制计时器，从而让计时器只在需要的区间进行测试。我们通过下面的代码来了
解计时器的控制。

```
func Benchmark_Add_TimerControl(b *testing.B) {
// 重置计时器
b.ResetTimer()
// 停止计时器
b.StopTimer()
// 开始计时器
b.StartTimer()
var n int
for i := 0; i < b.N; i++ {
    n++
}
}
```

如上述代码，从 Benchmark() 函数开始，Timer 就开始计数。StopTimer()函数可以停
止这个计数过程，做一些耗时的操作，通过 StartTimer()函数重新开始计时，ResetTimer()
函数可以重置计数器的数据。

4．案例：测试 Zap 和 Logrus 日志库的性能

在介绍了基准测试之后，我们现学现用，测试 Zap 和 Logrus 的性能。

（1）Zap 性能测试

在 Go 语言的 1.7 版本之后，testing.T 和 testing.B 引入了 Run()方法，用于创建 subtests 和 sub-benchmarks。Zap 日志库性能测试代码如下：

```
package bench

import (
 "io/ioutil"
 "testing"

 "go.uber.org/zap"
)

func BenchmarkZapTextFile(b *testing.B) {
 tmpfile, err := ioutil.TempFile("", "benchmark-zap") // 1 临时文件
 if err != nil {
     b.Fatal(err)
 }

 cfg := zap.NewProductionConfig() // 2
 cfg.OutputPaths = []string{tmpfile.Name()}
 logger, err := cfg.Build()

 defer logger.Sync() // 3
 if err != nil {
     b.Fatal(err)
 }

 b.ResetTimer() // 4

 b.RunParallel(func(pb *testing.PB) { // 5
     for pb.Next() { // 6
         logger.Info("The quick brown fox jumps over the lazy dog")
     }
 })
}


func BenchmarkZapJSONFile(b *testing.B) {

 tmpfile, err := ioutil.TempFile("", "benchmark-zap")
 if err != nil {
     b.Fatal(err)
 }

 cfg := zap.NewProductionConfig()
 cfg.OutputPaths = []string{tmpfile.Name()}
 logger, err := cfg.Build()
```

```
b.ResetTimer()

b.RunParallel(func(pb *testing.PB) {
    for pb.Next() {
        logger.Info("The quick brown fox jumps over the lazy dog",
            zap.String("rate", "15"),
            zap.Int("low", 16),
            zap.Float32("high", 123.2),
        )
    }
})
}
```

上述代码中的注释说明如下：

注释 1：创建临时文件。

注释 2：zap.NewProductionConfig()格式化输出。

注释 3：刷新所有缓冲的日志条目，应用程序应注意退出前调用 Sync()函数。

注释 4：ResetTimer()函数将经过的基准时间和内存分配计数器归零，它不影响计时器是否正在运行；

注释 5：这里用到了 testing.B 中提供的 RunParallel()函数，并发地执行 benchmark。RunParallel()函数创建多个 goroutine，然后把 b.N 个迭代测试分布到 goroutine 上。goroutine 的数目默认是 GOMAXPROCS。如果要增加 non-CPU-bound 的 benchmark 的并发个数，在执行 RunParallel()函数之前调用 SetParallelism。RunParallel()函数中不可以使用 StartTimer()、StopTimer()和 ResetTimer()函数，因为这些函数都是全局影响的；

注释 6：判断是否继续循环。

（2）Logrus 性能测试

Logrus 的基准测试代码也是类似的，如下：

```
package bench

import (
 "io/ioutil"
 "os"
 "testing"

 log "github.com/sirupsen/logrus"
)

func BenchmarkLogrusTextFile(b *testing.B) {
 tmpfile, err := ioutil.TempFile("", "benchmark-logrus")
 if err != nil {
    b.Fatal(err)
 }
```

```
logger := log.New()
logger.Formatter = &log.TextFormatter{
    DisableColors: true,
    FullTimestamp: true,
    DisableSorting: true,
}
logger.Out = tmpfile
b.ResetTimer()

b.RunParallel(func(pb *testing.PB) {
    for pb.Next() {
        logger.Info("The quick brown fox jumps over the lazy dog")
    }
})
}

func BenchmarkLogrusJSONFile(b *testing.B) {
tmpfile, err := ioutil.TempFile("", "benchmark-logrus")
if err != nil {
    b.Fatal(err)
}

logger := log.New()
logger.Formatter = &log.JSONFormatter{}
logger.Out = tmpfile
b.ResetTimer()

b.RunParallel(func(pb *testing.PB) {
    for pb.Next() {
        logger.WithFields(log.Fields{
            "rate": "15",
            "low": 16,
            "high": 123.2,
        }).Info("The quick brown fox jumps over the lazy dog")
    }
})
}
```

分别执行上面两个测试文件的基准测试命令，结果统计（Zap 与 Logrus 性能测试比较）如表 10-6 所示。

表 10-6

组　　件	文本写入文件数	Json 写入文件耗时 （ns/op）	Json 写入文件数	Json 写入文件耗时 （ns/op）
Zap	9319038	131	6363682	181
Logrus	145654	7838	84249	14068

可以看到 Zap 在不管以文本写入文件，还是以 JSON 写入文件，性能都远高于 Logrus。

代码测试是在软件部署或者上线之前对软件的需求、设计规格和编码问题进行复审的一种活动。本小节侧重介绍了开发阶段涉及的单元测试和基准测试，在开发阶段通过代码的测试提升应用程序的质量。当然，测出 bug 之后需要进行修复，有些 bug 很容易发现问题并进行修复，而有些 bug 可能是难以快速排查出来，因此可以通过调试功能实现对函数每一步执行的检查，以便发现问题。

10.3　Go 语言调试

调试是一种技能，不限于我们说的 debug，它只是其中的一种，是可以打断点的调试。除此之外，还有打印输出、日志记录、单元测试，这都可以称之为调试程序的手段。当开发好的程序不符合我们的预期时，就需要通过调试它找到根本的原因，然后才可以有针对性地解决它。

开发程序过程中的调试代码是开发者经常要做的一件事情，Go 语言不像 PHP、Python 等动态语言，只要修改而不需要编译就可以直接输出，而且可以动态地在运行环境下打印数据。

对于 Go 语言的调试，一般是通过 log/print 调试，但是每次都需要重新编译，很不方便。Python 中有 pdb/ipdb 之类的工具调试，JavaScript 也有类似工具，这些工具都能动态地显示变量信息且进行单步调试等。Go 语言也可以使用 Delve/GDB 之类的调试器，或者基于 GoLand/Vscode 之类的开发工具。

打印和日志输出这种原始的方式，我们就不重点介绍了，参见日志的规范即可。

下面我们将重点介绍 GDB 和 Delve 的使用实践，调试的代码如下：

```go
package main

import (
 "net/http"

 "github.com/gin-gonic/gin"
)

func HelloHandler(c *gin.Context) {
 firstName := c.DefaultQuery("firstName", "aoho")
 lastName := c.DefaultQuery("lastName", "zhu")
 c.String(http.StatusOK, "Hello %s %s!", firstName, lastName)
}

func main() {
 router := gin.Default()

 router.GET("/hello", HelloHandler)
 _ = router.Run(":8000")
```

```
    }
```

我们给出的调试程序非常简单：构建了一个 http 服务器，对外提供一个 hello 接口，返回拼接的字符串。下面我们就基于该程序进行调试。

10.3.1　GDB 调试

由于 Go 语言内部已经内置支持 GDB，所以可以很方便地通过 GDB 来进行调试。本小节就介绍如何通过 GDB 来调试 Go 程序。

1．GDB 调试简介

GDB 是 FSF（自由软件基金会）发布的一个强大的类 UNIX 系统下的程序调试工具。使用 GDB 可以做如下事情：

（1）启动程序，可以按照开发者的自定义要求运行程序；

（2）可让被调试的程序在开发者设定的调置断点处停住（断点可以是条件表达式）；

（3）当程序被停住时，可以检查此时程序中所发生的事；

（4）动态地改变当前程序的执行环境。

目前支持调试 Go 程序的 GDB 版本必须高于 7.1。编译 Go 程序的时候需要注意以下两点：

（1）传递参数 -ldflags "-s"，忽略 debug 的打印信息；

（2）传递 -gcflags "-N -l" 参数可以忽略 Go 内部做的一些优化，如聚合变量和函数等优化；但这样对于 GDB 调试来说非常困难，所以在编译的时候加入这两个参数可以避免这些优化。

2．常用命令

GDB 的一些常用命令如表 10-7 所示。

表 10-7

命 令 名 称	说　　　　明
list	简写命令 l，用来显示源代码，默认显示十行代码，后面可以带上参数显示的具体行，例如：list 15，显示十行代码，其中第 15 行在显示的十行里面的中间
break	简写命令 b，用来设置断点，后面跟上参数设置断点的行数，例如 b 10 在第十行设置断点
delete	简写命令 d，用来删除断点，后面跟上断点设置的序号，这个序号可以通过 info breakpoints 获取相应的设置的断点序号
backtrace	简写命令 bt，用来打印执行的代码过程
info	info 命令用来显示信息，后面有几种参数：info locals 显示当前执行的程序中的变量值；info breakpoints 显示当前设置的断点列表；info goroutines 显示当前执行的 goroutine 列表；带 "*" 表示当前执行的 goroutines
print	简写命令 p，用来打印变量或者其他信息，后面跟上需要打印的变量名，当然还有一些很有用的函数 $len() 和 $cap()，用来返回当前 string、slices 或者 maps 的长度和容量
whatis	用来显示当前变量的类型，后面跟上变量名

命 令 名 称	说　　明
next	简写命令 n，用来单步调试，跳到下一步，当有断点之后，可以输入 n 跳转到下一步继续执行
coutinue	简称命令 c，用来跳出当前断点处，后面可以跟参数 N，跳过多少次断点
set variable	该命令用来改变运行过程中的变量值

3. 安装 GDB

笔者使用的是 centos 7，安装命令如下：

```
$ yum install gdb -y

$ gdb -v

GNU gdb (GDB) Red Hat Enterprise Linux 7.6.1-119.el7
```

安装成功，GDB 的版本为 7.6.1，符合要求。

4. 生成可执行文件 gdbfile

下面我们将要生成可执行的 gdbfile，代码如下：

```
$ go build -gcflags "-N -l" main.go

$ gdb main
```

进入 gdb 命名模式，我们可以直接执行 run 命令运行程序，运行结果如图 10-3 所示。

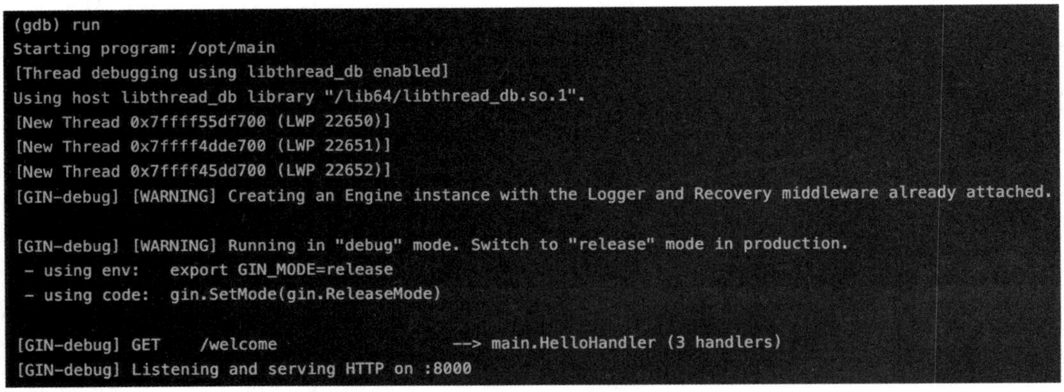

```
(gdb) run
Starting program: /opt/main
[Thread debugging using libthread_db enabled]
Using host libthread_db library "/lib64/libthread_db.so.1".
[New Thread 0x7ffff55df700 (LWP 22650)]
[New Thread 0x7ffff4dde700 (LWP 22651)]
[New Thread 0x7ffff45dd700 (LWP 22652)]
[GIN-debug] [WARNING] Creating an Engine instance with the Logger and Recovery middleware already attached.

[GIN-debug] [WARNING] Running in "debug" mode. Switch to "release" mode in production.
 - using env:   export GIN_MODE=release
 - using code:  gin.SetMode(gin.ReleaseMode)

[GIN-debug] GET    /welcome                  --> main.HelloHandler (3 handlers)
[GIN-debug] Listening and serving HTTP on :8000
```

图 10-3

但是为了调试，需要事先设置断点，我们在第 10 行设置断点，如图 10-4 所示。

图 10-4

设置完断点之后，再运行如下程序。

```
curl http://localhost:8000/welcome\?firstname\=aoho\&lastname\=zhu
```

我们访问对应的接口，断点生效，如图 10-5 所示。

图 10-5

向下继续运行，通过 info locals 查看本地变量的值，同时使用 print 打印相应的变量信息，如图 10-6 所示。

bt 为 backtrace 的简写，打印调用过程。通过查看 goroutines 的命令可以清楚地了解 goruntine 内部是怎么执行的，每个函数的调用顺序已经显示出来了。c 为 continue 的简写，http 请求完成，返回响应内容。

通过上面例子的演示，相信读者已经对于通过 GDB 调试 Go 程序有了基本的了解，如果想获取更多的调试技巧，请参考官方网站的 GDB 调试手册和 GDB 官方网站的手册。

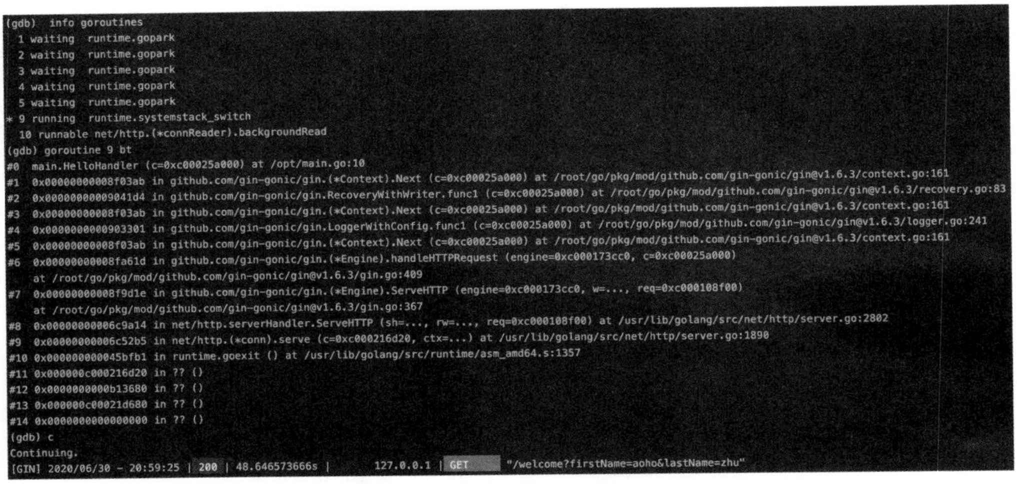

图 10-6

10.3.2 使用 Delve 进行调试

Delve 是一个专门为调试 Go 程序而生的简单又功能齐全的调试工具，它比 GDB 更强大，尤其是在调试多 goroutine 高并发的 Go 程序方面。Delve 的项目地址为 https://github.com/derekparker/delve，它也是大部分 Go 语言开发 IDE 选用的调试工具。

1. dlv 安装

Delve 的安装很简单，可以使用 go get 安装如下：

```
$ go get github.com/go-delve/delve/cmd/dlv
```

注意，如果读者使用了 Go Module，则必须在模块目录之外执行 go get 命令，否则 Delve 将作为依赖项添加到项目中，报如下的错误。

```
# github.com/go-delve/delve/pkg/terminal
../gospace/pkg/mod/github.com/go-delve/delve@v1.4.1/pkg/terminal/command.go:1045:28: cannot use ([]rune)(args) (type []rune) as type string in argument to argv.Argv
../gospace/pkg/mod/github.com/go-delve/delve@v1.4.1/pkg/terminal/command.go:1045:36: undefined: argv.ParseEnv
../gospace/pkg/mod/github.com/go-delve/delve@v1.4.1/pkg/terminal/command.go:1046:3: cannot use func literal (type func([]rune, map[string]string) ([]rune, error)) as type argv.Expander in argument to argv.Argv
```

在 Module 目录之外运行即可解决。如果使用 macOS Xcode 未启用"开发人员模式"，则每次使用调试器时，系统都会要求其授权。因此要启用开发人员模式并且每次会话只需授权一次，通过如下的命令开启。

```
sudo /usr/sbin/DevToolsSecurity -enable
```

2．dlv 实践

基于上面的调试程序，进入包所在目录，运行如下 dlv debug 命令。

```
$ dlv debug main.go

Type 'help' for list of commands.
```

根据提示，输入 help 命令可以查看到 Delve 提供的调试命令列表，如下：

```
$ (dlv) help
The following commands are available:

Running the program:
    Call                        ---注入函数调用
    continue (alias: c)         ---继续运行，直到断点或者程序结束
    next (alias: n)             ---运行到下一行
    restart (alias: r)          ---重启进程
    step (alias: s)             ---单步运行
    stepout (alias: so)         ---运行完当前的函数

Manipulating breakpoints:
    break (alias: b)            ---设置断点
    breakpoints (alias: bp)     输出所有活跃的断点
    clear                       ---删除断点
    clearall                    ---清楚所有断点
    condition (alias: cond)     ---设置条件断点
    on                          ---断点到达时，执行某个命令
    trace (alias: t)            ---设置 tracepoint.

Viewing program variables and memory:
    Args                        ---打印函数参数
    Locals                      --- 打印本地变量
    print (alias: p)            ---执行一个表达式
    set                         ---设置一个变量的值
    vars                        ---打印包的变量
    whatis                      ---打印一个表达式的类型
```

下面我们设置断点，断点设在 HelloHandler()函数上，命令如下：

```
(dlv) b HelloHandler
Breakpoint 1 set at 0x16ccfa8 for main.HelloHandler() ./main.go:9
```

设置完断点后会提示行号。启动 http 服务器，代码如下：

```
$ (dlv) c
[GIN-debug] [WARNING] Creating an Engine instance with the Logger and
Recovery middleware already attached.

[GIN-debug] [WARNING] Running in "debug" mode. Switch to "release" mode
in production.
 - using env:   export GIN_MODE=release
```

```
  - using code:  gin.SetMode(gin.ReleaseMode)

  [GIN-debug] GET    /welcome                  --> main.HelloHandler (3
handlers)
  [GIN-debug] Listening and serving HTTP on :8000
```

由上述代码可知，应用服务启动在 8000 端口。在另一个终端访问该接口，代码如下：

```
  curl http://localhost:8000/welcome\?firstname\=aoho\&lastname\=zhu
```

从控制台看到输出的信息，dlv 断点调试如图 10-7 所示。

```
[GIN-debug] GET    /welcome                  --> main.HelloHandler (3 handlers)
[GIN-debug] Listening and serving HTTP on :8000
> main.HelloHandler() ./main.go:9 (hits goroutine(18):1 total:1) (PC: 0x16ccfa8)
     4:         "net/http"
     5:
     6:         "github.com/gin-gonic/gin"
     7: )
     8:
=>   9: func HelloHandler(c *gin.Context) {
    10:         firstName := c.DefaultQuery("firstName", "Guest")
    11:         lastName := c.DefaultQuery("lastName", "")
    12:         c.String(http.StatusOK, "Hello %s %s!", firstName, lastName)
    13: }
    14:
```

图 10-7

由图 10-7 所示可以看到，程序在第 9 行断掉，输入命令 n（next 的简写）。程序继续向下执行，如图 10-8 所示。

```
> main.HelloHandler() ./main.go:10 (PC: 0x16ccfbf)
     5:
     6:         "github.com/gin-gonic/gin"
     7: )
     8:
     9: func HelloHandler(c *gin.Context) {
=>  10:         firstName := c.DefaultQuery("firstName", "Guest")
    11:         lastName := c.DefaultQuery("lastName", "")
    12:         c.String(http.StatusOK, "Hello %s %s!", firstName, lastName)
    13: }
    14:
    15: func main() {
(dlv) n
> main.HelloHandler() ./main.go:11 (PC: 0x16cd00e)
     6:         "github.com/gin-gonic/gin"
     7: )
     8:
     9: func HelloHandler(c *gin.Context) {
    10:         firstName := c.DefaultQuery("firstName", "Guest")
=>  11:         lastName := c.DefaultQuery("lastName", "")
    12:         c.String(http.StatusOK, "Hello %s %s!", firstName, lastName)
    13: }
    14:
    15: func main() {
    16:         router := gin.Default()
```

图 10-8

输出程序函数中的变量值 firstName，命令如下：

```
(dlv) p firstName
"aoho"
```

debug 通常还会深入到调用函数，dlv 同样也支持 step 的命令，如图 10-9 所示。

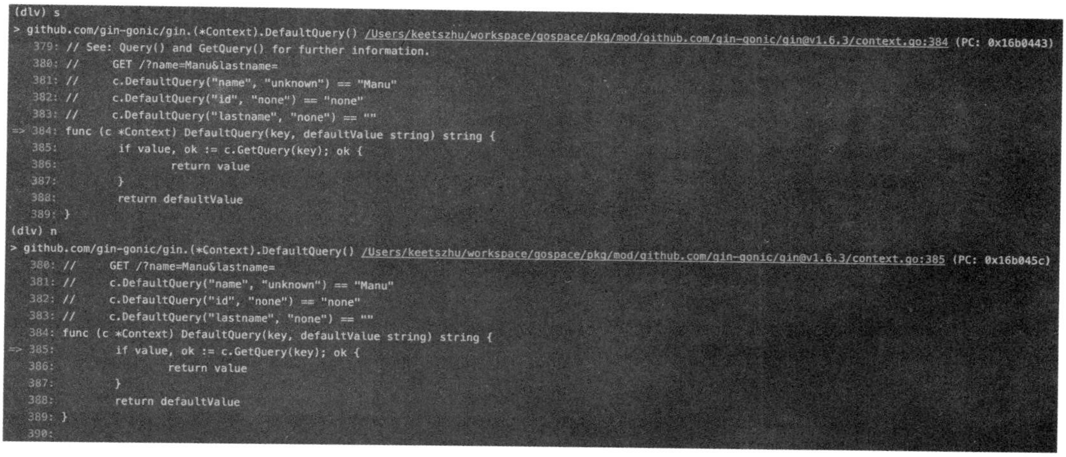

图 10-9

debug 进入 gin 的 DefaultQuery()方法，可以查看相应的值，即输出请求中的 lastname 量的值，如图 10-10 所示。

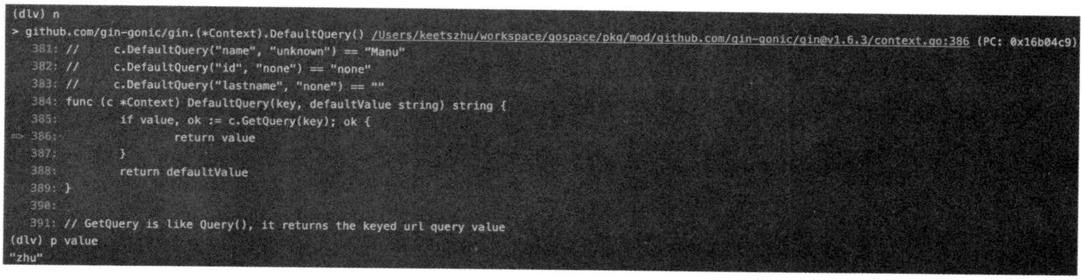

图 10-10

打印出 lastName 的值，退出 stepout 调用函数，继续向下 debug，如图 10-11 所示。

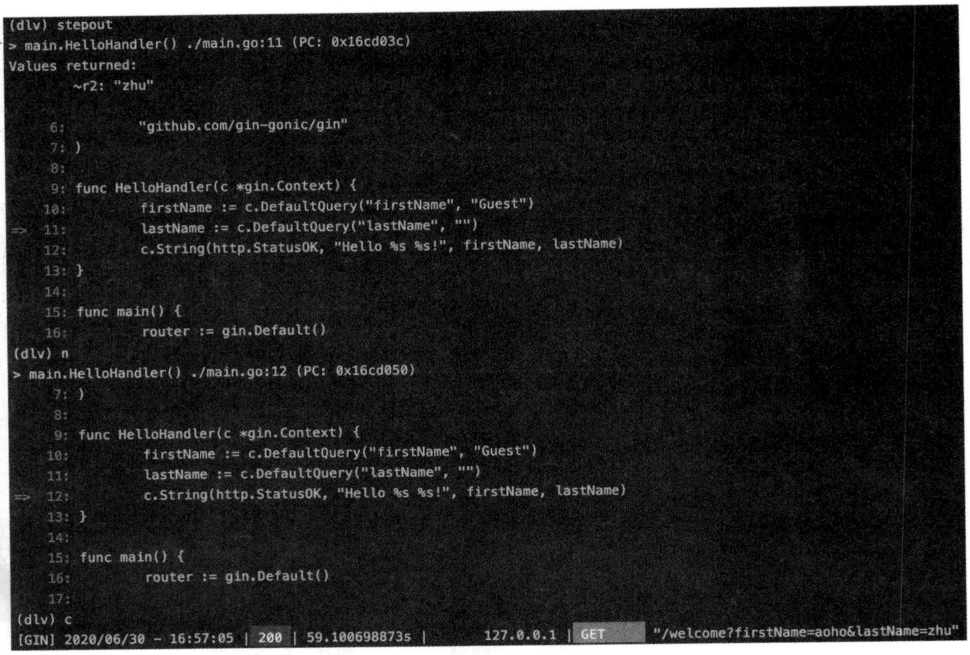

图 10-11

最后输入 c（即 continue）命令，完成 debug 的过程。请求的控制台返回结果如下：

```
$ curl http://localhost:8000/welcome?firstName=aoho&lastName=zhu

Hello aoho zhu!
$ ps aux|grep main

$ dlv attach 29260
```

当我们使用到了调试器，那么必然是遇到了这样或者那样的问题了。在不能完全避免写出问题代码的情况下，掌握如何调试是我们实现编程进阶的必要技能。

通过本小节的讲解，我们对 Go 语言调试有了一个整体的认识，并学习了 GDB 和 Delve 的调试。对于性能问题的分析和解决，还需要专门的工具进行整体分析。下面将具体介绍如何对 Go 程序进行性能分析。

10.4　Go 语言性能分析

在软件工程中，系统上线之后，仍需要持续对系统进行优化或者重构。

学会对应用系统进行运行时数据采集与性能分析是软件工程实践常用的基本技能。通常使用 profile 表示性能分析与采集，或者使用 profiling 代表性能分析这个行为。比如 Java 语言中相关的工具为 jprofiler，意为 Java Profiler。

Go 语言非常注重性能，其内置库里就自带了性能分析库 pprof。pprof 有 runtime/pprof 与 net/http/pprof 两个包用来分析程序。其中，runtime/pprof 用于对普通的应用程序进行性能分析，主要用于可结束的代码块，比如一次函数调用。net/http/pprof 专门用于对后台服务型程序的性能采集与分析，它只是对 runtime/pprof 包进行封装并用 http 暴露出来。

本节中将会介绍如何基于 pprof 进行性能分析与优化，包括 CPU、内存占用、Block 阻塞以及 goroutine 使用等方面。除此之外，还会介绍更加直观的图形工具：火焰图，并基于 go-torch 将 pprof 的结果转换成火焰图。

10.4.1　普通应用程序的性能分析

我们已经知道，runtime/pprof 用于对普通的应用程序进行性能分析，主要用于可结束的代码块。下面通过案例来进行实践。

1．计算圆周率

众所周知，圆周率是世界上最有名的无理常数了，代表的是一个圆的周长与直径之比。公元前 250 年左右，阿基米德给出了圆周率的估计值在 223/71～22/7 之间。

中国南北朝时期的著名数学家祖冲之（429—500）首次将圆周率精算到小数点后七位，即在 3.1415926～3.1415927 之间，他提出的"密率与约率"对数学的研究有重大贡献。直到 15 世纪，阿拉伯数学家阿尔·卡西才以"精确到小数点后 17 位"打破了这一纪录。

代表圆周率的字母是第十六个希腊字母的小写。也是希腊语 περιφρεια（表示周边、地域、圆周）的首字母。1706 年，英国数学家威廉·琼斯（William Jones，1675—1749）最先使用 π 来表示圆周率。1736 年，瑞士数学家欧拉（Leonhard Euler，1707—1783）也开始用 π 表示圆周率。从此，π 便成了圆周率的代名词。

通常情况下，圆周率的计算方法有蒙特卡罗法、正方形逼近法、迭代法和丘德诺夫斯基公式四种。

2．测试代码的实现

笔者这里采用蒙特卡罗方法计算圆周率，大致思路如下：

正方形内部有一个相切的圆，它们的面积之比是 π/4。在这个正方形内部，随机产生 10000 个点，即 10000 个坐标对 (x, y)，计算它们与中心点的距离，从而判断是否落在圆的内部。如果这些点均匀分布，那么圆内的点应该占到所有点的 π/4，因此将这个比值乘以 4，就是 π 的值。通过随机模拟 30000 个点，π 的估算值与真实值相差 0.07%。

根据如上思路实现的完整代码如下：

```
package main

import (
 "flag"
 "fmt"
 "log"
 "os"
 "runtime"
```

```go
 "runtime/pprof"
 "time"
)

var n int64 = 10000000000
var h float64 = 1.0 / float64(n)

func f(a float64) float64 {
 return 4.0 / (1.0 + a*a)
}

func chunk(start, end int64, c chan float64) {
 var sum float64 = 0.0
 for i := start; i < end; i++ {
  x := h * (float64(i) + 0.5)
  sum += f(x)
 }
 c <- sum * h
}

func main() {
 var cpuProfile = flag.String("cpuprofile", "", "write cpu profile to file")
 var memProfile = flag.String("memprofile", "", "write mem profile to file")
 flag.Parse()
 //采样 cpu 运行状态
 if *cpuProfile != "" {
  f, err := os.Create(*cpuProfile)
  if err != nil {
   log.Fatal(err)
  }
  pprof.StartCPUProfile(f)
  defer pprof.StopCPUProfile()
 }
 //记录开始时间
 start := time.Now()

 var pi float64
 np := runtime.NumCPU()
 runtime.GOMAXPROCS(np)
 c := make(chan float64, np)
 fmt.Println("np: ", np)

 for i := 0; i < np; i++ {
    //利用多处理器，并发处理
  go chunk(int64(i)*n/int64(np), (int64(i)+1)*n/int64(np), c)
 }

 for i := 0; i < np; i++ {
```

```
    tmp := <-c
    fmt.Println("c->: ", tmp)

    pi += tmp
    fmt.Println("pai: ", pi)

  }

  fmt.Println("Pi: ", pi)

  //记录结束时间
  end := time.Now()

  //输出执行时间，单位为毫秒
  fmt.Printf("spend time: %vs\n", end.Sub(start).Seconds())
  //采样 memory 状态
  if *memProfile != "" {
   f, err := os.Create(*memProfile)
   if err != nil {
    log.Fatal(err)
   }
   pprof.WriteHeapProfile(f)
   f.Close()
  }
}
```

如上就是计算 π 的算法，基于 Go 语言的 goroutine 和 channel，充分利用多核处理器，提高 CPU 资源计算的速度。

我们在依赖中引入了 runtime/pprof，在实现的代码中添加了相关的 CPU Profiling 和 Memory Profiling 代码就可以实现 CPU 和内存的性能评测。

3. 编译与执行

接着是通过编译获得可执行文件，执行后获得 pprof 的采样数据，然后就可以利用相关工具进行分析。相关的命令如下：

```
$ go build -o pai main.go
$ ./pai --cpuprofile=cpu.pprof
$ ./pai --memprofile=mem.pprof
```

上面的命令依次生成了 cpu.pprof 和 mem.pprof 两个采样文件，我们使用如下的 go tool pprof 命令进行分析。

```
$ go tool pprof cpu.pprof
```

执行完上述命令即进入 pprof 命令行交互模式，如图 10-12 所示。pprof 支持多个指令，比如 top 用于显示 pprof 文件中的前 10 项数据，可以通过"top 20"等方式显示前 20 行数据；其他的指令如 list、pdf、eog 等。

```
[root@master pai]# go tool pprof cpu.pprof
File: pai
Type: cpu
Time: Jul 13, 2021 at 2:49pm (CST)
Duration: 13.47s, Total samples = 24.44s (181.46%)
Entering interactive mode (type "help" for commands, "o" for options)
(pprof) top
Showing nodes accounting for 24.44s, 100% of 24.44s total
      flat  flat%   sum%        cum   cum%
    21.86s 89.44% 89.44%     24.44s   100%  main.chunk
     2.58s 10.56%   100%      2.58s 10.56%  main.f
```

图 10-12

在交互命令模式中会涉及其他的一些参数，说明如下：

- Duration：程序执行时间。多核执行程序，总计耗时 13.47s，而采样时间为 24.44s，每个核均分采样时间；
- flat/flat%：分别表示在当前层级 CPU 的占用时间和百分比；
- cum/cum%：分别表示截止到当前层级累积的 CPU 时间和占比；
- sum%：所有层级的 CPU 时间累积占用，从小到大一直累积到 100%，即 24.44s。

本例中，main.chunk 在当前层级占用 CPU 时间为 21.86s，占比本次采集时间的 89.44%；而该函数累积占用时间为 24.44s，占本次采集时间的 100%。通过 cum 数据可以看到，chunk 函数的 CPU 占用时间最多。

图 10-13 所示为应用程序耗时的主要函数，可以利用 list 命令查看占用的主要因素。list 命令根据正则表达式输出相关的方法，直接与可选项“-o”输出所有的方法，也可以指定方法名。这样就能查看匹配函数的代码以及每行代码的耗时。

```
(pprof) list main.chunk
Total: 24.44s
ROUTINE ======================== main.chunk in /root/go-in-practise-code/ch10/pai/main
    21.86s     24.44s (flat, cum)   100% of Total
         .          .     17:   return 4.0 / (1.0 + a*a)
         .          .     18:}
         .          .     19:
         .          .     20:func chunk(start, end int64, c chan float64) {
         .          .     21:   var sum float64 = 0.0
     9.15s      9.15s     22:   for i := start; i < end; i++ {
     5.43s      5.43s     23:           x := h * (float64(i) + 0.5)
     7.28s      9.86s     24:           sum += f(x)
         .          .     25:   }
         .          .     26:   c <- sum * h
         .          .     27:}
         .          .     28:
         .          .     29:func main() {
(pprof) list main.f
Total: 24.44s
ROUTINE ======================== main.f in /root/go-in-practise-code/ch10/pai/main.go
     2.58s      2.58s (flat, cum) 10.56% of Total
         .          .     12:
         .          .     13:var n int64 = 10000000000
         .          .     14:var h float64 = 1.0 / float64(n)
         .          .     15:
         .          .     16:func f(a float64) float64 {
     2.58s      2.58s     17:   return 4.0 / (1.0 + a*a)
         .          .     18:}
         .          .     19:
         .          .     20:func chunk(start, end int64, c chan float64) {
         .          .     21:   var sum float64 = 0.0
         .          .     22:   for i := start; i < end; i++ {
```

图 10-13

从图 10-13 所示可以看出，在第 24 行调用了函数 $f(x)$ 还额外花了 2.58s，每一行代码花费的时间都显示了出来，根据这些信息可以开展代码的优化。

4．图形化渲染

对于 pprof 采集的结果，我们不仅可以使用 pprof 自带的命令进行分析，还可以通过更加直观的矢量图进行分析。借助于 graphviz 和 pprof 可以直接生成对应的图形化文件。

笔试基于 Centos 7.5 系统，通过如下的命令直接安装 graphviz。

```
$ sudo yum install graphviz
```

更多系统环境的安装说明请参见 graphviz 官网，这里不再赘述。

安装好 graphviz 后，继续在 pprof 交互命令行中输入 svg，如图 10-14 所示。

```
(pprof) web
Fontconfig warning: ignoring UTF-8: not a valid region tag
exec: "sensible-browser": executable file not found in $PATH
(pprof) svg
Fontconfig warning: ignoring UTF-8: not a valid region tag
Generating report in profile001.svg
```

图 10-14

注意，web 命令在服务器类型的系统不支持，可通过 svg 命令来生成矢量图，使用浏览器打开，如图 10-15 所示。

笔者截取了部分内容，从图 10-15 中同样可以看到，主要耗时的函数为 main.chunk，耗时时间为 21.86s，关联调用的函数 $f(x)$ 耗时为 2.58s。图 10-15 所示中各个方块的大小也代表 CPU 占用的情况，若方块越大，则说明占用 CPU 时间越长。

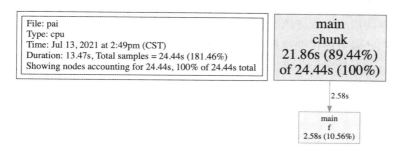

图 10-15

10.4.2　后台服务程序的性能分析

针对一直运行的后台服务，比如 Web 应用或者分布式应用，我们可以使用 net/http/pprof 库，它能够在应用提供 HTTP 服务时进行性能分析。

pprof 采集后台服务，如果使用了默认的 http.DefaultServeMux，通常是代码直接使用 http.ListenAndServe("0.0.0.0:8000", nil)，这种情况则比较简单，只需要导入包即可，代码如下：

```
import (
 _ "net/http/pprof"
)
```

注意，该包利用下画线 "_" 导入，意味着我们只需要该包运行其 init() 函数即可，如此，该包将自动完成信息采集并保存在内存中。

如果使用自定义的 ServerMux 复用器，则需要手动注册路由规则，代码如下：

```
r.HandleFunc("/debug/pprof/", pprof.Index)
r.HandleFunc("/debug/pprof/heap", pprof.Index)
r.HandleFunc("/debug/pprof/cmdline", pprof.Cmdline)
r.HandleFunc("/debug/pprof/profile", pprof.Profile)
r.HandleFunc("/debug/pprof/symbol", pprof.Symbol)
r.HandleFunc("/debug/pprof/trace", pprof.Trace)
```

这些路径的说明如表 10-8 所示。

表 10-8

路 径	说 明
/debug/pprof/profile	访问这个链接会自动进行 CPU profiling，持续 30 s，并生成一个文件供下载，可以通过带参数 "?=seconds=60" 进行 60 s 的数据采集
/debug/pprof/block	goroutine 阻塞事件的记录。默认每发生一次阻塞事件时取样一次
/debug/pprof/goroutines	活跃 goroutine 的信息的记录。仅在获取时取样一次
/debug/pprof/heap	堆内存分配情况的记录。默认每分配 512K 字节时取样一次
/debug/pprof/mutex:	查看争用互斥锁的持有者
/debug/pprof/threadcreate	系统线程创建情况的记录。仅在获取时取样一次

1. 改写测试代码

我们将计算圆周率的程序改写成一个服务，对外提供一个接口，并引入 net/http/pprof 依赖来采集 HTTP 服务的性能指标，修改代码如下：

```
package main

import (
 "fmt"
 "net/http"
 _ "net/http/pprof"
 "runtime"
)

var n int64 = 10000000000
var h = 1.0 / float64(n)

func f(a float64) float64 {
 return 4.0 / (1.0 + a*a)
}
```

```go
func chunk(start, end int64, c chan float64) {
 var sum float64 = 0.0
 for i := start; i < end; i++ {
  x := h * (float64(i) + 0.5)
  sum += f(x)
 }
 c <- sum * h
}

func callFunc(w http.ResponseWriter, r *http.Request) {

 var pi float64
 np := runtime.NumCPU()
 runtime.GOMAXPROCS(np)
 c := make(chan float64, np)
 fmt.Println("np: ", np)

 for i := 0; i < np; i++ {
  go chunk(int64(i)*n/int64(np), (int64(i)+1)*n/int64(np), c)
 }

 for i := 0; i < np; i++ {
  tmp := <-c
  fmt.Println("c->: ", tmp)

  pi += tmp
  fmt.Println("pai: ", pi)

 }

 fmt.Println("Pi: ", pi)
}

func main() {
 http.HandleFunc("/getAPi", callFunc)
 http.ListenAndServe(":8000", nil)
}
```

在上述代码的实现中，我们对外暴露了 8000 端口，并定义了一个接口 getAPi。计算圆周率的实现与之前相同，每次调用接口都将会触发计算 π 一次。

2．编译执行

在改写完代码后，就可以进行编译和执行 HTTP 服务了，执行命令如下：

```
$ go build -o httpapi main.go

$ ./httpapi
```

将程序编译成功之后，运行二进制文件，可以获取服务的性能数据。此时，我们可以通过 pprof 的 HTTP 接口访问 http://localhost:8000/debug/pprof/，如图 10-16 所示。

/debug/pprof/

Types of profiles available:
Count Profile
3   allocs
0   block
0   cmdline
4   goroutine
3   heap
0   mutex
0   profile
7   threadcreate
0   trace
full goroutine stack dump

Profile Descriptions:
- allocs: A sampling of all past memory allocations
- block: Stack traces that led to blocking on synchronization primitives
- cmdline: The command line invocation of the current program
- goroutine: Stack traces of all current goroutines. You can specify the gc GET parameter to run GC before taking the heap sample.
- heap: A sampling of memory allocations of live objects. You can specify the gc GET parameter to run GC before taking the heap sample.
- mutex: Stack traces of holders of contended mutexes
- profile: CPU profile. You can specify the duration in the seconds GET parameter. After you get the profile file, use the go tool pprof command to investigate the profile.
- threadcreate: Stack traces that led to the creation of new OS threads
- trace: A trace of execution of the current program. You can specify the duration in the seconds GET parameter. After you get the trace file, use the go tool trace command to investigate the trace.

图 10-16

图 10-16 展示了 pprof Web 查看服务的运行情况，包括创建的线程数、goroutine 和 heap 等指标。同时，若不断刷新网页，则可以发现采样结果也在不断更新。

3. 图形化分析

对于后台程序，我们同样也可以使用图形化的方式分析性能。

下面使用 go tool pprof 工具对这些数据进行分析和保存；一般使用 pprof 通过 HTTP 访问上面列的路由端点，在直接获取到数据后再进行分析，且在获取到数据后，pprof 会自动让终端进入交互模式。

通过如下的命令查看内存 Memory 相关情况。

```
$ go tool pprof main http://localhost:8000/debug/pprof/heap
```

生成内存命令交互式结果如图 10-17 所示。

```
[root@master http]# go tool pprof httpapi http://localhost:8000/debug/pprof/heap
Fetching profile over HTTP from http://localhost:8000/debug/pprof/heap
Saved profile in /root/pprof/pprof.httpapi.alloc_objects.alloc_space.inuse_objects.inuse_space.003.pb.gz
File: httpapi
Type: inuse_space
Time: Jul 13, 2021 at 3:19pm (CST)
Entering interactive mode (type "help" for commands, "o" for options)
(pprof) svg
Fontconfig warning: ignoring UTF-8: not a valid region tag
Generating report in profile001.svg
```

图 10-17

使用上述命令采集内存信息，控制台输出了生成的图片名称：profile001.svg，且默认在当前目录。当然也可以指定位置和文件名，结果如图 10-18 所示。

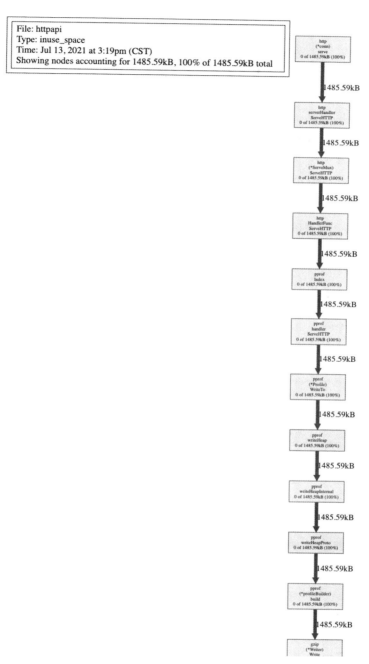

图 10-18

　　由于没有 http 请求的访问，因此目前内存的占用率比较低，没有任何异常。下面我们将通过压测模拟线上情况，来分析在正常运行时的各项性能。

10.4.3 利用 go-torch 生成火焰图

上面的小节介绍了使用 net/http/pprof 和 runtime/pprof 对 Go 程序进行性能分析。然而上面的案例仅仅是采样了部分代码段，且只在有大量请求时才能看到应用服务的主要优化信息。对于应用服务的优化，就需要借助于另一款 Uber 开源的火焰图工具 go-torch，以便辅助我们完成分析。要想生成 Go 语言应用服务的火焰图，就需要安装压测组件 wrk、FlameGraph 火焰图和 go-torch 工具。下面将依次介绍这三款组件的安装和使用方法。

1. 压测组件 wrk

wrk 是一款针对 HTTP 协议的基准测试工具，它能够在单机多核 CPU 的条件下，使用系统自带的高性能 I/O 机制（如 epoll、kqueue 等）通过多线程和事件模式对目标机器产生大量的负载。安装命令如下：

```
$ git clone https://github.com/brendangregg/FlameGraph.git
$ cd wrk/
$ make
```

通过如上的命令，我们就生成了可执行的 wrk 文件。其使用方法比较简单，主要参数及说明如表 10-9 所示。

表 10-9

参 数 名 称	说 明
-c	总的连接数（每个线程处理的连接数=总连接数÷线程数）
-d	测试的持续时间，如 2s（2second），2m（2minute），2h（hour）
-t	需要执行的线程总数
-s	执行 Lua 脚本，这里写 Lua 脚本的路径和名称
-H	需要添加的头信息

笔者在进行测试时所执行的压测参数如下：

```
./wrk -t5 -c10 -d120s http://localhost:8000/getAPi
```

说明：5 个线程并发，每秒保持 10 个连接，持续时间 120s。如果出现如下的错误：

```
unable to create thread 419: Too many open files
```

则表示由于/socket 连接数量超过系统设定值，需要调整每个用户最大允许打开文件数量，命令如下：

```
$ ulimit -n 2048
```

2. FlameGraph 火焰图与 go-torch 工具

火焰图（Flame Graph）是性能分析的利器，通过它可以快速定位性能瓶颈点。在 Linux 服务器中，其一般配合 perf 一起使用。

火焰图形似火焰，故此得名，其横轴是 CPU 占用时间，纵轴是调用顺序。火焰图的调用顺序为从下到上，每个方块代表一个函数，它上面一层表示这个函数会调用哪些函数，方块的大小代表了占用 CPU 时间的长短。火焰图的配色并没有特殊的意义，默认的红、黄配色是为了更像火焰而已。

go-torch 是 Uber 开源的一个工具，可以直接读取 pprof 的 profiling 数据，并生成一个火焰图的 svg 文件，其可以通过浏览器打开。火焰图的 svg 文件对于调用图的优点是可以通过点击每个方块来分析它上面的内容。

执行如下的命令进行安装。

```
$ git clone https://github.com/brendangregg/FlameGraph.git
$ go get github.com/uber/go-torch
```

go-torch 使用的命令如下：

```
$ go-torch -u http://localhost:8000 -t 100
```

如上的命令将会开启 go-torch 工具对 http://localhost:8000 采集 100s 信息。

3．压测生成火焰图

在安装好上述三个组件之后，需要进行测试。首先是启动我们的应用服务，命令格式如下：

```
$ ./httpapi
```

接着启动压测和 go-torch，命令如下：

```
$ ./wrk -t5 -c10 -d120s http://localhost:8000/getAPi
$ go-torch -u http://localhost:8000 -t 100
```

运行结果如图 10-19（启动 wrk 压测）和图 10-20（启动 go-torch 工具）所示。

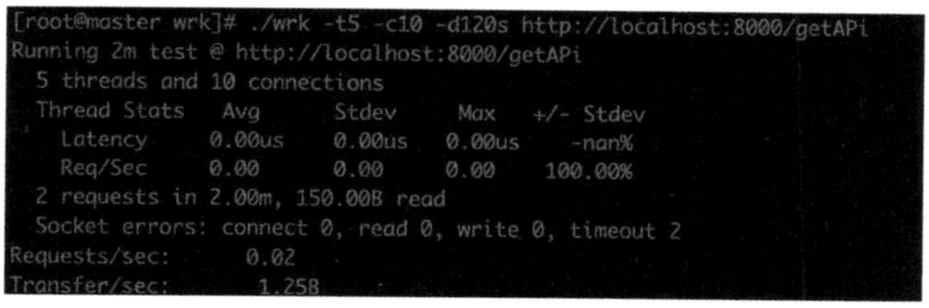

图 10-19

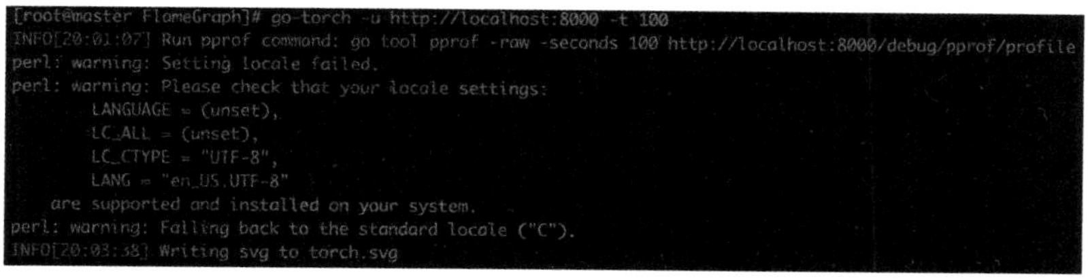

图 10-20

可以看到，我们压测的请求已经在服务端生成相应的火焰图：torch.svg。

注：在 FlameGraph 目录下执行 go-torch，否则需将该二进制可执行文件的路径添加到系统环境变量。

压测过程中生成的火焰图如图 10-21 所示。

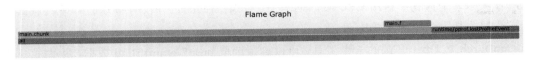

图 10-21

图 10-21 展示的结果与我们上面所分析的结果是一样的，该服务在压测请求期间总体的耗时都集中在 chunk() 函数。为了形成对比，再来看一张没有请求访问时的火焰图，如图 10-22 所示。

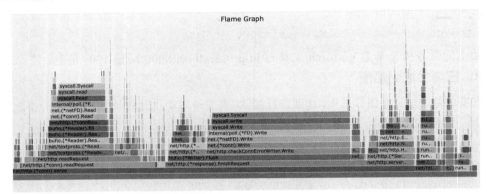

图 10-22

通过图 10-22 所示可以看到，正常状态下的 CPU 和内存占用非常平稳，且主要集中在提供 http 服务的库函数。

结合 Uber 开源的 go-torch 生成火焰图，从全局来查看系统运行时的内存和 CPU，以及 goroutines 和阻塞锁等情况，熟练使用性能分析的工具，有助于更快地定位线上问题并解决。

注意，开启后台程序的性能分析需要有请求，而不是静态的服务，本文使用了压测来模拟大量的请求。若要更细致地进行分析，就要精确到代码级别，查看每行代码的耗时，直接定位到出现性能问题的那行代码。当然在生产环境开启 pprof 也是需要考虑性能的开销，在上线前解决问题肯定是最好的选择。

—— 本章小结 ——

本章主要介绍了 Go 语言日常开发中经常遇到的细节问题，日志、测试、调试和性能分析属于软件工程实践中很重要的几项技能。能够熟练使用这几个工具，对于我们掌握 Go 语言的知识点，快速高效地进行项目开发具有很大的帮助。

在第 11 章，我们将进入 Go 语言的项目实战，通过对流行的存储组件 etcd 进行核心原理分析，进一步了解 Go 语言的应用实践和相关技巧。

第 11 章　etcd 存储原理与机制

etcd 是基于 Go 语言实现的优秀分布式组件，它支持跨平台，拥有活跃用户的技术社区。etcd 集群中的节点基于 Raft 算法进行通信，Raft 算法保证了微服务实例或机器集群所访问数据的可靠一致性。这一章，我们一起来通过学习 etcd 存储原理与机制，进一步加深我们对 Go 语言的理解。

etcd 的存储基于 WAL（预写式日志）、快照（Snapshot）和 BoltDB 等模块，其中 WAL 可保障 etcd 宕机后数据不丢失，BoltDB 则保存了集群元数据和用户写入的数据。etcd 目前支持 V2 和 V3 两个大版本，这两个版本在实现上有比较大的不同：一方面是对外提供接口的方式，另一方面就是底层的存储引擎；V2 版本的实例是一个纯内存的实现，所有的数据都没有存储在磁盘上，而 V3 版本的实例则支持了数据的持久化。

这一章节的内容环环相扣，围绕 etcd 底层读写的实现展开，首先简要介绍 etcd 的整体架构以及客户端访问 etcd 服务端读写的整个过程，了解 etcd 内部各个模块之间的交互，然后重点介绍读写的实现细节。

11.1　etcd 整体架构

etcd 是由 CoreOS 团队于 2013 年 6 月开发的开源项目，2018 年 12 月正式加入云原生计算基金会（CNCF）。etcd 是云原生架构中重要的基础组件，可以实现配置共享和服务发现。

etcd 在微服务架构和 Kubernates 集群中不仅可以作为服务注册与发现组件，还可以作为键值对存储的中间件。从简单的 Web 应用程序到 Kubernates 集群，任何复杂的应用程序都可以从 etcd 中读取数据或将数据写入 etcd。etcd 具有极佳的稳定性、可靠性、可伸缩性，为云原生分布式系统提供了必要的协调机制。

为了能够更好地理解 Go 语言是如何实现 etcd 的存储功能，我们先从整体上介绍 etcd 组件的架构，了解 etcd 内部各个模块之间的交互，总览 etcd。另一方面，学习优秀的分布式组件，对于我们提升编程能力有很大帮助。

11.1.1　etcd 项目结构

在介绍 etcd 整体的架构之前，先来看一下 etcd 项目代码的目录结构，如下：

```
$ tree
```

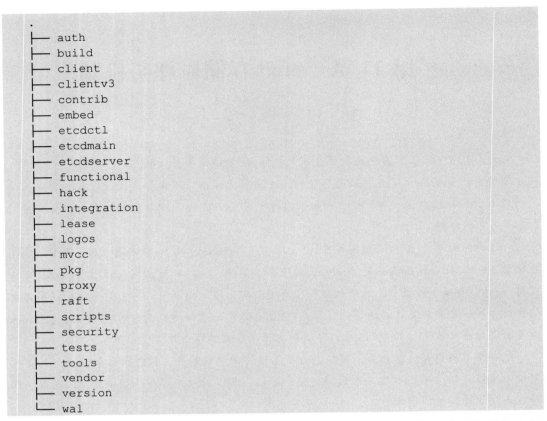

```
.
├── auth
├── build
├── client
├── clientv3
├── contrib
├── embed
├── etcdctl
├── etcdmain
├── etcdserver
├── functional
├── hack
├── integration
├── lease
├── logos
├── mvcc
├── pkg
├── proxy
├── raft
├── scripts
├── security
├── tests
├── tools
├── vendor
├── version
└── wal
```

由上述目录结构可以看到，etcd 的包还是挺多的，有二十多个。接下来我们具体分析其中每一个包的职责定义，整理之后如表 11-1 所示。

表 11-1

包 名	用 途	包 名	用 途
auth	访问权限	integration	和 etcd 集群相关
client/clientv3	Go 语言客户端 SDK	lease	租约相关
contrib	raftexample 实现	mvcc	etcd 的底层存储，包含 Watch 实现
embed	主要是 etcd 的 config	pkg	etcd 使用的工具集合
etcdmain	入口程序	proxy	etcd 使用的工具集合
etcdctl	命令行客户端实现	raft	raft 算法模块
etcdserver	server 主要的包	wal	日志模块
functional/hack	CMD、DockerFile 之类的杂项	scripts/security/tests/tools/version	脚本、测试等相关内容

etcd核心的模块有lease、mvcc、raft、etcdserver，其余都是辅助功能模块，其中etcdserver是其他模块的整合。

11.1.2　etcd 整体架构

使用分层的方式来描绘 etcd 的整体架构图，如图 11-1 所示。

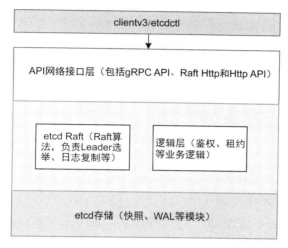

图 11-1

接下来，我们结合图 11-1 详细了解了一下每一层及其包含的模块。

1. 客户端层

客户端层包括 clientv3 和 etcdctl 等客户端。用户通过命令行或者客户端调用提供了 RESTful 风格的 API，降低了 etcd 的使用复杂度。除此之外，客户端层的负载均衡（etcd V3.4 版本的客户端默认使用的是 Round-robin，即轮询调度）和节点间故障转移等特性提升了 etcd 服务端的高可用性。

注意，etcd V3.4 之前版本的客户端存在负载均衡的 bug，如果第一个节点出现异常，访问服务端时也可能会出现异常，建议进行升级。

2. API 接口层

API 接口层提供了客户端访问服务端的通信协议和接口定义，以及服务端节点之间相互通信的协议。etcd V3 使用 gRPC 作为消息传输协议；对于之前的 V2 版本，etcd 默认使用 HTTP/1.x 协议。对于不支持 gRPC 的客户端语言，etcd 提供 JSON 的 grpc-gateway。通过 grpc-gateway 提供 RESTful 代理，转换 HTTP/JSON 请求为 gRPC 的 Protocol Buffer 格式的消息。

3．etcd Raft 层

etcd Raft 负责 Leader 选举和日志复制等功能，除了与本节点的 etcd Server 通信之外，还与集群中的其他 etcd 节点进行交互，实现分布式一致性数据同步的关键工作。

4．逻辑层

etcd 的业务逻辑层包括鉴权、租约、KVServer、MVCC 和 Compactor 压缩等核心功能特性。

5．etcd 存储

etcd 实现了快照、预写式日志 WAL（Write Ahead Log）。在 V3 版本中，使用 BoltDB 来持久化存储集群元数据和用户写入的数据。

下面介绍 etcd 各个模块之间的交互过程。

11.2　etcd 交互总览

在本节中，我们通过学习 etcd 服务端处理客户端写请求的过程，展示 etcd 内部各个模块之间的交互。首先通过命令行工具 etcdctl 写入键值对，如下：

```
etcdctl --endpoints http://127.0.0.1:2379 put foo bar
```

图 11-2 所示的是 etcd 处理一个客户端请求涉及的模块和流程。

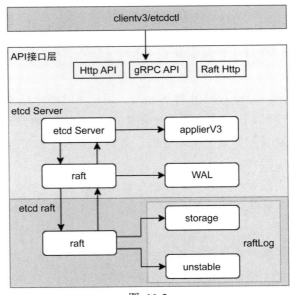

图 11-2

从上至下依次为客户端→API 接口层→ etcd Server → etcd raft 算法库。我们根据请求处理的过程，将 etcd Server 和 etcd raft 算法库单独说明。

（1）etcd Server：接收客户端的请求，在上述的 etcd 项目代码中对应 etcdserver 包。请求到达 etcd Server 之后，经过 KVServer 拦截，实现诸如日志、Metrics 监控、请求校验等功能。etcd Server 中的 raft 模块用于与 etcd-raft 库进行通信。applierV3 模块封装了 V3 版本的数据存储；WAL 用于写数据日志，它保存了任期号、投票信息、已提交索引、提案内容等，etcd 根据 WAL 中的内容在启动时恢复，以此实现集群的数据一致性。

（2）etcd raft：etcd 的 raft 库。raftLog 用于管理 raft 协议中单个节点的日志，这些日志都处于内存中。raftLog 中还有两种结构体：unstable 和 storage，其中，unstable 中存储不稳定的数据，表示还没有 commit，而 storage 中都是已经被 commit 了的数据。这两种结构体分别用于不同步骤的存储，将在下面的交互流程中进行介绍。除此之外，raft 库更重要的是负责与集群中的其他 etcd Server 进行交互，实现分布式一致性。

如图 11-2 所示，客户端请求与 etcd 集群交互包括如下两个步骤：

步骤 1：写数据到 etcd 节点中；

步骤 2：当前的 etcd 节点与集群中的其他 etcd 节点之间进行通信，确认存储数据成功之后回复客户端。

图 11-3 所示的是 etcd Server 处理写请求时的前提判断条件。因为在 raft 协议中，写入数据的 etcd 是 Leader 节点，如果提交数据到非 Leader 节点，就需要路由转发到 etcd Leader 节点处理。

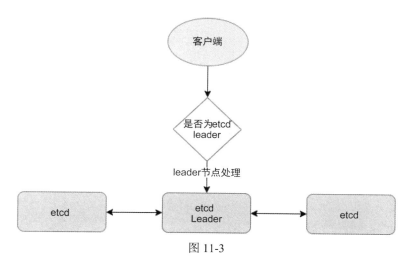

图 11-3

将上述流程进一步细分，客户端发起写请求流程可划分为以下的子步骤，具体如图 11-4 所示。

客户端写请求的处理流程具体描述如下：

（1）客户端通过负载均衡算法选择一个 etcd 节点，发起 gRPC 调用；

（2）etcd Server 收到客户端请求；

（3）经过 gRPC 拦截、Quota 校验；Quota 模块用于校验 etcd db 文件大小是否超过了配额；

（4）**KVServer** 模块将请求发送给本模块中的 raft，这里负责与 etcd raft 模块进行通信；

（5）发起一个提案，命令为 put foo bar，即使用 put 方法将 foo 更新为 bar；

（6）在 raft 中将数据封装成 raft 日志的形式提交给 raft 模块；

（7）raft 模块首先保存到 raftLog 的 unstable 存储部分；

（8）raft 模块通过 raft 协议与集群中其他 etcd 节点进行交互。

上面提到在 raft 协议中写入数据的 etcd 必定是 Leader 节点，如果客户端提交数据到非 Leader 节点时，该节点需要将请求转发到 etcd Leader 节点处理。etcd 服务端相应的应答流程如图 11-5 所示。

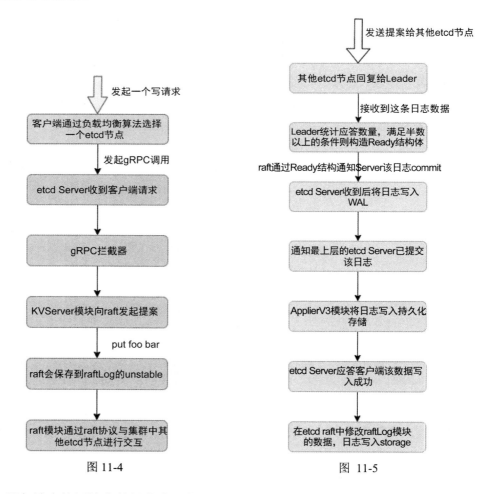

图 11-4

图 11-5

etcd 服务端应答写请求的具体流程描述如下：

（1）提案通过 RaftHTTP 网络模块转发，集群中的其他节点接收到该提案；

（2）在收到提案之后，集群中其他节点向 Leader 节点应答"我已经接收这条日志数据"；

（3）Leader 节点收到应答之后，统计应答的数量，当满足超过集群半数以上节点，应答接收成功；

（4）etcd raft 算法模块构造 Ready 结构体，用来通知 etcd Server 模块，该日志数据已经被 commit；

（5）etcd Server 中的 raft 模块（交互图中有标识）在收到 Ready 消息后，会将这条日志数据写入到 WAL 模块中；

（6）正式通知 etcd Server：该提案已经被 commit；

（7）etcd Server 调用 applierV3 模块，将日志写入持久化存储中；

（8）etcd Server 应答客户端：该数据写入成功；

（9）etcd Server 调用 etcd raft 库，将这条日志写入到 raftLog 模块中的 storage。

在上述流程中，提案经过网络转发，当多数 etcd 节点持久化日志数据成功并进行应答，提案的状态会变成已提交。

在应答某条日志数据是否已经 commit 时，为什么 etcd raft 模块首先写入到 WAL 模块中呢？这是因为该过程仅仅添加一条日志，一方面开销小，速度会很快；另一方面，如果在后面 applierV3 写入失败，etcd 服务端在重启的时候也可以根据 WAL 模块中的日志数据进行恢复。etcd Server 从 raft 模块获取已提交的日志条目，由 applierV3 模块通过 MVCC 模块执行提案内容，更新状态机。

整个过程中，etcd raft 模块中的 raftLog 数据在内存中存储，在服务重启后失效；客户端请求的数据则被持久化保存到 WAL 和 applierV3 中，不会在重启之后丢失。

11.3　读/写请求的处理过程

对于读请求来说，客户端通过负载均衡选择一个 etcd 节点发出读请求，API 接口层提供了 Range RPC 方法，etcd 服务端拦截到 gRPC 读请求后，调用相应的处理器处理请求。

写请求相对复杂一些，客户端通过负载均衡选择一个 etcd 节点发起写请求，etcd 服务端拦截到 gRPC 写请求，涉及一些校验和监控，之后 KVServer 向 raft 模块发起提案，内容即为写入数据的命令。经过网络转发，当集群中的多数节点达成一致并持久化数据后，状态变更且 MVCC 模块执行提案内容。

下面我们就分别看一下读/写请求的底层存储实现。

11.3.1　读操作的过程

在 etcd 中，读请求占了大部分，是高频的操作。下面使用 etcdctl 命令行工具进行读操作，代码如下：

```
$ etcdctl --endpoints http://localhost:2379 get foo


foo
bar
```

将整个读操作划分成四个步骤，如下：

（1）etcdctl 会创建一个 clientv3 库对象，选取一个合适的 etcd 节点；

（2）调用 KVServer 模块的 Range RPC 方法，发送请求；

（3）拦截器拦截，主要做一些校验和监控；

（4）调用 KVServer 模块的 Range 接口获取数据。

下面介绍读请求的核心步骤，依次经过线性读（ReadIndex）模块和 MVCC（包含 treeIndex 和 BlotDB）模块。其中，线性读是相对于串行读来讲的概念。集群模式下会有多个 etcd 节点，不同节点之间可能存在一致性问题；而串行读直接返回状态数据，无须与集群中其他节点交互。这种方式速度快，开销小，但是会存在数据不一致的情况。线性读则需要与集群成员之间达成共识，开销较大，响应速度相对慢。但是能够保证数据的一致性，etcd 默认读模式是线性读。我们将在后面的章节重点介绍如何实现分布式一致性。

下面介绍如何读取 etcd 中的数据。etcd 中查询请求，包括查询单个键或者一组键，以及查询数量，到了底层实际都会调用 rangekeys() 方法。下面我们具体分析这个方法的实现。

Range 请求的流程如图 11-6 所示。

从上至下，查询键值对的流程包括：

（1）在 treeIndex 中根据键利用 BTree 快速查询该键对应的索引项 keyIndex，索引项中包含 Revision；

（2）根据查询到的版本号信息 Revision，在 backend 的缓存 Buffer 中利用二分法查找，如果命中，则直接返回；

（3）若缓存 Buffer 中未查询到，则在 BlotDB 中查找（基于 BlotDB 的索引），查询之后返回键值对信息。

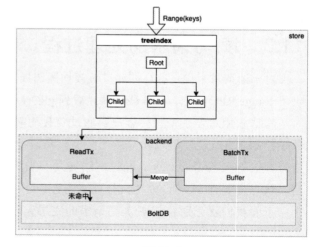

图 11-6

图 11-6 中的 ReadTx 和 BatchTx 是两个接口，用于读写请求。在创建 Backend 结构体时，默认也会创建 readTx 和 batchTx，readTx 实现了 ReadTx，负责处理

只读请求；batchTx 实现了 BatchTx 接口，负责处理读写请求。

rangekeys()方法的实现如下：

```go
// 位于 mvcc/kvstore_txn.go:117
func (tr *storeTxnRead) rangeKeys(key, end []byte, curRev int64, ro
RangeOptions) (*RangeResult, error) {
    rev := ro.Rev
    if rev > curRev {
        return &RangeResult{KVs: nil, Count: -1, Rev: curRev}, ErrFutureRev
    }
    if rev <= 0 {
        rev = curRev
    }
    if rev < tr.s.compactMainRev {
        return &RangeResult{KVs: nil, Count: -1, Rev: 0}, ErrCompacted
    }
    // 获取索引项 keyIndex，索引项中包含 Revision
    revpairs := tr.s.kvindex.Revisions(key, end, rev)
    tr.trace.Step("range keys from in-memory index tree")
    // 结果为空，直接返回
    if len(revpairs) == 0 {
        return &RangeResult{KVs: nil, Count: 0, Rev: curRev}, nil
    }
    if ro.Count {
        return &RangeResult{KVs: nil, Count: len(revpairs), Rev: curRev}, nil
    }


    limit := int(ro.Limit)
    if limit <= 0 || limit > len(revpairs) {
        limit = len(revpairs)
    }


    kvs := make([]mvccpb.KeyValue, limit)
    revBytes := newRevBytes()
    for i, revpair := range revpairs[:len(kvs)] {
        revToBytes(revpair, revBytes)
        // UnsafeRange 实现了 ReadTx，查询对应的键值对
        , vs := tr.tx.UnsafeRange(keyBucketName, revBytes, nil, 0)
        if len(vs) != 1 {
            tr.s.lg.Fatal(
                "range failed to find revision pair",
                zap.Int64("revision-main", revpair.main),
                zap.Int64("revision-sub", revpair.sub),
            )
        }
        if err := kvs[i].Unmarshal(vs[0]); err != nil {
            tr.s.lg.Fatal(
                "failed to unmarshal mvccpb.KeyValue",
```

```
            zap.Error(err),
        )
    }
}
tr.trace.Step("range keys from bolt db")
return &RangeResult{KVs: kvs, Count: len(revpairs), Rev: curRev}, nil
}
```

在上述代码的实现中，我们需要通过 Revisions()方法从 BTree 中获取范围内所有的 keyIndex，以此才能获取一个范围内的所有键值对。Revisions()方法实现如下：

```
// 位于 mvcc/index.go:106
func (ti *treeIndex) Revisions(key, end []byte, atRev int64) (revs
[]revision) {
if end == nil {
    rev, _, _, err := ti.Get(key, atRev)
    if err != nil {
        return nil
    }
    return []revision{rev}
}
ti.visit(key, end, func(ki *keyIndex) {
    // 使用 keyIndex.get 来遍历整棵树
    if rev, _, _, err := ki.get(ti.lg, atRev); err == nil {
        revs = append(revs, rev)
    }
})
return revs
}
```

如果只获取一个键对应的版本，使用 treeIndex()方法即可，但是一般会从 BTree 索引中获取多个 Revision 值，此时需要调用 keyIndex.get()方法来遍历整棵树并选取合适的版本。这是因为 BoltDB 保存一个 key 的多个历史版本，每一个 key 的 keyIndex 中都存储着多个历史版本，我们需要根据传入的参数返回正确的版本。

对于上层的键值存储来说，它会利用返回的 Revision 从真正存储数据的 BoltDB 中查询当前 key 对应 Revision 的数据。BoltDB 内部使用的也是类似 bucket（桶）的方式存储，其实就是对应 MySQL 中的表结构，用户的 key 数据存放的 bucket 的名字是 key，etcd MVCC 元数据存放的 bucket 是 meta data。

11.3.2 写操作的过程

介绍完读请求，我们再来看一下写操作的实现。使用 etcdctl 命令行工具进行写操作操作，如下：

```
$ etcdctl --endpoints http://localhost:2379 put foo bar
```

在本章第 2 节中，我们结合图 11-4 对客户端写请求的处理流程作过讲解，为方便读者学习，我们重新梳理一下，将整个写操作划分成六个步骤，如下：

（1）客户端通过负载均衡算法选择一个 etcd 节点，发起 gRPC 调用；

（2）etcd Server 收到客户端请求；

（3）经过 gRPC 拦截、Quota 校验；

（4）KVServer 模块将请求发送给本模块中的 raft，这里负责与 etcd raft 模块进行通信；然后发起一个提案，使用命令 put foo bar 将 foo 更新为 bar；

（5）提案经过转发之后，半数节点成功持久化；

（6）MVCC 模块更新状态机。

我们重点关注上述步骤中的第（6）步，学习如何更新和插入键值对。与图 11-6 所示相对应，put 接口的执行过程如图 11-7 所示。

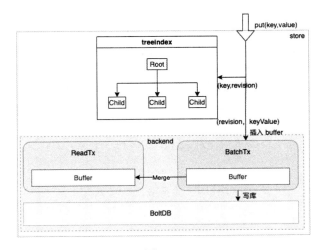

图 11-7

调用 put 向 etcd 写入数据时，首先会使用传入的键构建 keyIndex 结构体，基于 currentRevision 自增生成新的 Revision（如{1,0}），并从 treeIndex 中获取相关版本 Revision 等信息；写事务提交之后，将本次写操作的缓存 buffer 合并（merge）到读缓存上（见图 11-7 ReadTx 中的缓存）。代码实现如下：

```
//位于 mvcc/index.go:53
func (ti *treeIndex) Put(key []byte, rev revision) {
 keyi := &keyIndex{key: key}
  // 加锁，互斥
 ti.Lock()
 defer ti.Unlock()
  // 获取版本信息
 item := ti.tree.Get(keyi)
 if item == nil {
     keyi.put(ti.lg, rev.main, rev.sub)
```

```
    ti.tree.ReplaceOrInsert(keyi)
    return
}
okeyi := item.(*keyIndex)
okeyi.put(ti.lg, rev.main, rev.sub)
}
```

treeIndex.Put 在获取 BTree 中的 keyIndex 结构之后，会通过 keyIndex.put 在其中加入新的 Revision，方法实现如下：

```
// 位于 mvcc/key_index.go:77
func (ki *keyIndex) put(lg *zap.Logger, main int64, sub int64) {
    rev := revision{main: main, sub: sub}
    // 校验版本号
    if !rev.GreaterThan(ki.modified) {
        lg.Panic(
            "'put' with an unexpected smaller revision",
            zap.Int64("given-revision-main", rev.main),
            zap.Int64("given-revision-sub", rev.sub),
            zap.Int64("modified-revision-main", ki.modified.main),
            zap.Int64("modified-revision-sub", ki.modified.sub),
        )
    }
    if len(ki.generations) == 0 {
        ki.generations = append(ki.generations, generation{})
    }
    g := &ki.generations[len(ki.generations)-1]
    if len(g.revs) == 0 { // 创建一个新的键
        keysGauge.Inc()
        g.created = rev
    }
    g.revs = append(g.revs, rev)
    g.ver++
    ki.modified = rev
}
```

从上述代码可以知道，构造的 Revision 结构体写入 keyIndex 键索引时，会改变 generation 结构体中的属性。generation 结构体中包括一个键的多个不同的版本信息，包括创建版本、修改次数等参数。因此我们可以通过该方法了解 generation 结构体中的各个成员如何定义和赋值。

revision{1,0} 是生成的全局版本号，作为 BoltDB 的 key，经过序列化 key 名称、key 创建时的版本号（create_revision）、value 值和租约等信息为二进制数据之后，将填充到 BoltDB 的 value 中，同时将该键和 Revision 等信息存储到 BTree。

讲解完 etcd 读/写操作的过程，接下来将介绍读/写过程中涉及的两个重要模块：WAL 日志与备份快照和 backend 存储的实现细节。

11.4　WAL 日志与备份快照

　　前面已经分析过了，etcd raft 提交数据成功之后，将通知上面的应用层（在这里就是 EtcdServer），之后再进行数据持久化存储。而数据的持久化可能会花费一些时间，因此在应答应用层之前，EtcdServer 中的 raftNode 会首先将这些数据写入 WAL 日志中。这样即使在做持久化的时候数据丢失了，启动恢复的时候也可以根据 WAL 的日志进行数据恢复。

　　在 Etcdserver 模块中，raftNode 用于写 WAL 日志的工作由接口 Storage 完成，而这个接口由 storage 结构体来具体实现，代码如下：

```
// 位于 Etcdserver/storage.go:41
type storage struct {
    *wal.WAL
    *snap.Snapshotter
}
```

　　由上述代码可以看到，storage 这个结构体组合了 WAL 和 snap.Snapshotter 结构，Snapshotter 负责存储快照数据。下面将会具体介绍这两个部分。

11.4.1　WAL 日志

　　WAL 是 Write Ahead Log 的缩写，顾名思义，也就是在执行真正的写操作之前先写一个日志，可以类比 redo log，和它相对的是 WBL（Write Behind Log），这些日志都会严格保证持久化，以保证整个操作的一致性和可恢复性。

　　etcd 中对 WAL 的定义都包含在 wal 目录中，其定义如下：

```
// 位于 wal/wal.go:69
type WAL struct {
    lg *zap.Logger

    dir string // 文件存放的位置
    dirFile *os.File
    metadata []byte                  // 在每一个 WAL 头记录的元数据
    state    raftpb.HardState        // WAL 头记录的 hardstate
    start    walpb.Snapshot
    decoder  *decoder
    readClose func() error

    mu       sync.Mutex
    enti     uint64                  // 保存到 wal 最后一个记录的 index
    encoder  *encoder

    locks []*fileutil.LockedFile     // WAL 持有的锁定文件
    fp    *filePipeline
}
```

　　WAL 日志文件中，其结构如图 11-8 所示。

图 11-8 中的每条日志记录有以下的类型。

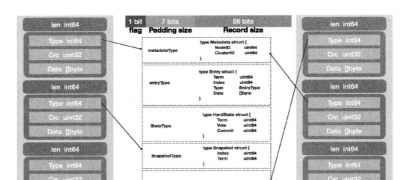

图 11-8

```
// 位于 wal/walpb/record.pb.go:39
type Record struct {
    Type            int64  `protobuf:"varint,1,opt,name=type" json:"type"`
    Crc             uint32 `protobuf:"varint,2,opt,name=crc" json:"crc"`
    Data            []byte `protobuf:"bytes,3,opt,name=data" json:"data,
omitempty"`
    XXX_unrecognized []byte `json:"-"`
}
```

上述代码中的参数说明如下：

● Type：日志记录类型；

● Crc：这一条日志记录的校验数据；

● Data：真正的数据，根据类型不同存储的数据也不同。

其中日志记录类型（Type）又可以细分如下：

● metadataType：存储的是元数据（metadata），每个 WAL 文件开头都有这类型的一条记录数据；

● entryType：保存的是 raft 的数据，也就是客户端提交上来并且已经 commit 的数据；

● stateType：保存的是当前集群的状态信息，即前面提到的 HardState；

● crcType：校验数据；

● snapshotType：快照数据。

etcd 使用两个目录分别存放 WAL 文件以及快照文件。WAL 更多的是对多个 WAL 文件进行管理，WAL 文件的命名规则是 $seq-$index.wal。第一个文件是 0000000000000000-0000000000000000.wal。此后，如果文件大小大于 64M，就进行一次拆分，比如第一次的时候，raft 的 index 是 20，那么文件名就会变成 0000000000000001-0000000000000021.wal。

　　etcd 会管理 WAL 目录中的所有 WAL 文件，但是在生成快照文件之后，在快照数据之前的 WAL 文件将被清除掉，保证磁盘中数据容量不会一直增长。

11.4.2　快照备份

　　那么，在什么情况下生成快照文件呢？Etcdserver 在主循环中通过监听 channel 获知当前 raft 协议返回的 Ready 数据，此时会做判断，如果当前保存的快照数据索引距离上一次已经超过一个阈值（EtcdServer.snapCount），就从 raft 的存储中生成一份当前的快照数据；在写入快照文件成功之后，就可以将这之前的 WAL 文件释放了。以上流程使用如图 11-9 所示。

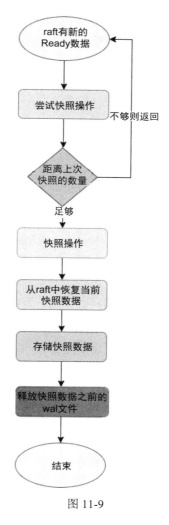

图 11-9

　　快照文件名的格式：16 位的快照数据中最后一条日志记录的任期号减去最后一条记录的索引号，然后加上后缀名 snap。

对应于 raft 中的 Snapshot（应用状态机的 Snapshot），WAL 中也会记录一些 Snapshot 的信息（但是它不会记录完整的应用状态机的 Snapshot 数据），WAL 中的 Snapshot 格式定义如下：

```
// 位于 wal/walpb/record.pb.go:51
type Snapshot struct {
    Index           uint64 `protobuf:"varint,1,opt,name=index" json:"index"`
    Term            uint64 `protobuf:"varint,2,opt,name=term" json:"term"`
    XXX_unrecognized []byte `json:"-"`
}
```

在保存 Snapshot 的 SaveSnapshot()函数中，Snapshot 表示 WAL 中的 Record 类型，而不是 raft 中的应用状态机的 Snapshot。SaveSnapshot 的实现代码如下：

```
// 位于 wal/wal.go:828
func (w *WAL) SaveSnapshot(e walpb.Snapshot) error {
    b := pbutil.MustMarshal(&e) // pb 序列化，此时的 e 可为空的

    w.mu.Lock()
    defer w.mu.Unlock()
     // 创建 snapshotType 类型的 record
    rec := &walpb.Record{Type: snapshotType, Data: b}
    // 持久化到 wal 中
    if err := w.encoder.encode(rec); err != nil {
        return err
    }
    // update enti only when snapshot is ahead of last index
    if w.enti < e.Index {
        // e.Index 来自应用状态机的 Index
        w.enti = e.Index
    }
    // 同步刷新磁盘
    return w.sync()
}
```

一条 Record 需要先被序列化后才能被持久化，这个过程是通过 encode()函数完成的，其实现代码如下：

```
// 位于 wal/encoder.go:62
func (e *encoder) encode(rec *walpb.Record) error {
    e.mu.Lock()
    defer e.mu.Unlock()

    e.crc.Write(rec.Data)
    rec.Crc = e.crc.Sum32()
    var (
        data []byte
        err  error
        n    int
```

```
    )
    if rec.Size() > len(e.buf) {
        data, err = rec.Marshal()
        if err != nil {
            return err
        }
    } else {
        n, err = rec.MarshalTo(e.buf)
        if err != nil {
            return err
        }
        data = e.buf[:n]
    }

    lenField, padBytes := encodeFrameSize(len(data))
    if err = writeUint64(e.bw, lenField, e.uint64buf); err != nil {
        return err
    }
    if padBytes != 0 {
        data = append(data, make([]byte, padBytes)...)
    }
    _, err = e.bw.Write(data)
    return err
}
```

从以上代码可以看到，一个 Record 被序列化之后（这里为 JOSN 格式），会以一个 Frame 的格式持久化；代码如下：

```
// 位于 wal/encoder.go:99
func encodeFrameSize(dataBytes int) (lenField uint64, padBytes int) {
    lenField = uint64(dataBytes)
    // force 8 byte alignment so length never gets a torn write
    padBytes = (8 - (dataBytes % 8)) % 8
    if padBytes != 0 {
        lenField |= uint64(0x80|padBytes) << 56
    }
    return lenField, padBytes
}
```

Frame 是一个长度字段，为 64bit。其中，MSB 表示 Frame 是否有 padding 字节。接下来才是真正的序列化后的数据。

11.4.3　WAL 存储

WAL 主要是用来持久化存储日志的，当 raft 模块收到一个 proposal 时，就会调用 Save() 方法完成（定义在 wal.go）持久化。这部分逻辑将在后面章节细化讲解，WAL 存储的实现代码如下：

```
// 位于 wal/wal.go:899
```

```go
func (w *WAL) Save(st raftpb.HardState, ents []raftpb.Entry) error {
    w.mu.Lock() // 上锁
    defer w.mu.Unlock()

    // 如果给定的 HardState 为空，则不会调用 sync
    if raft.IsEmptyHardState(st) && len(ents) == 0 {
        return nil
    }

    // 是否需要同步刷新磁盘
    mustSync := raft.MustSync(st, w.state, len(ents))

    // 保存所有日志项
    for i := range ents {
        if err := w.saveEntry(&ents[i]); err != nil {
            return err
        }
    }

    // 持久化 HardState
    if err := w.saveState(&st); err != nil {
        return err
    }

    // 获取最后一个 LockedFile 的大小（已经使用的）
    curOff, err := w.tail().Seek(0, io.SeekCurrent)
    if err != nil {
        return err
    }
    // 如果小于 64MB
    if curOff < SegmentSizeBytes {
        if mustSync {
            // 如果需要 sync，执行 sync
            return w.sync()
        }
        return nil
    }

    // 否则执行切割（也就是说，WAL 文件是可以超过 64MB 的）
    return w.cut()
}
```

下面代码中，MustSync 用来判断当前的 Save 是否需要同步持久化，由于每台服务器上都必须无条件持久化三个量：currentTerm、votedFor 和 log entries，因此当 log entries 不为 0，或者候选人 id 有变化，或者是任期号有变化时，当前的 Save 方法都需要持久化。

```go
// 位于 raft/node.go:581
func MustSync(st, prevst pb.HardState, entsnum int) bool {
    // 在所有的 server 中持久化状态
```

```
    return entsnum != 0 || st.Vote != prevst.Vote || st.Term != prevst.Term
}
```

如果 Raft 条目的 HardState 和数量标示需要对持久性存储进行同步写入，则 MustSync 返回 true。HardState 表示服务器当前状态，定义在 raft.pb.go，主要包含 Term、Vote、Commit；定义如下：

```
// 位于 raft/raftpb/raft.pb.go:316
type HardState struct {
    Term        uint64 `protobuf:"varint,1,opt,name=term" json:"term"`
    Vote        uint64 `protobuf:"varint,2,opt,name=vote" json:"vote"`
    Commit      uint64 `protobuf:"varint,3,opt,name=commit" json:"commit"`
    XXX_unrecognized []byte `json:"-"`
}
```

上述代码中，HardState 对象的主要属性对应的解释如下：

- Term：服务器最后一次知道的任期号；
- Vote：当前获得选票的候选人的 id；
- Commit：已知最大的已经被提交的日志条目的索引值（被多数派确认的）。

Entry 则表示提交的日志条目，同样定义在 raft.pb.go 中，如下所示：

```
// 位于 raft/raftpb/raft.pb.go:259
type Entry struct {
    Term        uint64        `protobuf:"varint,2,opt,name=Term" json:"Term"`
    Index       uint64        `protobuf:"varint,3,opt,name=Index" json:"Index"`
    Type        EntryType     `protobuf:"varint,1,opt,name=Type,enum=raftpb.
EntryType" json:"Type"`
    Data        []byte        `protobuf:"bytes,4,opt,name=Data" json:"Data,omitempty"`
    XXX_unrecognized []byte   `json:"-"`
}
```

上述代码中，每个属性对应的解释如下：

- Term：该条日志对应的 Term；
- Index：日志的索引；
- Type：日志的类型，普通日志和配置变更日志；
- Data：日志内容。

日志 Entry 的持久化由 saveEntry 完成，将 Entry 先封装成一个 Record，然后编码进行持久化，具体代码如下：

```
// 位于 wal/wal.go:772
func (w *WAL) saveEntry(e *raftpb.Entry) error {
    b := pbutil.MustMarshal(e)
    // 创建日志项类型的 recode
    rec := &walpb.Record{Type: entryType, Data: b}
    if err := w.encoder.encode(rec); err != nil {
        return err
```

```
    }
    // index of the last entry saved to the wal
    w.enti = e.Index
    return nil
}
```

HardState 的持久化由 saveState 完成，依然是先封装成一个 Record，然后 encode 持久化，具体代码如下：

```
func (w *WAL) saveState(s *raftpb.HardState) error {
    if raft.IsEmptyHardState(*s) {
        return nil
    }
    w.state = *s
    b := pbutil.MustMarshal(s)
    // 创建 stateType 类型的 recode
    rec := &walpb.Record{Type: stateType, Data: b}
    return w.encoder.encode(rec)
}
```

由前面的 Save 逻辑可以看出，当 WAL 文件超过一定大小时（默认为 64MB），就需要进行切割，其逻辑在 cut()方法中实现，代码如下：

```
// 位于 wal/wal.go:594
func (w *WAL) cut() error {
    // 关闭旧的 wal 文件
    off, serr := w.tail().Seek(0, io.SeekCurrent)
    if serr != nil {
        return serr
    }
    // 截断可更改文件的大小。它不会更改 I/O 偏移量
    if err := w.tail().Truncate(off); err != nil {
        return err
    }
    // 同步更新
    if err := w.sync(); err != nil {
        return err
    }
    // seq+1 , index 为最后一条日志的索引 +1
    fpath := filepath.Join(w.dir, walName(w.seq()+1, w.enti+1))

    // 从 filePipeline 中获取一个预先打开 wal 的临时 LockedFile
    newTail, err := w.fp.Open()
    if err != nil {
        return err
    }

    // 将新文件添加到 LockedFile 数组
    w.locks = append(w.locks, newTail)
    // 计算当前文件的 crc
```

```
    prevCrc := w.encoder.crc.Sum32()
    // 用新创建的文件创建 encoder, 并传入之前文件的 crc, 这样可以前后校验
    w.encoder, err = newFileEncoder(w.tail().File, prevCrc)
    if err != nil {
        return err
    }
    // 保存 crcType 类型的 recode
    if err = w.saveCrc(prevCrc); err != nil {
        return err
    }

    // metadata 必须放在 wal 文件头
    if err = w.encoder.encode(&walpb.Record{Type: metadataType, Data:
w.metadata}); err != nil {
        return err
    }
    // 保存 HardState 型 recode
    if err = w.saveState(&w.state); err != nil {
        return err
    }
    // 自动移动临时的 wal 文件到正式的 wal 文件
    if err = w.sync(); err != nil {
        return err
    }

    off, err = w.tail().Seek(0, io.SeekCurrent)
    if err != nil {
        return err
    }

    // 重命名
    if err = os.Rename(newTail.Name(), fpath); err != nil {
        return err
    }

    // 同步目录
    if err = fileutil.Fsync(w.dirFile); err != nil {
        return err
    }

    // 用新的路径重新打开 newTail, 因此调用 Name() 获取匹配的 wal 文件格式
    newTail.Close()

    // 重新打开并上锁新的文件 (重命名之后的)
    if   newTail,   err   =   fileutil.LockFile(fpath,   os.O_WRONLY,
fileutil.PrivateFileMode); err != nil {
        return err
    }
```

```
        if _, err = newTail.Seek(off, io.SeekStart); err != nil {
            return err
        }
        // 重新添加到 LockedFile 数组（替换之前那个临时的）
        w.locks[len(w.locks)-1] = newTail
        // 获取上一个文件的 crc
        prevCrc = w.encoder.crc.Sum32()
        // 用新文件重新创建 encoder
        w.encoder, err = newFileEncoder(w.tail().File, prevCrc)
        if err != nil {
            return err
        }

        plog.Infof("segmented wal file %v is created", fpath)
        return nil
}
```

执行 Cut()方法时，需要关闭当前文件的写入，并创建一个要追加的文件。Cut()方法首先创建一个临时 WAL 文件，并向其中写入必要的头部信息；随后自动重命名 Tmp Wal 文件为一个正式的 WAL 文件。

11.4.4　WAL 日志打开

下面介绍如何打开 WAL 日志。open 方法定义在 wal/wal.go 中，代码如下：

```
// 位于 wal/wal.go:288
func Open(dirpath string, snap walpb.Snapshot) (*WAL, error) {
    // 以写的方式打开最后一个序号小于 snap 中的 index 之后的所有wal文件
    w, err := openAtIndex(dirpath, snap, true)
    if err != nil {
        return nil, err
    }

    if w.dirFile, err = fileutil.OpenDir(w.dir); err != nil {
        return nil, err
    }
    return w, nil
}
```

在给定的快照处打开 WAL。该快照应当已保存到 WAL，否则 ReadAll()方法（日志读取）将会失败。返回的 WAL 已经准备好读取，第一个记录将是给定快照之后的记录。在读出所有现有的记录之前，不能在其后附加 WAL；其中 openAtIndex()方法的实现代码如下：

```
// 位于 wal/wal.go:305
func openAtIndex(lg *zap.Logger, dirpath string, snap walpb.Snapshot, write bool) (*WAL, error) {
    // 在指定目录下读取所有 wal 文件的名字
    names, nameIndex, err := selectWALFiles(lg, dirpath, snap)
```

```
    if err != nil {
        return nil, err
    }
    // 循环打开 nameIndex 之后所有 wal 文件，并构造 rs、ls
    rs, ls, closer, err := openWALFiles(lg, dirpath, names, nameIndex, write)
    if err != nil {
        return nil, err
    }

    // 根据以上信息创建一个已经继续可读的 WAL
    w := &WAL{
        lg:        lg,
        dir:       dirpath,
        start:     snap,
        decoder:   newDecoder(rs...),
        readClose: closer,
        locks:     ls,
    }

    if write {
        w.readClose = nil
        // Base 返回路径最后的元素
        if,_, err:=parseWALName(filepath.Base(w.tail().Name())); err != nil{
            closer()
            return nil, err
        }
        // 会一直执行预分配，等待消费方消费
        w.fp = newFilePipeline(lg, w.dir, SegmentSizeBytes)
    }

    return w, nil
}
```

OpenAtIndex() 方法以写的方式打开 seq 小于快照 index 之后的所有 WAL 文件。如果是写的模式，write 复用文件描述符，并且不会关闭文件，这样可以使得 WAL 能够直接附加，且不需要放弃文件锁。

OpenAtIndex() 方法中的 openWALFiles 用于循环打开 nameIndex 之后所有的 WAL 文件，其方法实现如下：

```
func openWALFiles(lg *zap.Logger, dirpath string, names []string,
nameIndex int, write bool) ([]io.Reader, []*fileutil.LockedFile, func() error,
error) {
    rcs := make([]io.ReadCloser, 0)
    rs := make([]io.Reader, 0)
    ls := make([]*fileutil.LockedFile, 0)
    for _, name := range names[nameIndex:] {
        // 组合 wal 文件路径
        p := filepath.Join(dirpath, name)
```

```
        if write {
            // 以读写方式打开，并尝试对文件加上排它锁，返回的 l 代表 LockedFile
            l,      err     :=      fileutil.TryLockFile(p,      os.O_RDWR,
fileutil.PrivateFileMode)
            if err != nil {
                closeAll(rcs...)
                return nil, nil, nil, err // 有任何一个锁失败就整体失败
            }
            ls = append(ls, l) // 添加到 LockedFile 数组
            rcs = append(rcs, l)// LockedFile 肯定具有 close()和 read()方法
        } else {
            rf,     err     :=      os.OpenFile(p,      os.O_RDONLY,
fileutil.PrivateFileMode)
            if err != nil {
                closeAll(rcs...)
                return nil, nil, nil, err
            }
            ls = append(ls, nil)
            rcs = append(rcs, rf) // File 具有 close()和 read()方法
        }
        rs = append(rs, rcs[len(rcs)-1])
    }

    closer := func() error { return closeAll(rcs...) }

    return rs, ls, closer, nil
}
```

openWALFiles 在循环处理时，会根据传入的 write 参数进行判断，如果以读写方式打开会尝试对文件加上排它锁，返回的 l 代表 LockedFile；如果以只读的方式打开（读的时候不需要加锁），则返回的 rl 为 File。

11.4.5　WAL 文件读取

打开了指定的 WAL 文件之后，接下来学习读取 WAL 文件内容的方法：ReadAll 的实现。由于 WAL 中存储了不同类型的记录，因此获取 WAL 记录进行解码之后，需按照不同的记录类型进行处理；代码如下：

```
// wal/wal.go:399
func (w *WAL) ReadAll() (metadata []byte, state raftpb.HardState, ents
[]raftpb.Entry, err error) {
    w.mu.Lock()
    defer w.mu.Unlock()

    rec := &walpb.Record{}
    decoder := w.decoder
```

```
            var match bool
            for err = decoder.decode(rec); err == nil; err = decoder.decode(rec) {
                // 根据 record 的 type 进行不同处理
                switch rec.Type {
                case entryType://日志条目类型
                   // 反序列化
                     e := mustUnmarshalEntry(rec.Data)
                     // 如果这条日志条目的索引大于 WAL,应该读取的起始 index
                     if e.Index > w.start.Index {
                         // Index 多减一就是为了附加最后的 e
                         ents = append(ents[:e.Index-w.start.Index-1], e)
                     }
                     // index of the last entry saved to the wal
                     w.enti = e.Index
                case stateType:// HardState 类型
                     state = mustUnmarshalState(rec.Data)
                case metadataType:
                     if metadata != nil && !bytes.Equal(metadata, rec.Data) {
                         state.Reset()
                         return nil, state, nil, ErrMetadataConflict
                     }
                     metadata = rec.Data
                case crcType:
                     crc := decoder.crc.Sum32()
                     if crc != 0 && rec.Validate(crc) != nil {
                         state.Reset() // 把 sate 设置为空
                         return nil, state, nil, ErrCRCMismatch
                     }
                     // 更新
                     decoder.updateCRC(rec.Crc)
                case snapshotType:
                     //walpb.Snapshot 类型, wal 的快照
                     var snap walpb.Snapshot
                     pbutil.MustUnmarshal(&snap, rec.Data)
                     // start 记录的是状态机的快照, 如果和 wal 的快照 index 匹配
                     if snap.Index == w.start.Index {
                         if snap.Term != w.start.Term {
                             // Term 不匹配的情况
                             state.Reset()
                             return nil, state, nil, ErrSnapshotMismatch
                         }
                         // index 和 Term 都匹配, match 为 true
                         match = true
                     }
                default:
                     state.Reset()
                     return nil, state, nil, fmt.Errorf("unexpected block type %d",
rec.Type)
```

```
        }
    }
```

解码器在解码时，根据 record 的 Type 进行不同处理，分别是 entryType、stateType、metadataType、crcType、snapshotType；具体说明如下：

- entryType：日志条目记录包含 Raft 日志信息，如 put 提案内容；
- stateType：状态信息记录，包含集群的任期号、节点投票信息等，一个日志文件中会有多条，以最后的记录为准；
- metadataType：文件元数据记录，包含节点 ID、集群 ID 信息，它在 WAL 文件创建的时候写入；
- crcType：CRC 记录包含上一个 WAL 文件最后的 CRC（循环冗余校验码）信息，在创建、切割 WAL 文件时，作为第一条记录写入到新的 WAL 文件，用于校验数据文件的完整性、准确性等；
- snapshotType：快照记录，包含快照的任期号、日志索引信息，用于检查快照文件的准确性。

接着看 ReadAll 后续的处理过程，代码如下：

```
//...
err = nil

if !match {
        // 没有匹配就说明没有 snapshot
        err = ErrSnapshotNotFound
    }

    // close decoder, disable reading
    if w.readClose != nil {
        w.readClose()
        w.readClose = nil
    }

    // 置空
    w.start = walpb.Snapshot{}

    w.metadata = metadata

    if w.tail() != nil {
        // create encoder (chain crc with the decoder), enable appending
        w.encoder, err = newFileEncoder(w.tail().File, w.decoder.
lastCRC())
        if err != nil {
            return
        }
    }
```

```
    w.decoder = nil

    return metadata, state, ents, err
}
```

ReadAll 读取当前 WAL 的记录。如果以写模式打开，它必须读出所有记录，直到 EOF，否则将返回错误；如果在读取模式下打开，它将在可能的情况下尝试读取所有记录；如果无法读取预期的快照，它将返回 ErrSnapshotNotFound。如果加载的快照与预期的快照不匹配，它将返回所有记录，并返回错误 ErrSnapshotMismatch。ReadAll 之后，WAL 将准备添加新记录。

至此，我们介绍了 etcd 读/写过程中涉及的 WAL 模块。在写请求执行的过程中，WAL 日志文件中持久化了集群 Leader 任期号、投票信息、已提交索引、提案内容，用于保证集群的一致性和可恢复性。

11.5　backend 存储

前面介绍了 WAL 数据的存储和内存索引数据的存储，本节内容讨论持久化存储数据的模块。

etcd V3 版本中，使用 BoltDB 来持久化存储数据。BoltDB 是基于 B+ tree 实现的 key-value 键值库，支持事务，提供 Get/Put 等简易 API 给 etcd 操作。BoltDB 的 key 是全局递增的版本号（revision），value 是用户 key 和 value 等字段组合成的结构体，然后通过 treeIndex 模块来保存用户 key 和版本号的映射关系。下面介绍的是 BoltDB 中的相关概念。

11.5.1　BoltDB 相关概念

BoltDB 中涉及的几个数据结构，分别为 DB、Bucket、键值对、Cursor、Tx 等。其中，DB 表示数据库，类比于 MySQL；Bucket 表示数据库中的键值集合，类比于 MySQL 中的一张数据表；键值对表示 BoltDB 中实际存储的数据，类比于 MySQL 中的一行数据；Cursor 表示迭代器，用于按顺序遍历 Bucket 中的键值对；Tx 表示数据库操作中的一次只读或者读写事务。

BoltDB 提供了非常简单的 API 给上层业务使用，当我们执行一个 put foo bar 写请求时，BoltDB 实际写入的 key 是版本号，value 为 mvccpb.KeyValue 结构体。通过写事务对象 tx，我们可以创建 bucket。

BoltDB 数据库对应的 db 文件实际存储了 etcd 的 key-value、lease、meta、member、cluster、auth 等信息。etcd 启动的时候，会通过 mmap 机制将 db 文件映射到内存，后续可从内存中快速读取文件中的数据。写请求通过 fwrite 和 fdatasync 来写入、持久化数据到磁盘。db 文件的结构如图 11-10 所示。

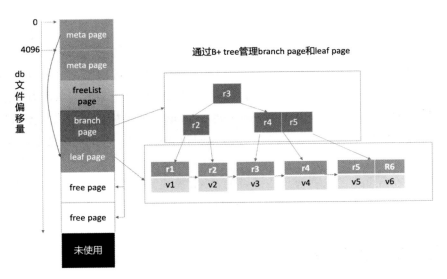

图 11-10

在图 11-10 中的左侧可以看到，文件的内容由若干个 page 组成。一般情况下，page size 为 4KB。page 按照功能可分为元数据页（meta page）、B+ tree 索引节点页（branch page）、B+ tree 叶子节点页（leaf page）、空闲页管理页（freeList page）、空闲页（free page）。

文件最开头的两个 page 是固定的 db 元数据 meta page，空闲页管理页记录了 db 中哪些页是空闲、可使用的。索引节点页保存了 B+ tree 的内部节点，如图 11-10 中的右侧部分所示，它们记录了 key 值，叶子节点页记录了 B+ tree 中的 key-value 和 bucket 数据。BoltDB 逻辑上通过 B+ tree 来管理 branch/leaf page，实现快速查找、写入 key-value 数据。

11.5.2　Backend 与 BackendTx 接口

在 etcd V3 版本的设计中，etcd 通过 Backend 后端接口很好地封装了存储引擎的实现细节，为上层提供一个更一致的接口，对于 etcd 的其他模块来说，它们可以将更多注意力放在接口中的约定上。不过在这里，我们更关注的是 etcd 对 Backend 接口的实现，具体代码如下：

```
// 位于 mvcc/backend/backend.go:48
type Backend interface {
    // ReadTx 返回了读事务
    ReadTx() ReadTx
    BatchTx() BatchTx
    // ConcurrentReadTx 返回了一个非阻塞的读事务
    ConcurrentReadTx() ReadTx

    Snapshot() Snapshot
    Hash(ignores map[IgnoreKey]struct{}) (uint32, error)
    // Size 返回物理分配的 backend 大小
```

```
    Size() int64
    // SizeInUse 返回逻辑上正在使用的存储大小
    SizeInUse() int64
    // OpenReadTxN 返回了 backend 中读事务打开的数量
    OpenReadTxN() int64
    Defrag() error
    ForceCommit()
    Close() error
}
```

etcd 底层默认使用的是开源的嵌入式键值存储数据库 bolt，但是这个项目目前的状态已经是不再维护，如果想要使用这个项目，可以使用 CoreOS 维护的 bbolt 版本。

这一小节中，我们将简单介绍 etcd 是如何使用 BoltDB 作为底层存储的。首先讲解 pacakge 内部的 backend 结构体（backend 即实现了 Backend 接口的结构体）。

```
// 位于 mvcc/backend/backend.go:82
type backend struct {

    // size 为 backend 分配的 bytes 大小
    size int64
    sizeInUse int64
    // commits 统计自开始以来的 commit 数量
    commits int64
    // openReadTxN is the number of currently open read transactions in the
backend
    openReadTxN int64

    mu sync.RWMutex
    db *bolt.DB

    batchInterval time.Duration
    batchLimit    int
    batchTx       *batchTxBuffered

    readTx *readTx

    stopc chan struct{}
    donec chan struct{}

    lg *zap.Logger
}
```

从结构体的成员 db 可以看出，它使用了 BoltDB 作为底层存储，另外的两个 readTx 和 batchTx 分别实现了 ReadTx 和 BatchTx 接口，接口的定义如下：

```
// 位于 mvcc/backend/read_tx.go:30
type ReadTx interface {
    Lock()
    Unlock()
```

```
        RLock()
        RUnlock()
        UnsafeRange(bucketName []byte, key, endKey []byte, limit int64) (keys
[][]byte, vals [][]byte)
        UnsafeForEach(bucketName []byte, visitor func(k, v []byte) error) error
    }
    // 位于 mvcc/backend/batch_tx.go:28
    type BatchTx interface {
        ReadTx
        UnsafeCreateBucket(name []byte)
        UnsafePut(bucketName []byte, key []byte, value []byte)
        UnsafeSeqPut(bucketName []byte, key []byte, value []byte)
        UnsafeDelete(bucketName []byte, key []byte)
        // Commit commits a previous tx and begins a new writable one.
        Commit()
        // CommitAndStop commits the previous tx and does not create a new one.
        CommitAndStop()
    }
```

从以上两个接口的定义中，我们不难发现它们能够对外提供数据库的读/写操作，而 Backend 就能对这两者提供的方法进行封装，对上层屏蔽存储的具体实现。实现方式如图 11-11 所示。

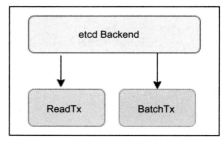

图 11-11

当使用 newBackend 创建一个新的 backend 结构时，都会创建 readTx 和 batchTx 结构体，这两者分别负责处理只读请求和处理读/写请求；实现代码如下：

```
    // 位于 mvcc/backend/backend.go:143
    func newBackend(bcfg BackendConfig) *backend {
        if bcfg.Logger == nil {
            bcfg.Logger = zap.NewNop()
        }

        bopts := &bolt.Options{}
        if boltOpenOptions != nil {
            *bopts = *boltOpenOptions
        }
        bopts.InitialMmapSize = bcfg.mmapSize()
        bopts.FreelistType = bcfg.BackendFreelistType

        db, err := bolt.Open(bcfg.Path, 0600, bopts)
        if err != nil {
            bcfg.Logger.Panic("failed to open database", zap.String("path",
bcfg.Path), zap.Error(err))
```

```
    }

    b := &backend{
        db: db,

        batchInterval: bcfg.BatchInterval,
        batchLimit:    bcfg.BatchLimit,

        readTx: &readTx{
            buf: txReadBuffer{
                txBuffer: txBuffer{make(map[string]*bucketBuffer)},
            },
            buckets: make(map[string]*bolt.Bucket),
            txWg:    new(sync.WaitGroup),
        },

        stopc: make(chan struct{}),
        donec: make(chan struct{}),

        lg: bcfg.Logger,
    }
    b.batchTx = newBatchTxBuffered(b)
    go b.run()
    return b
}
```

当我们在 newBackend 中进行了初始化 BoltDB 与事务等工作后，就会启动一个 Goroutine
异步地对所有批量读/写事务进行定时提交，代码如下：

```
// 位于 mvcc/backend/backend.go:307
func (b *backend) run() {
    defer close(b.donec)
    t := time.NewTimer(b.batchInterval)
    defer t.Stop()
    for {
        select {
        case <-t.C:
        case <-b.stopc:
            b.batchTx.CommitAndStop()
            return
        }
        if b.batchTx.safePending() != 0 {
            b.batchTx.Commit()
        }
        t.Reset(b.batchInterval)
    }
}
```

对于上层来说，backend 其实只是对底层存储的一个抽象，很多时候并不会直接跟它打交道，往往都是使用它持有的 ReadTx 和 BatchTx 与数据库进行交互。

—— 本章小结 ——

本章我们通过 etcd 存储原理的实现机制以及源码实现，介绍了 etcd 整体的架构与 etcd 的底层如何实现读/写操作。首先通过 etcd 项目结构，介绍了各个包的用途，并介绍了其中核心的包。基于分层的方式，绘制了 etcd 分层架构图，结合图介绍了各个模块的作用，并通过客户端写入 etcd 服务端的请求，理解 etcd 各个模块交互的过程。接着介绍了 etcd 客户端与服务端读/写操作的流程，之后重点分析了在 etcd 中如何读写数据。

通过多个模块之间的协作，实现了 etcd 数据的读取和存储。语言是工具，可以帮助我们设计并实现优秀的组件。打好 Go 语言基础，用好 Go 语言的特性，遇到具体问题时才能有的放矢。因此接下来的章节将会进一步介绍 Go 语言实践的一些经验，帮助读者少走弯路。

第 12 章　如何写出更好的 Go 语言代码

编程语言会影响甚至塑造开发者的思维，不同语言所推崇的编程风格也不尽相同。不同的开发者使用同一种编程语言仍然会写出风格完全不同的代码，虽然这些代码都能正确的编译、执行并表达相应的业务逻辑，但是逻辑清晰度、可测试性、易扩展性和可维护性等方面的质量却不相同。

本章内容聚焦在符合 Go 语言风格的各类最佳实践以及高内聚低耦合代码的原则等通用编程技巧。我们首先讲解 Go 语言最佳实践，然后介绍 Go 语言标准的库结构及其背后的思想，最后介绍 Clean Architecture 在 Go 语言方面的应用。

12.1　Go 语言的最佳实践

Go 语言社区有许多经典的编码规范和最佳实践，比如，Uber 开源的《Uber Go Style Guide》以及 Dave 的《Practical Go: Real world advice for writing maintainable Go programs》和《SOLID Go Design》。下面我们就选择其中较为重要的或者容易被 Go 语言初学者所忽略的规范或者实践进行详细讲解，并配以开源项目案例进行说明。

12.1.1　Go 语言风格的命名方式

命名包括对变量、函数、结构体、包等名称的命名。Go 语言的命名追求清晰，在保证可读性的基础上追求简洁性。

清晰的命名应遵循以下原则：

（1）名称要简洁。简洁不一定代表最短，而是不会花费名称长度在无关的东西上；

（2）名称是描述性的。描述性是指名称可以描述对应变量、函数、结构体或者包的应用或者目的，描述越准确的名称就越好；

（3）名称的命名方式是一致的，遵循一致的命名规范和风格。

根据上述三条原则并经过实践发现，下面这些策略更加有利于命名的整体清晰性：

（1）声明和使用处之间距离较短的变量使用短变量名；

（2）当使用长变量名时，需要验证其合理性；

（3）不要将变量类型加入到变量名中；

（4）对于循环和分支使用单字母变量，参数和返回值使用单个字，函数和包级别声明使用多个单词；

（5）包的名称是调用者用来引用名称的一部分。

以下面代码为例，我们来依次解释一下上述的策略。

```go
type Student struct {
    Name string
    Age  int
}

// AverageGrade returns the average grade of student.
func AverageGrade(student []Student) int {
    if len(student) == 0 {
        return 0
    }

    var count, sum int
    for _, s := range student {
        sum += s.Grade
        count += 1
    }

    return sum / count
}
```

在上述代码中，变量 s 在 for 循环中被声明，并且在下一行代码中就被使用，所以其声明到最后使用间隔行数很短，该变量的命名应该用短变量名甚至是单字母名称。而 student、count 和 sum 各自的声明到最后使用间隔行数都较多，而且有各自的含义，所以应该使用长变量名。

而 Student 具有 Name 和 Age 两个成员变量，它们并没有被命名成 StudentName 和 StudentAge，这是因为它们已经是 Student 的成员变量了，不需要再加上 Student 的前缀。此外，也未将它们命名为 NameStr 和 AgeInt，这是因为变量名称不应该包含其类型。

按照笔者对目前 Go 语言开源项目的了解，其中 etcd 的命名方式虽然有所不同，但是也较为贴近上述策略，下面我们来选取其中的一段代码，作详细讲解。

```go
func (r *raft) appendEntry(es ...pb.Entry) (accepted bool) {
    li := r.raftLog.lastIndex()
    for i := range es {
        es[i].Term = r.Term
        es[i].Index = li + 1 + uint64(i)
    }
    ...
    li = r.raftLog.append(es...)
    r.prs.Progress[r.id].MaybeUpdate(li)
    r.maybeCommit()
    return true
}
```

从上面这段代码中可以看出，etcd 十分在意其命名及其整体代码的清晰性。单看 appendEntry 这个函数的定义，接收器是"*raft"，所以直接用 r 来命名，参数是"...pb.Entry"，所以用单字母 e 和代表复数 s 组合成"es"来命名，而返回值是 bool 类型，必须说明其含义，所以用了单词 accepted 来命名。可见，etcd 在类型可以清晰描述变量含义时，统统使用首字母或者缩写来命名，而对于 bool 等基础类型变量，则需要单词对其进行命名，说明其作用。

12.1.2　相似相近原则

相似相近是指相似的声明要放在一组，通常适用于 import 导入以及常量、变量和类型的声明，不同风格声明对比如表 12-1 所示。

表 12-1

Bad	Good

`const a = 1`
`const b = 2`
 	
`var a = 1`
`var b = 2`
 	
`type Area float64`
`type Volume float64`
	`const (`
	`  a = 1`
	`  b = 2`
	`)`
	
	`var (`
	`  a = 1`
	`  b = 2`
	`)`
	
	`type (`
	`  Area float64`
	`  Volume float64`
	`)`

表 12-1 展示了当变量、常量或者类型的声明、使用和所代表的含义都相似或者有紧密关联性时，就可以将其使用 Go 语言的语法糖声明在一个代码块中。注意，当它们没有关联性时，不要将它们声明在一起，否则会引起歧义。

类似地，函数的声明以及包的 import 也应该遵循相同的原则。其中，函数应该按照大致的调用顺序排序，同一文件中的函数应该按照接收器来分组，具体如表 12-2 所示。

表 12-2 展示了函数排列的顺序，相比于风格杂乱的声明顺序，优良代码风格的结构体构造系列函数应该放在第一位，然后是以结构体为接收器的成员函数，最后才是其他函数，而且公开的函数放在一起，私密的函数放在一起。

表 12-2

Bad	Good

<pre>func (b *Bill) Cost() {
    return calcCost(b.weights)
}
 	
type Bill struct{ ... }
 	
func calcCost(n []int) int {...}
 	
func (s *Bill) Close() {...}
 	
func NewBill() *Bill {
    return &Bill{}
}</pre>
	<pre>type Bill struct{ ... }
	
	func NewBill() *Bill {
	    return &Bill{}
	}
	
	func (b *Bill) Cost() {
	    return calcCost(b.weights)
	}
	
	func (s *Bill) Close() {...}
	
	func calcCost(n []int) int {...}</pre>

而 import 的分组案例，可以参考 dubbo-go 项目，它将 import 分为三组，分别是 Go 标准库包、第三方依赖包和自身项目包，具体代码如下：

```
import (
    "fmt"
    "strings"
    "sync"
    "time"
)

import (
    gxetcd "github.com/dubbogo/gost/database/kv/etcd/v3"
    perrors "github.com/pkg/errors"
)

import (
    "dubbo.apache.org/dubbo-go/v3/common/constant"
    "dubbo.apache.org/dubbo-go/v3/common/extension"
    "dubbo.apache.org/dubbo-go/v3/common/logger"
    "dubbo.apache.org/dubbo-go/v3/registry"
)
```

如上代码所示，fmt、string、sync 和 time 都是 Go 语言内置标准库的包，归到第一组；etcd 和 error 是第三方依赖的包，归到第二组；其他都是 dubbo-go 项目自身内部的包，归到第三组。

12.1.3 尽早 return

尽早 return 是一种编码风格，可减少代码的嵌套结构。当代码涉及条件判断时，应该尽早 return，而不是多个条件判断嵌套在一起，导致整体代码排版在不断向右缩进。尽早

return 的策略可以让代码整体更加清晰，拥有更好的可读性。Bytes 的 UnreadRune()函数就是典型的尽早 return 风格代码；具体如下代码所示：

```go
func (b *Buffer) UnreadRune() error {
    if b.lastRead <= opInvalid {
        return errors.New("bytes.Buffer: UnreadRune: previous operation was not a successful ReadRune")
    }
    if b.off >= int(b.lastRead) {
        b.off -= int(b.lastRead)
    }
    b.lastRead = opInvalid
    return nil
}
```

我们来看上面的代码，进入 UnreadRune()函数后，将检查 b.lastRead 是否小于或等于 opInvalid，如果小于，则立即返回错误。因为提前进行了返回，所以函数的后续部分其实已经默认了 b.lastRead 大于 opInvalid 的状态，简化了后续函数判断的复杂度。为了让读者形成更直观的印象，下面列举没有尽早 return 的 UnreadRune()函数，如下：

```go
func (b *Buffer) UnreadRune() error {
    if b.lastRead > opInvalid {
        if b.off >= int(b.lastRead) {
            b.off -= int(b.lastRead)
        }
        b.lastRead = opInvalid
        return nil
    }
    return errors.New("bytes.Buffer: UnreadRune: previous operation was not a successful ReadRune")
}
```

上段代码中，两个 if 的分支嵌套在一起，导致它们的逻辑是重叠的，对于开发者和后续维护者来说更加容易出错，而尽早 return 风格的代码看起来更加简捷，维护也不容易出错。因此 Go 语言更偏向于使用尽早 return 风格。

12.1.4　善用零值

在高级编程语言中，在声明变量时如果没有赋值，会自动初始化为零内存的内容相匹配的值，也就是所谓的零值。不同类型的变量拥有不同的零值，数字类型的变量的零值是 0，指针类型是 nil，slices、map 和 channel 同样也是 nil。

如果变量一旦声明，就表明已经有对应、有意义的默认值，这对于程序的安全性和正确性非常重要，并且可以使 Go 程序更简单、紧凑。

如果这个变量没有默认的零值，在使用时，我们就必须将其与 nil 进行对比，并判断它是否为空；否则，可能会产生空指针异常。但当变量有默认零值时，上述对比过程就可以省略。比如 Mutext 和 Buffer 两个常用结构体都是有默认零值的，这样我们在使用这个结构体的变量时就不需要进行判空操作，简化了代码。

对于 sync.Mutex 类型而言，其包含两个未公开的整数字段，这两个字段用来表示互斥锁的内部状态。每当声明 sync.Mutex 时，其字段会被设置为初始值 0。sync.Mutex 利用此属性来编写，使该类型可直接使用而无需初始化；具体代码如下：

```
func main() {
    var mu  sync.Mutex
    // 可以直接使用
    mu.Lock()
    mu.Unlock()
}
```

另一个利用零值的类型是 bytes.Buffer。声明 bytes.Buffer 然后就直接写入而无需初始化；具体代码如下：

```
func main() {
    var b bytes.Buffer
    b.WriteString("Hello, world!\n")
    io.Copy(os.Stdout, &b)
}
```

让结构体的零值更有价值是 Go 语言的特色之一，如果 Java 等语言直接对未初始化的非基础类型的变量进行操作，就会抛出 NullPointException 异常，而 Go 语言则使用结构体的零值尽可能避免这种异常的发生。此外，省去了部分的初始化语句，也让代码显得更加清晰简捷。

12.1.5　结构体嵌入原则

嵌入是 Go 语言类型系统的特色之一，我们已经在本书的第 8 章进行了详细的讲解，这里只介绍其在代码风格和最佳实践上的原则。

嵌入类型声明要在结构体字段列表的顶部，并且建议使用空行将嵌入类型声明与常规字段分隔开，具体示例如表 12-3 所示。

表 12-3

Bad	Good

``
type Client struct {
  version int
  http.Client
}
``
	``
	type Client struct {
	  http.Client
	
	  version int
	}
	``

表 12-3 中的示例代码体现了相似相近原则，嵌入的类型和其他结构体字段逻辑和功

能上并不相同，所以二者应该分隔开来。

此外，不能滥用嵌入功能。因为嵌入会将类型的对外方法和字段都添加到被嵌入类型中，所以当不需要或者不允许这一情况发生时，就不应该使用嵌入，而是使用字段；下面我们通过表 12-4 中的示例代码对比一下。

表 12-4

Bad	Good

<pre>type A struct {
  sync.Mutex
 	
  sum int
}
func (w *A) addOneb() {
    w.Lock()
    defer w.Unlock()
    w.sum += 1
}</pre>
	<pre>type A struct {
	  m sync.Mutex
	  sum int
	}
	
	func (w *A) addOneb() {
	    w.m.Lock()
	    defer w.m.Unlock()
	    w.sum += 1
	}</pre>

如表 12-4 所示，当 Mutex 嵌入到 A 结构体中时，A 就对外提供了 Lock() 和 Unlock() 方法，但是 Mutex() 只是为了在使用 addOne() 方法时提供并发保护，并不是希望对外提供 Lock() 和 Unlock() 方法，所以应该将其作为 A 结构体的一个字段。

12.1.6　功能选项 Option

功能选项是一种设计模式，可以在其中声明一个 Option 类型。该类型使用内部字段记录选项信息。函数可以将该类型作为参数，并根据类型中的选项信息进行相应的处理逻辑。

此模式用于需要扩展的构造函数和其他公共 API 中的可选参数，尤其在这些函数已经具有三个或更多参数的情况下。表 12-5 所示的是 Options 对比表。

表 12-5

Bad	Good

<pre>func Open(
  addr string,
  cache bool,
  logger *zap.Logger
) (*Connection, error) {
 // ...
}</pre>
	<pre>type Option interface {}
	func WithCache(c bool) Option {}
	func WithLogger(log *zap.Logger)
	Option {}
	
	func Open(
	  addr string,
	  opts ...Option,
	) (*Connection, error) {
	  // ...
	}</pre>

通过表 12-5 可以看到，使用 Option 有两个好处，一是对应的 API 接口更容易扩展，如果需要新增额外的 bool 值，并不会影响到 Open 接口的参数定义；二是 Option 的构造函数比起简单的传参更具语义化。下面是 Grpc 相关的代码，就通过 WithInsecure()和 WithBlock()两个 Option 清晰地表达了当前是要建立一个非安全的阻塞连接。

```
func main() {
    conn,err:=grpc.Dial(address,grpc.WithInsecure(), grpc.WithBlock())
    if err != nil {
        log.Fatalf("did not connect: %v", err)
    }
    defer conn.Close()
    c := pb.NewGreeterClient(conn)
}
```

使用 Option 模式首先要定义一个包含所有选项的 Options 配置结构体和一个代表单一选项 Option 接口，然后再依次定义具体的选项并实现其 apply()函数和工厂函数。具体代码如下：

```
type options struct {
  cache  bool
  logger *zap.Logger
}

type Option interface {
  apply(*options)
}

type cacheOption bool

func (c cacheOption) apply(opts *options) {
  opts.cache = bool(c)
}

func WithCache(c bool) Option {
  return cacheOption(c)
}
```

在上面的代码中，cacheOption()实现了 Option 接口的 apply()函数，它会设置传入的 options 结构体的 cache 字段。而在 Open()函数中，首先会初始化一个 Options 结构体，然后遍历所有传入的 Option 参数，调用其 apply()方法，设置 Options 的值；实现代码如下：

```
func Open(
  addr string,
  opts ...Option,
) (*Connection, error) {
  options := options{
    cache: defaultCache,
    logger: zap.NewNop(),
```

```
  }

  for _, o := range opts {
    o.apply(&options)
  }

  // ...
}
```

Option 模式是 Go 语言中最为常用的设计模式之一，在众多开源项目中都能看到其身影。上文提及的 Grpc-go 的初始化 Grpc 连接的 Dial() 函数就使用了 Option 模式。

Go 语言有许多经典的编码规范和最佳实践，建议读者选取一套标准和规范来践行，并且在所在公司或技术团队内部进行推广，使用 golint 和 goimports 等工具自动检测相关规范，共同保证团队代码风格，提高整体团队开发效率。除了这些代码层面的规范，Go 语言项目还需要注意其目录结构和功能划分。

12.2　Go 语言标准目录结构

项目的目录结构代表着一个项目的基本功能划分，体现了项目整体架构的设计水平以及开发者的项目经验和技术水准。

需要首先说明的是，Go 语言只有两个访问修饰符：public 和 private，由标识符的第一个字母的大小写表示。如果标识符是公共的，则其名称以大写字母开头，该标识符可用于任何其他 Go 语言包的引用。

由此导致当包层级较为复杂并且需要相互引用时，这些包对外会公开太多类型。所以，一般建议减少包的数量，而扩大包中包含源文件的数量。对比其他语言，Java 包相当于单个 Go 语言源文件，而 Go 包相当于 Java 的整个 Maven 模块。

因此，不能仅凭其他语言的工程经验来构建 Go 语言项目的目录结构，而是应该参考 goland-standards 或者其他 Go 语言开发者基本达成共识的项目目录结构模板，具体项目模板如下：

```
├── api
├── assets
├── build
│   ├── ci
│   └── package
├── cmd
│   └── _your_app_
├── configs
├── deployments
├── docs
├── examples
├── githooks
├── init
```

```
  ├──── internal
  │    ├──── app
  │    │    └──── _your_app_
  │    └──── pkg
  │         └──── _your_private_lib_
  ├──── pkg
  │    └──── _your_public_lib_
  ├──── scripts
  ├──── test
  ├──── third_party
  ├──── tools
  ├──── vendor
  ├──── web
  │    ├──── app
  │    ├──── static
  │    └──── template
  ├──── website
  ├──── .gitignore
  ├──── LICENSE.md
  ├──── Makefile
  ├──── README.md
  └──── go.mod
```

通过上面的代码，我们直观地了解了 goland-standards 给出的标准 Go 项目目录结构，下面我们依次来了解其中较为重要的目录的作用和注意事项。

1．cmd 目录

cmd 目录用于存放当前项目的可执行文件，一般来说，该目录下的每一个子目录名称都对应一个可执行文件。比如，kubernets 项目的 cmd 文件夹下有 kubectl、kubeadmin、kubelet 等多个子文件夹，它们都对应 k8s 中常用的可执行程序。

对于 cmd 文件夹下的 go 文件不应该有太多代码。如果你认为代码可以导入并在其他项目中使用，那么它应该位于 /pkg 目录中。如果代码不是可重用的，或者你不希望其他人重用它，请将该代码放到 /internal 目录中。cmd 文件夹下的 go 文件只有一个简单的 main()函数，用来调用/internal 或/pkg 目录下的代码逻辑。

比如，kubectl 目录下的 main()函数，它其实就是调用了 k8s.io/kubectl/pkg 包下的相关代码，如下：

```go
import (
    ...
    "k8s.io/kubectl/pkg/cmd"
    ...
)

func main() {
    rand.Seed(time.Now().UnixNano())
```

```
    command := cmd.NewDefaultKubectlCommand()
    ...
    if err := command.Execute(); err != nil {
        os.Exit(1)
    }
}
```

2. internal 目录

internal 是项目中私有的程序代码目录，不会被其他人导入。在项目中的任意位置都可以有 internal 目录，而不仅仅是在顶级目录中。internal 包会被 Go 编译器保护，强制其不会被导入。

当项目中引用了外部的 internal 目录时，Go 语言在编译时就会报错，提示如下：

`An import of a path containing the element "internal" is disallowed.`

grpc-go 项目的顶级目录中就有 internal 目录，其中定义了一系列项目内私有代码，比如 binarylog、grpclog、buffer 等。

3. pkg 目录

pkg 是项目中可以供外部程序使用的库代码。其他项目将会导入这些库来正常运行项目。正是因为其会被其他项目导入，所以将代码放入其中时要谨慎考虑，对于不能被其他项目导入的代码，要放入 internal 中。

此外，当根目录包含很多非 Go 语言的文件或者目录时，将 Go 代码都放入 pkg 目录下会让整体项目结构更加清晰。

目前 pkg 目录尚未被普遍接受，kubernets 等项目中都有 pkg 目录，但是其他一些开源项目中并没有 pkg 目录，例如 grpc-go。

4. src 目录

在 Go 语言的项目中不应该出现 src 目录结构；而在开源社区中有少量项目中有 src 目录。由于这些项目的开发者大多都有 Java 语言的编程经验，所以 src 目录是 Java 语言和其他语言比较常见的代码组织方式。

但是作为一个 Go 语言的开发者，项目中不应该存在 src 目录。重要的原因其实是 Go 语言的依赖库在默认情况下都会被放置到 $GOPATH/src 目录下，如果依赖项目中使用 /src 目录，那么该项目的 PATH 中就会出现如下代码所示的两个 src，显得有些怪异。

`$GOPATH/src/github.com/ztelur/project/src/main.go`

除了以上 4 个目录结构，其他的目录结构大致有三个方面的功能，分别如下：

（1）编译部署相关的 build 和 delopment 目录；

（2）Web 相关的 web、website 和 configs 目录；

（3）测试和文档相关的 doc、example 和 test 目录。

具体每个目录的功能和说明可以查阅 goland-standards①上的介绍。

每个公司、组织内部都有自己的组织方式，项目的目录和组织方式也是一样，所以并不需要强求项目目录结构和上述的标准目录完全一样。但是只要达成了一致，团队整体成员就要遵守。这对于团队中组员快速理解和入门项目都是很有帮助的，并且会减少了不必要的重复沟通，有利于提高整体的效率。

了解了 Go 语言项目的基础目录结构模版后，接下来，我们学习 Go 语言的业务项目是如何组织代码结构和整洁架构，以及面向领域编程如何在 Go 语言项目中应用。

12.3 Clean Architecture 与 DDD 在 Go 语言项目中的应用

Clean Architecture（整洁架构）是 Uncle Bob 在《The Clean Architecture》一文中提出的一种系统架构模式，而 DDD（面向领域编程）是 Eric Evans 在 2003 年出版的《领域驱动设计：软件核心复杂性应对之道》一书中提出的重要概念，它是指通过统一语言、业务抽象、领域划分和领域建模等一系列手段来控制软件复杂度的方法论。下面，我们来简单介绍一下二者以及其在 Go 语言项目中的应用。

12.3.1 整洁架构

Uncle Bob 在提出整洁架构时了解并对比了六边形架构、洋葱模型架构等众多软件架构，并对这些架构的优秀特征作了提炼，如下：

（1）独立的框架。架构不依赖每三方库，就像使用命令行工具一样使用这些框架；

（2）可测试。业务规则可以脱离 UI、数据库、Web 服务器或其他外部元素进行测试；

（3）独立的 UI。UI 可以很容易地更换，系统的其他部分不需要变更。例如，Web UI 可以被换成控制台 UI，不需要变更业务规则；

（4）独立的数据库。可以交换 Oracle 或 SQL Server，用于 Mongo、BigTable、CouchDB 或其他，且业务规则不与数据库绑定；

（5）独立的外部代理。实际业务规则并不知道关于外部世界的任何事情。

根据上述这些特征，Uncle Bob 提出了如图 12-1 所示的整洁架构。

在图 12-1 中，同心圆表示架构的不同部分，大致分为实体（Entities）、用例（Use Cases）、接口适配器（Interfaces Adapters）和架构与驱动（Frameworks & Drivers）。越接近圆心的组成部分，级别越高，是业务架构的核心，表达不会轻易发生变化的领域知识。

此外，整洁架构还有一条依赖规则，即高级别组件不能依赖低级别组件。也就是说，内部圆所代表的组件不能依赖外部圆的组件。这一规则适用于类、函数、数据格式等任何代码表示形式。

---

① https://github.com/golang-standards/project-layout/blob/master/README_zh.md

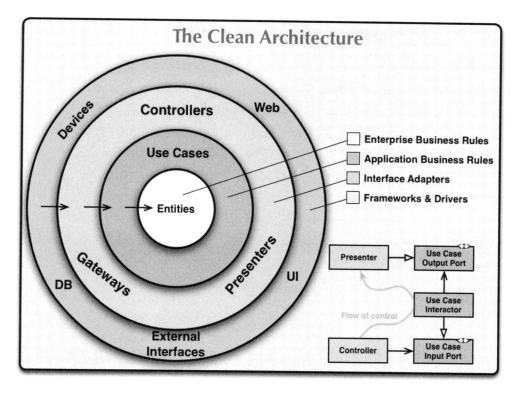

图 12-1

下面，我们依次来看不同等级的架构组成部分。

1．实体

实体封装企业域范围的业务规则。它可以是对象，也可以是一组数据结构或函数。只要它代表的是最通用和高层的领域知识即可，这些知识不会因为外部界面或者业务的变化而发生改变。所以，实体层一般不会依赖其他层，也不会响应其他层的变化。

2．用例

用例包含特定应用的业务规则。它封装并实现了所有业务逻辑，用例组织了一个或多个实体，将实体的行为进行编排，形成对应的业务规则。

用例层的变化不应该影响实体层。此外，用例层也不会在如数据库、UI 或其他常用框架的外部变化时被影响。只有用例自身的业务规则发生变化时，该层的代码才会受到影响。

3．接口适配器

这层的代码是一组适配器，将外界数据转换成用例和实体接受的格式，或者将用例和实体输出的数据转换成外界接受的格式。比如，在包含界面的 MVC 架构中的 Presenters、Views 与 Controllers 都属于这一层。

接口适配器还会将用例和实体相关的数据转换为持久层框架使用的结构，但是它并不会知道具体数据库和持久化函数的实现。

4．框架与驱动

框架与驱动层主要组合了数据库、网络框架和消息队列等外部框架和工具。在这层与内层代码进行通信的胶水代码外，基本不会涉及其他代码逻辑。

该层包括了所有外部依赖行为的具体实现，比如持久化框架如何将数据保存到数据库中，我们将这些代码放在该层，保证它们不会影响内部的其他层代码。

除了上述四大层组件外，整洁架构还有一些规则制约着层组件之间的依赖关系和数据穿越关系。

图 12-1 的右下方展示了 Controller 和 Presenter 如何与下一层的用例进行通信。注意请求逻辑的代码控制流动过程，它从 Controller 进入系统，经过用例的代码逻辑执行，然后经由 presenter 返回。而代码依赖的方向与控制流的方向相反，所以诸如 Java 的 Spring 和 Go 的 wire 等编程框架会使用依赖反转等方式来满足这一规则。

12.3.2　领域驱动设计

大型互联网软件开发的核心难度之一是处理隐藏在业务知识中的复杂度，而领域模型（Domain Model）就是对这一复杂度的简化和精练。领域驱动设计是一种处理高度复杂域的设计方法，通过领域模型捕捉领域知识，从而分离技术实现的复杂度，控制业务的复杂度，使用领域模型构造更加容易维护的软件。

当团队围绕业务构造出相应的领域模型后，主要有如下三个用途：

（1）通过模型反映软件实现的架构，理解了模型，开发者就能大致了解代码结构；

（2）以模型为基础形成团队的统一语言，促使需求、开发和测试更容易沟通和交流；

（3）把模型作为知识，在团队中传递，模型比代码更加简洁抽象，更容易传播。

DDD 为此提供了大量的战略或战术手段来协助开发者实现领域驱动设计，感兴趣的读者可以自行去了解有关贫血充血模型、统一语言、领域、子域以及聚合和聚合根等概念。本节则主要讲解 DDD 在项目架构上的实践。

分层架构是运用最为广泛的架构模式，它将不同关注点的逻辑封装到不同的层上，以便扩展和维护，并减少变更带来的影响。在使用领域驱动设计时，开发者通常将系统分为四层：展示层（Representation Layer）、应用层（Application Layer）、领域层（Domain Layer）和基础设施层（Infrastructure Layer），如图 12-2 所示。其中，箭头代表层与层之间的依赖关系，比如表现层依赖应用层、领域层和基础设施层。

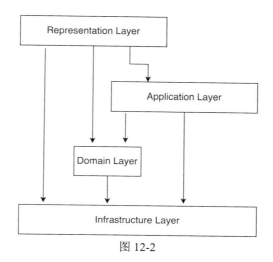

图 12-2

图 12-2 中各层的作用如表 12-6 所示。

表 12-6

层　名　称	说　　　明
Representation Layer	负责给最终用户展现信息，接收并解析用户的输入命令，从而触发功能。如果不是人机交互系统，用户也可以是其他软件系统
Application Layer	负责支撑具体的业务或者交互流程，将领域逻辑组织为软件的业务逻辑，一般不会包含太多逻辑
Domain Layer	核心的领域概念、信息与规则。它不随应用层的业务逻辑、展现层的界面以及基础设施层的能力的改变而改变
Infrastructure Layer	负责支持其他层，提供基础的消息传递、数据持久化等功能

领域驱动设计之所以如此分层，主要是因为各层的需求变化速率不同，领域层相对于展现层和应用层变化较慢，所以后两层会依赖领域层，领域层不会受到后两层变化的影响，从而控制了变化带来影响的范围。

上述的四层分层也和整洁架构中的组件类似，可谓是大道致同的一种体现，在真实项目中，二者也可以进行良好的结合，充分发挥二者各自的优势。

12.4　综合案例：货运业务项目

基于上文的 Go 语言代码风格和最佳实践以及整洁架构和领域驱动设计，笔者给出一个综合示例项目，它可以作为 Go 语言业务项目的基础模板。

在 12.2 节中讲到的 Go 标准目录结构并不完全适用于业务项目。Go 语言起初是专为 API 和网络服务器而设计，而且社区中的大多数 Go 语言项目都是以库的形式编写的，所以会存在 pkg 和 internal 等专门限定导入功能的目录结构，这些对于业务项目来说都不是必需的。开发者需要更加贴合复杂业务开发的项目结构，因此笔者参考整洁架构和领域驱动设计分层原则，设计出一套基础的 Go 语言业务项目结构。下面以货运系统为例向大家讲述。

12.4.1 项目需求分析

本小节示例业务项目介绍中，我们将以货运平台应用作为示例业务项目。

现在有一家货运公司，它在每个城市都设立对应的码头，客户在码头上寄送货物，预定寄送的货物和寄送的目的地等。在寄送过程中，货运公司会根据寄送货物的相关信息分配对应的行程在各个码头中流转，最终送达目的地码头。客户可以在货物寄送的任意节点查看跟踪货物，并最后在目的地码头上领取货物。

货运公司需要开发一个货运平台应用，帮助它管理码头的信息和货物的流转行程，并提供一定的方式让客户查询货物的流转情况。从上述的描述可以分析出货运平台的主要功能如下：

（1）码头管理：货运公司通过平台查看并管理位于不同城市的码头；

（2）路线管理：不同码头之间的流转路线需要在平台中配置，货物会根据指定路线上在不同的码头间流转；

（3）货物管理：包括货物寄送、货运流转记录和货物提取等；

（4）费用计算：根据路线和货物的信息计算寄送成本。

从上面的需求描述中，我们可以简单地将用户分为货运人员和客户。其中，货运人员需要借助平台记录货物在各个码头中流转的过程，配置码头之间的流转路线并管理码头；而客户并不关心这些细节，他们仅关心货物目前的位置。根据这样的需求特点，我们先将货运平台应用划分为客户端货物查询领域和管理端货运平台领域。

接下来，我们重点关注管理端货运平台领域，继续分析相关的需求流程，抽取关键性概念作为子域，从而形成限界上下文，用来界定领域服务的边界。

货运公司希望借助货运平台帮助他们解决货物流转的问题，跟踪货物在不同码头之间的流转情况，这是平台需要解决的核心问题，也就是核心领域。货运上下文作为整个应用的核心，对货物的流转过程进行管理，包括寄送货物、流转货物、登记货物和提取货物等功能，也包含货物、货运单和货运记录等概念。

货物是在不同城市的码头之间进行流转，货运公司会在码头内对流转的货物进行登记。在扩展或者调整业务时，公司还会使用平台对码头进行增加、删除、修改、查看等基本操作。码头作为一个子域，支撑货运核心领域，码头上下文主要解决码头的管理问题。

不同码头之间流转需要指定对应的路线，不能随意运输，在寄送货物时也需要根据寄送的起点和目的地计算是否可以运输以及相应的运输路线。这部分领域问题属于货运许可子域，它由货运许可上下文提供解决方案。计费上下文用于计算货物运输的费用，涉及货运、码头和货运许可等多个子域。

　　根据上述的分析，细分出管理端详细的领域和限界上下文，包括货运、码头、货运许可和计费四个子域和响应的界限上下文。此外，我们还需要提炼出上述四个界限上下文中的领域对象及其关系，并通过领域模型图（见图 12-3）表示出来。

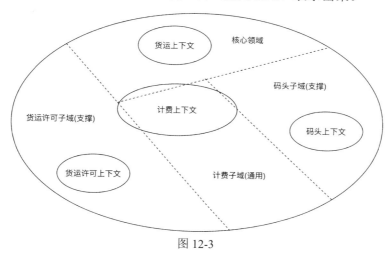

图 12-3

　　领域对象能够表达出业务意图，它们具备数据和行为，包括实体、值对象和聚合等概念，其中：

　　（1）实体是一种对象，有唯一的标识来识别自身，具备一定的生命周期，并在生命周期内根据状态提供不同的行为，一般需要考虑实体的持久化问题；

　　（2）值对象没有唯一的标识，在领域模型中是不可变的，也可共享；

　　（3）聚合由一系列实体和值对象内聚而成，用于表达一个完整的领域概念。每个聚合都存在一个聚合根。

　　在货运上下文中，我们通过货运这个聚合来控制货运行为，货运就是这个聚合的根实体，货运上下文的建模如图 12-4 所示。

　　货运实体有货运单 ID 这个唯一标识，它由货物实体、货运记录值对象、货运路线实体的 ID、起始码头实体的 ID、目的地码头实体的 ID、寄货人实体 ID 和费用等组成。其中，货运记录值对象记录了货物在多个码头中的流转过程；货物实体记录了需要运送货物的相关信息。

　　类似地，还可以提取出码头上下文的聚合根是码头，货运许可上下文的聚合根是货运路线，主要解决货运路线的管理和选择问题，计费上下文更多是费用计算的业务逻辑和算法。

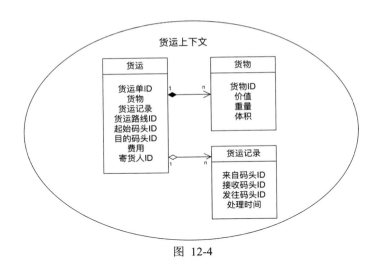

图 12-4

到此，我们可以总结出货运平台应用管理端的各个限界上下文包含的领域服务和职责，如表 12-7 所示。

表 12-7

领 域 服 务	职 责
TransportService	创建新的货运、货运记录，查询货运状态等
WharfService	增加、删除、修改码头信息和查看码头等
PermitService	增加新的货运路线、修改货运路线、删除货运路线、为货运查找货运路线和记录货运运转状态等
ChargingService	计算货运费用

后续项目目录结构将按照上述构建的领域模型进行设计，在实践中验证领域模型的可行性，并调整不合理的地方。

12.4.2 项目目录结构

示例业务项目的目录结构参考了整洁架构和领域驱动设计的分层架构,具体如下:

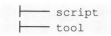

```
├── script
├── tool
```

接下来，我们从上到下依次简单介绍一下目录结构和它相应的职责，如表 12-8 所示。

表 12-8

目　　录	相 应 职 责
bootstrap	在程序启动时，从 bootstrap.yaml 中加载对应的启动配置，包括网络地址和端口、数据库配置等
container	程序的依赖倒置容器，用 wire 库来进行依赖注入
assembler	负责 form、dto 和 entity 等数据的相互转换
cmd	程序启动命令，包括 grpc 和 http 两个子目录，分别用于启动相应的 grpc 服务器和 http 服务器
application	程序的业务层，负责编排领域层行为，对外提供统一的业务逻辑，其子目录包括业务服务 service 和数据结构装配转换器 assembler
domain	程序的领域层，负责相应的领域对象和领域服务，其子目录包括 model、repository 和 service，分别负责领域对象，持久化接口和领域服务
infra	程序的基础设施层，包括消息队列、数据库持久化等通用能力，封装对应的第三方依赖
script	程序的脚本目录，包括数据库表 DML 语句脚本和其他与项目相关的脚本
tool	程序依赖的工具

12.4.3　具体实现

下面，我们分别从读取启动配置、依赖注入、业务层和领域层、基础设施层四大方面详细讲解示例项目的具体实现。

1．读取启动配置

业务程序必然需要诸多参数配置，例如网络地址、数据库配置、线程数和缓存配置等。这些配置有些以文件的形式存储在固定位置，有些则存储在远程的配置中心里，比如 etcd、nacos 和 apollo。

示例项目使用 Viper 库作为配置读取工具，它可以处理多种格式的配置。Viper 是 Go 语言的项目配置解决方案，它旨在处理所有类型的配置需求和格式。Viper 提供简单且可扩展的 API，不入侵应用程序的代码。它支持的特性包括：

（1）从 JSON、TOML、YAML 和 Java Properties 等格式的文件中读取配置数据；

（2）可以监视配置文件的变动并重新读取配置文件；

（3）设置默认值，如读取不到对应的配置时，设置相应的默认值；

（4）从环境变量中读取配置数据；

（5）从远程配置管理中心中读取数据，并响应配置管理中心对应的配置变化事件；

（6）从命令参数中读取配置。

bootstrap 目录下的 bootstrap_config 文件封装了使用 Viper 从配置文件 bootstrap.yaml 中读取程序配置的实现（开发者可以自行根据项目需要添加其他配置的读取和解析行

为）。其 init()函数中进行了依赖文件的读取和响应配置结构体的生成；具体实现代码如下：

```
func init() {
    viper.AutomaticEnv()
    // 1 读取本地 yaml 配置文件
    initBootstrapConfig()
    if err := viper.ReadInConfig(); err != nil {
        log.Fatal("Fail to read config", err)
    }
    // 2 初始化各项配置结构体
    if err := subParse("http", &HttpConfig); err != nil {
        log.Fatal("Fail to parse Http config", err)
    }
    if err := subParse("mysql", &MySQLConfig); err != nil {
        log.Fatal("Fail to parse mysql config", err)
    }
}
```

如上代码所示，在导入该包时，Go 语言会自动执行其 init()函数，先调用 initBootstrapConfig()函数从本地读取 yaml 配置文件，然后分别调用 subParse()函数来初始化 HttpConfig 和 MySQLConfig 配置结构体。InitBootstrapConfig()函数会调用 Viper 的 API，配置要读取配置文件的绝对路径和文件类型等；具体如下：

```
func initBootstrapConfig() {
    //设置读取的配置文件
    viper.SetConfigName("bootstrap")
    //添加读取的配置文件路径
    viper.AddConfigPath("./")
    //windows 环境下为%GOPATH, linux 环境下为$GOPATH
    viper.AddConfigPath("$GOPATH/src/")
    //设置配置文件类型
    viper.SetConfigType("yaml")
}
```

subParse 则是调用 Viper 的 sub()函数，按照配置的键从 Viper 管理的配置项中读取对应的配置数据，具体代码如下：

```
func subParse(key string, value interface{}) error {
    log.Printf("配置文件的前缀为: %v", key)
    sub := viper.Sub(key)
    sub.AutomaticEnv()
    sub.SetEnvPrefix(key)
    return sub.Unmarshal(value)
}
```

比如，对于 HttpConfig 而言，下面代码是其在 bootstrap.yaml 中的配置，其属性和 HttpConfig 结构体的成员变量完全相同。

```
http:
  host: localhost
```

```
port: 9030
```

2．依赖注入

在整洁架构中，应用程序的上层仅依赖于其他接口而不是具体类型，所以需要类似 Spring 一样的依赖注入容器来避免层与层之间的直接依赖，提供创建具体类型并将其注入到所需位置中的能力。

在示例项目中，我们使用 wire 框架来进行依赖注入。wire 是一个轻巧的 Golang 依赖注入框架，它由 Go Cloud 团队开发，通过自动生成代码的方式在编译期完成依赖注入。

作为一个代码生成工具，wire 可以生成 Go 源码并在编译期完成依赖注入。它不需要反射机制或类似 Java 的 Service Locators 服务定位器模式，wire 有如下一系列优势：

（1）方便调试，若有依赖缺失，编译时会报错；

（2）不需要 Service Locators，所以对命名没有特殊要求；

（3）避免依赖膨胀，生成的代码只包含被依赖的代码，而运行时依赖注入则无法做到这一点，而且运行性能也优于运行时的依赖注入；

（4）依赖关系静态存于源码之中，便于工具分析与可视化。

要使用 wire，首先要通过 go get github.com/google/wire/cmd/wire 将命令行工具安装到 $GOPATH/bin 中，确保后续可以在目录下直接执行。

接着，我们需要定义 wire 所需的 Provider 和 Injector。其中 Provider 是指生成组件的函数，接收所需依赖作为参数，创建对应的组件实例并返回。而 Injector 则是 wire 自动生成的函数，函数内部会根据依赖顺序调用相关的 Provider。

示例项目目录中 container 下的 wire.go 文件中定义了 injector 函数签名，然后在函数体中调用 wire.Build()函数并传入所需的 Provider 作为参数，代码如下：

```
func InitializeTransportService() (service.TransportService, error) {
        wire.Build(service.TransportService, transportRepositorySet)
        return service.TransportService{}, nil
}
// TransportRepositorySet
var transportRepositorySet = wire.NewSet(
        sqldb.NewTransportRepository, dbSet,
        wire.Bind(new(repository.TransportRepository),new(*sqldb.Transport
RepositoryImpl)))

var dbSet = wire.NewSet(
        sqldb.NewSqlDB,
        bootstrap.NewMySQLConf)
```

如上代码所示，我们使用 InitializeTransportService()函数来注入 TransportService 实例，它需要 TransportRepository 依赖，而 sqldb.NewTransportRepository 作为工厂函数，它提供了 TransportRepository 依赖，返回 TransportRepository 接口的 TransportRepositoryImpl 结构体实例。

这里使用 wire.NewSet 将 TransportRepositoryImpl 结构体和 repository.Transport Repository 接口关联起来，代表当需要注入 TransportRepository 接口类型实例时，可以使用 NewTransport-Repository，并且也声明了 NewTransportRepository 需要 dbSet 来注入 sqlDB；代码如下：

```
func NewTransportService(ury repository.TransportRepository) Transport
Service {
        return TransportService{TransportRepository: tran}
}
```

上述的依赖关系如图 12-5 所示。

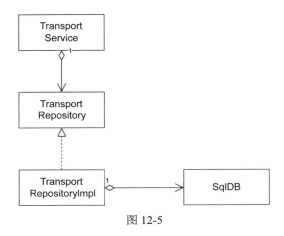

图 12-5

由图 12-5 可见，通过 wire 可以将整条依赖关系链固化下来，然后在 wire.go 文件所在目录下执行 wire 命令，可以自动生成 wire_gen.go 文件；具体代码如下：

```
func InitializeTransportService() (service.TransportService, error) {
    mySQLConf := bootstrap.NewMySQLConf()
    db, err := sqldb.NewSqlDB(mySQLConf)
    if err != nil {
            return service.TransportService{}, err
    }
    transportRepositoryImpl := sqldb.NewTransportRepository(db)
    transportService                                                  :=
service.NewTransportService(transportRepositoryImpl)
    return transportService, nil
}
```

如上代码所示，生成的函数中依次调用对应的 Provider 生成依赖关系上的结构体，最后调用 NewTransportService 生成对应的服务实例；代码如下：

```
funcNewTransportService(uryrepository.TransportRepository)TransportSer
vice {
        return TransportService{TransportRepository: tran}
}
```

3．业务层和领域层

基于整洁架构和领域驱动设计的思想，示例项目中的业务逻辑代码分为三层，分别是 application 所代表的应用服务层、domain 代表的领域服务层以及由 domain.repository 和 infra.persistent 共同组成数据持久化层。

application 是应用程序的入口，它负责组装 domain 层各个组件以及基础设施层的公共组件，完成具体的业务逻辑。在复杂的业务场景下，用例可能需要多个领域实体参与，此时正好需要 application 进行编排和协调。比如，当顾客在货运平台下单需寄送货品时，需要货运、货运路线和货运费用领域一起参与，具体代码如下：

```
func (o *OrderService) makeOrder(of OrderForm) (OrderDetail, error) {
    permit,err:=o.permitService.takePermit(of.start,of.dest, dto.goods)
    if err != nil {
        return nil, err
    }
    cost := o.chargeService.figureSpend(doto.goods,permit)
    return o.transportService.createTransport(of, permit, cost)
}
```

application 层中 OrderService 的下单函数依次调用了货运许可领域的 permitService 生成货运许可，然后调用计费领域的 chargerService 来计算本次货运的费用，最后才调用货运领域的 transportService 生成对应的货运记录。

而 domain 层是业务领域层，是领域驱动的核心，它包含了整个业务最核心的领域逻辑和领域实体，包括货运记录、货运许可、路线和费用等；比如货运领域的 transportService 的 createTransport()函数，它会根据用户下单信息、货运许可和货运费用共同生成货运记录数据，并调用货运记录数据的开始行为，进行货运流转，具体代码如下：

```
func (t * TransportService) makeOrder(of *OrderForm, permit *Permit, cost *Cost) (TransportRecord, error) {
    transportRecord := newTransport(of, permit, cost)
    transportRecord.start()
    transportRepository.save(transportRecord)
    reutrn transportRecord, nil
}
```

如上代码所示，makeOrder()函数接收了用户下单信息、货运许可和费用等数据，生成货运记录结构体，并调用其 start()函数开启货运流程，最后调用 transportRepository 将记录持久化到数据库中。

4．基础设施层

基础设施层是整个项目所依赖的基础能力，比如消息队列、数据库持久化和其他通用能力。它封装了上述能力实现的技术细节，但是上层却只依赖对应的接口定义，减小了对于具体技术细节的依赖。比如，对于数据持久化相关的能力，领域层服务其实只依赖其 repository 中定义的接口，而在 infra 中的 persistent 中定义了对应接口的实现，为领域层提供存储数据的能力，实现代码如下：

```
// domain.repository
type TransportRepository interface {
    Save(user *model.Transport) (resultUser *model.Transport, err
error)
}

// infra.persistent
func (t *TransportRepositoryImpl) Save(user *model.Transport) (*model.
Transport, error) {

    stmt, err := t.DB.Prepare(INSERT_TRANSPORT)
    if err != nil {
        return nil, errors.Wrap(err, "")
    }
    defer stmt.Close()
    res, err := stmt.Exec(Transport.Start, Transport.Dest, Transport.Cost)
    if err != nil {
        return nil, errors.Wrap(err, "")
    }
    id, err := res.LastInsertId()
    if err != nil {
        return nil, errors.Wrap(err, "")
    }
    Transport.Id = int(id)
    logger.Log.Debug("Transport inserted:", user)
    return user, nil
}
```

如上代码所示，TransportRepository 是定义在 domain.repository 的货运数据接口，而 TransportRepositoryImpl 是定义在 infra.persistent 的具体实现，其中封装了对货运相关数据的持久化能力。使用这种依赖倒置的结构，领域层和基础实施层共同依赖 repository 中定义的数据持久化接口，从而减小了领域层对具体数据库持久化实现的依赖。

至此，我们以货运业务项目为例，首先通过 DDD 对其进行了需求分析和领域划分，界定出对应的领域服务和职责，然后分别讲解了读取启动配置、依赖注入、业务层和领域层、基础设施层四大方面的具体实现。

—— 本章小结 ——

在本章中，我们着眼于如何写出更好的 Go 语言代码，分别从代码风格、最佳实践、标准项目目录以及 Clean Architecture 和 DDD 等方面详细讲解了如何写好 Go 语言代码，最后以货运平台为例，给出了业务项目的基础项目示例。从细节处，我们探讨了诸多代码风格和最佳实践原则，这有利于我们个人代码能力的提升；从全局上，我们共同学习了整洁架构和面向领域编程对整体业务项目规划和构架上的指导意义，增强了团队项目架构设计和管理能力。